普通高等学校教材

建筑工程施工

靳春玲　郭海东◎主编
贡　力◎主审

中国铁道出版社有限公司

2024 年·北　京

内 容 简 介

本书包括建筑工程施工技术及施工组织与管理两部分。施工技术部分从拓宽专业面、尊重工程实践规律的原则出发，按照建筑工程的建造顺序，由“案例导航”引入施工工艺及工艺原理、施工方案及方法，借助新技术应用实践探究行业发展。施工组织与管理部分从流水施工与管理入手，阐述施工组织设计的内容及编制程序、在工程建设各阶段的地位及作用。全书共分 11 章，包括土方工程、地基与基础工程、砌体工程、混凝土结构工程、预应力混凝土工程、装配式结构工程、防水工程、装饰工程、施工组织概况、流水施工基本原理、单位施工组织设计。

本书可作为高等学校工程管理、工程造价、土木工程及其他相关专业教材，亦可作为土木工程技术人员的参考书。

图书在版编目(CIP)数据

建筑工程施工 / 靳春玲，郭海东主编. -- 北京 : 中国铁道出版社有限公司，2024. 12. --（普通高等学校教材）. -- ISBN 978-7-113-31836-9

Ⅰ. TU7

中国国家版本馆 CIP 数据核字第 20249B2U52 号

书　　名：**建筑工程施工**
作　　者：靳春玲　郭海东

责任编辑：李露露　　编辑部电话：(010)51873240　　电子邮箱：lll_tdpress@163.com
封面设计：刘　莎
责任校对：安海燕
责任印制：赵星辰

出版发行：中国铁道出版社有限公司(100054，北京市西城区右安门西街 8 号)
网　　址：https://www.tdpress.com
印　　刷：河北宝昌佳彩印刷有限公司
版　　次：2024 年 12 月第 1 版　2024 年 12 月第 1 次印刷
开　　本：787mm×1 092mm 1/16　**印张**：20.5　**字数**：523 千
书　　号：ISBN 978-7-113-31836-9
定　　价：58.00 元

前　言

建筑工程施工是研究建筑工程施工技术与组织管理的学科，具有较强的实践性和综合应用性，它在培养学生独立分析和解决土木工程中有关施工技术与组织管理问题的基本能力方面发挥着至关重要的作用，是学生实现理论知识应用于实践工程的基石与纽带，旨在培养宽口径、厚基础、技术与管理能力结合的专门人才。随着我国新型建筑行业（如装配式建筑、智能建造）的发展，行业中迫切需要与之相适应的土建类专业人才，这种发展趋势对土木工程相关学科的教学改革提出了更为迫切的要求。

目前，土建类专业仍以培养高级应用型人才为主。针对这一市场需求和行业发展现状，我们组建了一支具有丰富的教学和实践经验的"双师型"教师团队进行教材的撰写工作，结合多年从事理论教学及工程实践的经验，在教材内容安排上力求内容精练、体系完整、理论与实践相结合。本书突出人才培养特色，注重学生实践能力的培养，主要介绍各种建筑的施工工艺和施工方法，使学生逐步认知建筑工程从设计蓝图向具体工程实体转变的全过程，研究土木工程施工中各主要工种的施工技术、工艺原理及组织管理的一般规律，基本施工技能贯穿始终，施工工艺叙述力求简明扼要、通俗易懂，在培养学生独立分析和解决建筑工程施工中相关施工技术与组织管理问题的基本能力方面起着重要作用。本书的主要特色如下：

1. 编制依据合理

内容主体部分参考《高等学校工程管理类本科指导性专业规范》和《高等学校土木工程本科指导性专业规范》编写，构建了必修模块中核心内容的知识体系和非核心内容的基本原则，同时结合兰州交通大学工程管理专业的人才培养方案、国家级一流本科专业建设需求和课程大纲进行内容编排。

2. 职业技能与素质培养一体化

突出专业特色，渗透职业素质培养，在内容设置上，每一章开篇都设置了"知识目标"和"能力目标"，使学生理解学习理论知识能够达到的学习目标，章尾列出参考的主要国家标准和规范，使学生掌握知识不局限于课堂和教材，同时为取得相应专业的技能证书、执业资格证书做好知识储备，为提升就业能力蓄力。

3. 引入案例导学

每章正文之前引入"案例导航"模块，以工程实践中的案例作为切入点，介绍本章学习要点的同时提出工程问题供学生思考讨论，引导学生的工程思维，通过案例讨论使学生对新章节课程内容及能够解决的工程实践问题有一个整体的了解和认识。

4. 适应行业发展需求

内容紧密联系不断发展的工程领域技术进步路线,充实新技术、新工艺的教学内容,在阐述专业理论知识的同时使土木工程领域的学生接触和领悟管理科学学科的知识,实现学科的交叉与融合,尤其对工程管理专业学生后续建筑工程概预算、工程项目管理等专业课程的学习起着专业基石的作用。

本书由兰州交通大学土木工程学院靳春玲、郭海东任主编,兰州交通大学贡力任主审。全书共分11章,具体编写分工为:郭海东负责第1、2、3、4章编写,靳春玲负责第5、7、8、9、11章编写,兰州交通大学杨林负责第6、10章编写。

在本书的编写过程中,参考了大量的文献资料,在此对文献资料的作者表示衷心的感谢!

限于编者水平,书中难免存在疏漏与不足之处,恳请广大读者提出宝贵意见!

编　者

2024年6月

目　录

1 土方工程

土方工程是建筑工程施工的重要工程之一，是土体开挖、运送、填筑、压实、弃置，以及相关降排水、土壁支护等工作的总称。在拟建工程项目的场地平整、标高控制、景观初步造型、土方挖填平衡及调配，以及为建筑基础施工创造条件、工程成本控制等方面具有重要的规划与控制作用。

知识目标

1. 熟悉土的工程性质、边坡留设要点、土方调配原则。
2. 掌握土方量计算的方法、场地设计标高确定的方法，以及土方调配方案的编制。
3. 能够分析土壁失稳、产生流砂及管涌的原因，并提出相应的防治措施。
4. 能够结合基坑工程实际，选择适用的降水方案。
5. 掌握填土压实的质量要求及验收标准。
6. 了解常用土方机械的性能及适用范围，能正确合理地选用，并明确综合机械化施工的要点。
7. 了解爆破原理、材料、方法及安全措施。
8. 了解土方工程的新技术、新工艺、新设备及发展趋势。

能力目标

1. 熟悉现行土方工程相关法规、标准及规范，具有法律、质量、安全、成本、环保、创新等工程意识，具备沟通协作、组织协调、突发应变等能力。
2. 能结合建筑结构施工图、工程地质勘察报告、周边环境及相关资料，明确土方工程的重难点。
3. 能够进行土方工程规划设计，计算土方工程量，编制土方调配方案。
4. 能够编制土方开挖、降水、边坡支护、填土压实等施工方案，掌握相应的施工要点及措施，并进行技术交底。
5. 能够组织土方工程规范化施工，判识并解决常规施工问题。
6. 能够根据现行相关标准规范，验收土方工程质量，识别和整改隐患问题。

案例导航：

2020 年 1 月，在疫情似火、迫在眉睫之际，国家决定在武汉市新建一所建筑面积达 2.5 万 m^2 的火神山医院。1 月 23 日，上百台挖掘机、推土机等施工机械从全市各处赶来，共计进场挖掘机 95 台、推土机 33 台、压路机 5 台、自卸车 160 台。经过一天一夜的奋战，累计平整场地面积高达 5 万 m^2，相当于 7 个足球场的大小；内转土方 15 万 m^3，足以填满 57 个游泳池。碎石回填于 1 月 24 日完工，翌日即开始主体施工。

在整个施工期间，建设项目按照两班倒的方式昼夜不停地赶工。建设指挥部指挥长表示："正常的一个二十多万方的土方工程，最少要干一两个月！"而该项目于 2 月 2 日建成，意味着从 1 月 23 日进场施工到竣工，仅用了 10 天的时间！火神山医院的顺利完工，是建设项目相关人员宵衣旰食、披肝沥胆、顽强拼搏的成果，彰显了"功成不必在我，功成必定有我"的奉献精神。

问题讨论：

1. 土方工程主要涉及哪些工作？如何有序高效地开展这些工作？
2. 土方工程施工过程中应注意哪些要点？

1.1 土方规划

1.1.1 土方工程的内容及施工要求

土方工程(包括石方工程)是建筑工程施工的重要工程之一，包括土方的开挖、运输、填筑、平整、压实等主要施工过程，也包括开挖前的场地内障碍物拆改、地表水排除、场地平整与清理、测量放线，以及开挖过程中的施工排水、降水、边坡设置、土壁支护、爆破施工等辅助工作。

常见的土方工程有：①场地平整，包括确定场地设计标高，挖、填土方量计算及土方调配等。②土方开挖，包括管沟、基坑(槽)、隧道、竖井、堤坝、地下空间等的开挖。为保证开挖过程的安全性与稳定性，预防流砂、管涌、塌方等事故发生，需结合工程实际采取必要的施工排水、降水、边坡留设或土壁支护等措施。③土方回填与压实，包括土料选择，填土压实方法，密实度检验等。

土方工程的施工要求为：①轴线、标高、断面准确；②土体有足够的强度和稳定性；③土方量少、工期短、费用省。

土方工程的施工特点为：受场区地质条件影响大、工程量大、工期长、投资大、施工条件复杂、不确定因素多、周边环境影响大等。其中，施工环境复杂体现为受工程所在地气候、水文、地质、地下障碍物、邻近建(构)筑物、邻近动荷载等方面的限制条件及不利影响。

综上，可明确在土方工程施工前，有必要开展调查研究：①了解土的种类及工程性质；②明确土方工程的施工工期、质量要求及施工条件；③熟悉施工区域的地形、地质、水文、气象等资料；④拟定合理的施工方案，编制切实可行、安全可靠的施工组织设计。同时，为提高效率、加快进度、降低成本，应尽可能采用先进的施工工艺和施工组织，以实现土方工程施工综合机械化。

知识拓展：

古人非常重视地质因素对建筑地基的影响，早在战国时期发明了"相土""验土"等科学方法。《史记》中记载了战国时期伍子胥在规划吴都(今苏州)时开展"相土尝水"的工作，即对城市的地形、地质、水文进行了考察。此外，古人在打造地基之前还进行"验土"工作，具体有"辨土法"(以"土细而不松，油润而不燥，鲜明而不暗"为佳)和"称土法"等。

问题讨论：

土方开挖过程中，如遇到古墓、文物，应如何处理？（可查阅《文物保护法》）

阅读

文本1.1.1-1

1.1.2　土的工程分类及性质

1）土的工程分类

土的分类方法很多，如可依据土的沉积年代、颗粒级配、密实度、液性指数等分类。在土方工程中，通常以土的开挖难易程度进行分类，将土分为松软土、普通土、坚土、砂砾坚土、软石、次坚石、坚石、特坚石共八类，详见表 1.1。

表 1.1　土的工程分类

土的分类	土的级别	土的名称	密度（kg/m^3）	开挖方法及工具
一类土（松软土）	Ⅰ	砂土；粉土；冲积砂土层；疏松的种植土；淤泥（泥炭）	600～1 500	用锹、锄头挖掘，少许用脚蹬
二类土（普通土）	Ⅱ	粉质黏土；潮湿的黄土；夹有碎石、卵石的砂；粉土混卵（碎）石；种植土；填土	1 100～1 600	用锹、锄头挖掘，少许用镐翻松
三类土（坚土）	Ⅲ	软黏土及中等密实黏土；重粉质黏土；砾石土；干黄土，含碎石、卵石的黄土；粉质黏土；压实的填筑土	1 750～1 900	主要用镐、少许用锹或锄头挖掘，部分用撬棍
四类土（砂砾坚土）	Ⅳ	坚实密实的黏性土或黄土；含碎石、卵石的中等密实黏性土或黄土；粗卵石；天然级配砂石；软泥灰岩	1 900	先用镐、撬棍，然后用锹挖掘，部分用楔子及大锤
五类土（软石）	Ⅴ～Ⅵ	硬质黏土；中密的页岩、泥灰岩、白垩土；胶结不紧的砾岩；软石灰岩及贝壳石灰岩	1 100～2 700	用镐或撬棍、大锤挖掘，部分使用爆破方法
六类土（次坚石）	Ⅶ～Ⅸ	泥岩；砂岩；砾岩；坚实的页岩、泥灰岩；密实的石灰岩；风化花岗岩、片麻岩及正常岩	2 200～2 900	用爆破方法，部分用风镐
七类土（坚石）	Ⅹ～ⅩⅢ	大理岩；辉绿岩；玢岩；粗、中粒花岗岩；坚实的白云岩、砂岩、砾岩、片麻岩；微风化安山岩，玄武岩	2 500～3 100	用爆破方法开挖
八类土（特坚石）	ⅩⅣ～ⅩⅥ	安山岩；玄武岩；花岗片麻岩；坚实的细粒花岗岩、闪长岩、石英岩、辉长岩、辉绿岩、玢岩、角闪岩	2 700～3 300	用爆破方法开挖

2）土的工程性质

土的工程性质对土方工程的施工方案、工程量大小、施工费用等有直接影响，是进行土方施工必须掌握的基本参数，主要包括：土的质量密度、含水率、渗透性、可松性等。

(1)土的质量密度

土的质量密度分为天然密度和干密度。其中：①土的天然密度(ρ)，是指土在天然状态下单位体积的质量，影响土的承载力、土压力及边坡稳定性[式(1.1)]；②土的干密度(ρ_d)，是指单位体积土中固体颗粒的质量，用以检验填土压实质量的控制指标[式(1.2)]。

$$\rho=\frac{m}{V} \tag{1.1}$$

式中 m——土的总质量(kg)；

V——土的天然体积(m^3)。

$$\rho_d=\frac{m_s}{V} \tag{1.2}$$

式中 m_s——土中固体颗粒的质量(kg)。

(2)土的含水率

土的含水率(w)是土中所含的水与土中固体颗粒的质量比，以百分数表示[式(1.3)]。

$$w=\frac{m_1-m_2}{m_2}\times 100\% \tag{1.3}$$

式中 m_1——含水状态时土的质量(kg)；

m_2——土烘干后的质量(kg)。

土的含水率影响土方施工方法的选择、边坡的稳定、回填土的质量。例如，当土的含水率超过25%时，机械化施工困难，容易打滑、陷车。此外，回填土需有最佳含水率，方能夯压密实，获得最大干密度(表1.2)。因此，将土的干密度作为填土压实的质量标准。

表1.2 土的最佳含水率和最大干密度参考值

土的种类	最佳含水率(质量比，%)	最大干密度(g/cm^3)	土的种类	最佳含水率(质量比，%)	最大干密度(g/cm^3)
砂 土	8~12	1.80~1.88	重亚黏土	16~20	1.67~1.75
粉 土	16~12	1.61~1.80	粉质亚黏土	18~21	1.65~1.74
亚砂土	9~15	1.85~2.08	黏 土	19~23	1.58~1.70
亚黏土	12~15	1.85~1.95			

(3)土的渗透性

土的渗透性是指水流通过土中孔隙的难易程度，一般以渗透系数(K)表示水在单位时间内渗透土层的性能[法国学者达西根据砂土渗透实验，得出达西定律，式(1.4)]。影响渗透系数(K)的因素主要包括土体颗粒的形状、大小、不均匀系数、水的黏滞性等。

$$v=KI=K\frac{H_1-H_2}{L} \tag{1.4}$$

式中 v——水在土中的渗流速度(m/d)；

I——水力坡度，即A、B两点水头高度差与相应水平距离之比；

K——土的渗透系数(m/d)；

H_1——上游水位高度(m)；

H_2——下游水位高度(m)；

L——渗流路径长度(m)。

渗透系数(K)反映土体透水性能的强弱,直接影响施工降水、排水的速度以及涌水量计算的准确性,一般通过扬水实验确定,参考值见表1.3。

表1.3 土渗透系数参考值

土的种类	K(m/d)	土的种类	K(m/d)
亚黏土、黏土	<0.1	含黏土的中砂及纯细砂	20~25
亚黏土	0.1~0.5	含黏土的细砂及纯中砂	35~50
含亚黏土的粉砂	0.5~1.0	纯粗砂	50~75
纯粉砂	1.5~5.0	粗砂夹砾石	50~100
含黏土的细砂	10~15	砾石	100~200

(4)土的可松性

自然状态下的土,经开挖后其体积因松散而增大,之后再经回填压实仍不能恢复其原始体积,这种性质称为土的可松性。土的可松性程度用可松性系数表示,分为最初可松性系数[式(1.5)]与最终可松性系数[式(1.6)]。

$$\text{最初可松性系数 } K_s=\frac{\text{土经开挖后的松散体积 } V_2}{\text{土在天然状态下的体积 } V_1} \tag{1.5}$$

$$\text{最终可松性系数 } K_s'=\frac{\text{土经回填压实后的体积 } V_3}{\text{土在天然状态下的体积 } V_1} \tag{1.6}$$

土方工程量计算是以土在自然状态下的体积为基准进行计算的,因此,最初可松性系数K_s是确定土方调配方案、土方机械类型、运土机具数量等的重要参数;最终可松性系数K_s'是确定场地平整标高、填方所需挖方体积、弃土坑容积等的重要参数。

土的可松性与土质有关,根据土的工程分类(表1.1),相应的可松性系数可参考表1.4。

表1.4 各种土的可松性系数参考值

土的类别	体积增加百分数(%)		可松性系数	
	最初	最后	K_s	K_s'
一类土(种植性土除外)	8~17	1~2.5	1.08~1.17	1.01~1.03
一类土(植物性土、泥炭)	20~30	3~4	1.20~1.30	1.03~1.04
二类土	14~28	2.5~5	1.14~1.28	1.02~1.05
三类土	24~30	4~7	1.24~1.30	1.04~1.07
四类土(泥灰岩、蛋白石除外)	26~32	6~9	1.26~1.32	1.06~1.09
四类土(泥灰岩、蛋白石)	33~37	11~15	1.33~1.37	1.11~1.15
五~七类土	30~45	10~20	1.30~1.45	1.10~1.20
八类土	45~50	20~30	1.45~1.50	1.20~1.30

1.1.3 土方边坡

土方边坡是指在土方施工过程中经挖、填形成的倾斜自由面。合理地设置基坑、沟槽、路基、堤坝的断面,并留设土方边坡,是保障安全、减少土方量的有效措施。边坡坡率表示为1∶m[式(1.7)],其中m为坡度系数,如图1.1所示。

$$土方边坡坡率=\frac{h}{b}=\frac{1}{\frac{b}{h}}=1:m \tag{1.7}$$

式中 h——边坡高度(m)；

b——边坡宽度(m)。

(a) 直线边坡　(b) 不同土层折线边坡　(c) 相同土层折线边坡

图 1.1　土方边坡

要点解析：

需要说明的是，在工期短、无地下水的情况下，当开挖深度不超过下列数值时，可留设直槽、不必放坡：①密实、中密实的砂土和碎石类土(充填物为砂土)为 1 m；②硬塑、可塑的轻亚黏土及亚黏土为 1.25 m；③硬黏、可塑的黏土和碎石类土(充填物为黏性土)为 1.5 m；④坚硬的黏土为 2 m。

边坡坡率的设置应保证土体稳定、施工安全、土方量合理，应结合土壤性质、水文地质条件、施工条件及方法、开挖深度、工期长短等因素综合确定。尚需满足：①对于永久性挖方或填方边坡，均应按设计要求施工；②对于临时性挖方边坡，应符合表 1.5 的规定。此外，对于使用时间在一年以上的临时性填方边坡，当填方高度在 10 m 以内，坡率可采用 1∶1.5；当填方高度超过10 m，可设计为折线形，坡率上部采用 1∶1.5，下部采用 1∶1.75。

表 1.5　临时性挖方工程的边坡坡率允许值

土的类别		边坡坡率(高∶宽)
砂　土	不包括细砂、粉砂	1∶1.25～1∶1.50
黏性土	坚硬	1∶0.75～1∶1.00
	硬塑、可塑	1∶1.00～1∶1.25
	软塑	1∶1.50 或更缓
碎石土	充填坚硬黏土、硬塑黏性土	1∶0.50～1∶1.00
	充填砂土	1∶1.00～1∶1.50

注：1. 本表适用于无支护措施的临时性挖方工程的边坡坡率；

2. 设计有要求时，应符合设计标准；

3. 本表适用于以下水位以上的土层，如采用降水或其他加固措施，可不受本表限制，但应计算复核；

4. 一次开挖深度，软土不应超过 4 m，硬土不应超过 8 m。

当地质条件良好，土质均匀且地下水位低于基坑、沟槽底面标高时，挖方深度在 5 m 以内，不加支撑的边坡留设应符合表 1.6 的规定。当挖方中有不同的土层或深度超过 10 m 时，其边坡可做成折线形[图 1.1(b)和图 1.1(c)]或台阶形，以减少土方量。

表 1.6　深度在 5 m 以内的基坑(槽)、管沟边坡坡率(不加支撑)

土的种类	边坡坡率(高∶宽)		
	坡顶无荷载	坡顶有静荷载	坡顶有动荷载
中密的砂土	1∶1.00	1∶1.25	1∶1.50
中密的碎石类土(填充物为砂土)	1∶0.75	1∶1.00	1∶1.25
硬塑的粉土	1∶0.67	1∶0.75	1∶1.00
中密的碎石类土(填充物为黏性土)	1∶0.50	1∶0.67	1∶0.75
硬塑的粉质黏土、黏土	1∶0.33	1∶0.50	1∶0.67
老黄土	1∶0.10	1∶0.25	1∶0.33
软土(经井点降水后)	1∶1.00	—	—

注:1. 静载指堆土或材料等,动载指机械挖土或汽车运输作业等,静载或动载应距挖方边缘 0.8 m 以外,堆土或材料高度不宜超过 1.5 m;

2. 当有成熟经验时,可不受本表限制。

1.1.4　土方量计算的基本方法

在土方工程施工前,首先有必要计算土方量,以合理制定施工方案。但由于各土方工程的轮廓形状不规则,一般先将其划分成若干个较规则的几何形状,然后用近似体积方法进行计算。土方量计算的基本方法主要有平均高度法和平均断面法两种。

思维拓展:

同土方量计算思维一致,在工程推进过程中,面对复杂的局面或问题时,可先明确解决问题的核心原理,然后将大问题分解为若干相对简单的小问题,即化繁为简。

1)平均高度法

(1)四方棱柱体法

四方棱柱体法,是将施工区域划分为若干个边长等于 a 的方格网,每个方格网的土方体积 V 等于底面积 a^2 乘四个角点高度的平均值[式(1.8)],如图 1.2 所示(全挖或全填)。

$$V=\frac{a^2}{4}(h_1+h_2+h_3+h_4) \tag{1.8}$$

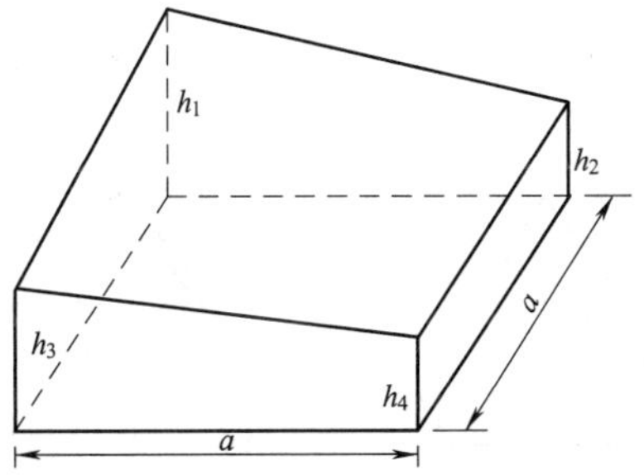

图 1.2　四方棱柱体法

若方格四个角点部分是挖方,部分是填方时,可按表 1.7 中所列的公式计算。

表 1.7　土方量计算公式表

方格类型	计算图形	计算公式
全挖 （或全填）	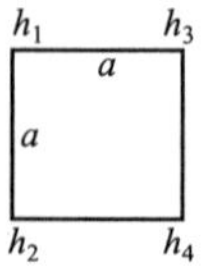	$V=\frac{a^2}{4}(h_1+h_2+h_3+h_4)$
半挖半填	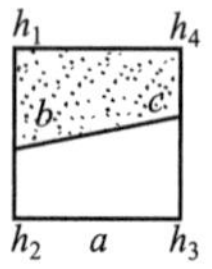	$V=\frac{b+c}{2}\cdot a\cdot\frac{\sum h}{4}=\frac{a}{8}(b+c)(h_1+h_4)$
三挖一填 （或三填一挖）	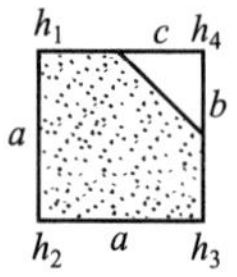	三个角挖（或填） $V=\left(a^2-\frac{bc}{2}\right)\cdot\frac{\sum h}{5}=\frac{1}{5}\left(a^2-\frac{bc}{2}\right)(h_1+h_2+h_3)$ 一个角填（或挖） $V=\frac{bc}{2}\cdot\frac{\sum h}{3}=\frac{1}{6}bch$

注：1. 表中 a 为方格边长，b、c 为计算图形相应的两个边长；

2. h_1、h_2、h_3、h_4 分别为方格各角点的施工高度；

3. $\sum h$ 为各计算图形相应的挖方或填方的施工高度总和，用绝对值代入；

4. V 为挖方或填方的体积（m^3）。

（2）三角棱柱体法

三角棱柱体法，是将每一个方格顺地形的等高线沿对角线划分成两个三角形，然后分别计算每一个三角棱柱体的土方量。

三角形为全挖或全填时[图 1.3(a)]：

$$V=\frac{a^2}{6}(h_1+h_2+h_3) \tag{1.9}$$

当三角形有挖有填时[图 1.3(b)]，则其零线将三角形分成两部分，一个是底面为三角形的锥体，一个是底面为四边形的楔体，其土方量分别为

$$V_{锥}=\frac{a^2}{6}\times\frac{h_3^3}{(h_1+h_2)(h_1+h_3)} \tag{1.10}$$

$$V_{楔}=\frac{a^2}{6}\times\left[\frac{h_3^3}{(h_1+h_3)(h_2+h_3)}-h_3+h_1+h_2\right] \tag{1.11}$$

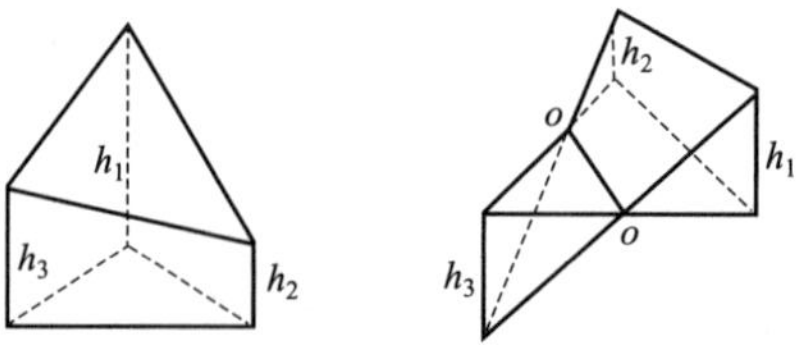

（a）全挖或全填　　（b）有填有挖

图 1.3　三角棱柱体法

在以上土方量计算的基本方法中，由于计算公式不同，相应的计算精度也有所不同。例

如，图 1.4 所示的土方量，四方棱柱体法与三角棱柱体法的计算结果相差 33 m^3，相对误差较大。

按四方棱柱体计算为

$$V=\frac{10^2}{4}\times(3+5+2+4)=350(m^3)$$

按三角棱柱体计算为

$$V=\frac{10^2}{6}\times[(3+5+2)+(2+4+3)]=317(m^3)$$

因此，地形平坦地区可将方格尺寸划分得大一些，采用四方棱柱体计算；地形起伏较大地区，可将方格尺寸划分得小一些，采用三角棱柱体计算。

2）平均断面法

平均断面法（图 1.5）可按近似公式和较精确的公式进行计算。

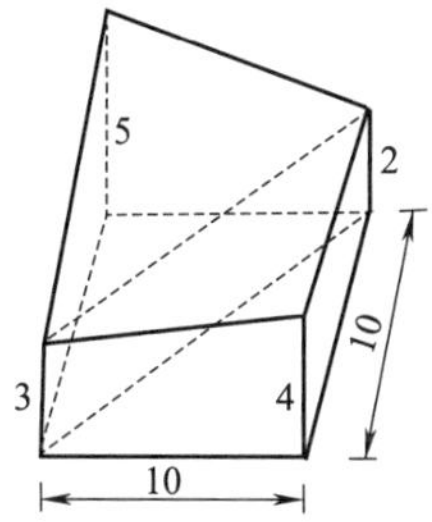

图 1.4　土方量计算示例（单位：m）

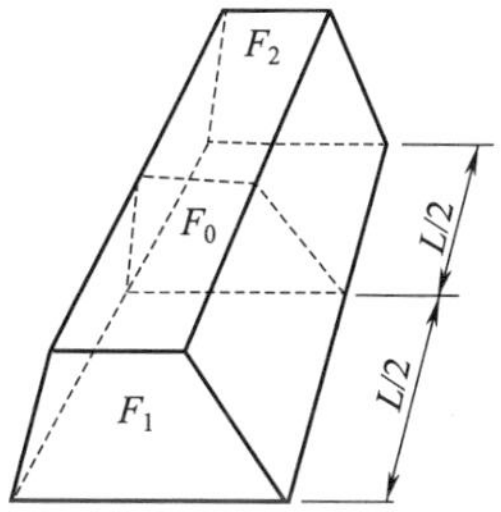

图 1.5　平均断面法

（1）近似计算

$$V=\frac{F_1+F_2}{2}L \tag{1.12}$$

（2）较精确计算

$$V=\frac{L}{6}(F_1+4F_0+F_2) \tag{1.13}$$

式中　V——土方体积（m^3）；

F_1，F_2——两端的断面面积（m^2）；

F_0——$L/2$ 处的断面面积（m^2）。

基坑（槽）、管沟、路堤、场地平整的土方量计算，均可用平均断面法。需要说明的是，当断面不规则时，求断面面积的一种简便方法为累高法（图 1.6）。首先，将所测出的断面绘于普通方格坐标纸上（d 取值相等）；然后，用透明卷尺从 h_1 开始，依次量出各点高度 h_1、h_2、……、h_n，累计得各点高度之和，然后将此值与 d 相乘，即为所求断面面积。

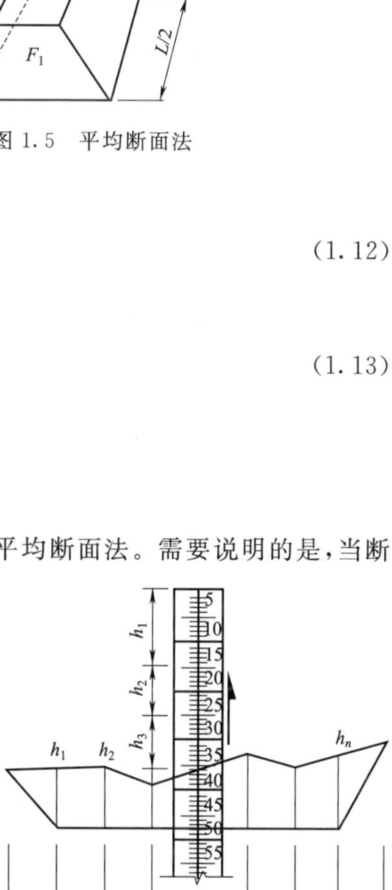

图 1.6　累高法求断面面积

采用平均断面法计算基槽、管沟或路基土方量时，可先测绘出纵断面图（图 1.7），再根据沟槽基底的宽、纵向坡度及放坡宽度，绘出在纵断面图上各转折点处的横断面。算出各横断面面积后，便可用平均断面法计算各段的土方量［式（1.14）］。

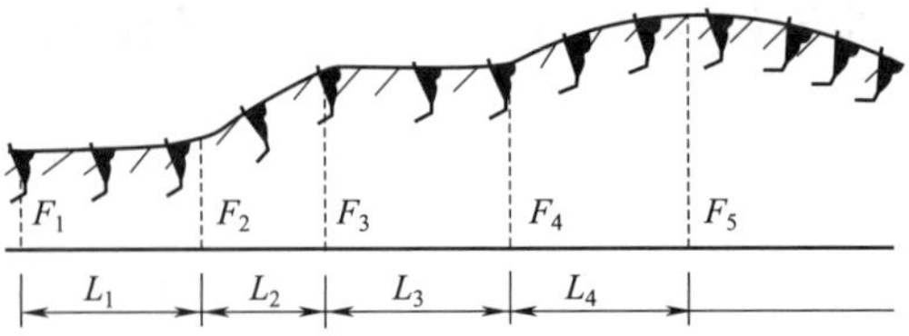

F_i—各断面面积；L_i—各断面之间的距离。

图 1.7　土方工程纵断面

$$V=\left(\frac{F_1+F_2}{2}\right)L_1+\left(\frac{F_2+F_3}{2}\right)L_2+\left(\frac{F_3+F_4}{2}\right)L_3+\cdots \tag{1.14}$$

需要注意的是，地形较为平坦时，两横截面之间的距离可大一些；地形起伏较大时，则有必要沿地形每一起伏转折点取横截面，以保证土方量计算的精确性。

1.1.5　场地平整土方量计算

场地平整是将天然高低不平的场地平整为符合设计标高要求的平面。根据场地天然地面标高和设计平面标高，可确定出场地内各点的挖填高度，由此可计算场地平整土方量。

问题讨论：

为什么要进行场地平整？在土方工程中有哪些作用？

阅读

文本1.1.5-2

1）场地设计标高 H_0 的确定

场地设计标高是进行场地平整和土方量计算的依据。合理确定场地设计标高，对于减少土方量、节约土方运输费用、加快施工进度均具有重要的经济意义。主要包括三种情形（图 1.8）：①当场地设计标高为 H_0 时，填挖方基本平衡，可将土方移挖作填、就地处理；②当场地标高为 H_1 时，填方远超过挖方，则需要在挖方的基础上从场外取土回填；③当场地标高为 H_2 时，挖方远超过填方，则需在填方的基础上向场外弃土。因此，确定场地设计标高时，有必要结合现场实际情况，通过技术经济分析确定出最优方案。

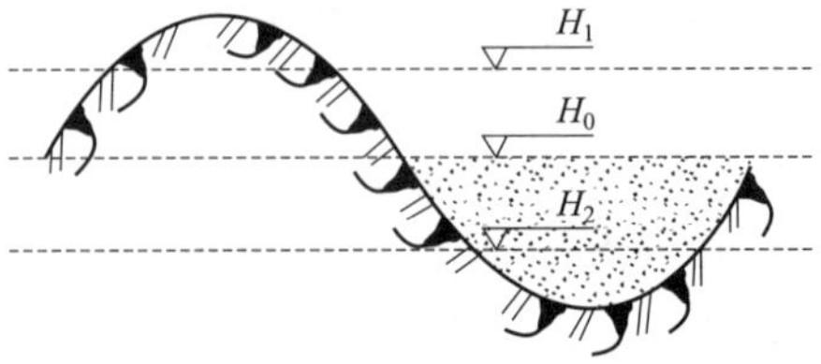

图 1.8　场地不同设计标高对土方工程量的影响

确定场地设计标高 H_0 时，应遵循如下原则：①应满足生产工艺和运输的要求；②充分利用地形，分区或分台阶布置，分别确定不同的设计标高；③使挖填平衡，土方量最少；④设置一定的泄水坡度（≥2%），使能满足排水要求；⑤考虑最高洪水位的影响。

对于具体的建设工程项目，场地设计标高应依据设计文件要求设置。设计文件无要求时，则可采用填挖土方量平衡的原则进行确定，即挖方总量等于填方总量。具体步骤如下：

(1)划分方格网

在场地地形图上，将施工区域划分为边长为10～50 m(一般取 $a=20$ m)的若干个方格网［图1.9(a)］。

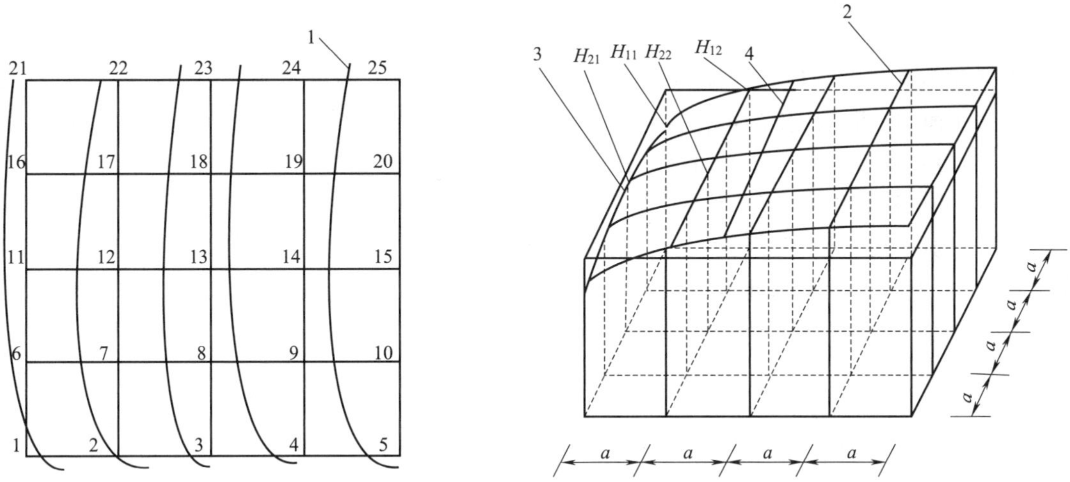

(a) 地形图上划分方格网

(b) 设计标高示意

1—等高线；2—自然地面；3—设计标高平面；4—零线。

图1.9　场地设计标高计算简图

(2)确定各方格角点的高程

常用的方法有：①用水准仪测量；②根据地形图上相邻两等高线的高程，用插入法求得；或可用一条透明纸带，在上面画6根等距离的平行线，把该透明纸带放到标有方格网的地形图上，将6根平行线的最外两根分别对准A点和B点，这时6根等距离的平行线将A、B之间的0.5 m或1 m(等高线的高差)分成5等分，于是便可直接读得 H_{13} 点的地面标高，如图1.10所示，$H_{13}=251.70$ m。

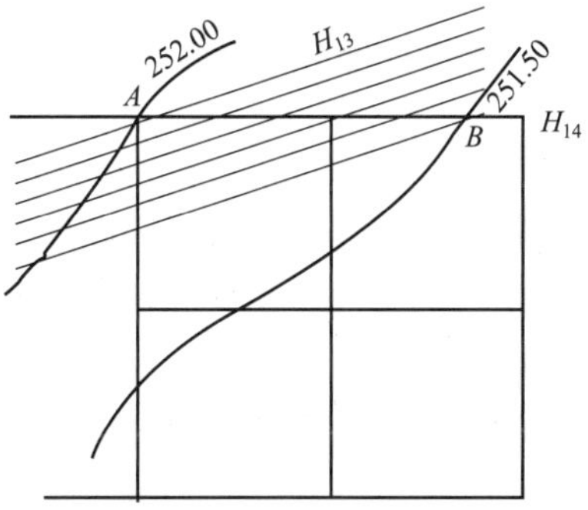

图1.10　插入法的图解法

(3)按挖填方平衡确定设计标高 H_0(图1.9)

$$H_0 Na^2 = \sum \left(a^2 \frac{H_{11} + H_{12} + H_{21} + H_{22}}{4} \right)$$

即

$$H_0 = \frac{\sum (H_{11} + H_{12} + H_{21} + H_{22})}{4N} \tag{1.15}$$

式中　H_0——场地设计标高(m)；

a——方格边长(m)；

N——方格数；

$H_{11}, H_{12}, H_{21}, H_{22}$——任一方格四个角点标高(m)。

根据图1.9可明确，相邻方格具有公共角点。其中，部分角点仅属于某一方格，在式(1.15)计算过程中仅加一次，如图1.9(a)中1、5、21、25角点；部分角点为两个相邻方格的公共角点，如图1.9(a)中2、3、4、6、……角点，在式(1.15)计算过程中要加两次；部分角点为四个相邻方格的公共角点，如图1.9(a)中7、8、9、……角点，在式(1.15)计算过程中要加四次。因此，式(1.15)可直接改写成：

$$H_0 = \frac{\sum H_1 + 2\sum H_2 + 4\sum H_4}{4N} \tag{1.16}$$

式中 H_1——一个方格仅有的角点标高(m)；

H_2——两个方格共有的角点标高(m)；

H_4——四个方格共有的角点标高(m)。

2)场地设计标高的调整

上述初步确定的场地设计标高 H_0 虽考虑了场地内土方的挖填平衡，但仅为一理论值。在实际施工时，还需考虑土的可松性影响、场地挖方和填方的影响、场地泄水坡度的影响等因素，进一步对场地设计标高 H_0 加以调整。

(1)土的可松性影响

由于土具有可松性，所以在挖、填几何体积相同时，开挖后的松土经填压夯实后仍会有多余。因此，需相应地提高场地设计标高，以达到实际土方量挖填的平衡。如图 1.11 所示，设 Δh 为土的可松性引起设计标高的增加值，则设计标高调整后的总挖方体积为V'_W[式(1.17)]。

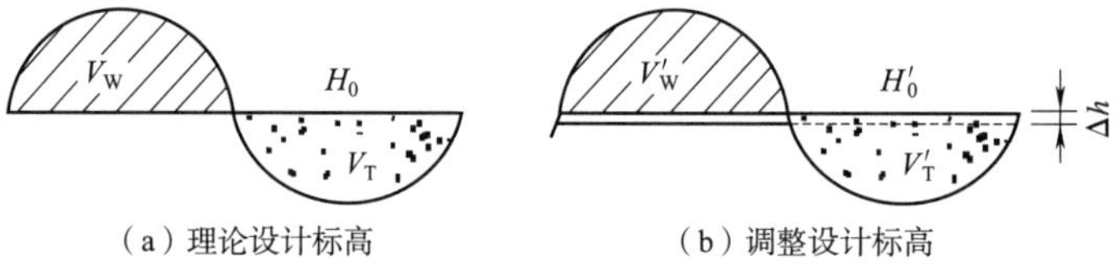

图 1.11 设计标高调整计算示意

$$V'_W = V_W - F_W \Delta h \tag{1.17}$$

根据土的可松性，可明确设计标高调整后的总填方体积为 V'_T，即

$$V'_T = V'_W K'_s = (V_W - F_W \Delta h) K'_s \tag{1.18}$$

此时，填方区的标高也应与挖方区一样，提高 Δh，即

$$V'_T = V_T + F_T \Delta h \tag{1.19}$$

$$\Delta h = \frac{V'_T - V_T}{F_T} = \frac{(V_W - F_W \Delta h) K'_s - V_T}{F_T} \tag{1.20}$$

移项整理简化得($V_T = V_W$)

$$\Delta h = \frac{V_W (K'_s - 1)}{F_T + F_W K'_s} \tag{1.21}$$

式中 V_W, V_T——按理论设计标高计算的总挖方、总填方体积(m^3)；

F_W, F_T——按理论设计标高计算的挖方区、填方区总面积(m^2)；

K'_s——土的最终可松性系数。

综上，可明确考虑土的可松性影响后，场地设计标高调整为 H'_0，即

$$H'_0 = H_0 + \Delta h \tag{1.22}$$

(2)场地挖方和填方的影响

结合土方工程实际与施工经济性，场地内部分挖方可就近弃于场外，部分填方可就近取土于场外。场外弃土或取土的做法均会引起挖填土方量的变化。必要时，可结合实际情况调整场地设计标高。

为简化计算，场地设计标高的调整值 H'_0，可按式(1.23)确定。

$$H'_0 = H_0 \pm \frac{Q}{na^2} \tag{1.23}$$

式中　Q——场地根据 H_0 平整后多余或不足的土方量(m^3)。

(3)场地泄水坡度的影响

按调整后的场地设计标高 H_0' 进行场地平整时，则整个场地处于同一水平面，但由于实际施工场地排水的要求，场地表面需有一定的泄水坡度。因此，还要根据泄水坡度的要求(单向泄水或双向泄水)，计算出场地内各方格角点实际施工所用的设计标高。

①单向泄水时

场地具有单向泄水要求时，设计标高的确定方法是将已调整后的设计标高 H_0' 作为场地中心线的标高(图 1.12)，场地内任一点的标高则可通过式(1.24)确定。

$$H_n = H_0' \pm li \tag{1.24}$$

式中　H_n——场地内任一点的设计标高(m)；

l——该点至设计标高(场地中心线)H_0' 的距离(m)；

i——场地泄水坡度(不小于 2‰)。

图 1.12 中，H_{52} 角点的设计标高为：$H_{52} = H_0' - 1.5ai$。

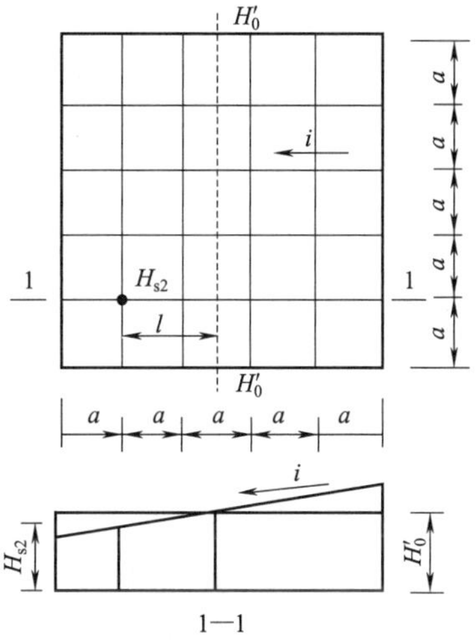

图 1.12　场地单向泄水坡度示意

②双向泄水时

场地具有双向泄水要求时，设计标高的确定方法是将已调整后的设计标高 H_0' 作为场地纵横方向中心线的标高(图 1.13)，场地内任一点的标高则可通过式(1.25)确定。

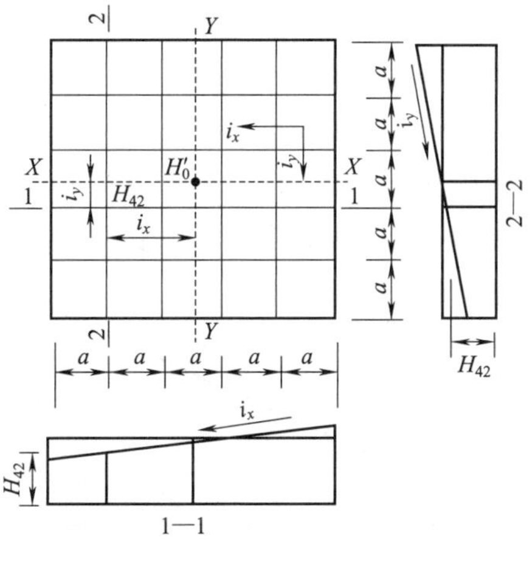

图 1.13　场地双向泄水坡度示意

$$H_n = H_0' \pm l_x i_x \pm l_y i_y \tag{1.25}$$

式中　H_n——场地内任一点的设计标高(m)；

l_x, l_y——计算点沿 X、Y 方向距场地中心线的距离(m)；

i_x, i_y——场地沿 X、Y 方向的泄水坡度。

图 1.13 中，H_{42} 角点的设计标高为：$H_{42} = H_0' - 1.5ai_x - 0.5ai_y$。

3)场地平整土方量计算

场地平整土方量的计算步骤为:①确定各方格角点的施工高度;②绘出“零线”;③计算场地挖、填土方量(图 1.14)。

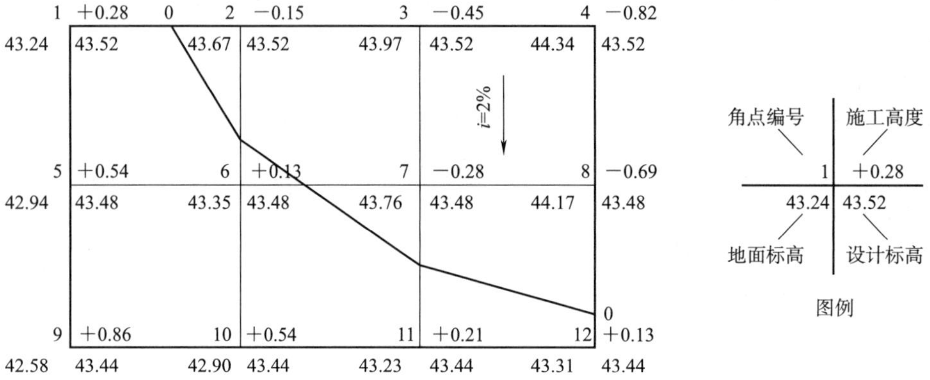

图 1.14　方格网法计算土方量

(1)求各方格角点的施工高度 h_n

$$h_n = H_n - H \tag{1.26}$$

式中　h_n——角点施工高度(m),以“+”为填,“−”为挖;

H_n——角点设计标高(m),若无泄水坡度时,即为场地设计标高;

H——角点自然标高(m)。

图 1.14 中,取场地方格边长 $a=20$ m,根据方格角点的地面标高求得 $H_0=43.48$ m,按单向排水坡度 2‰已求得各方格角点的设计标高,于是各方格角点的施工高度,即为该点的设计标高减去地面标高(见图 1.14 中图例)。

(2)绘出“零线”

“零线”位置的确定方法:①明确方格网中两端有“+”(填)、“−”(挖)的边线;②确定出相应边线的“零点”;③将相邻两“零点”连接起来,即为“零线”。

“零点”的确定方法为内插法(图 1.15),设 h_1 为填方角点的填方高度,h_2 为挖方角点的挖方高度,O 为零点位置。则由相似三角形可求得“零点”的位置[式(1.27)]。

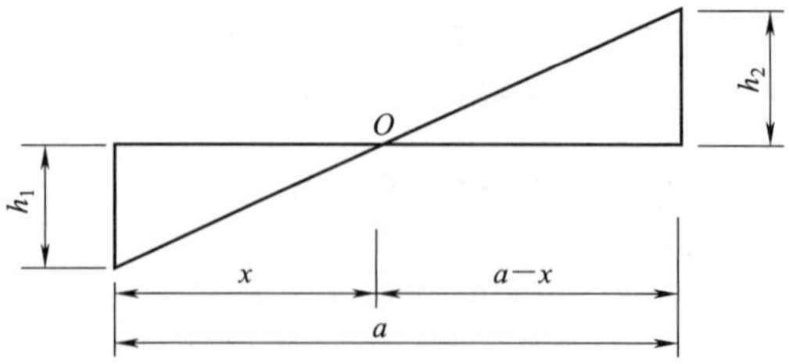

图 1.15　求零点方法

$$x = \frac{ah_1}{h_1 + h_2} \tag{1.27}$$

式中　x——零点至计算基点的距离(m);

a——方格边长(m)。

同理,除内插法外,亦可通过作图法直接求得零点位置。具体做法是:用相同的比例尺在边长的两端标出填、挖高度,填、挖高度连线与边长的相交点就是零点。

(3)计算场地挖、填土方量

绘出零线后,则可明确挖方区和填方区,便可用平均高度法(见 1.1.4“土方量计算的基本方法”)分别计算出各方格内的挖、填土方量。

4)场地边坡土方量计算

场地平整时,还需要计算边坡土方量(图 1.16)。具体计算步骤为:①标出场地四个角点 A、B、C、D 相应的填、挖高度及场地零线位置;②根据土质确定填、挖边坡的边坡坡度 m_1、m_2;③算出四个角点的放坡宽度,如 A 点为 m_1h_A,D 点为 m_2h_D;④绘制边坡图;⑤计算边坡土方量。

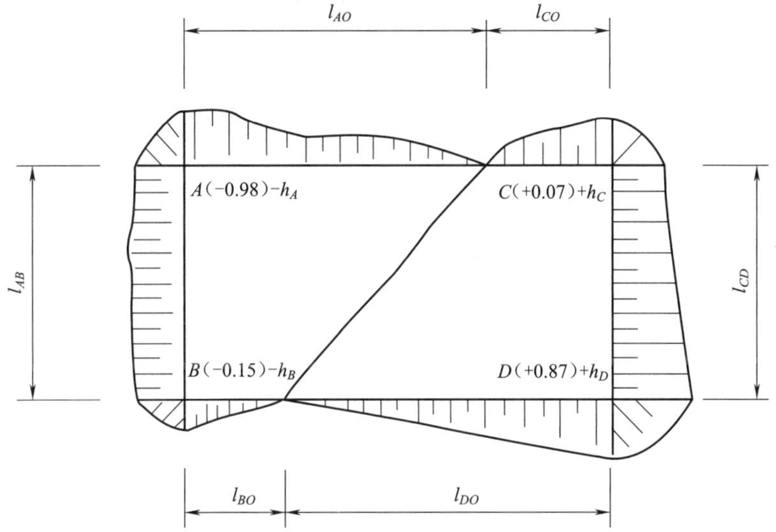

图 1.16　场地边坡土方量计算示意

计算边坡土方量时,主要包括如下三种情形:

(1)A、B、C、D 四个角点的土方量,近似地按正方锥体计算。

A 点土方量计算为:$V_A=\frac{1}{3}(m_1h_A)^2h_A=\frac{1}{3}m_1^2h_A^3$。

(2)AB、CD 两边的土方量按平均断面法计算。

AB 边的土方量为:$V_{AB}=\left(\frac{F_A+F_B}{2}\right)l_{AB}=\frac{m_1}{4}(h_A^2+h_B^2)l_{AB}$。

(3)AC、BD 两边的土方量分段按三角锥体计算。

AC 边 AO 断的土方量为:$V_{AO}=\frac{1}{3}\left(\frac{m_1h_A^2}{2}l_{AO}\right)=\frac{1}{6}m_1h_A^2l_{AO}$。

1.1.6　土方调配

土方调配是土方规划的一个重要内容,其目的是在土方总运输量最小或土方运输成本最小的前置条件下,确定出填、挖方区土方的调配方向和数量,以缩短工期、降低成本。土方调配工作包括:①划分土方调配区;②确定土方调配区之间的平均运距(单位土方运价,或单位土方施工费用);③确定土方最优调配方案;④绘制土方调配图表。

1)土方调配区划分

土方调配的核心目的在于:①力求挖填平衡,运输量最小(即挖方量与运距的乘积之和尽可能最小);②考虑后期工程需要,明确土方利用要求、数量及堆放位置,避免重复挖填和运输,且利于创造施工条件;③便于改土造田、支援农业。

基于上述核心目的,土方调配区划分时,应遵循如下原则:

(1)应与工程建(构)筑物的位置相协调,满足工程施工顺序和分期施工的要求,使近期施工与后期利用相结合。

(2)应考虑土方机械、运输机械的技术性能,使其功能得到充分发挥,如调配区的长度应大于或等于机械铲土长度。

(3)调配区的范围应与土方量计算方格网相协调,通常可用若干个方格组成一个调配区。

(4)从经济效益出发,考虑就近取土或就近弃土。相应的,一个取土区或弃土区均可作为一个独立的调配区。

(5)尽可能与城市规划、农田水利、大型地下建筑物的施工相结合,避免土方重复挖填和运输。

2)土方调配平均运距确定

土方调配平均距离(平均运距)是指挖方区土方重心至填方区土方重心的距离。因此,确定平均运距时,需先确定出各调配区的重心。

(1)调配区重心确定

取场地或方格网的纵横两边为坐标轴,通过式(1.28)分别求出各调配区土方的重心位置。当地形复杂时,也可用作图法近似地求出形心位置,以代替重心的位置。

$$\overline{X}=\frac{\sum V\cdot x}{\sum V},\qquad \overline{Y}=\frac{\sum V\cdot y}{\sum V} \tag{1.28}$$

式中 $\overline{X},\overline{Y}$——单个调配区的重心坐标;

V——调配区内各方格的土方量(m^3);

x,y——调配区内各方格的重心坐标。

(2)平均运距计算

调配区重心确定后需标注于图上,然后用比例尺量出每对调配区之间的平均运距,也可通过式(1.29)计算确定。

$$L=\sqrt{(\overline{X}-{}_{\mathrm{W}}\overline{X}_{\mathrm{T}})^2+(\overline{Y}_{\mathrm{W}}\,\overline{Y}_{\mathrm{T}})^2} \tag{1.29}$$

式中 L——挖、填方区之间的平均运距(m);

$\overline{X}_{\mathrm{T}},\overline{Y}_{\mathrm{T}}$——填方区重心坐标;

$\overline{X}_{\mathrm{W}},\overline{Y}_{\mathrm{W}}$——挖方区重心坐标。

3)最优调配方案确定

最优土方调配方案的确定,是以线性规划为理论基础,常采用"表上作业法"求解。现通过示例介绍如下:

【例】 已知某场地有四个挖方区和三个填方区,相应的挖填土方量和各对调配区之间的运距如图 1.17 所示。

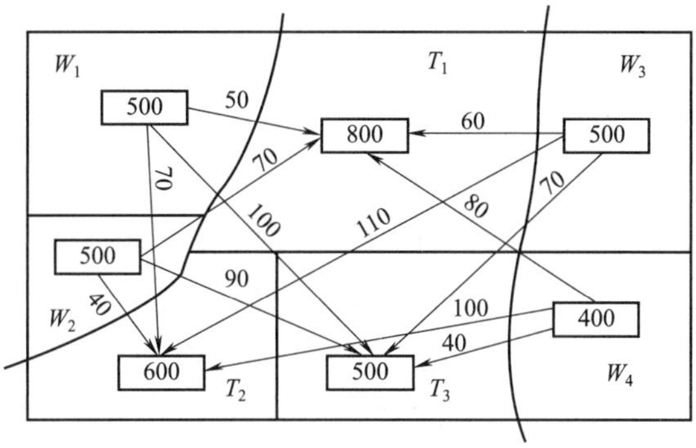

图 1.17　各调配区土方量和平均运距（土方量单位：m^3，运距单位：m）

（1）编制初始调配方案

采用“最小元素法”编制初始调配方案（遵循就近原则），每个挖方区的土方应调到运距尽可能短的填方区，对运距最小者优先满足土方调配要求（表 1.8），具体步骤如下：①先确定出各调配区之间平均运距的最小值，可明确调配区$W_2 \to T_2$、$W_4 \to T_3$ 的平均运距最短，即$C_{22}=C_{43}=40$（任选其中一个，现取C_{22}）；②由图 1.17 可知，W_2 的挖方量为 500，T_2 的填方量为 600，所以可明确$W_2 \to T_2$ 的最大运土量为 500（即$X_{22}=500$）；同时，W_2 的挖方量如调配完，则对其余填方区则无土可调配，所以可确定$X_{21}=X_{23}=0$；由此，将 500 填入X_{22}单元格内，并在X_{21}、X_{23}单元格内填入“×”（表 1.8）；③然后，在其余单元格内选取平均运距最小的方格（$C_{43}=40$），同理可确定$X_{43}=400$，同时$X_{41}=X_{42}=0$；由此，将 400 填入X_{43}单元格内，并在X_{41}、X_{42}单元格内填入“×”；④重复上述步骤，依次确定其余X_{ij}的数值，最后得出初始调配方案，见表 1.8。

表 1.8　土方初始调配方案

填	挖			挖方量（m^3）
	T_1	T_2	T_3	
W_1	500　50	×　70	×　100	500
W_2	×　70	500　40	×　90	500
W_3	300　60	100　110	100　70	500
W_4	×　80	×　100	400　40	400
填方量（m^2）	800	600	500	1 900

注：□中数值为对应调配区之间的平均运距。

根据初始调配方案，可明确土方总运输量为

$$Z_0=500\times50+500\times40+300\times60+100\times110+100\times70+400\times40=97\ 000(m^3\cdot m)$$

（2）判别最优调配方案

已编制的初始调配方案，其总运输量相对较小，但尚不能确定为总运输量最小。因此，还需判别其是否为最优方案。判别方法包括“闭回路法”和“位势法”，判别实质均是明确检验数$\lambda_{ij}\geqslant0$，则该方案为最优方案；否则，不是最优方案，还需进行调整。

下面对“位势法”求检验数进行说明：

①求位势数 u_i 和 v_j

在初始调配方案中，对调配数非零的单元格，按式（1.30）求出两组位势数 u_i 和 v_j。

$$C_{ij}=u_i+v_j \tag{1.30}$$

式中 C_{ij}——平均运距(m)；

u_i, v_j——位势数。

本例中 u_i 和 v_j 位势数计算过程为：①首先设 $u_1=0$，则 $v_1=C_{11}-u_1=50-0=50$；②$u_3=C_{31}-v_1=60-50=10$；③$v_2=C_{32}-u_3=110-10=100$；④依此类推，计算结果见表 1.9。

表 1.9 位势数计算

填	挖			
	位势数	T_1	T_2	T_3
位势数	u_i			
	v_j	$v_1=50$	$v_2=100$	$v_3=60$
W_1	$u_1=0$	500 [50]	[70]	[100]
W_2	$u_2=-60$	[70]	500 [40]	[90]
W_3	$u_3=10$	300 [60]	100 [110]	100 [70]
W_4	$u_4=-20$	[80]	[100]	400 [40]

②求检验数 λ_{ij}

位势数求出后，便可按式(1.31)计算各空单元格的检验数(注：有土方量单元格的检验数必为零)。

$$\lambda_{ij}=C_{ij}-u_i-v_j \tag{1.31}$$

本例中各空单元格检验数计算过程为：①$\lambda_{12}=70-0-100=-30$；②$\lambda_{13}=100-0-60=40$；③$\lambda_{21}=70-(-60)-50=80$；④依此类推，计算结果见表 1.10。

表 1.10 检验数计算

填	挖			
	位势数	T_1	T_2	T_3
位势数	u_i			
	v_j	$v_1=50$	$v_2=100$	$v_3=60$
W_1	$u_1=0$	0	−30 [70]	+40 [100]
W_2	$u_2=-60$	+80 [70]	0	+90 [90]
W_3	$u_3=10$	0	0	0
W_4	$u_4=-20$	+50 [80]	+20 [100]	0

由表 1.10 可知，$\lambda_{12}=-30$，为“−”值，不满足 $\lambda_{ij}\geqslant 0$ 的判别标准，故初始方案不是最优方案，应对其进一步调整。

(3)调配方案调整

①选取负检验数最小值(本例中为 C_{12})，将其对应变量 X_{12} 作为调整的对象。

②找出 X_{12} 的闭回路：从 X_{12} 出发，沿水平或竖直方向前进，遇到调配数非零的单元格作 90°转弯，然后依次类推前进，直至回到出发点，形成一条闭回路(表 1.11)。

表 1.11 X_{12}的闭回路

填	挖		
	T_1	T_2	T_3
W_1	500 ←	X_{12}	
W_2	↓	↑ 500	
W_3	300 →	100	100
W_4			400

③从空格X_{12}出发，沿闭合回路前进（方向任意），在奇数次转角点土方数字中，挑出最小值（表 1.11 中，一次转角点为 500、三次转角点为 100，故此选择 100），将其由X_{32}调到X_{12}单元格中。

④进一步在闭环回路上，将奇数次转角点的数字减去调动值（100），偶数次转角点的数字增加调动值（100），从而使挖填区土方量仍然保持平衡（表 1.12）。至此，则得到调整后新的调配方案（表 1.13）。

表 1.12 初始方案调整

填	挖		
	T_1	T_2	T_3
W_1	(400) 500 ←	(100) X_{12}	
W_2	↓	↑ 500	
W_3	300 (400) →	100 (0)	100
W_4			400

表 1.13 调整后新的调配方案

填方区	挖方区				挖方量 (m³)
	位势数	B_1	B_2	B_3	
	v_j	u_i			
		$v_1=50$	$v_2=70$	$v_3=60$	
A_1	$u_1=0$	50 400	70 100	100 +	500
A_2	$u_2=-30$	70 +	40 500	90 +	500
A_3	$u_3=10$	60 400	110 +	70 100	500
A_4	$u_4=-20$	80 +	100 +	40 400	400
填方量(m³)		800	600	500	1 900

对调整后新的调配方案，仍采用“位势法”进行检验，若检验数中仍有负数，则继续按上述

步骤调整，直到求得最优方案为止。

本例表 1.13 中，所有检验数均为正，故该方案为最优方案。其土方总运输量为：$Z_1 = 400\times50+100\times70+500\times40+400\times60+100\times70+400\times40=94\ 000(\mathrm{m^3\cdot m})$。较初始方案 $Z_0 = 97\ 000\ \mathrm{m^3\cdot m}$ 减少了 $3\ 000\ \mathrm{m^3\cdot m}$。

(4)绘制土方调配图

最后，将调配方案绘制成土方调配图(图 1.18)，在图中应标明挖填调配区、调配方向、土方数量以及每对挖填调配区之间的平均运距。需要说明的是，调配方案需充分结合工程实际，对于地形狭长、运距较远的复杂地形，可采取就近弃土或取土的平衡调配方案更为经济。

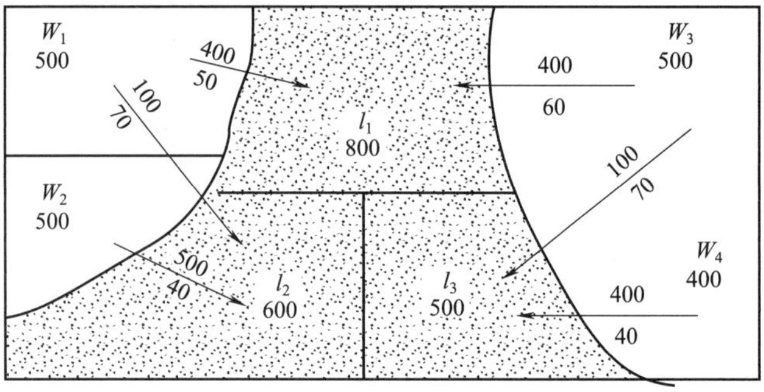

图 1.18　土方调配图

注：箭线上方为土方量($\mathrm{m^3}$)，箭线下方为运距(m)

环境保护：

“绿水青山就是金山银山”。请思考渣土运输、弃置过程中，存在哪些环境污染问题？可采取哪些环保措施？

阅读

文本1.1.6-3

1.2　土方工程施工要点

土方工程施工应重点解决“土壁稳定、施工排水、流砂防治、填土压实”等问题。

1.2.1　土壁稳定

土壁或边坡的稳定主要由土体内摩擦阻力和黏结力来保持平衡。一旦土体失去平衡，则会产生塌方，进而导致人员伤亡、工期延误，甚至危及周边建(构)筑物的安全稳定。

1)土壁塌方的原因

造成土壁塌方的原因主要涉及土方边坡过陡、降水排水不力、周边堆载超标、开挖施工不当等。

(1)土方边坡过陡。放坡开挖时，若边坡设置过陡，会造成土体稳定性不足，从而引起塌方现象。尤其在土质差、开挖深度大的基坑(槽)中，易发生此类情形。

(2)施工排水不力。由于施工排水不力，使得雨水、地下水渗入基坑，导致土体泡软、重量增大、抗剪能力降低。

(3)周边堆载超标。基坑边缘附近大量推土、停放机具材料或受动荷载扰动,致使土体中剪应力超过土体抗剪强度。

(4)开挖施工不当。土方开挖时,未遵循“从上往下,分层开挖;开槽支撑,先撑后挖”的原则。

典型案例:

某地铁站深基坑发生坍塌,塌陷面积长 75 m、宽约 20 m、深 15 m,11 辆以上行驶中的汽车坠入塌陷处,造成死亡 21 人、重伤 1 人、轻伤 3 人,直接经济损失达 4 962 万余元。经调查,直接原因主要为:①土方超挖;②支撑体系存在薄弱环节;③监测处于失效状态。间接原因主要为:①施工单位未充分执行安全措施;②监理单位对违规行为制止不力;③原勘察单位未根据当地软土特点,综合选用基坑围护设计参数,安全储备不足。

2)防治塌方的措施

根据上述土壁塌方的主要原因,为保证开挖施工的安全稳定,需重点关注放足边坡、合理支撑、有效排水、规范开挖、动态监测等预防性措施。

(1)放足边坡

土方边坡基础性内容详见本书 1.1.3 部分。边坡留设应符合现行相关标准规范的要求,坡度大小应结合土壤性质、水文地质条件、施工条件及方法、开挖深度、工期长短等因素综合确定。例如:①从土壤性质角度,黏性土边坡可陡些,砂性土边坡应平缓些;②从施工方法角度,井点降水或机械在坑底挖土时,边坡可陡些;明沟排水、人工挖土或机械在坑上边挖土时,边坡应平缓些;③从施工条件角度,当基坑附近有主要建筑物时,边坡坡率应取 1∶1.0～1∶1.5。

(2)合理支撑

不具备自然放坡条件或有邻近重要建(构)筑物区域的开挖,应根据具体情况采取支撑或支护措施。如:受场地限制不能按要求放坡;因放坡导致土方量太大等。表 1.14 所列为一般沟槽支撑方法;表 1.15 所列为一般基坑支撑方法;表 1.16 所列为深基坑的支(撑)护方法。

表 1.14 一般沟槽的支撑方法

支撑方式	简 图	支撑方式及适用条件
间断式 水平支撑	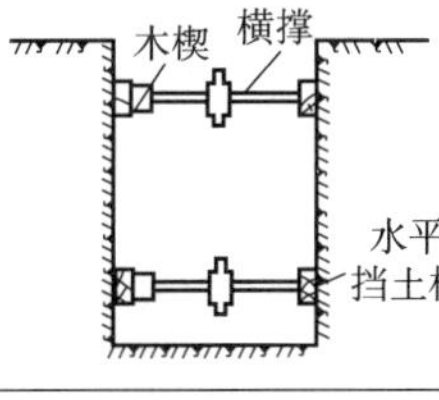	两侧挡土板水平放置,用木或工具式横撑及木楔顶紧,挖一层土,支顶一层 适用于能保持直立壁的干土或天然湿度的黏土,地下水很少,深度在 2 m 以内
断续式 水平支撑	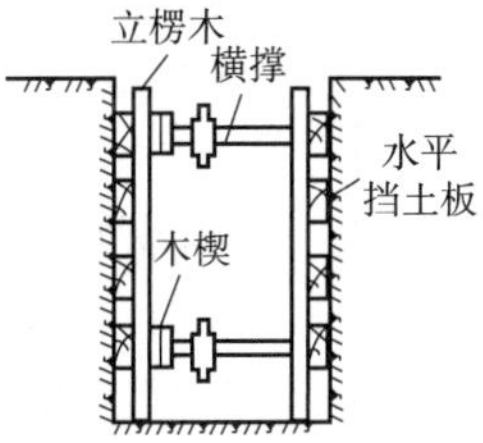	挡土板水平连续放置,不留间隙,然后两侧同时对称立竖楞木,再用木或工具式横撑及木楔上下顶紧 适于能保持直立壁的干土或天然湿度的黏土,地下水很少,深度在 3 m 以内

续上表

支撑方式	简　图	支撑方式及适用条件
连续式 水平支撑	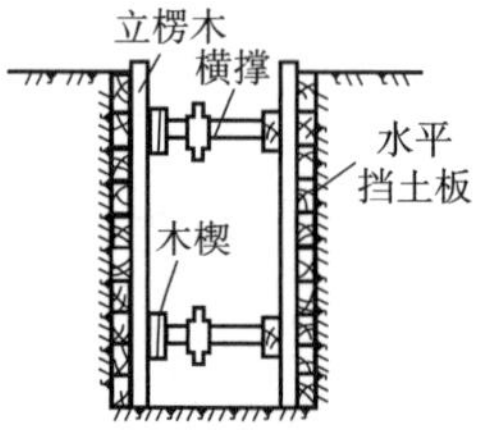	挡土板水平连续放置，不留间隙，然后两侧同时对称立竖楞木，再用木或工具式横撑及木楔上下顶紧 适用于较松散的干土或天然湿度的黏性土，地下水很少，深度 3～5 m
连续或 间断式 垂直支撑	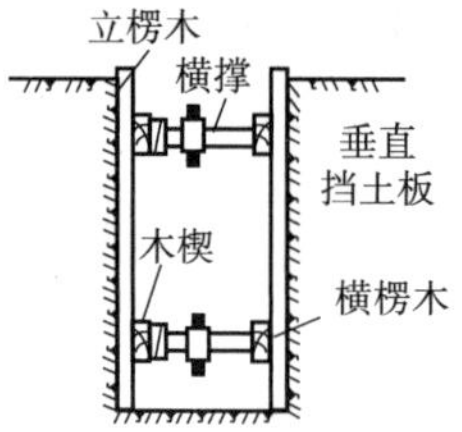	挡土板垂直放置，连续或留适当间隙，然后每侧上下各水平顶一根楞木，再用横撑顶紧 适于土质较松散或湿度很高的土，地下水较少，深度不限
水平垂直混合支撑	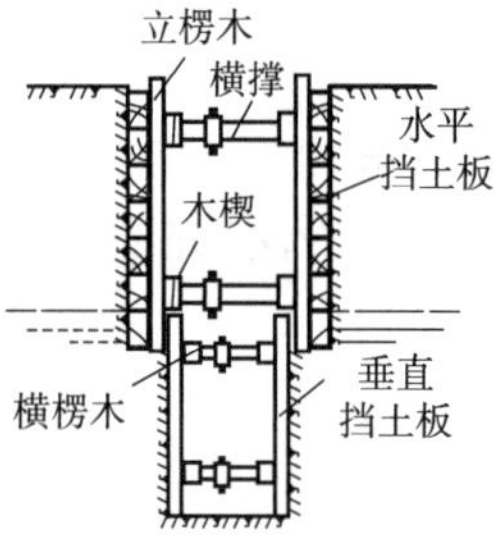	沟槽上部设连续或水平支撑，下部设连续或垂直支撑 适于沟槽深度较大，下部有含水土层情况

表 1.15　一般基坑的支撑方法

支撑方式	简　图	支撑方法及适用条件
斜柱支撑	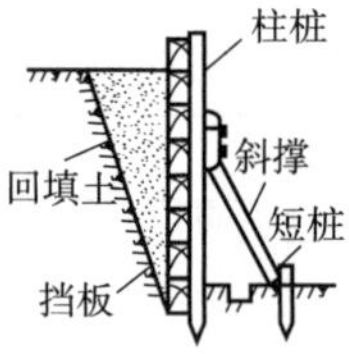	水平挡土板钉在柱桩内侧，柱桩外侧用斜撑支顶，斜撑低端支在木桩上，在挡土板内侧回填土 适用于开挖面积较大，深度不大的基坑或使用机械挖土
锚拉支撑	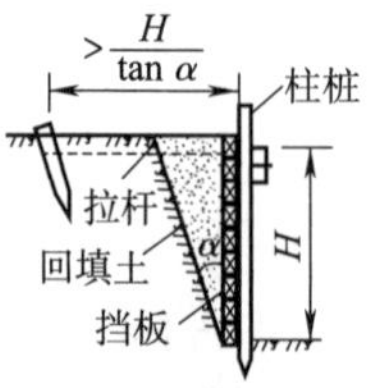	水平挡土板在柱桩的内侧，柱桩的一端打入土中，另一端用拉杆于锚桩拉紧，在挡土板内侧回填土 适用于开挖面积较大，深度不大的基坑或使用机械挖土
短柱横隔支撑	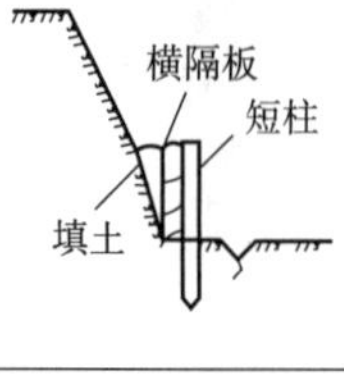	打入小短木桩，部分打入土中，部分露出地面，钉上水平挡土板，在背面填土 适于开挖宽度大的基坑，当部分地段下部放坡不够时使用

续上表

支撑方式	简　　图	支撑方法及适用条件
临时挡土墙支撑	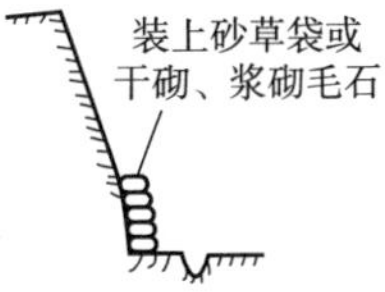	沿坡脚用砖,石叠砌或用草袋装土砂堆砌,使坡脚保持稳定 适于开挖宽度大的基坑,当部分地段下部放坡不够时使用

表 1.16　深基坑支撑(护)方法

支撑(护)方式	简　　图	支撑(护)方法及适用条件
型钢桩横挡板支撑	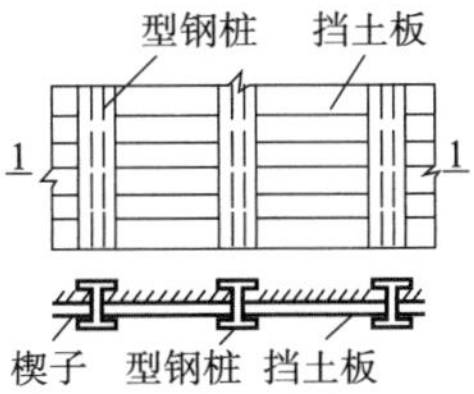	沿挡土位置先打入型钢,然后边挖土,边将 3～6 cm厚的挡土板塞进型钢之间挡土 适于地下水较低,深度不是很大的一般黏性土或砂土层中应用
钢板桩支撑	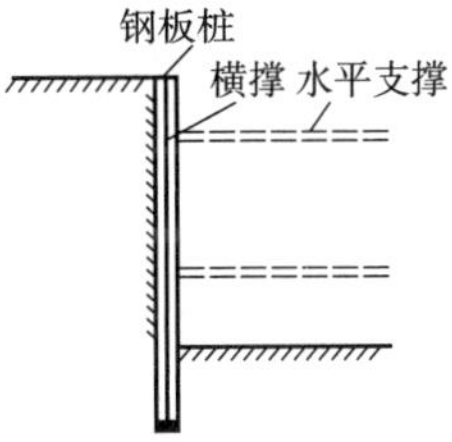	在开挖的基坑周围打钢板桩或钢筋混凝土板桩,板桩入土深度及悬臂长度应经计算确定,如基坑宽度很大,可加水平支撑 适于一般地下水,深度和宽度不很大的黏性土或砂土层中应用
钢板桩与钢构架结合支撑	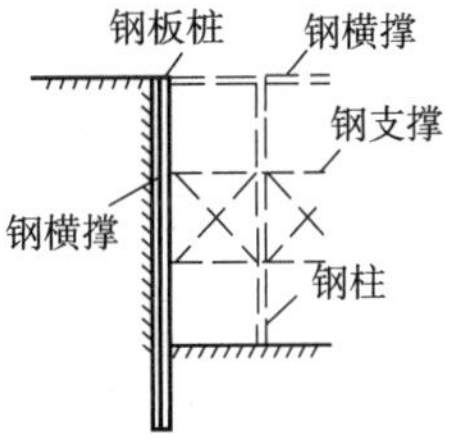	在开挖的基坑周围打钢板桩,在柱的位置打入暂设的钢柱,在基坑中挖土,每下挖 3～4 m,装上一层构架支撑体系,挖土在钢构架网格中进行,亦可不预先打入钢柱,随挖随接长支柱 适于在饱和软弱土层中开挖较大、较深基坑,钢板桩刚度不够时采用
挡土灌注桩支撑	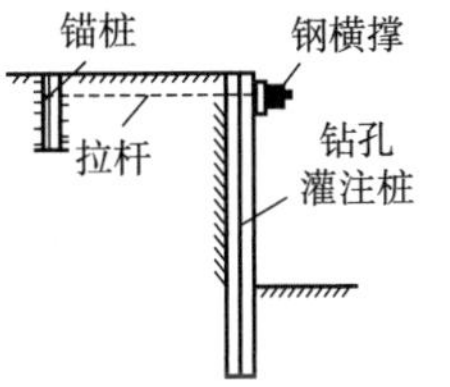	在开挖的基坑周围,用钻机钻孔,现场灌注钢筋混凝土桩,达到强度后,在基坑中间用机械或人工挖土,下挖 1 m 左右装上横撑,在桩背面装上拉杆与已设锚桩拉紧,然后继续挖土至要求深度 适于开挖较大、较深基坑,临近有建筑物,不允许支护,背面地基有下沉、位移时采用
挡土灌注桩与土层锚杆结合支撑	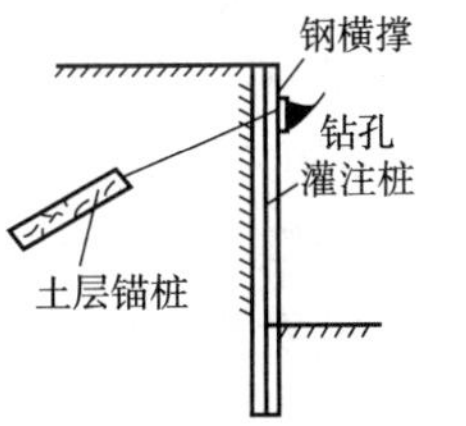	同挡土灌注桩支撑,但桩顶不设锚桩锚杆,而是挖至指定深度,每隔一定距离向桩背面斜下方用锚杆钻机打孔,安放钢筋锚杆,用水泥压力灌浆,达到强度后,安上横撑,拉紧固定 适于大型较深基坑,施工期较长,邻近地基不允许有任何下沉位移时采用

续上表

支撑(护)方式	简图	支撑(护)方法及适用条件
地下连续墙支护	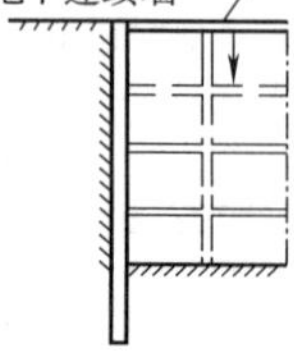	在待开挖的基坑周围,先建造混凝土或钢筋混土地下连续墙,达到强度后,在墙中间用机械或人工挖土,直至要求深度。用于逆作法施工,每下挖一层,把下一层梁、板、柱浇筑完成,以此作为地下连续墙的水平框架支撑,如此循环作业,直到地下室的底层全部挖完土,浇筑完成 适于开挖较大、较深(>10 m)、有地下水、周围有建筑物、公路的基坑,作为地下结构的外墙一部分,或用于高层建筑的逆作法施工,作为地下室结构的部分外墙
地下连续墙与土层锚杆结合支护	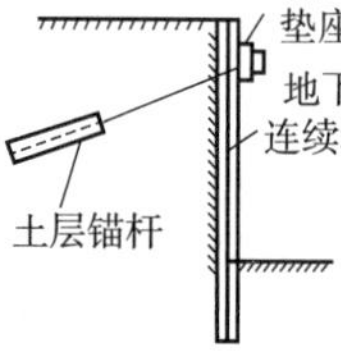	在待开挖的基坑周围先建造地下连续墙支护,在墙中部用机械配合人工开挖土方至锚杆部位,用锚杆钻机在要求位置钻孔,放入锚杆,进行灌浆,待达到强度,装上锚杆横梁,或锚头垫座,然后继续下挖至要求深度,如设 2～3 层锚杆,每挖一层装一层,采用快凝砂浆灌浆 适于开挖较大、较深、有地下水的大型基坑、周围有高层建筑,不允许支护有变形,采用机械挖方,要求有较大空间,不允许内部设支撑时采用
土层锚杆支护	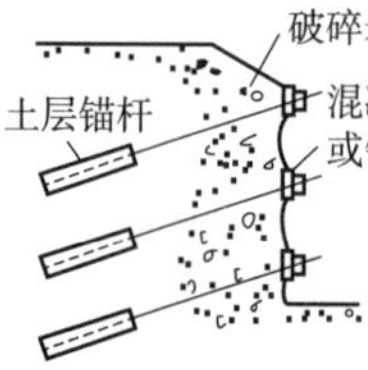	沿开挖基坑边坡每 2～4 m 设置一层水平土层锚杆,直到挖土至要求深度 适于较硬土层中或破碎岩石中开挖较大、较深基坑,邻近有建筑物必须保证边坡稳定时采用

需要说明的是,依据“基坑支护结构失效、土体过大变形”对基坑周边环境或主体结构施工安全的影响程度,《建筑基坑支护技术规程》(JGJ 120—2012)将基坑支护安全等级划分为三级:一级为影响很严重,二级为影响严重,三级为影响不严重。对于同一基坑的不同侧壁,可结合工程实际采用不同的安全等级。

(3)有效排水

在土方开挖过程中,应做到有效地施工排水,并防止流砂现象的发生,以保证开挖施工的安全稳定,具体内容详见本书 1.2.2 部分。

(4)规范开挖

开挖施工的规范性是土方工程得以安全高效开展的充分保证,应注重如下要点:①应避免在坑槽边缘大量堆载(堆置大量土方、材料和机械设备)或存有较大动荷载扰动;②应尽可能缩短坑槽的暴露时间,开挖后应立即进行基础或地下结构施工;③对滑坡地段的挖方,不宜在雨期施工;同时,应遵循先整治后开挖、自上至下的开挖顺序,严禁先切除坡脚或在滑坡体上弃土;④如有危岩、孤石、崩塌体等不稳定迹象时,应先做妥善处理。

(5)动态监测

基坑工程应根据支护结构安全等级,以及地质条件、周边环境条件、施工场地条件、工期要求等，在施工前制定详细的设计、施工、监测方案。主要目的在于对支护结构、周围岩土体及周边环境中存在的各种风险进行辨识、分析、评价和预测，从而为动态设计、信息化施工提供依据。结合岩土工程分析手段和工程经验，监测数据能够反映基坑工程的安全状态，并为风险预测提供支持。因此，监测数据是基坑工程的“体温表”和安全施工的“眼睛”，动态监测是判断基坑稳定性、周边环境安全、优化设计和指导安全施工的非常重要的信息化手段。

1.2.2 施工降排水

基坑开挖过程中，若施工降排水不力，则可能导致地下水涌入坑内，致使施工条件恶化、土壁失稳塌方、地基承载力不足，并可能对周边建筑物、地下管线、道路、轨道交通设施等产生不利影响。因此，在土方开挖过程中，应充分有效地做好施工降排水工作，以保证基坑工程的安全稳定。

要点解析：

在降低基坑内水位的同时，周边一定范围内的地下水位也随之降低，从而可能引起土体固结下沉，建筑物、道路、管线发生变形，甚至造成开裂、倾斜、倒塌。对此，常采取在基坑四周设置截水帷幕、地下水回灌、水位及周边环境监测等控制措施。在城市环境密集区的深基坑降水，应制定专项降水方案，并评估降水对周边环境的影响。

施工降排水的方式可分为明排水法和人工降低地下水位法两种。其中：①明排水法是采用截、疏、抽的方法（截，是截住水流；疏，是疏干积水；抽，是在基坑开挖过程中，在坑底设置集水井，并沿坑底周围开挖排水沟，使水流入集水井中，再用水泵抽走）。②人工降低地下水位法是在基坑开挖前，先在开挖区域周围埋设一定数量的滤水管（井），利用抽水设备从中抽水，使地下水位下降到基坑底面以下，直到基础工程施工完毕为止。此种方式，能保证开挖过程中，基坑土体保持干燥状态，防止流砂发生并改善工作条件。

人工降低地下水位法可分为轻型井点、喷射井点、电渗井点、管井井点、深井井点等方法。

1）轻型井点

轻型井点（图 1.19），是沿基坑的四周将许多直径较小的井点管埋入地下蓄水层内，井点管上端通过弯联管与总管连接，通过总管利用抽水设备将地下水从井点管内不断抽出，从而使原地下水位降至坑底以下。

此种方法适用于土壤渗透系数 $K=0.1\sim50$ m/d 的土层中，降水深度为：单级轻型井点 3～6 m，多级轻型井点 6～12 m。

（1）轻型井点设备

轻型井点设备主要由管路系统和抽水设备组成。其中，管路系统包括：井点管（下端为滤管）、弯联管、集水总管（图 1.19）。

井点管构造为：直径为 38～55 mm、长 6～9 m 的钢管，下端配有滤管和锥形铸铁塞头（图 1.20）。滤管长 1.0～1.5 m，管壁上钻有 $\phi(12\sim18)$ mm 呈梅花形排列的滤孔；管壁外包两层滤网，内层为 30～50 孔/cm^2 的黄铜丝或尼龙丝布的细滤网，外层为 3～10 孔/cm^2 的粗滤网或棕皮。为避免滤孔淤塞，在管壁与滤网间用塑料管或梯形铅丝绕成螺旋状隔开，滤网外再绕一层粗铁丝保护网。

弯联管宜用透明塑料管，以便随时查看井点管的工作情况；并装有阀门，以便检修井点。集水总管一般用 $\phi(75\sim100)$ mm 的钢管分节连接，每节长 4 m，其上每隔 0.8～1.6 m 装有与井点管连接的短接头。同时，集水总管应有 2.5‰～5‰坡向泵房的坡度。抽水设备通常选用真空泵、射流泵、隔膜泵井点等设备。

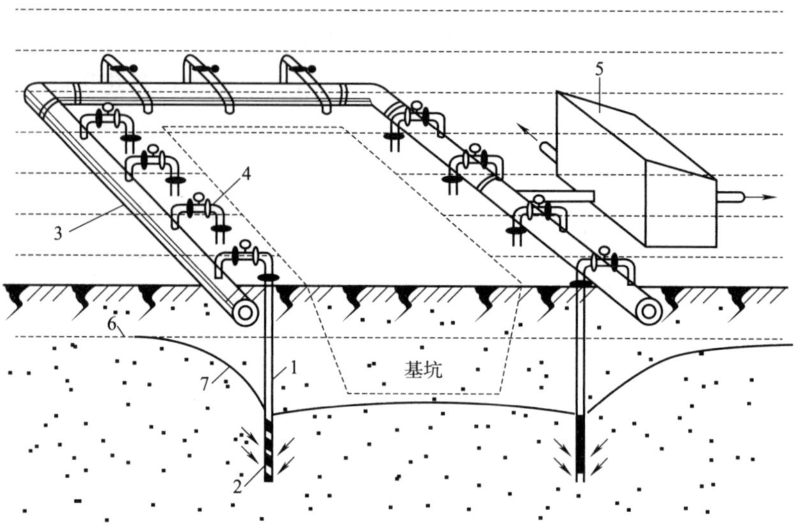

1—井点管；2—滤管；3—集水总管；4—弯联管；
5—水泵房；6—原地下水位线；7—降低后的地下水位线。

图 1.19　轻型井点降水法

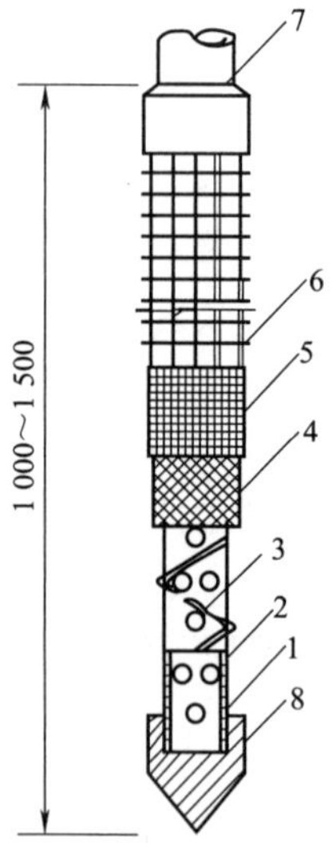

1—钢管；2—滤孔；3—缠绕的塑料管；4—细滤网；
5—粗滤网；6—粗铁丝保护网；7—井点管；8—铸铁头。

图 1.20　滤管构造(单位：mm)

(2)轻型井点布置

轻型井点系统的布置，应根据基坑平面形状及尺寸、开挖深度、土质、地下水位及流向、降水深度要求等确定。

①平面布置

当基坑或沟槽宽度小于 6 m，降水深度不超过 5 m 时，可采用单排井点，将井点管布置在地下水流的上游一侧，两端延伸长度不小于基坑宽度 B(图 1.21)。如宽度大于 6 m 或土质不良、渗透系数较大，宜采用双排井点，布置在基坑(槽)的两侧，位于地下水流上游一排井点管的间距应小些，下游一排井点管的间距应大些。当基坑面积较大时，应采用环形井点(图 1.22)。井点管距离基坑壁不应小于 1.0～1.5 m，间距一般为 0.8～1.6 m，由计算或经验确定。井点管在总管四角部分应适当加密。

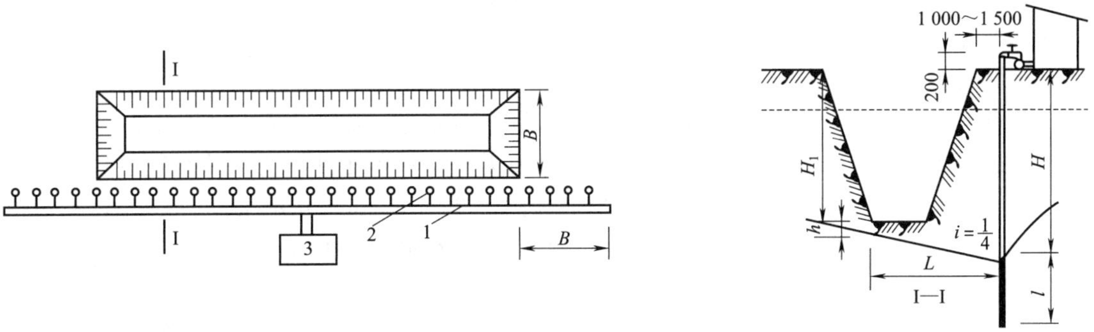

(a) 平面布置　　　　(b) 高程布置

1—集水总管；2—井点管；3—抽水设备。

图 1.21　单排井点布置(单位：mm)

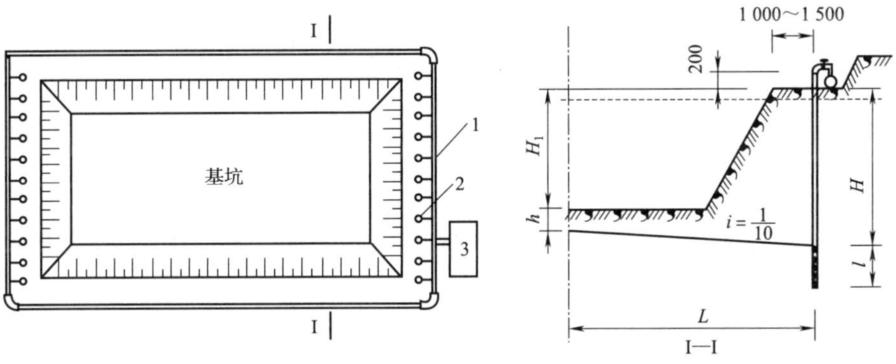

(a) 平面布置　　　　(b) 高程布置

1—集水总管；2—井点管；3—抽水设备。

图 1.22　环形井点布置(单位：mm)

②高程布置

轻型井点的降水深度，从理论上讲利用真空泵抽吸地下水可达 10.3 m，但考虑抽水设备的水头损失后，一般不超过 6 m。

井点埋深深度 H(不包括滤管)，可按式(1.32)计算[图 1.22(b)]。

$$H \geqslant H_1 + h + iL \tag{1.32}$$

式中　H_1——井点管埋设面至坑底面的距离(m)；

h——降低后的地下水位至基坑中心底面的距离(m)，一般为 0.5～1 m；

i——水力坡度，环形井点为 $\frac{1}{10}$，单排井点为 $\frac{1}{4}$；

L——井点管至基坑中心的水平距离(m)。

如 H 值小于降水深度 6 m，可用一级井点；H 值稍大于 6 m，可采用降低总管埋设面的方法，满足降水深度要求，仍可采用一级井点；当一级井点达不到降水深度要求时，可采用二级井点或喷射井点。

(3)轻型井点计算

井点系统的设计计算，必须建立在可靠资料的基础上，如施工现场地形图、水文地质勘察资料、基坑的设计资料等。设计内容除井点系统的布置外，还需确定井点的数量、间距、井点设备的选择等。

①井点系统的涌水量计算

井点系统所需井点管的数量，是根据其涌水量来确定的。而井点系统的涌水量，则是按水井理论进行计算。根据地下水有无压力，水井分为无压井和承压井。当水井布置在具有潜水自由面的含水层中时，称为无压井[图 1.23(a)和图 1.23(b)]；布置在承压含水层中时，称为承压井[图 1.23(c)和图 1.23(d)]；当水井底部达到不透水层时称为完整井[图 1.23(a)和图 1.23(c)]；反之，称为非完整井[图 1.23(b)和图 1.23(d)]。不同类型的水井，其涌水量计算的方法亦不相同，现对无压完整井、无压非完整井、承压完整井涌水量的计算作简要说明。

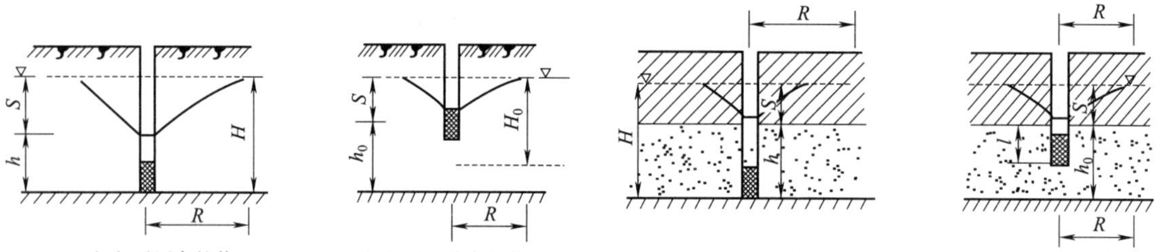

(a) 无压完整井　(b) 无压非完整井　(c) 承压完整井　(d) 承压非完整井

图 1.23　水井的分类

对于无压完整井的环状井点系统，其涌水量应按式(1.33)计算。在计算涌水量时，需先确定 x_0、R、K 值的数据。

$$Q=1.366K\frac{(2H-S)S}{\lg R-\lg x_0} \tag{1.33}$$

式中　Q——井点系统的涌水量(m^3/d)；

K——土壤的渗透系数(m/d)；

H——含水层厚度(m)；

S——水位降低值(m)；

R——抽水影响半径(m)；

x_0——环形井点系统的假想圆半径(m)。

环形井点系统假想圆半径 x_0 的取值：目前，计算轻型井点的计算公式均有一定的适用条件，对于矩形基坑长宽比大于 5，或基坑宽度大于 2 倍的抽水影响半径 R 时，则不能直接用现有公式计算。此时，可将基坑分成几个小块，在符合公式计算条件的前提下，分别计算每小块的涌水量，之后再相加获得总涌水量。同时，对于矩形基坑长宽比不大于 5 的情形，可将不规则的平面形状简化成假想半径为 x_0 的圆井进行计算[式(1.34)]。

$$x_0=\sqrt{\frac{F}{\pi}} \tag{1.34}$$

式中 F——环形井点系统包围的面积(m^2)。

抽水影响半径 R 的取值：抽水影响半径 R 指井点抽水系统抽水后地下水位降落曲线稳定时的影响半径。降落曲线稳定时间主要由土壤性质决定，一般为1～5 d。目前，抽水影响半径 R 的取值常用式(1.35)确定。

$$R=1.95S\sqrt{HK} \tag{1.35}$$

渗透系数 K 直接影响降水效果，因此，为确保其取值的准确性，宜在施工现场通过扬水试验确定。

对于无压非完整井的井点系统，在工程实际中较为常见，地下水不仅从井侧流入，还从井底渗入，因此，其涌水量比无压完整井大。为简化计算，相应涌水量仍采用式(1.33)确定，但需要将式中 H 换为有效深度H_0(查表1.17)。当有效深度H_0 大于含水层厚度 H 时，则$H_0=H$(视为无压完整井)。

表1.17 有效深度H_0值

$\frac{s'}{s'+l}$	0.2	0.3	0.5	0.8
H_0	$1.2(s'+l)$	$1.5(s'+l)$	$1.7(s'+l)$	$1.85(s'+l)$

注：s'为井点管中水位降落值；l为滤管长度。

对于承压完整井的环状井点系统，其涌水量按式(1.36)计算。

$$Q=2.73K\frac{MS}{\lg R-\lg x_0} \tag{1.36}$$

式中 M——承压含水层的厚度(m)。

②确定井管数量及井距

井点管最少数量 n 可按式(1.37)计算。

$$n=1.1\times\frac{Q}{q} \tag{1.37}$$

式中 1.1——考虑井点堵塞等因素，井点管备用系数；

q——单根井管的最大出水量(式1.38)。

$$q=65\pi dl\sqrt[3]{K} \tag{1.38}$$

式中 d——滤管直径(m)；

l——滤管长度(m)；

K——渗透系数(m/d)。

确定出井点管数量 n 后，则能进一步确定井点管最大间距 D[式(1.39)]。需要说明的是，确定的井点管间距应大于$15d$、小于2 m，并应与总管接头间距(0.8 m、1.2 m、1.6 m)相吻合。

$$D=L/n \tag{1.39}$$

式中 L——总管长度(m)。

③抽水设备选择

一般采用真空泵井点设备，真空泵的型号有V5或V6型。采用V5型，总管长度不小于100 m，井点管数量约80根；采用V6型时，总管长度不大于120 m，井点管数量约100根。

水泵一般也配套固定型号，但在使用时还应验算水泵的流量是否大于井点系统的涌水量

(应大于10%～20%),水泵的扬程是否能克服集水箱中的真空吸力,以免抽不出水。

④轻型井点施工

轻型井点系统的施工,主要包括施工准备、井点系统安装与使用。井点系统的安装顺序是"挖井点沟槽,铺设集水总管→冲孔,沉设井点管,灌填砂滤料→弯联管将井点管与集水总管连接→安装抽水设备→试抽"。井点系统施工时,各工序间应紧密衔接,以保证施工质量。各部件连接头均应安装严密,以防接头漏气,影响降水效果。

井点管的沉设,可按现场条件及土层情况选用下列方法:用冲水管冲孔后,沉设井点管;直接利用井点管水冲下沉;套管式冲枪水冲法或振动水冲法成孔后沉设井点管。

⑤轻型井点使用

抽水方式:轻型井点抽水时,应连续抽水(特别是开始阶段)。若时抽时停,易导致滤网堵塞、抽出土粒、出水混浊,并会引起邻近建筑物因土体流失而沉降开裂;同时,中途停抽导致地下水回升,可能引发土方边坡坍塌等事故。

出水规律:正常的出水规律为"先大后小,先混后清",否则应立即检查纠正。同时,须经常观测真空度,如发现不足,应立即检查井点系统有无漏气,并采取处理措施。

水量控制:抽水过程中,应调节离心泵的出水阀以控制出水量,使抽吸排水保持均匀,达到细水长流。

沉降观测:降水过程中,应对邻近建(构)筑物进行沉降观测,以及时有效的采取防护措施。

动态检查:抽水过程中,应检查有无"死井"(即井点管淤塞)。如死井太多,严重影响降水效果时,应逐个用高压水反向冲洗或拔出重埋。

2)喷射井点

当降水深度大于6 m时,若仍采用轻型井点则需多级设置,相应的井点设备数量、土方量、工期也随之增加,经济性大幅降低。此种情形下,宜采用喷射井点,其降水深度可达8～20 m。

喷射井点设备由喷射井管、高压水泵、管路系统(进水、排水)组成。其中,喷射井管由内管和外管组成,在内管下端装有喷射扬水器与滤管相连。基本工作原理为:当高压水经内外管之间的环形空间由喷嘴喷出时,地下水即被吸入而压出地面。

3)电渗井点

当遇到渗透系数小于0.1 m/d的土层时,此类土具有含水率大、压缩性高、稳定性差的特点,由于土粒间微小孔隙的毛细管作用,将水保持在孔隙内,单靠真空吸力的降水方法则效果不佳。此种情形,宜采用电渗井点降水,如淤泥排水。

电渗井点排水原理,是以井点管作负极、以打入的钢筋或钢管作正极,通以直流电后土颗粒即自负极向正极移动,水则自正极向负极移动,于井点管被集中排出(图1.24)。这一过程中,土颗粒的移动称为电泳现象,水的移动称为电渗现象,故称为电渗井点。

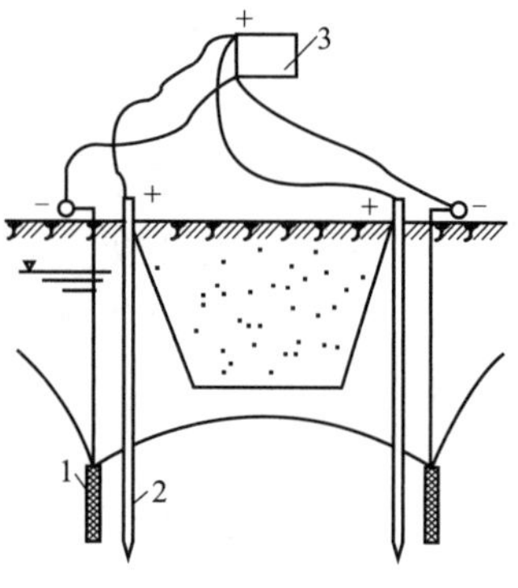

1—井点管;2—电极;
3—<60 V的直流电源。
图1.24 电渗井点

电渗井点布置前,宜通过现场试验论证电渗降水的可行性,需确定出合理的电压梯度和电极布置方案等。若土层导电率很高,电压无法升到规定数值,则不能采用电渗井点降水法。

4)管井井点

管井井点是沿基坑每隔 20～50 m 距离设置一个管井，每个管井单独用一台水泵不断抽水来降低地下水位。此种方式适用于土壤渗透系数大(K=20～200 m/d)、地下水量大的土层中。

管井可采用钢管管井或混凝土管井(图 1.25)。其中，钢管管井的管身采用直径 150～250 mm的钢管，其过滤部分采用钢筋焊接骨架外包孔眼为 1～2 mm 的滤网，长度为 2～3 m；混凝土管井的内径为 400 mm，分实管与过滤管两种，过滤管的孔隙率为 20%～25%。

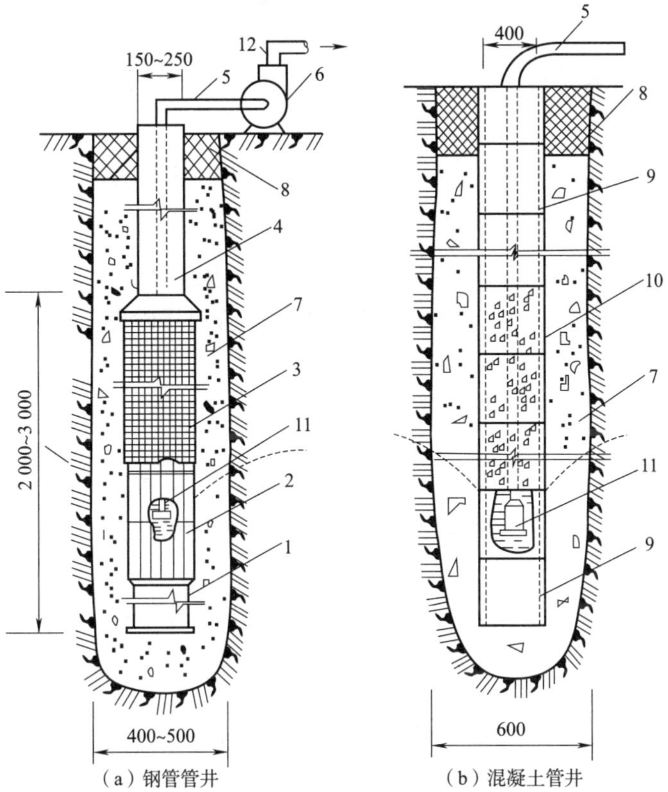

1—沉砂管；2—钢筋焊接骨架；3—滤网；4—管身；5—吸水管；6—离心泵；
7—小砾石过滤层；8—黏土封口；9—混凝土实壁管；10—混凝土过滤管；11—潜水泵；12—出水管。

图 1.25　管井井点(单位:mm)

5)深井井点

当降水深度超过 15 m 时，可在管井井点中采用特制的深井泵，此种降水方式称为深井井点。相应的降水深度一般可达 30～40 m。

1.2.3　流砂防治

1)流砂现象及危害

流砂是指粒径很小且无塑性的土壤，在动水压力推动下极易失去稳定，随地下水一起涌入基坑内的一种现象。流砂现象发生后，土完全失去承载力，进而导致如下危害：①施工条件恶化，坑底土边挖边涌，难以满足施工要求；②易引起塌方，进而使附近建筑物下沉、倾斜，甚至倒塌。

2)产生流砂的原因

产生流砂现象的原因包括内因和外因。其中:①内因取决于土壤的性质,当土的孔隙度大、含水率大、黏粒含量少、粉粒多、渗透系数小、排水性能差等均容易产生流砂现象。因此,流砂现象经常发生在细砂、粉砂和亚砂土中。②外因取决于地下水及其产生动水压力的大小。水位差越大,动水压力 G_D 也越大(式 1.40);当 $G_D \geqslant \gamma$(浮土容重)时,会推动土壤失去稳定,土颗粒随之流动形成流砂现象。需要说明的是,流砂现象是内因与外因综合产生的结果,并非仅取决于某一方面。

$$G_D = I\gamma_w = \frac{h_1 - h_2}{L}\gamma_w \tag{1.40}$$

式中 I——水力坡度$\left(I=\dfrac{h_1-h_2}{L}\right)$;

h_1-h_2——水位差(m);

L——地下水渗流长度(m);

γ_w——水的容重(kN/m^3)。

此外,当基坑底部为不透水层,且不透水层下方为承压蓄水层时,坑底不透水层覆盖厚度的重量若小于承压水的顶托力,基坑底部则有可能发生管涌冒砂现象(式 1.41)。

$$H\gamma_w > h\gamma \tag{1.41}$$

式中 H——压力水头(m)。

3)防治流砂的方法

防治流砂总的原则是“治砂必治水”。主要有三种途径:一是减小或平衡动水压力;二是截住地下水流;三是改变动水压力的方向。相应防治措施具体如下:

(1)枯水期施工

枯水期施工时,地下水位低,坑内外水位差小,动水压力小,则不易产生流砂。

(2)降低地下水位

通过降低地下水位的方式,可使地下水渗流方向朝下,能够有效避免地下水流入基坑,从而防止流砂现象的产生。同时,此种方式还可防治土壁塌方,并改善施工条件。

(3)打钢板桩

将钢板桩沿基坑周围打入不透水层,以起到截住水流的效果;或者打入坑底面一定深度,通过增加渗流长度、改变动水压力方向的方式,以达到减小动水压力的目的。

(4)设置地下连续墙

通过在基坑周边施作地下连续墙,能够为基坑开挖施工提供可靠的支护结构,同时起到承重、截水、减小动水压力的作用。

(5)水中挖土

水中挖土,即不排水施工,此种方式能够使基坑内外的水压相平衡,不致形成动水压力。

(6)抛大石块法

若基坑开挖过程中,发生局部或轻微的流砂现象,此时可通过抢工挖至设计标高后,立即铺设芦席并抛大石块,通过增加土的压重以平衡动水压力。

(7)冻结法

冻结法是在含水土层内钻孔打入钢管,并导入循环的液氮,使周边的地层冻结,形成坚硬的冻土壳。此种方式能保证地层稳定,并起到隔水作用。

1.2.4 填土压实

1)填土的要求

为使填土满足强度及水稳性要求,必须正确选择填土土料和填筑方法,并合理设计填方边坡。

(1)土料选择

一般不应用作填土的情形:草皮土和有机质含量大于8%的土;石膏或水溶性硫酸盐含量大于2%的土;冻结或液化状态的泥炭、黏土或粉状砂质黏土;淤泥或淤泥质土等。

(2)填筑方法

回填之前,应清除填方区的积水和杂物,如遇软土、淤泥,必须进行换土回填。在回填时,应防止地面水流入,并预留一定的下沉高度(一般不得超过填方高度的3%)。

填方工程应遵循"先低处后高处"的原则,逐层向上分层铺土压实。最好采用同类土壤填筑。如采用不同土壤填筑时,应将透水性较大的土壤置于透水性较小的土层之下,严禁不均匀地混杂在一起使用,以免在填方内形成水囊。

要点解析:

需要说明的是,回填土含水率过大、过小都难以夯压密实。为此,要求回填土应有最佳含水率,方能获得最大的密实度,且所需的夯击能最小。所以,当回填土过湿时,应先晒干或掺入干土及其他吸水材料;过干时,则应洒水进行湿润,尽可能使土壤保持在最佳含水率的范围内。

对于软地基,常采取将基础下面一定厚度的软土层挖除,然后用人工砂垫层、碎石垫层、灰土垫层等进行换土处理。垫层施工,亦应分层还土,分层压实。

对于斜坡坡度为1/5~1/2.5上的填方,应将斜坡改做成阶梯形,阶高为0.2~0.3 m,阶宽为1 m,以防填方滑动。当天然地面坡度大于0.2时,应采取防止压实填土可能沿坡面滑动的措施,并应避免雨水沿斜坡排泄。

当原地表水不能畅通排泄时,应根据地形修筑雨水排水沟、截水沟;设置在压实填土区的上、下水管道,应采取防渗、防漏措施。

回填基坑和管沟时,应从四周或两侧均匀分层进行,以防基础和管道在压力作用下产生偏移或变形。

2)压实方法

填土压实方法有三种:碾压法、夯实法和振动法(图1.26)。

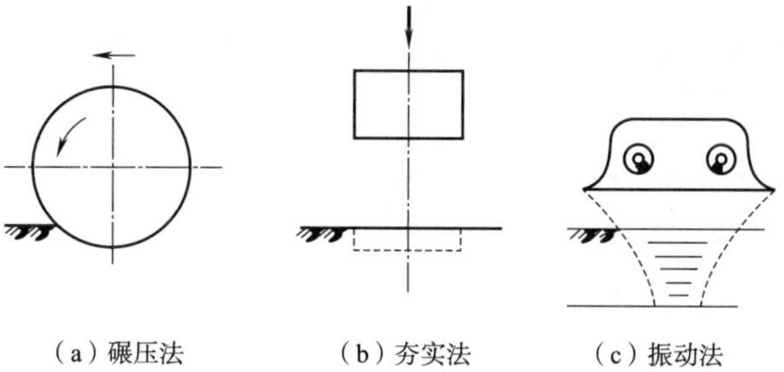

(a)碾压法　(b)夯实法　(c)振动法

图1.26 填土压实方法

(1)碾压法

碾压法[图 1.26(a)]是由沿着表面滚动的鼓筒或轮子的压力压实土壤，主要用于大面积的填土，如场地平整、路基、堤坝等工程。用碾压法压实填土时，铺土应均匀一致，碾压遍数要一样，碾压方向应从填土区的两边逐渐压向中心，每次碾压应有 15～20 cm 的重叠。碾压机具主要包括平滚碾、羊足碾、气胎碾等。平滚碾适用于碾压黏性和非黏性土；羊足碾只能用于压实黏性土壤；气胎碾对土壤压力较为均匀，相应填土质量较好。

(2)夯实法

夯实法[图 1.26(b)]是利用夯锤自由下落的冲击力来夯实土壤，主要用于小面积的回填土。夯实机具类型较多，如：木夯、石硪、蛙式打夯机、火力夯、利用挖土机或起重机增设夯板后的夯土机等。其中，蛙式打夯机轻巧灵活、构造简单，在小型土方工程中应用最广。夯实法的优点是，可以夯实较厚的土层，如：重锤夯，夯实厚度可达 1～1.5 m；强力夯，可对深层土壤夯实。但木夯、蛙式打夯机等机具，夯实厚度较小，一般在 20 cm 以内。

(3)振动法

振动法[图 1.26(c)]是将重锤放在土层的表面或内部，借助于振动设备使重锤振动，土壤颗粒即发生相对位移达到紧密状态。此法用于振动非黏性土壤效果较好。近年来，碾压法与振动法相结合，制造出振动平碾、振动凸块碾等新型压实机械。其中，振动平碾适用于填料为爆破碎石渣、碎石类土、杂填土或轻亚黏土的大型填方；振动凸块碾适用于亚黏土或黏土的大型填方。

3)质量检验

填方应具有一定密实度，以防建筑物不均匀沉降。密实度的大小，常以干密度控制。每层土压实后，应取土检验其干密度。当采用分层回填时，应在下层检验合格后，才能进行上层施工。填土压实后的干密度，应有 90%以上符合设计要求，其余 10%的最低值与设计值的差，不得大于 0.088 g/cm^3，且应分散，不得集中于某一区域。

检验方法常采用环刀法取样测定土的实际干密度。取样组数为：①基坑回填每 20～50 m^3 取 1 组(每个基坑不小于 1 组)；②基槽或管沟回填每层按长度每 20～50 m 取 1 组；③室内填土每层按 100～500 m^2 取 1 组；④场地平整填土按 400～900 m^2 取一组。取样部位应在每层压实后的下半部。取样后先称出土的湿密度并测定含水率，然后计算土的实际干密度(式 1.42)。

$$\rho_0=\frac{\rho}{1+0.01w} \tag{1.42}$$

式中 ρ——土的湿密度(g/cm^3)；

w——土的含水率(%)。

填土密实度以设计规定的控制干密度 ρ_d 作为检验标准(式 1.43)。

$$\rho_d=\lambda_c\rho_{dmax} \tag{1.43}$$

式中 λ_c——填土压实系数，一般场地平整为 0.9 左右，地基填土 0.91～0.97；

ρ_{dmax}——填土的最大干密度(g/cm^3)，可由实验室实测或计算得出。

问题讨论：

若填土压实质量不达标，可能产生哪些不利影响？

阅读

文本1.2.4-4

1.3 土方工程机械化施工

土方工程施工机械的种类繁多,如:推土机、铲运机、平土机、松土机、单斗或多斗挖土机,以及各种碾压机械、夯实机械等。在土木工程施工中,以推土机、铲运机、单斗挖土机的应用最广,现对代表性机械的性能、适用范围及施工方法进行说明。

1.3.1 推土机施工

推土机(图 1.27)是在履带式拖拉机的前方安装推土铲刀(推土板)制成的,按铲刀操纵机构的不同,可分为索式和液压式两种。其中,索式推土机的铲刀通过本身自重切土,因此,在硬土中切土深度较小。液压式推土机通过铲刀强制切土,则切土深度较大;同时,可调整铲刀的切土角度,灵活性强,是目前常用的一种推土机。

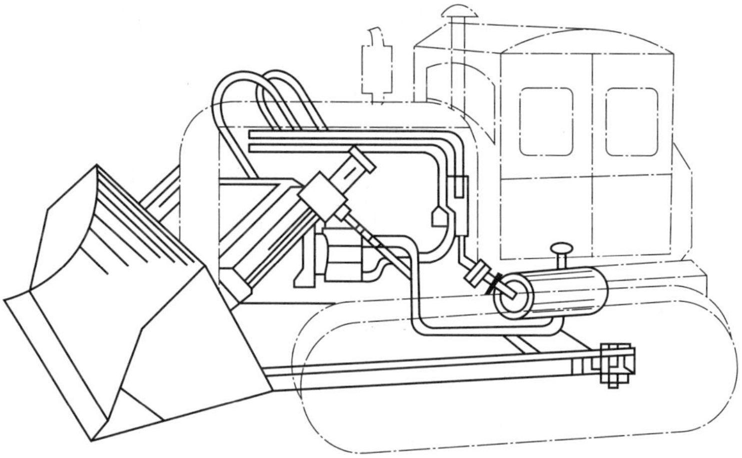

图 1.27 推土机

特点:构造简单、操纵灵活、运转方便;能单独进行切土、推土和卸土工作,所需工作面较小;行驶速度快、易于转移;能爬 30°左右的缓坡。

适用范围:适用于挖土深度不大的场地平整,铲除腐殖土并运送到附近弃土区;开挖深度在 1.5 m 以内的基坑;回填基坑和沟槽;堆筑高度在 1.5 m 以内的路基、堤坝;平整其他机械卸置的土堆;推送松散的硬土、岩石和冻土;配合铲运机进行助铲;配合挖土机施工,为挖土机清理余土和创造工作面。此外,将铲刀卸下后,还能牵引其他无动力的土方施工机械,如:拖式铲运机、松土机、羊足碾等,进行其他土方施工。

推土机运距宜在 100 m 内,当运距为 40～60 m 时,工作效能得到充分发挥,经济效果最好。为提高推土机生产率,必须增大铲刀前的土壤体积,减少推土过程中土壤的散失,缩短切土、运土、回程等每一工作循环的延续时间。为此,常用的施工方法有:下坡推土、并列推土、槽形推土,以及分批集中、一次推送。

1.3.2 铲运机施工

铲运机(图 1.28)是一种能独立完成挖土、运土、卸土、填筑、压实等工作的土方机械,按有无动力设备可分为自行式铲运机、拖式铲运机两种。其中,自行式铲运机的行驶和工作都依靠本身动力设备;拖式铲运机由拖拉机牵引,工作时通过拖拉机上的卷扬机或油泵进行操纵,可分为索式或液压式两种。

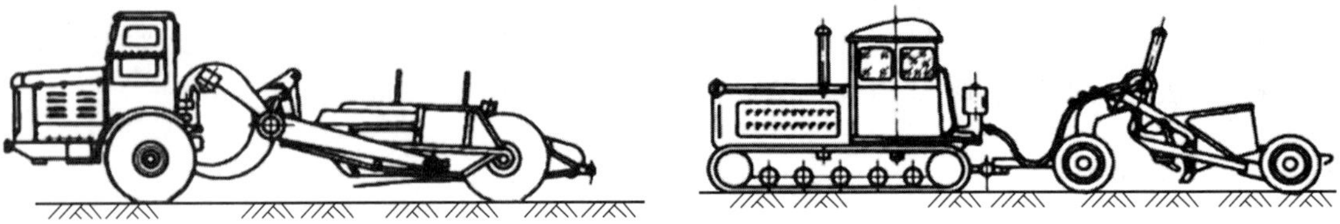

(a) 自行式铲运机　　(b) 拖式铲运机

图 1.28　铲运机

特点:能独立完成铲土、运土、卸土、填筑、压实等工作;操纵灵活、运转方便、生产率高;对行驶道路要求低,行驶速度快。

适用范围:适用于大面积场地平整;开挖大型基坑、沟槽;填筑路基、堤坝等。可铲含水率不大于 27%的松土和普通土,但不适于在砾石层、冻土地带、沼泽区工作。当铲运较坚硬的土壤时,宜先用松土机把土翻松 0.2～0.4 m,以减少机械磨损、提高生产率。

自行式铲运机的经济运距为 800～1 500 m,最大可达 3 500 m;拖式铲运机的运距以 600 m为宜,运距为 200～350 m 时效率最高,如采用双联铲运或挂大斗铲运时,运距可增加到 1 000 m。需要说明的是,运距越长,生产率越低,因此,在规划铲运机的运行路线时,应力求符合经济运距的要求。

(1)开行路线

①环形路线

施工地段较短、地形起伏不大的挖、填工程,适宜采用环形路线[图 1.29(a)]。当挖土和填土交替,而挖填之间距离又较短时,则可采用大环形路线[图 1.29(b)]。大环形路线的优点是一个循环能完成多次铲土和卸土,从而减少铲运机的转弯次数,提高工作效率。

②8 字形路线

对于挖、填相邻,地形起伏较大,且工作地段较长的情形,可采用 8 字路线[图 1.29(c)]。其特点是铲运机行驶一个循环能完成两次作业,而每次铲土只需转弯一次,比环形路线可缩短运行时间,提高生产效率。同时,一个循环中两次转弯方向不同机械磨损较均匀。

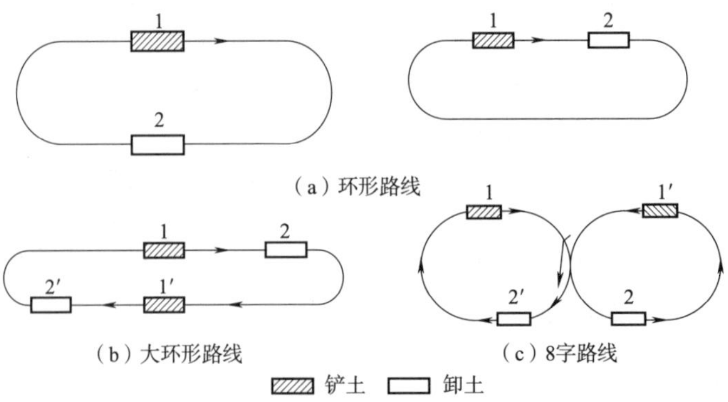

图 1.29　铲运机开行路线

(2)铲土方法

①下坡铲土法

应尽量利用有利地形进行下坡铲土。此种方式,可利用铲运机的重力来增大牵引力,使铲斗切土加深,缩短装土时间。一般地面坡度以 5°～7°为宜。

②跨铲法

预留土埂,间隔铲土的方法。可使铲运机在挖两边土槽时减少向外撒土量,挖土埂时增加了两个自由面,阻力减小、铲土容易。土埂高度应不大于 300 mm,宽度以不大于拖拉机两履带间净距为宜。

③助铲法

在地势平坦、土质较坚硬时,可采用推土机助铲(图 1.30),以缩短铲土时间。

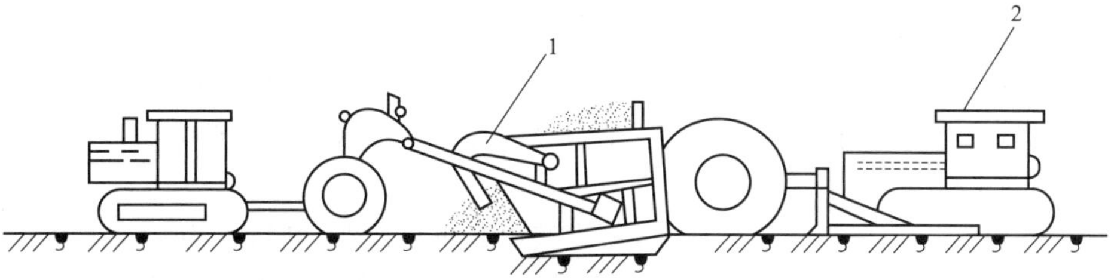

1—铲运机;2—推土机。

图 1.30 助铲法

1.3.3 单斗挖土机施工

单斗挖土机有正铲、反铲、拉铲和抓铲等数种(图 1.31),用以挖掘基坑、沟槽、清理和平整场地。更换工作装置后,还可进行装卸、起重、打桩等其他作业,是工程建设中常见的机械设备。

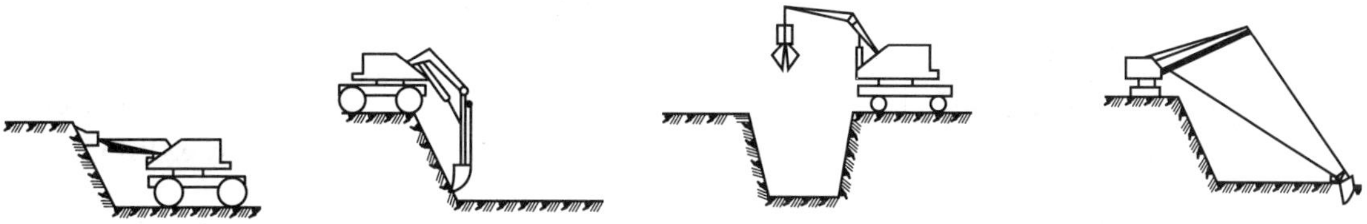

(a) 正铲　(b) 反铲　(c) 抓铲　(d) 拉铲

图 1.31 单斗挖土机工作装置的类型

单斗挖土机有液压传动和机械传动两种。其中,液压传动兼具综合性优势,主要包括:能无级调速且调速范围大;快速作用时惯性小,并且可作高速反转;传动平稳,可减少强烈的冲击和振动;结构简单、机身轻、尺寸小;附有不同的装置,能一机多用、工效高、经济效果好;操作省力,易实现自动化控制。因此,大力发展和采用液压传动式挖掘机,有利于土方工程施工机械化的发展。

(1)正铲挖土机

正铲挖土机(图 1.32)因一般只用于开挖停机面以上的土壤,所以仅适宜在土质较好、无地下水的地区工作。其机身可回转 360°,动臂可以升降,斗柄可以伸缩,铲斗可以转动。

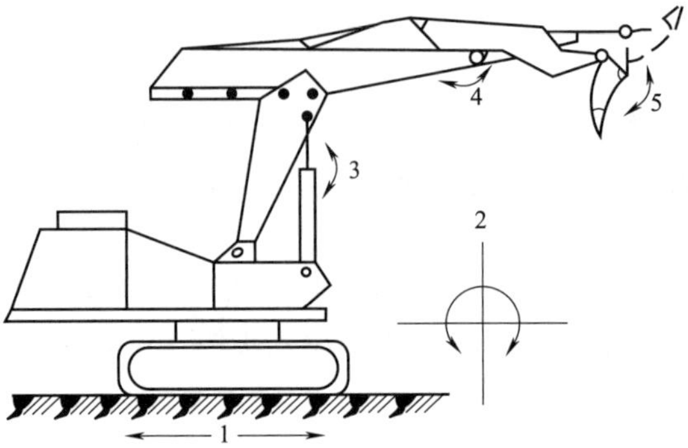

1—行走；2—回转；3—动臂升降；4—斗柄伸缩；5—铲斗转动。

图 1.32　正铲挖土机

(2)反铲挖土机

反铲挖土机(图 1.33)是开挖停机面以下的土壤，不须设置进出口通道，适用于开挖小型基坑、基槽、管沟，尤其适用于开挖独立柱基，以及泥泞或地下水较高的土壤。

(3)拉铲挖土机

拉铲挖土机(图 1.34)工作装置简单，可直接由起重机改装，其特点为铲斗悬挂在钢丝绳下而无刚性的斗柄上。由于拉铲支杆较长，铲斗在自重作用下落至地面时，借助于自身的机械能可使斗齿切入土中，故开挖的深度和宽度均较大，常用以开挖基坑、沟槽和地下室等，也可开挖水下和沼泽地带的土壤。

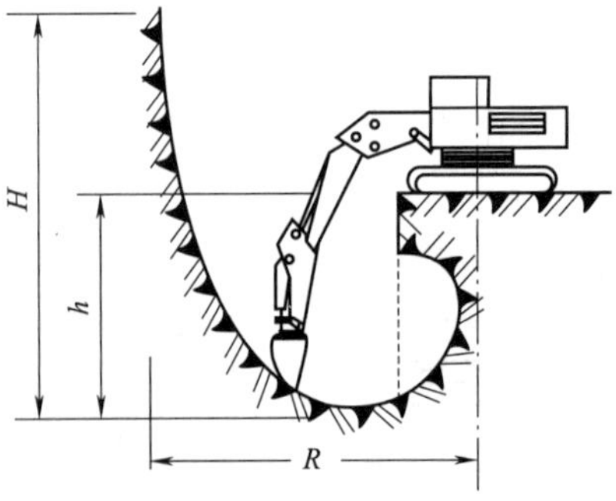

R—最大挖土半径；h—最大挖出深度；H—最大挖土高度。

图 1.33　反铲挖土机

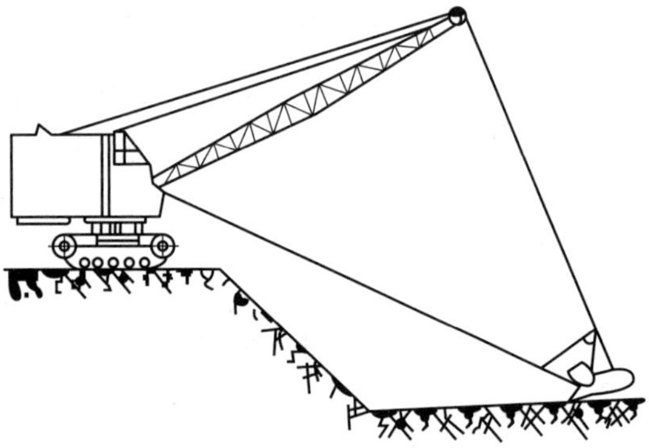

图 1.34　拉铲挖土机

(4)抓铲挖土机

抓铲挖土机(图 1.35)一般由正、反铲液压挖土机更换工作装置而成(去掉铲斗换上抓斗，如图 1.36 所示)，或由履带式起重机改装。可用以挖掘独立柱基的基坑和沉井，最适用于进行水中挖土。

1.3.4　土方工程综合机械化施工

土方工程综合机械化施工，是根据目标工程量大小、土质条件、工期要求及施工便利程度，合理地选择、配备土方机械，并充分考虑各类机械之间的协同效率，以实现提高效率、保证质量、节约成本的综合效果。

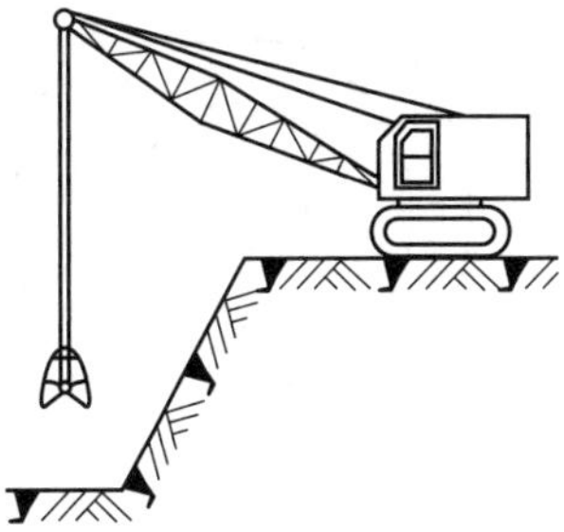

图 1.35 抓铲挖土机

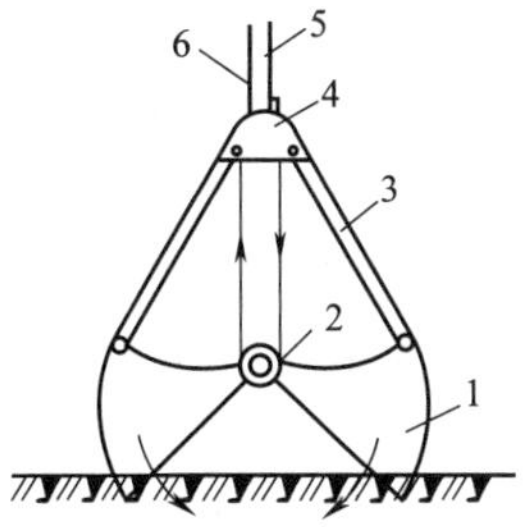

1—斗瓣;2—中心铰;3—拉杆;4—顶铰;5—升降索;6—取土索。

图 1.36 抓斗

主导机械与辅助机械所配备的数量及生产率,应尽可能协调一致,并通过流水方式组织施工,以充分发挥施工机械的效能。如:大型基坑的开挖,当弃土距离较远时,可选择正铲、反铲或拉铲挖土机,以自卸汽车配合运土。此种情况下,应以挖土机生产率为依据,并结合运输车辆的载重量、行驶速度、运距等参数,确定运输车辆的数量,以保证挖土、运土的连续作业,避免运输车辆停歇等候装车的现象。

在“以人为本”理念导向、机械设备技术发展、信息技术协同促进的背景下,实现全过程综合机械化施工成为发展方向:①机械设备向配套化、自动化、智能化、一机多用等方向发展;②机械选型与使用从全过程视角规划,以克服忙闲不均、利用低效等弊端;③机械检测、维修及保养更加科学精准,能及时诊断并排除机械劣化的潜在隐患,并保证配件供应;④专业队伍综合素质化,懂规范、会操作、善保养、能修理。

1.4 爆破施工

爆破就是炸药产生剧烈的化学反应,在瞬间释放出大量的高温、高压气体,冲击和压缩周围的介质,使其受到不同程度的破坏。爆破在土木工程中应用较广,如石方开挖、障碍物清除、旧建(构)筑物拆除等。

名人事迹:

冯叔瑜,中国工程院院士,大爆破工程专家。于 20 世纪 50 年代,最早将苏联大爆破技术引用到我国,在大爆破工程理论、爆破工程地质学等相关技术研究方面作出了卓越贡献。“到现场去!”是冯院士常挂在嘴边的话。冯院士 80 岁前,仍奔走在工程一线。

阅读

文本1.4-5

1.4.1 爆破原理

1)爆破作用圈

爆破作用范围可用爆破作用圈表示,如图 1.37 所示。其中,在压缩圈和破坏圈内为破坏范围,其半径 R 称为破坏半径或药包的爆破作用半径。

(1)压缩圈(或破碎圈):靠近药包处的介质受到的压力最大,塑性土壤被压缩成孔腔,坚硬的岩石被粉碎。

(2)破坏圈(或松动圈):该范围内介质受到的作用适当减弱,但足以使结构破坏,分裂成各种形状的碎块,同时爆破作用力使这些碎块获得运动速度。

(3)振动圈:该范围内爆破作用力减弱,不足以使介质产生结构破坏,只是发生振动现象。

2)爆破漏斗

若药包埋置深度大于爆破作用半径,爆破作用不能达到地表时,称为内部药包[图 1.38(a)];若药包埋置深度接近破坏圈外围,但爆破作用不足以使碎块产生抛掷运动,仅引起介质松动,则称为松动药包[图 1.38(b)];若药包爆炸时,将部分(或大部分)介质抛掷出去,则称为抛掷药包[图 1.38(c)]。在抛掷爆破中,会在地面形成一个爆破坑,其形状如漏斗,称之为爆破漏斗。

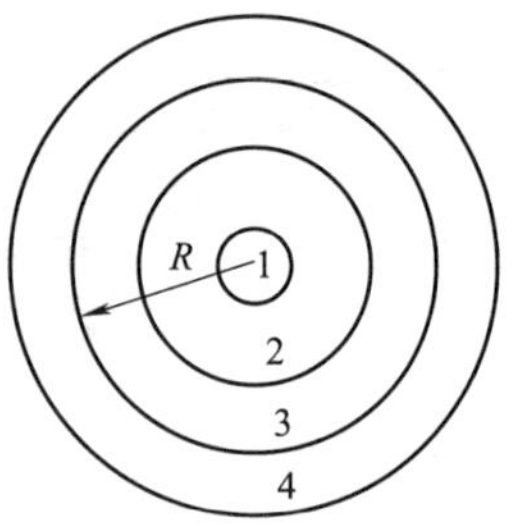

1—药包;2—压缩圈或破碎圈;
3—破坏圈或松动圈;4—振动圈;
R—爆破作用半径。

图 1.37 爆破作用圈

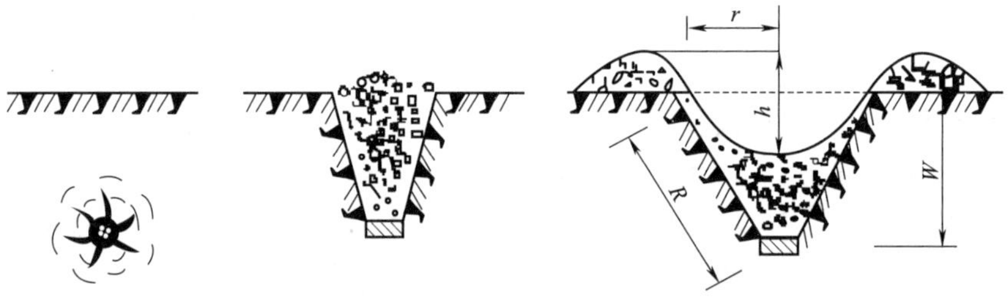

(a)内部药包　(b)松动药包　(c)抛掷药包

r—漏斗半径;R—爆破作用半径;h—漏斗可见深度;W—最小抵抗线。

图 1.38 药包种类

1.4.2 炸药

1)硝铵炸药

工程中常用的硝铵炸药为岩石硝铵炸药、露天硝铵炸药、铵萘炸药。其中:①岩石硝铵炸药,是一种低威力的炸药,适用于爆破中等硬度或软质岩石。这种炸药对冲击、摩擦不敏感,长时间加热后慢慢燃烧,因此非常安全。但需要注意的是,此种炸药易溶于水,吸湿后固结硬化,不能充分爆炸或拒爆,故要注意防潮。②露天硝铵炸药爆炸后产生有毒气体较多,只能在露天爆破工程中使用。③铵萘炸药,具有良好的抗水性,可用于一般岩石爆破工程。

2)梯恩梯(TNT)

梯恩梯又称三硝基甲苯,其主要特征是:对撞击和摩擦的敏感度不大,但若掺有砂石粉类固体杂质时,则对撞击和摩擦的敏感度急剧上升。其爆炸时易产生有毒气体一氧化碳,黑烟大,不能在通风不良的环境下使用。

3)胶质炸药

胶质炸药又名硝化甘油炸药,是粉碎性较大的烈性炸药,爆速高,威力大,适用于爆破坚硬的岩石。同时,胶质炸药不吸水,可用于水中爆破。需要注意的是,此种炸药敏感性较强,在 8~10 ℃时冻结,且在半冻结时敏感性极高,稍有摩擦即爆炸。因此,此种炸药适用于 10 ℃以上地区。

4)铵油炸药

铵油炸药是以硝酸铵为氧化剂,以柴油为可燃剂与木粉混合而成的低威钝感炸药,其原料及炸药的贮存和运输都较安全，配制工艺简单、成本低，适用范围广。需要注意的是，此种炸药不防水，吸湿结块性强。

5)黑火药

黑火药为弱性炸药，易溶于水，吸潮性强，受潮后不能使用。此种炸药对撞击和摩擦的敏感性高，易燃烧，火星即可点燃。适用于内部药包爆破松软岩石和土层，开采料石和制作导火索。需要注意的是，在有瓦斯或矿尘危险的工作面不准使用。

6)起爆炸药

起爆炸药是一种烈性炸药，用以制造雷管。按其敏感度分为正起爆药和副起爆药。其中，正起爆药如雷汞、迭氮铅等对撞击、摩擦或火的敏感性很高，容易引起爆炸；副起爆药，如特屈儿、黑索金、泰安等，敏感性稍低，但威力大。二者共同的特点是爆炸速度很快，在瞬间内产生极大的冲击能，因此，常用以起爆其他炸药。

1.4.3 起爆材料

常用的起爆材料有导火索、传爆线、导爆管、雷管等。

1)导火索(引火线)

导火索可在无电源情况下用以起爆火雷管或引爆黑火药。它由经压缩黑火药的线芯，外部包有数层涂有防水层的外皮制成。使用时应进行外观、燃速等检查，其长度不得小于1.2 m，并应有相应的安全措施。

2)传爆线(导爆索)

导爆索的构造系采用爆速高的炸药(黑索金、泰安)做药芯，外表有防水的面层。一般药量为8～13 g/m，爆速为6 000～7 200 m/s。传爆线需用雷管引爆，然后再用引爆炸药。传爆线的连接可用串联、并联、并簇联等。其优点是防水性好、安全，但成本高。

3)导爆管

导爆管是在半透明的塑料软管内涂有一层高燃混合药的起爆材料。起爆时，以1 700 m/s左右的速度引爆火雷管，但软管不遭破坏。具有抗火、抗电、抗冲击、抗水、传爆安全等特性；适用于露天(无瓦斯、矿尘)、井下、深水、杂散电流大和多排炮孔的微差爆破作业。

4)雷管

雷管一般分为火雷管和电雷管。

火雷管由外壳，正、副起爆药和加强帽等组成(图1.39)，雷管封闭端有使能量集中的聚能穴，利用其爆炸的聚能效应以提高起爆能力。由于雷管中常用的正起爆药为雷汞或迭氮铅，副起爆药为黑索金、泰安和特屈儿等，均系敏感的猛烈炸药，因此，在运输、保管和使用中应特别注意安全。

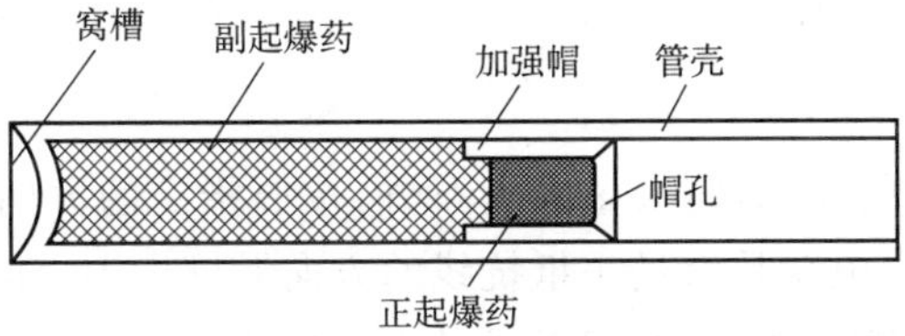

图1.39　火雷管构造

电雷管由普通雷管和电力引火装置组成(图1.40)，电雷管通电后，电阻丝发热，使发火剂点燃，引起正起爆药的爆炸，为即发电雷管[图 1.40(a)]；当电力引火装置与正起爆药之间放有缓燃剂时，为迟发雷管(又称延期雷管)[图 1.40(b)]。迟发雷管又有毫秒迟发雷管和秒迟发雷管之分，常用的秒迟发雷管有 4 s、6 s、8 s、10 s 及 12 s 等规格，主要用于多排药包需要间歇起爆的微差爆破中。

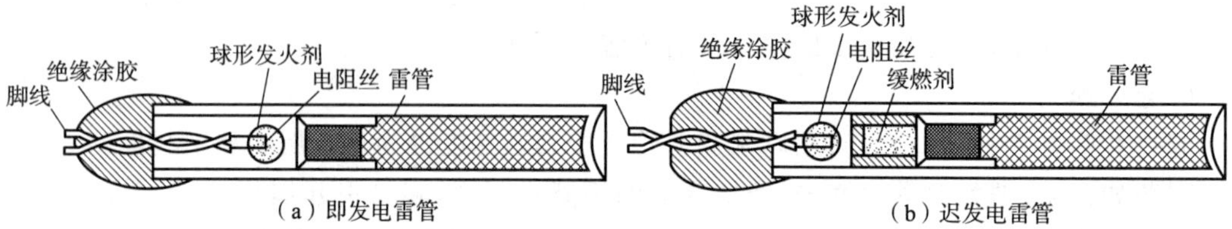

图 1.40 电雷管构造

1.4.4 爆破方法

在土木工程中，常用的爆破方法主要有裸露药包爆破、浅孔爆破、定向爆破、光面爆破等。此外，在特殊条件下，有时采用深孔法、药壶法、洞室法等。

1)裸露药包爆破

裸露药包爆破多用于炸碎石和大型爆破中的巨石改炮(图 1.41)。此种方法耗药量大，为一般浅孔法爆破的 3～5 倍；爆破效果不易控制，且岩片飞散较远而易造成事故。

2)浅孔爆破

浅孔爆破，又称炮眼法，一般孔深为 0.5～5 m，直径为 28～50 mm。此种方法炸药耗用量少，飞石距离近，岩石破碎较均匀，便于控制开挖面的形状，且可在复杂的地形条件下施工。但其爆破量小，效率低，钻孔工作量大。炮眼可用风钻或人工打设，施工操作简便。炮眼的布置应尽量利用临空面较多的地形，炮眼方向宜与临空面平行。为提高爆破效果，常采用台阶式爆破(图 1.42)。

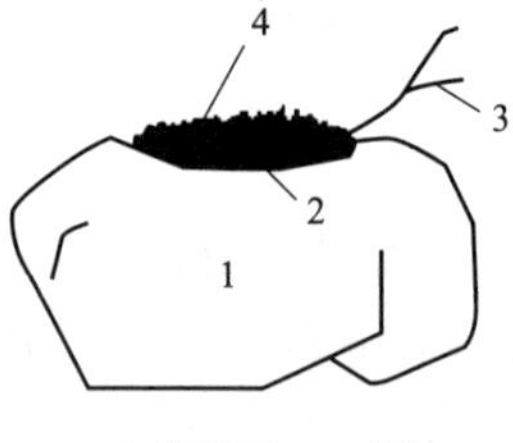

1—大块岩石；2—药包；
3—导火线；4—覆土。

图 1.41 裸露药包爆破

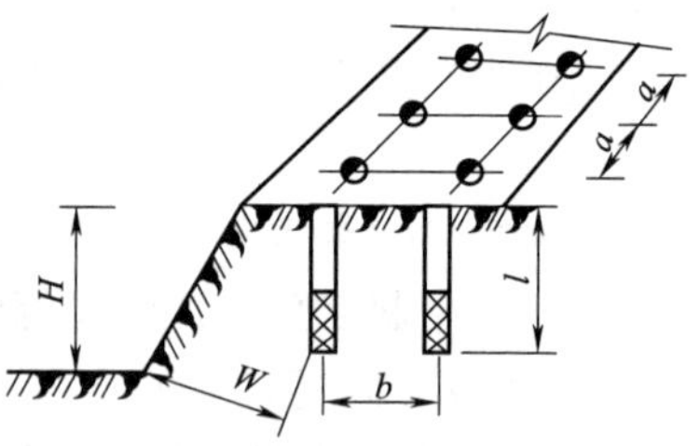

a—孔距；b—列距；l—孔深；
W—最小抵抗线；H—边坡高度。

图 1.42 浅孔爆破

3)定向爆破

定向爆破是利用爆破的作用，将大量的土石方，按照指定的方向，搬移到一定的地点。其基本原理为，在爆破时将岩土总是沿最小抵抗线的方向抛掷出去。因此，合理选择临空面和布置炮眼成为定向爆破的关键问题，以便把形成最小抵抗线的方向能够指向工程需要的方向，从而将爆破的岩石抛向指定位置，如图 1.43 所示。

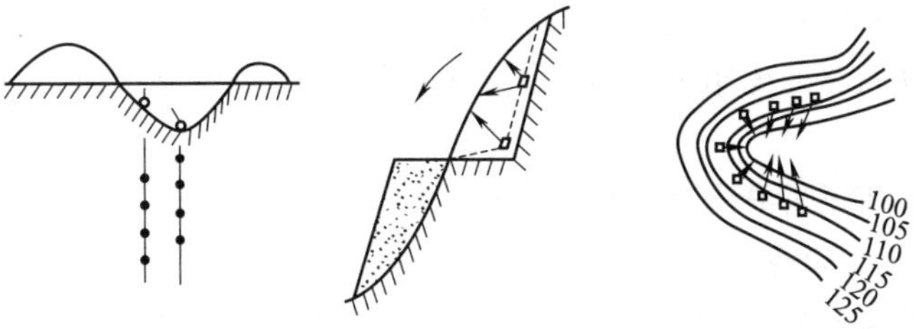

（a）水平地面单侧定向爆破　（b）半挖半填定向爆破　（c）斜坡地面两侧一端集中堆积定向爆破

图 1.43　定向爆破

4)光面爆破

光面爆破就是使爆破工程最终在开挖面上破裂成平整的光面,爆破方法主要有密集空孔爆破、缓冲爆破、预裂爆破等。

(1)密集空孔爆破

密集空孔爆破,是在开挖轮廓线上布置密集空孔(不装药),靠近空孔布置一排减弱装药的加密炮孔。此排孔起爆后,在密集空孔周围造成应力集中,沿密集空孔的连心线上爆裂形成光面,把爆破作用和地震效应限制在密集空孔的一侧。

(2)缓冲爆破

缓冲爆破是沿开挖轮廓面上打设一排加密炮孔,全部或大部分采用减弱药包,药包紧贴朝向自由面的孔壁,孔隙部分用细砂填塞。在主炮孔起爆后再起爆缓冲炮孔。

(3)预裂爆破

预裂爆破是在轮廓线上布置密集孔眼,构成预裂孔眼。在主装药爆破孔起爆前,先同时起爆预裂孔,便可在预裂孔的连接线上形成宽 1～2 cm 的预裂缝。之后,在主爆破孔爆破时,爆破范围外的岩石受到预裂缝的良好保护,具有较好的光面效果和减震作用。

综上所述,光面爆破可使岩层不受明显破坏,且岩壁平整;可减少超挖、欠挖工程量和施工费用;可减少和限制地震效应,以及飞石、冲击波的危险作用。

1.4.5 爆破安全措施

爆破工程中,施工安全为首要,在具体实施过程中应注重以下安全措施:

(1)爆破器材的领取、运输和储存,应有严格的规章制度。雷管和炸药不得同车装运、同库储存。运送时,中途停车地点须距离民房、桥梁、铁路 200 m 以上。爆破器材仓库须远离(800 m以上)生产和生活区,要有专人保卫。库内必须干燥、通风、备有消防设备、温度保持在 18～30 ℃之间。仓库周围清除一切树木和干草。搬运人员须彼此相距 10 m 以上,严禁把雷管放在口袋内。

(2)爆破施工前,应做好安全爆破的准备工作,规划好安全距离,设置警戒哨。闪电鸣雷时,禁止装药、接线,同时应迅速将雷管的脚线、电源线的两端分别绝缘,禁止使用不带绝缘包皮的电线。

(3)装药必须用木棒把炸药轻轻压入炮眼,严禁使用金属棒。炮眼深度超过 4 m 时,须用两个雷管起爆;如深度超过 10 m,则不得用火花起爆。使用电力线路作为起爆电源,必须有闸刀开关装置。区域线与闸刀主线的连接工作,必须是在所有爆破孔均已装药、堵塞完毕,现场作业人员已退至安全地区后方准进行。爆破中若发现拒爆,亦必须查清原因再进行处理。

(4)起爆之前,应对爆破网路进行一次检查,防止接头与地面、岩石接触,造成短路。同时,应用欧姆表检查点爆网路的电阻和绝缘,如与计算值相差10%以上时,应查明原因并消除故障后方可起爆。

(5)必要时,爆破前还需事先计算地震、空气冲击波、飞石和毒气对四周环境影响的安全距离,以便采取有效措施予以保护。

(6)如遇瞎炮,处理办法为:①可用木制或竹制工具将堵塞物轻轻掏出,另装入雷管或起爆药卷重新起爆。绝对禁止拉动导火线或雷管脚线,以及掏动炸药内的雷管。②如系硝铵炸药,可在清除部分堵塞物后,向炮眼内灌水,使炸药溶解。③距炮眼近旁600 mm处打一平行于原炮眼的炮眼,装药爆破。

经典案例:

2007年1月,广州市天河城西塔成功爆破,这意味着"中国环保第一爆"成功爆破,为我国乃至世界提供了成功范例。爆破时,声响不超过75 dB;空气质量相当于三级;5 m外的栏杆不见灰尘。主要采用三大控尘技术:①使用大量活性泡沫;②在爆破点附着大量活性水;③四周用排栅密闭。同时,对振动、噪声的控制都达到了很高的水平。整个爆破过程对市民生活几乎无影响。

主要标准规范

《建筑地基基础工程施工规范》GB 51004—2015;
《建筑基坑支护技术规程》JGJ 120—2012;
《建筑基坑工程监测技术标准》GB 50497—2019;
《建筑地基基础工程施工质量验收标准》GB 50202—2018;
《建筑工程施工质量验收统一标准》GB 50300—2013;
《土方与爆破工程施工及验收规范》GB 50201—2012;
《建筑与市政施工现场安全卫生与职业健康通用规范》GB 55034—2022等。

思考与练习

1. 试述土方工程的内容、特点及施工要求。
2. 试述土的可松性及其对土方规划的影响。
3. 试述土方边坡的作用、表示方法、留设原则及影响边坡的因素。
4. 如何计算沟槽和基坑的土方量?
5. 如何确定场地设计标高H_0?
6. 土方调配应遵循哪些原则?调配区如何划分?如何确定平均运距及总运输量?
7. 试述土壁塌方的原因及防治措施。
8. 试述降水井点的分类及对应的适用范围。
9. 试述流砂产生的原因,防治原则、途径及措施。
10. 试述影响填土压实的主要因素、压实方法及质量检验标准。
11. 常用的土方机械有哪些?试述其特点及适用范围。

12. 如何组织土方工程综合机械化施工？

13. 试述爆破原理、炸药种类及起爆方法。

14. 试述爆破工程应采取哪些安全措施。

15. 某场地平整有 4 000 m^3 的填方量需从附近取土填筑，其土质为密实的砂黏土，试计算：(1)填土的挖方量；(2)已知运输工具的斗容量为 2 m^3，需用多少车次？

16. 已知场地平整后的地面标高 225.00 m，基槽底的标高为 222.00 m，宽为 2 m，土质为硬塑的亚黏土，用人工挖土并将土弃于基槽上面，试确定基槽的上口宽度，并绘出基槽的平面图和横断面图。

17. 某管沟的中心线如图 1.44 所示，AB 相距 30 m，BC 相距 20 m 土质为黏土。A 点的沟底设计标高为 260.00 m，沟底纵向坡度自 A 至 C 为 3%，沟底宽 2 m，现拟用反铲挖土机挖土，试计算 AC 段的土方量。

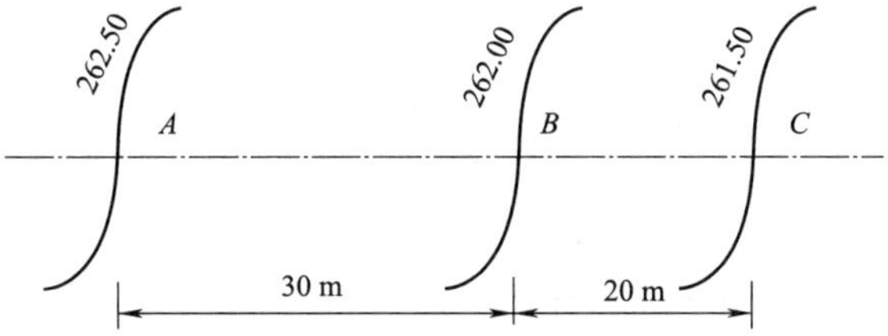

图 1.44　练习题 17 的图

18. 某场地如图 1.45 所示。

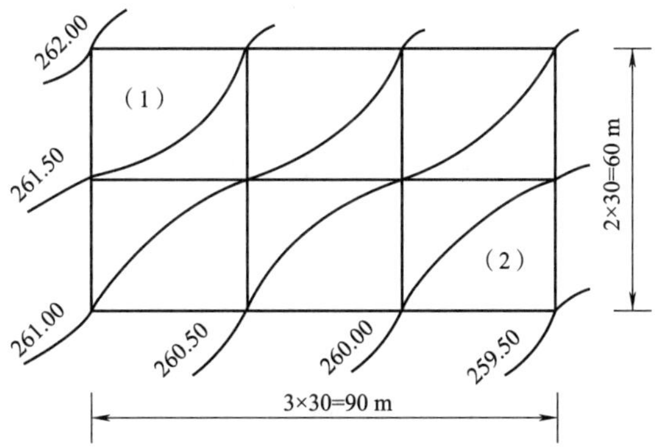

图 1.45　练习题 18 的图

(1)试按挖、填方平衡的原则确定场地平整的计划标高 H_0，然后算出方格角点的施工高度，绘出零线，分别计算挖方量和填方量；

(2)当 $i_y=0$，$i_x=3‰$ 时，试确定方格角点的计划标高；

(3)当 $i_y=2‰$，$i_x=3‰$ 时，试确定方格角点的计划标高。

19. 已知某场地长、宽尺寸，零线位置和四周的填、挖高度(图 1.46)，挖方边坡为 1∶1.0，填方边坡为 1∶1.5，试绘出场地边坡图，并计算边坡土方量。

20. 已知某场地的挖方区为 W_1、W_2、W_3，填方区为 T_1、T_2、T_3，其挖填方量如图 1.47 所示，其每一调配区的平均运距见表 1.18。

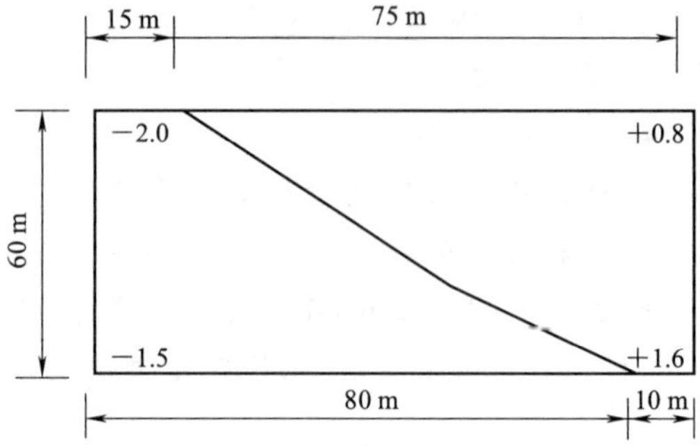

图 1.46　练习题 19 的图

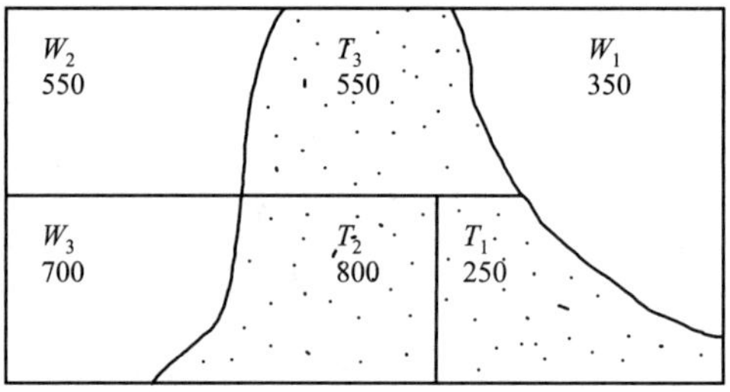

图 1.47　练习题 20 的图(单位:m^3)

表 1.18　调配区的平均运距

挖方区	填方区			挖方量(m^3)
	T_1	T_2	T_3	
W_1	50	80	40	350
W_2	100	70	60	550
W_3	90	40	80	700
填方量(m^3)	250	800	550	1 600

(1)试用“表上作业法”求其土方量的最优调配方案,并用位势法予以检验;

(2)绘出土方调配图。

21. 矩形基坑底面积为 2 m×3 m,深 4 m,边坡率为 1.0,试计算其土方量。

22. 圆形基坑底部的直径为 4 m,深 3 m,按 1∶0.5 放坡,试计算其土方量。

23. 某基坑面积为 20 m×30 m,基坑深 4 m,地下水位在地面下 1 m,不透水层在地面下 10 m,地下水为无压水,渗透系数 K=15 m/d,基坑边坡为 1∶0.5,现采用轻型井点降低地下水位,试进行井点系统的布置和设计。

2 地基与基础工程

地基与基础工程是通过系统化的工程措施改善或改变建筑地基条件，并施工完成相应基础结构，使之符合建(构)筑物设计要求的工程。其中，地基是指建筑物下方支撑基础的土体或岩体；基础是指建筑底部与地基接触的承重构件，其作用是将建筑上部结构的荷载传递给地基。

近年来，建筑基础工程呈现出规模不断增大、开挖不断加深、周边环境愈加复杂等显著特征。由于地质条件的差异性、施工过程的不确定性、周边环境的局限性以及扰动因素的随机性，致使地基与基础工程总体具有较强的隐蔽性、复杂性及突变性，这使得此类工程的安全防控难度远高于其他类工程。

知识目标

1. 掌握地基加固的原理，熟悉地基加固的方法。

2. 了解钢筋混凝土预制桩的构造，熟悉静力压桩、振动沉桩、射水沉桩等施工方法；重点掌握锤击法的施工工艺、要点、常见问题及原因、质量控制措施等。

3. 熟悉各类成孔灌注桩的施工工艺、施工要点，尤其是易产生的质量问题、原因及控制措施。

4. 熟悉深基础的类型、适用条件、施工工艺及要点。

5. 了解地基与基础工程相关新技术、新工艺、新材料及发展趋势。

能力目标

1. 熟悉现行地基处理与基础工程相关法规、标准及规范，具有法律、质量、安全、成本、环保、创新等工程意识，具备沟通协作、组织协调、突发应变等能力。

2. 能识读地基与基础结构施工图，并能通过工程地质勘察报告、周边环境及相关资料，明确地基与基础工程的重难点。

3. 能够编制地基加固方案、基础施工方案，掌握相应的施工要点及措施，并进行技术交底。

4. 能够组织地基与基础工程规范化施工，判识并解决常规施工问题。

5. 能够根据现行相关规范标准，验收地基与基础工程质量，识别和整改隐患问题。

案例导航：

2009 年 6 月，某建筑工地内发生一幢 13 层楼房向南整体倾倒事故，造成一名工人逃生不及被压致死。事故发生后，由 14 位勘察、设计、地质、水利、结构等专业的相关专家组成专家组进行事故原因调查。经现场补充勘察和复核，可明确原勘察报告符合规范要求；原结构设计符合规范要求；经检测，大楼地基处理采用的 PHC 管桩符合规范要求。

事故主要原因(图 2.1)在于:紧贴该建筑北侧在短时间内堆土过高,最高处达 10 m 左右;与此同时,紧邻大楼南侧的地下车库基坑正在开挖,开挖深度 4.6 m;这使得大楼南北两侧的压力差导致土体发生水平位移,过大的水平力超过了桩基的抗倒能力,最终导致楼体倾倒。

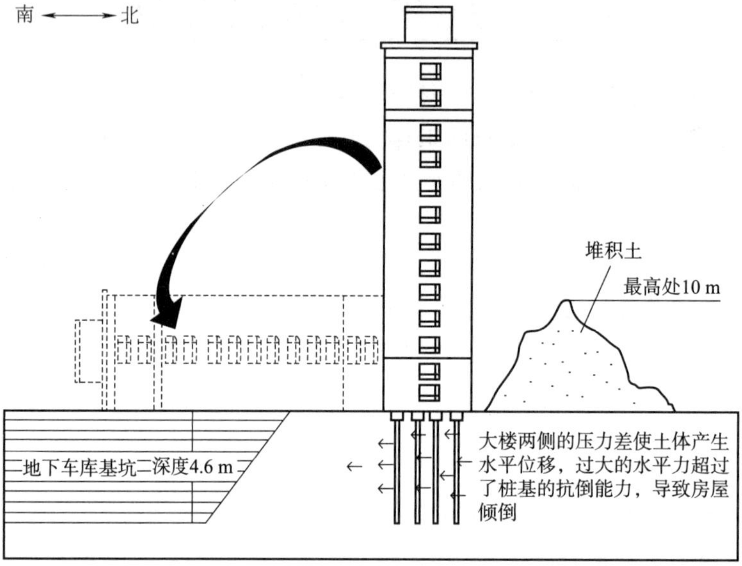

图 2.1　事故主要原因示意

问题讨论:

1. 如何理解地基与基础工程的安全风险?

2. 事故原因调查,为何要复核原勘察报告、结构设计方案,并检测 PHC 管桩? PHC 管桩在该建筑结构中发挥的作用是什么?

名言警句:

墙高基下,虽得必失。(《后汉书》)

2.1 地基加固处理

2.1.1 地基加固原理

当工程结构的荷载较大,地基土质强度不足或压缩性大,不能作为天然地基时,可针对不同的情况,采取人工加固处理的方法,以提高地基的承载力和稳定性,从而减小地基变形和基础埋置深度。

地基加固的原理是:“将土质由松变实,将土的含水率由高变低,以达到地基加固的目的”。在工程施工中,采用的各种地基加固方法,如:机械碾压法、重锤夯实法、挤密桩法、化学加固法、预压固结法、深层搅拌法等,均是从这一原理出发。

需要强调的是,在拟定地基加固处理方案时,应将地基和其上部结构视为一个统一的整体,充分考虑地基与上部结构共同工作的原则。从地基处理、结构设计、主体施工等方面均综

合处理。绝不能单纯着眼于仅对地基的加固处理,否则,不仅会增加工程费用,也难以达到理想的效果。其具体的措施有:

(1)改变建筑体形,简化建筑平面。

(2)调整荷载差异。

(3)合理设置沉降缝。沉降缝位置宜设在:①地基不同土层的交接处,或地基同一土层厚薄不一处;②建筑平面的转折处;③荷载或高度差异处;④建筑结构或基础类型不同处;⑤分期建筑的交界处;⑥局部地下室的边缘;⑦过长房屋的适当部位。

(4)采用轻型结构、柔性结构。

(5)加强房屋的整体刚度,增设圈梁,减小房屋的长高比,采用筏式基础、筏片基础、箱形基础等。

(6)对基础进行移轴处理,当偏向荷载较大时,可使基础轴线偏离柱的轴线。

(7)施工中正确安排施工顺序和施工进度。如:对相邻建筑,应先施工荷载重、高度大的建筑,后施工荷载轻、高度小的建筑。对软土地基则应放慢施工速度,以便使地基能排水固结,提高承载力;若施工速度过快,则可能造成较大的孔隙水压力,使地基发生剪切破坏。

思维拓展:

可明确,在地基加固设计时,应具备全局观念、统筹考虑,处理好整体与局部的关系,综合地选择最佳方案,以实现整体目标最优。

2.1.2 常见的地基加固方法

按照地基加固的原理,可采用不同的加固方法。已有加固方法可归纳为:“挖、填、换、夯、压、挤、拌”七种类型。

(1)“挖”

“挖”是指挖去软土层,把基础埋置在承载力大的基岩或坚硬的土层中。此种方法当软土层不厚时,利用坚硬的土层作天然地基,经济性较好。

(2)“填”

“填”是指当软土层很厚,需要大面积对地基进行加固处理时,可在软土层上直接回填一层一定厚度的好土,以提高地基的承载力,减小软土层的承压力。

(3)“换”

“换”(换土垫层法)是“挖”与“填”的结合,是将基础下面一定范围内的软弱土层挖去后,代之以人工填筑的垫层作为持力层。垫层材料有砂石、碎石、三合土(石灰∶砂∶碎砖(石)=1∶2∶4)、灰土(石灰∶土=3∶7)、矿渣、素土等。换土垫层可提高持力层的承载力,减小软土层的承压力,加速软土层排水固结,减小基础沉降量。

此种方法适用于软土层较厚,仅对局部地基的加固处理,能有效地解决中小型工程的地基处理问题。具有就地取材、施工简便、工期短、造价低等优点。

(4)“夯”

“夯”是指利用打夯工具或机具(如:木人、石硪、铁硪、蛙式打夯机、火力夯、电力夯、重锤夯、强力夯等)夯击土壤,排出土壤中的水分,加速土壤的固结,以提高土壤的密实度和承载力。

(5)“压”

“压”是利用压路机、羊足碾、轮胎碾等机械碾压地基土壤,使地基压实排水固结。也可采用预压固结法，即先在地基范围的地面上，堆置重物预压一段时间使地基压密，以提高地基承载力，减小沉降量。

为了在较短时间内取得较好的效果，要注意改善预压层的排水条件，常用的方法有砂井堆载预压法、袋装砂井堆载预压法、塑料排水带堆载预压法和真空预压法。

①砂井堆载预压法

砂井堆载预压法是在预压层的表面铺砂层，并用砂井穿过该土层，以利排水固结(图 2.2)。砂井直径一般为 300～400 mm，间距为砂井直径的 6～9 倍。

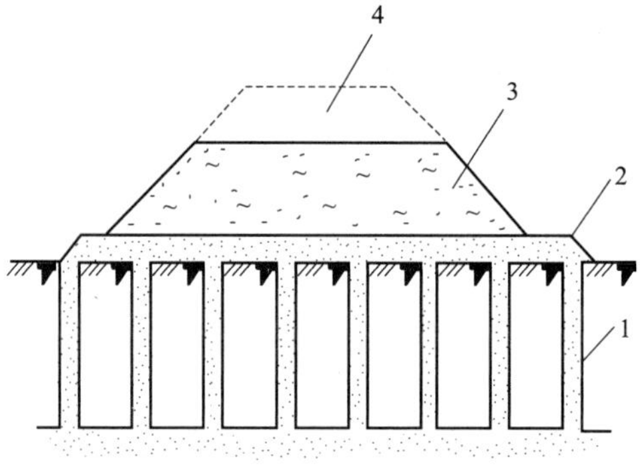

1—砂井；2—砂垫层；3—永久性填土；4—临时超载填土。

图 2.2 典型的砂井地基刨面

②袋装砂井堆载预压法

袋装砂井堆载预压法是将砂先装入用聚丙烯编织布或玻璃纤维布、黄麻片、再生布等所制成的砂袋中，再将砂袋置于井中。井径一般为 70～120 mm，间距为 1.5～2.0 m。此法不会产生缩颈、断颈现象，透水性好，费用低，施工速度快。

③塑料排水带堆载预压法

塑料排水带堆载预压法是将塑料排水带用插排机将其插入软土层中，组成垂直和水平排水体系，然后堆载预压，土中孔隙沿塑料带的沟槽上升溢出地面，从而使地基沉降固结。

④真空预压法

真空预压法是利用大气压作为预压载荷，无须堆载加荷。具体做法是：在地基表面砂垫层上覆盖一层不透气的塑料薄膜或橡胶布，四周密封(即与大气隔绝)，然后用真空设施进行抽气，使土中孔隙水产生负压力，从而将土中的水和空气逐渐吸出，使地基土体逐渐固结(图 2.3)。为加速排水固结，也可在加固部位设置砂井、袋装砂井或塑料排水带等竖向排水系统。

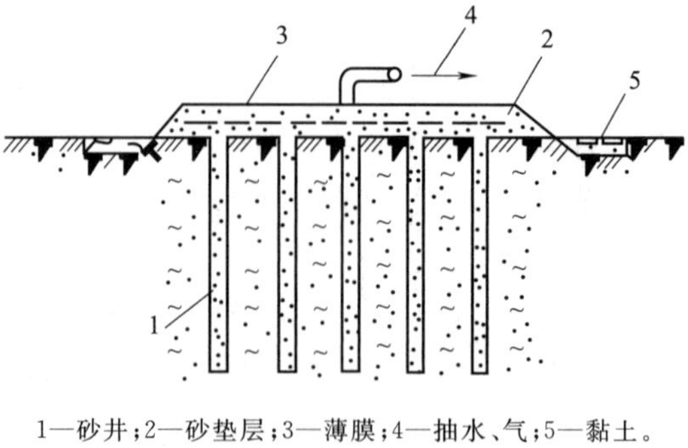

1—砂井；2—砂垫层；3—薄膜；4—抽水、气；5—黏土。

图 2.3 真空预压地基

(6)“挤”

“挤”就是先用带桩靴的工具式桩管打入土中，挤压土壤形成桩孔，然后拔出桩管，再在桩孔中灌入砂石或石灰、素土、灰土等填充料进行捣实，或者随着填充料的灌入逐渐拔出桩管。这种方法最适用于加固松软饱和土地基，其原理就是挤密土壤，排水固结，以提高地基的承载力，所以也称为挤密桩。此外，根据地基土质不同，亦可采用振动成孔器或振冲器成孔后灌入砂石挤密土壤。

(7)“拌”

“拌”是指用旋喷法或深层搅拌法加固地基。其原理是利用高压射流切削土壤、旋喷浆液、搅拌浆土，使浆液和土壤混合，凝结成坚硬的柱体或土壁。

知识拓展：

早在原始社会时期，我国就有通过夯实土层增加地基承载力的记录。如：陕西省西安市半坡遗址，柱底垫土和柱洞填土是夯实加固的。之后发现，在地基土壤中加入一定量的烧土制品碎渣或石灰，夯打后可显著提高强度。如：现存山西省五台山唐代南禅寺大殿，在黄土中渗入约 1/3 的瓦渣和碎砖，然后分层夯实。值得一提的是，古代工匠为节省人力和材料，也有不采用满堂夯筑，仅在柱下和墙下挖坑夯筑的做法。如：山西省芮城县元代永乐宫便采用了此种做法。

阅读

文本2.1.2-6

2.2 桩基施工

桩基础是一种常用的深基础形式，由桩和桩顶的承台组成。按桩的受力情况，可分为端承桩和摩擦桩两类，如图 2.4 所示。其中：①端承桩上的荷载主要由桩端阻力承受；②摩擦桩上的荷载由桩侧摩擦力和桩端阻力共同承受。

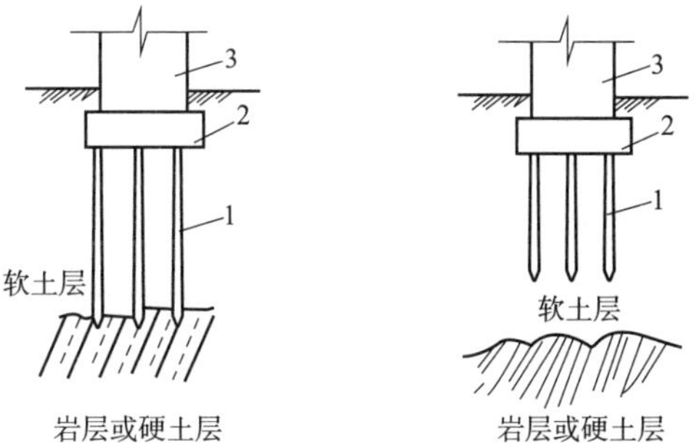

(a) 端承桩　(b) 摩擦桩

1—桩基础；2—承台；3—上部构件。

图 2.4　从桩受力角度分类

按桩的施工方法，可分为预制桩和灌注桩两类。其中：①预制桩是在工厂或施工现场制成的各种材料和形式的桩(如钢筋混凝土方桩、预应力钢筋混凝土管桩、钢管或型钢钢桩等)，然后用沉桩设备将桩打入、压入、旋入或振入(有时兼用高压水冲)土中。②灌注桩是在施工现场桩位上用机械或人工成孔，然后在孔内灌注混凝土或钢筋混凝土而成。根据成孔方法的不同，可分为钻孔、挖孔、冲孔灌注桩，以及沉管灌注桩、爆扩桩等。

知识拓展：

桩基础发展主要经历了三个阶段：①初级阶段，桩身短小且多采用天然材料，如木桩；②发展阶段，开始出现混凝土桩，多采用机械沉桩施工方法；③现代阶段，形成丰富多样的桩基体系，大幅度提高了桩基承载力，逐步向智能化、巨型化、产业化发展。

阅读

文本2.2-7

2.2.1 预制桩施工

混凝土预制桩具有制作简便、强度高、刚度大，以及可制成各种截面形状的优点，能够有效缩短施工周期，是广泛应用的桩型之一。需要注意的是，在实际施工过程中，应充分考虑对地质条件的要求，可穿越普通黏性土、中密以下的砂类土、粉土，但难以穿越稍密、密实的中间夹层或碎石土，且不能穿越冻胀性质明显的土层；同时，还需充分考虑沉桩过程中的挤土效应及高噪声对四周环境的影响。

常用的混凝土桩为混凝土实心方桩和预应力混凝土空心管桩。其中：①混凝土实心方桩的断面尺寸多为 250～550 mm；单根桩的最大长度，应根据桩架高度、制作场地、运输和装卸能力而定，一般在 27 m 以内；如需打设 30 m 以上的桩，则将桩预制成几段，在打桩过程中逐段接长。②预应力混凝土管桩，是在工厂采用离心法生产的，外径多为 300～600 mm，桩节段之间用法兰连接，下节桩底端可设桩尖。

目前，混凝土预制桩的打桩方法主要包括：锤击沉桩、静力压桩、振动沉桩、射水沉桩四类。

1. 混凝土预制桩的制作、起吊、运输和堆放

预制桩的制作：①较短预制桩一般在预制厂制作；较长预制桩由于运输不便，一般在施工现场制作。②制作方法主要有并列法、间隔法、重叠法、翻模法等。现场预制多采用重叠法制作，重叠层数不宜超过 4 层，层与层之间应涂刷隔离剂，不得发生粘结；上层桩或邻桩的浇筑，应在桩体混凝土达到设计强度等级的 30%后方可进行。③钢筋骨架的主筋连接宜用对焊，且主筋接头位置应相互错开。④预制桩混凝土宜用机械搅拌、机械振捣，应由桩顶向桩尖连续浇筑捣实，一次完成、严禁中断。⑤钢筋骨架、桩身尺寸的允许偏差应符合现行相关标准规范的规定。

预制桩的起吊：①当预制桩混凝土达到设计强度等级的 70%方可起吊；如需提前起吊，必须作强度和抗裂度验算。②桩在起吊和搬运时，必须平稳，不得损坏；吊点应符合设计要求，满足吊桩弯矩最小的原则，如图 2.5 所示。

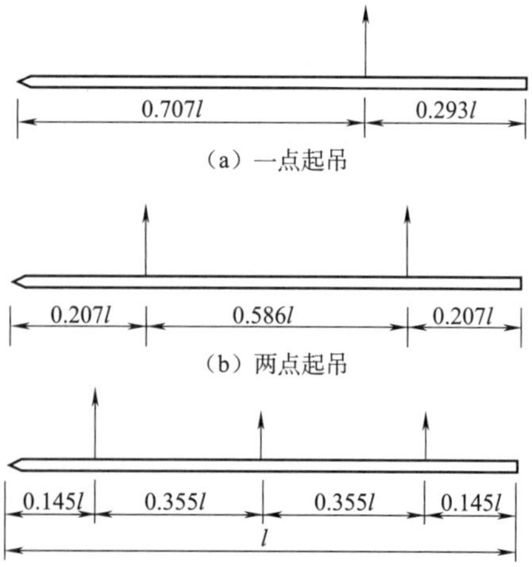

(a) 一点起吊

(b) 两点起吊

(c) 三点起吊

l—桩长。

图 2.5 桩的合理吊点位置

预制桩的运输：①当预制桩混凝土达到设计强度等级的 100%方可运输和打桩。②宜随打随运，避免二次搬运。③运距不大时，可用起重机吊运或在桩下垫以滚筒，用卷扬机拖拉；当运距较大时，可采用轻便轨道小平台车运输。

预制桩的堆放：①预制桩堆放时，地面必须平整、坚实，垫木间距应与吊点位置相同，各层垫木应位于同一垂直线上。②不同规格的桩，应分类堆放。③堆放层数不宜超过4层。

2. 锤击沉桩

1)打桩设备

打桩设备包括桩锤、桩架和动力装置。

(1)桩锤

桩锤是对桩施加冲击力，将桩打入土中的主要机具。桩锤主要有落锤、汽锤、柴油锤和液压锤，目前应用最多的是柴油锤。

落锤：①落锤为一铸铁块，重0.5～2.0 t。②落锤构造简单，使用方便，能调整落距，但锤击速度慢、贯入度低，效率不高且对桩的损伤较大。

汽锤：①汽锤利用蒸汽或压缩空气产生的动力进行锤击；根据工作情况，汽锤可分为单动式汽锤(图2.6)与双动式汽锤(图2.7)。②单动式汽锤是当蒸汽或压缩空气进入汽缸内活塞上部空间时，由于活塞杆不动，迫使汽缸上升到一定高度，然后停止供气并排出缸内气体，使汽缸下落击桩。此种桩锤落距短，打桩速度及冲击力大，效率较高，适宜打各种类型的桩。③双动汽锤是锤固定在桩头上不动，当气体从活塞上下交替进入和排出汽缸时，迫使活塞杆来回上升和压下，带动冲击部分进行打桩工作。此种桩锤冲击次数多、冲击力大、效率高，不仅适用于一般打桩过程，而且还可用于打斜桩、水下打桩和拔桩。

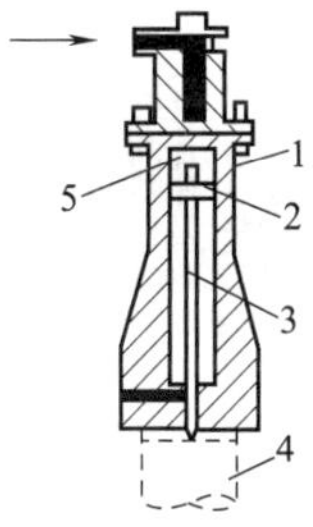

1—汽缸；2—活塞；3—活塞杆；
4—桩；5—活塞上部空间。

图2.6　单动汽锤

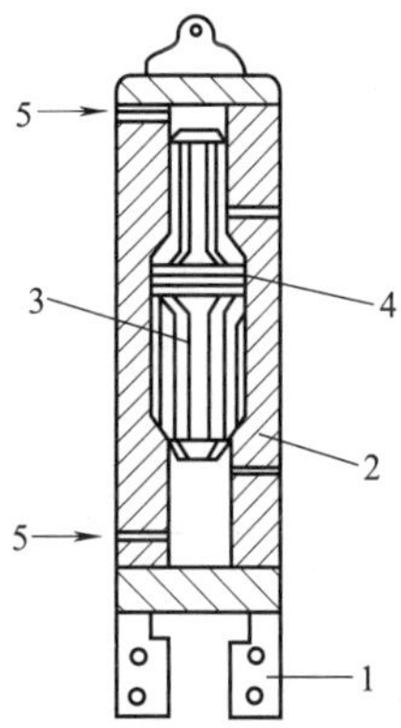

1—桩帽；2—汽缸；3—活塞杆；
4—活塞；5—进气阀。

图2.7　双动汽锤

柴油锤：①柴油锤是利用燃油爆炸，推动活塞往复运动进行锤击打桩。②柴油锤本身附有桩架、动力等设备，不需外部能源，机架轻便、打桩迅速，常用于打设木桩、钢板桩、长度在12 m以内的钢筋混凝土桩；但不适于在硬土和松软土中打桩，如在过软的土中由于贯入度过大，燃油不能爆发，桩锤反跳不起来，会使工作循环中断。此外，由于噪声、振动和空气污染等危害，在城市区域受到一定限制。

液压锤：①液压锤的冲击缸体通过液压油提升与降落，冲击缸体下部充满氮气。当冲击缸体下落时，首先是冲击头对桩施加压力，接着是通过压缩的氮气对桩施加压力，使冲击缸体对桩施加压力的过程延长。因此，每一击能获得更大的贯入度。②液压锤不排出任何废气、无噪声、冲击频率高，并适合水下打桩，是理想的冲击式打桩设备；但构造复杂、造价较高。

(2)桩架

桩架用于支持桩身和桩锤,在打桩过程中引导桩的方向,使桩不至于偏移。桩架的形式较多,常用的有多功能桩架、履带式桩架两种形式。

多功能桩架:由立柱、斜撑、回转工作台、底盘及传动机构组成(图 2.8)。此种桩架机动性和适应性较好,在水平方向可作 360°回转,立柱可前后倾斜,可适应各种预制桩及灌注桩施工。但由于机构庞大,组装拆移较麻烦。

履带式桩架:以履带式起重机为底盘,增加立柱和斜撑用以打桩(图 2.9)。此种桩架移动方便,适应各种预制桩及灌注桩施工。

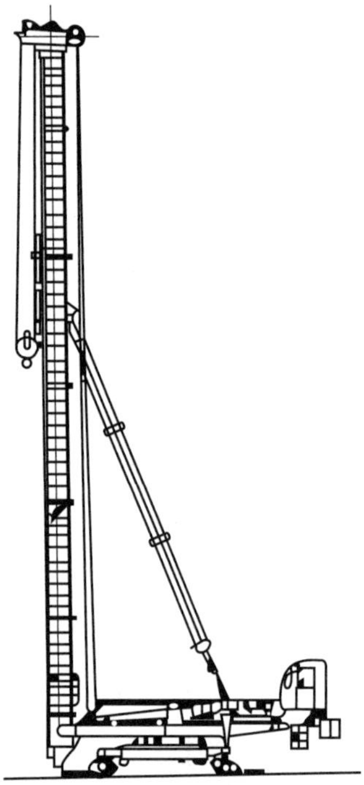

图 2.8 多功能桩架

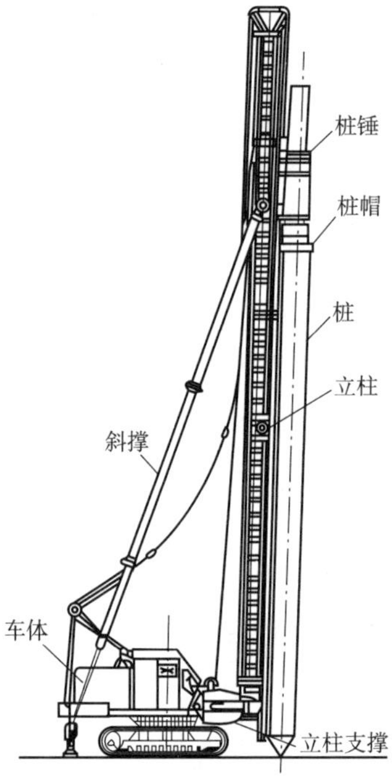

图 2.9 履带式桩架

(3)动力装置

动力装置取决于所选的桩锤。如:选用蒸汽锤时,则需配备蒸汽锅炉和卷扬机。

2)打桩施工

准备工作:①清除妨碍施工的障碍物;②平整施工场地;③定位放线;④设置供电、供水系统;⑤安设打桩机等。需要注意的是,桩基轴线的定位点,应设置在不受打桩影响的地点,打桩地区附近需设置不少于 2 个水准点。在施工过程中,可根据定位点检查桩位的偏差以及桩的入土深度。

(1)打桩顺序

打桩顺序直接影响打桩速度和桩基质量。因此,应结合地基土的挤压情况、桩距的大小、桩机的性能、工程特点及工期要求,经综合考虑确定,以确保桩基础的质量,减少桩机的移动和转向,加快打桩效率。

打桩的顺序主要有:①由一侧向单一方向打;②自中间向两个方向对称打;③自中间向四周打(图 2.10)。

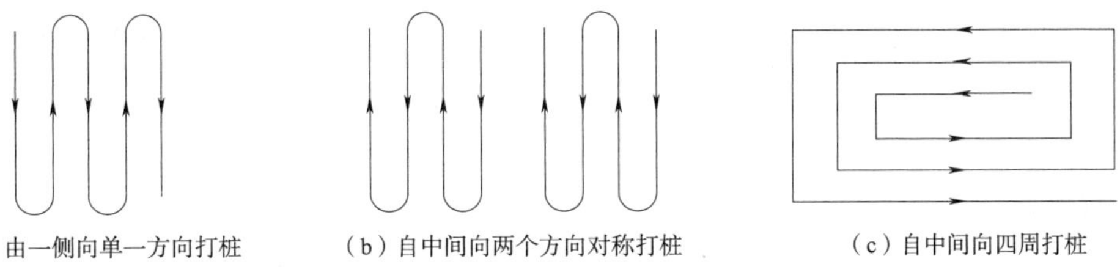

图 2.10 打桩顺序

由一侧向单一方向打，桩机单向移动，桩的就位与起吊均很方便，故打桩效率高，但会使土壤向同一个方向挤压，导致土壤挤压不均匀，影响已打桩的工程质量，且易引起邻近建筑物的不均匀沉降。唯有桩距大于或等于桩直径或边长的 4 倍时，采用单向打法对桩基质量影响较小(经试验证明，此种情形下土壤的挤压与打桩顺序关系不大)。对于同一排桩，必要时可采用“间隔跳打”的方式。

对于大面积桩群，宜采用自中间向两个方向对称打桩或自中间向四周打桩的顺序，这样均有利于避免土壤的挤压使桩产生倾斜或浮桩现象。

(2)打桩方法

首先，打桩机就位后，将桩锤和桩帽吊起，然后吊桩并送至导杆内，垂直对准桩位缓缓送下插入土中，垂直度偏差不得超过 0.5%；然后，固定桩帽和桩锤，使桩、桩帽、桩锤在同一垂线上，确保桩能垂直下沉；需要注意的是，在桩锤和桩帽之间应加弹性衬垫，桩帽与桩顶周围应有 5～10 mm 的间隙，以防损伤桩顶。

在打桩施工时，桩锤的落距应较小，待桩入土一定深度(约 2 m)且稳定后，再按要求的落距锤击。用落锤或单动汽锤打桩时，最大落距不宜大于 1 m；用柴油锤时应使锤跳动正常。打桩过程中，若遇有贯入度剧变，桩身突然发生倾斜、移位或有严重回弹，桩顶或桩身出现严重裂缝或破碎等异常情况时，应暂停打桩，及时研究处理。

如用送桩法将桩送入土中时，桩与送桩杆的纵轴线应在同一轴线上；拔出送桩杆后，桩孔应及时回填或加盖。

多节桩的接桩，可用焊接、法兰连接或硫黄胶泥锚接(图 2.11)，前两种接桩方法适用于各类土层，后者只适用于软弱土层。各类接桩均应严格符合现行标准规范的规定。

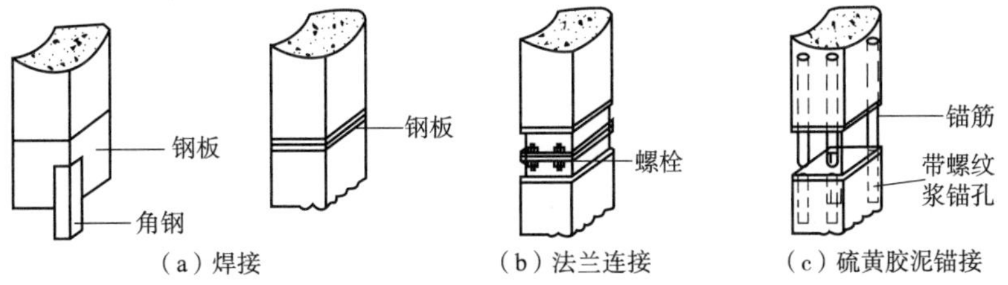

图 2.11 接桩形式

(3)质量控制

打桩质量主要根据打入后的偏差是否在允许范围内，最后贯入度与沉桩标高是否满足设计要求，桩顶、桩身是否打坏以及对周围环境有无造成严重危害综合而定。

偏差控制：垂直偏差应控制在 1%之内；平面位置的偏差，单排桩不大于 100 mm，多排桩一般为 1/2～1 个桩的直径或边长。

最后贯入度与沉桩标高控制：①摩擦桩入土深度的控制，应以标高为主，以最后贯入度（施工中一般采用最后三阵，每阵十击的平均入土深度作为标准）作为参考；②端承桩入土深度的控制，应以最后贯入度控制为主，以标高作为参考。

要点解析：

1. 最后贯入度的测量应在下列正常条件进行：①桩顶没有破坏；②锤击没有偏心；③锤的落距符合规定；④桩帽和弹性垫层正常。

2. 如果沉桩尚未达到设计标高，而贯入度突然变小，则可能土层中夹有硬土层，或遇到孤石等障碍物，此时切勿盲目施打，应会同设计勘探部门共同研究解决。

3. 若打桩过程中断，由于土体的固结作用，会导致桩难以打入，因此，应保证施打连续进行。

桩顶、桩身质量控制：①打桩时，如遇桩顶破碎或桩身有严重裂缝，应立即暂停，在采取必要的技术措施后，方可继续施打。②还应注意桩身受锤击应力而导致的水平裂缝，在软土中打桩，桩顶以下 1/3 桩长范围内常会因反射的应力波使桩身受拉而引起水平裂缝。开裂的地方往往出现在吊点和蜂窝处，这些地方容易形成应力集中。对此，采用重锤低击和较软的桩垫可减少锤击拉应力。

周边环境影响控制：①打桩时，引起桩区及附近地区的土体隆起和水平位移虽然不属于打桩本身的问题，但由于邻桩相互挤压导致桩位偏移，产生浮桩现象，进而影响整个工程质量。若已产生浮桩现象，则必须采取有效的措施对浮桩纠正处理后进行静荷载试验。②在已有建筑群中施工，打桩还会引起已有地下管线、地面交通道路和建筑物的损坏和安全隐患。因此，在有邻近建（构）筑物时，打桩应采取适当措施，如挖防震沟、砂井排水、预钻孔取土打桩、控制打桩速度等，并对周边环境采取必要的动态监控措施。

3. 静力压桩

静力压桩是利用无振动、无噪声的静压力（即利用桩架的自重和压重，通过滑轮组或液压的方式）将桩压入土中（图 2.12），适用于软弱土层和严防振动的情况。静力压桩机可分为机械式和液压式，近年来多采用液压式静力压桩机，压力可达 5 000 kN。此外，压桩一般是分节压入、逐段接长，所以桩需分节预制。当第一节桩压入土中，其上端距地面 2 m 左右时将第二节桩接上，继续压入（图 2.13）。同一根桩应连续压入，以防停压后再压，因阻力增大导致压不下去。

4. 振动沉桩

振动沉桩是将桩与振动锤刚接在一起（图 2.14），利用振动锤产生的振动力通过桩身使土体振动，进而使土体的内摩擦角减小、强度降低，从而将桩沉入土中。此种方法在砂土中施工效率较高。

5. 射水沉桩

射水沉桩是锤击沉桩的一种辅助方法（图 2.15），利用高压水流经过桩侧面或空心桩内部的射水管冲击桩尖附近土层，便于锤击沉桩。一般是边冲水边打桩，当沉桩至最后 1～2 m 时停止冲水，用锤击至规定标高。此种方法适用于砂土和碎石土，有时对于特长的预制桩，仅通过锤击有一定困难，此时可采用射水沉桩法加以辅助。

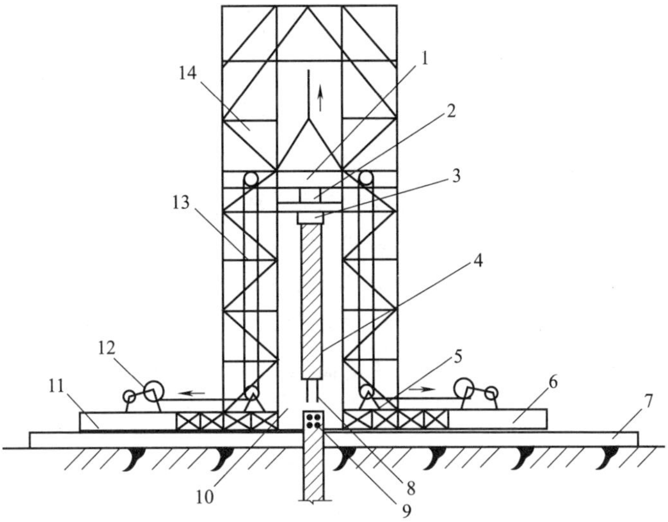

1—活动压梁；2—油压表；3—桩帽；4—上段桩；5—加重物；6—底盘；7—轨道；8—上段接桩锚筋；
9—下段接桩锚筋孔；10—导笼口；11—操作平台；12—卷扬机；13—加压钢丝绳滑轮组；14—桩架导向笼。

图 2.12　液压式静力压桩机

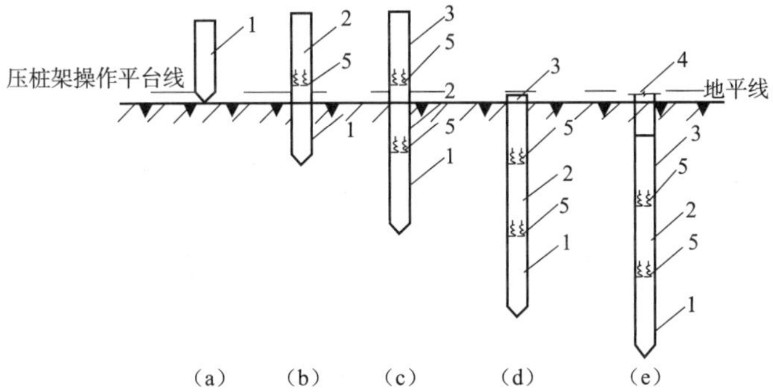

1—第一段桩；2—第二段桩；3—第三段桩；4—送桩；5—接桩结点。

图 2.13　静力压桩分段压入

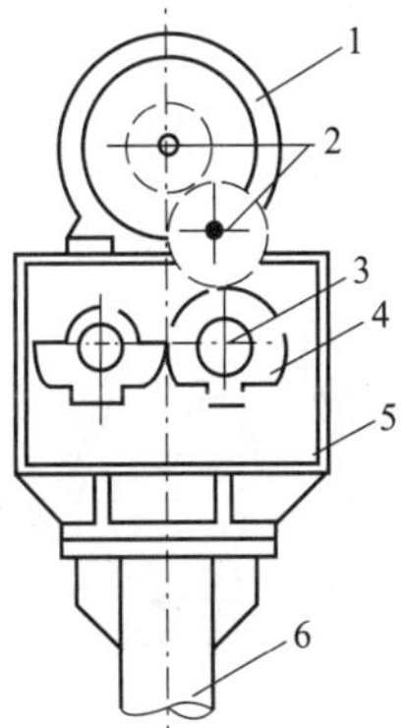

1—电动机；2—传动齿轮；3—轴；
4—偏心块；5—箱壳；6—桩。

图 2.14　振动沉桩机

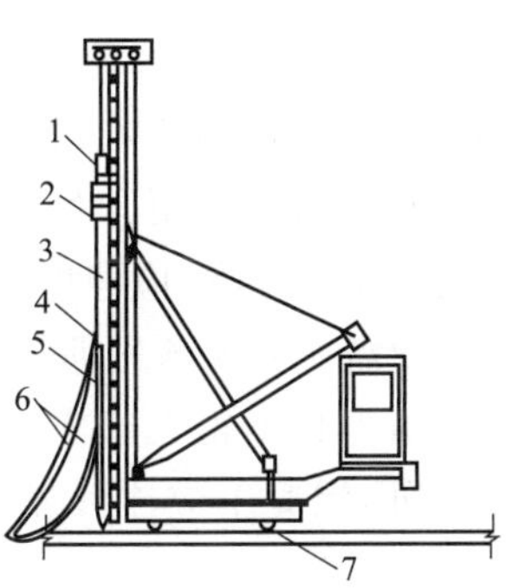

1—桩锤；2—桩帽；3—桩；4—卡具；
5—射水管；6—高压软管；7—轨道。

图 2.15　射水沉桩机

典型案例：

某深基坑工程的原施工工艺为“振动锤锤击拉森钢板桩”。然而，由于土质较坚硬，振动锤工艺适用性较差，导致钢板桩高低不平且锁口咬合度差。同时，因施工期间连续3日强降雨，导致坡顶出现宽度约1 cm的裂缝，随时可能发生基坑坍塌。

对此，施工单位紧急采用“振动锤植入钢板桩”的措施，但无法达到抢险要求标高且振动较大，故迅速停工。经技术研讨，决定采用“静力压桩法”抢险，以确保基坑稳定且不影响周边建筑。3月26日14:00接到抢险任务后，于当晚23:00完成设备组装并开始抢险。在地质条件复杂、作业空间狭窄的条件下，团队齐心协力于31日晚完成任务。抢险过程体现了该工法“无噪声、无振动、施工快、精度高、适用性广”的优势。

2.2.2 灌注桩施工

灌注桩是直接在桩位上就地成孔，然后在孔内灌注混凝土或钢筋混凝土而成。灌注桩能适应地层变化、无须接桩，施工时无振动、无挤土、噪声小，适用于建筑物密集区域。操作要求严格，施工后需要一定的养护期方可承受荷载，且成孔时有大量土渣或泥浆排出。

根据成孔工艺的不同，分为干作业成孔灌注桩、泥浆护壁成孔灌注桩、套管成孔灌注桩、爆扩成孔灌注桩、人工挖孔灌注桩。此外，近年来还出现端夯扩沉管灌注桩、钻孔压浆成桩等新工艺。

1)干作业成孔灌注桩

干作业成孔灌注桩适用于地下水位较低、在成孔深度内无地下水的土质，无须护壁可直接取土成孔。目前，常用螺旋钻机成孔(图2.16)，对短桩亦有用洛阳铲成孔。

螺旋钻机利用动力旋转钻杆，使钻头的螺旋叶片旋转削土，土块沿螺旋叶片上升排出孔外。一节钻杆钻入后，应停机接上第二节，继续钻到要求深度，操作时要求钻杆垂直。全叶片螺旋钻机成孔直径一般为300～600 mm，钻孔深度8～12 m。在软塑土层含水率大时，可用疏纹叶片钻杆，以便较快地钻进。如为扩底桩，则需于桩底部用扩孔刀片切削扩孔，孔底直径应符合设计要求。

在钻进过程中，应随时清理孔口积土，遇有塌孔、缩孔等异常情况，应及时研究解决。如发现钻杆摇晃或难钻进时，可能遇到石块等异物，应停机检查。

钻孔完成后，则需要放入预先绑扎好的钢筋笼，并测量孔底虚土厚度，摩擦桩不得大于300 mm；端承桩不得大于100 mm。此外，混凝土应连续浇筑，每次浇筑高度不得大于1.5 m。

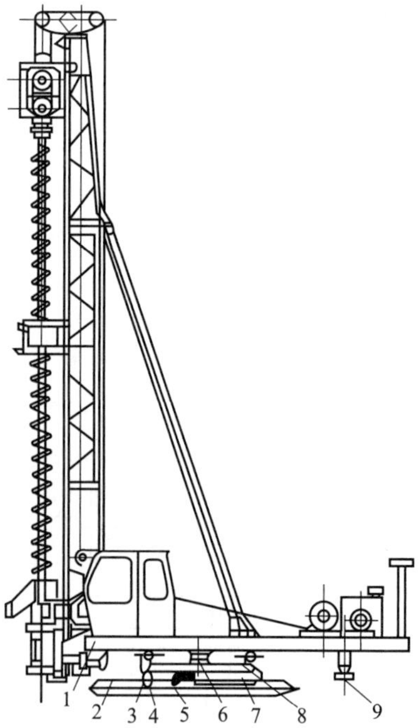

1—上盘；2—下盘；3—回转滚轮；
4—行走滚轮；5—钢丝滑轮；6—回转中心轴；
7—行走油缸；8—中盘；9—支撑盘。

图2.16 步履式螺旋钻机

2)泥浆护壁成孔灌注桩

泥浆护壁成孔是用泥浆保护孔壁以防止塌孔，并排出土渣成孔。泥浆在挖槽过程中起到固壁、携土、冷却和润滑的作用。泥浆的质量对施工效果及效率具有非常重要的意义。不论地下水位高低，此种方法均适用，多用于含水率高的软土地区。泥浆护壁成孔机械主要有回转钻机、潜水钻机、冲击钻等，其中以回转钻机应用最多。

(1)回转钻机成孔

回转钻机是由动力装置带动钻机回转装置转动，再由其带动带有钻头的钻杆旋转，由钻头切削土壤。根据泥浆循环方式的不同，分为正循环回转钻机和反循环回转钻机。

正循环回转钻机工艺：由空心钻杆内部通入泥浆或高压水，从钻杆底部喷出，携带切削的土渣沿孔壁向上流动，由孔口将土渣带出流入泥浆池，如图 2.17 所示。

反循环回转钻机工艺：泥浆带渣流动的方向与正循环回转机成孔的情形相反，反循环工艺泥浆上流的速度较高，能携带较大的土渣，如图 2.18 所示。

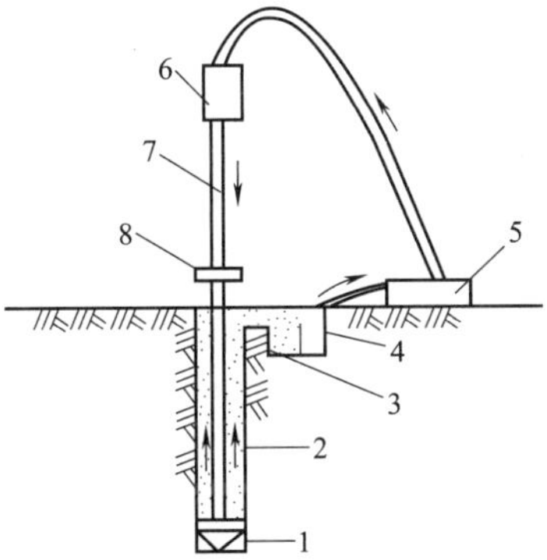

1—钻头；2—泥浆循环方向；3—沉淀池；4—泥浆池；
5—泥浆泵；6—水龙头；7—钻杆；8—钻机回转装置。

图 2.17　正循环回转钻机成孔工艺原理

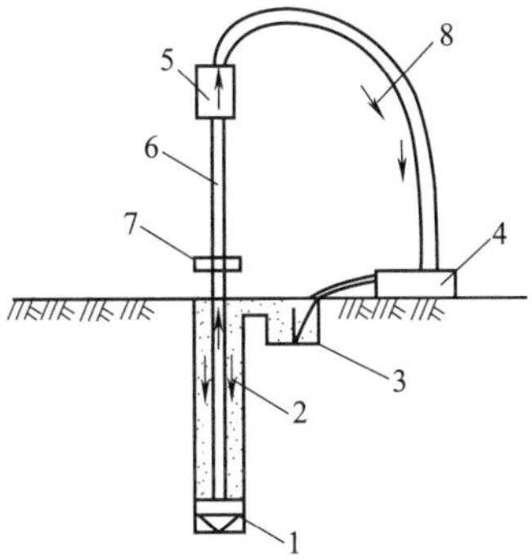

1—钻头；2—新泥浆流向；3—沉淀池；4—砂石泵；
5—水龙头；6—钻杆；7—钻杆回转装置；8—混合液流向。

图 2.18　反循环回转钻机成孔工艺原理

钻孔注意事项：①在杂填土或松软土层中钻孔时，应在桩位处埋设钢护筒，以起到定位、保护孔口、维持水头等作用。护筒内径应比钻头直径大 10 cm，埋入土中深度不宜小于 1.0～1.5 m。在护筒顶部应开设 1～2 个溢浆口。在钻孔过程中，应保持护筒内泥浆水位高于地下水位。②在黏土中钻孔，可采用清水钻进，自造泥浆护壁；③在砂土中钻孔，应注入制备泥浆钻进，注入的泥浆密度控制在 1.1 左右，排出泥浆的密度宜为 1.2～1.4。

清孔：当钻孔达到要求深度后，需测量沉渣厚度并进行清孔。清孔可用射水法，钻具只转不进，待泥浆相对密度降到 1.1 左右，即认为清孔合格。对于注入制备泥浆的钻孔，可采用换浆法清孔，置换出的泥浆相对密度小于 1.15 时方为合格。

浇筑混凝土：清孔后，应尽快吊放钢筋笼，水下灌注混凝土[详见本书 4.4.6 混凝土成型中的(5)水下混凝土浇筑部分]。当灌注混凝土至桩顶时，应适当超过桩顶设计标高，以保证凿除浮浆层后，桩顶标高及质量符合设计要求。

质量控制：①灌注桩应保证没有缩颈、夹渣、夹层、断桩等严重的质量问题；②灌注桩的平面位置及垂直度，均应满足现行标准规范的规定。

(2)潜水钻机成孔

潜水钻机是一种旋转式钻孔机械，其动力、变速机构和钻头连在一起，可以下放至地下水中成孔(图 2.19)，用正循环工艺将土渣排出孔外。潜水钻机成孔，亦需先埋设护筒，其他施工过程皆与回转钻机成孔相似。

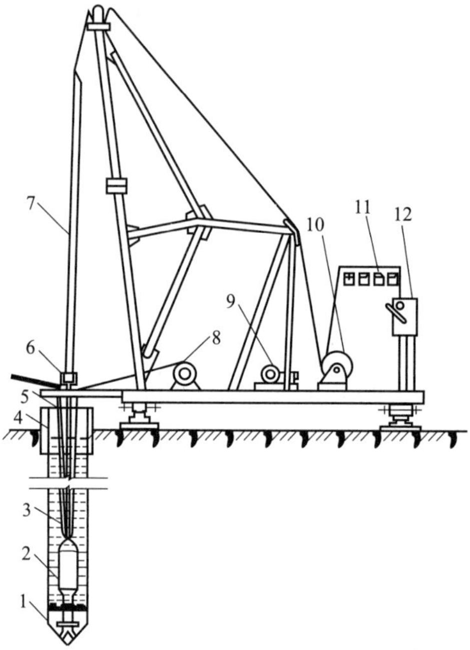

1—钻头;2—潜水钻机;3—电缆;4—护筒;5—水管;6—滚轮(支点);
7—钻杆;8—电缆盘;9—0.5 t卷扬机;10—1 t卷扬机;11—电流电压表;12—启动开关。

图 2.19　潜水钻机

(3)冲击钻成孔

冲击钻主要用于岩土层中成孔,成孔时将冲锥式钻头提升到一定高度后以自由下落的冲击力来破碎岩层,然后用掏渣筒来掏取孔内渣浆(图 2.20)。

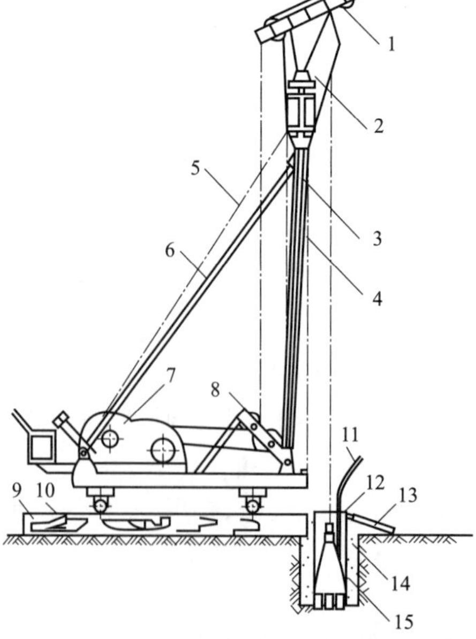

1—副滑轮;2—主滑轮;3—主杆;4—前拉索;5—后拉索;6—斜撑;7—双滚筒卷扬机;
8—导向轮;9—垫木;10—钢管;11—供浆管;12—溢流口;13—泥浆流槽;14—护筒回填土;15—钻头。

图 2.20　冲击钻成孔

环境保护：

需要说明的是，采用泥浆护壁成孔灌注桩时，严禁废弃泥浆随意排放，否则会污染河道与大片土地，甚至产生因土壤板结或盐碱化导致土地废弃的问题。请思考应如何处理废弃泥浆以减少污染危害？

阅读

文本2.2.2-8

3)套管成孔灌注桩

套管成孔灌注桩是利用锤击打桩法或振动打桩法，将带有钢筋混凝土桩靴或带有活瓣式桩靴(图 2.21)的钢套管沉入土中，然后灌注混凝土并拔管而成(图 2.22)。若配有钢筋时，应在规定标高处吊放钢筋骨架。利用锤击沉桩设备沉管、拔管时，称为锤击灌注桩；利用激振器振动沉管、拔管时，称为振动灌注桩。

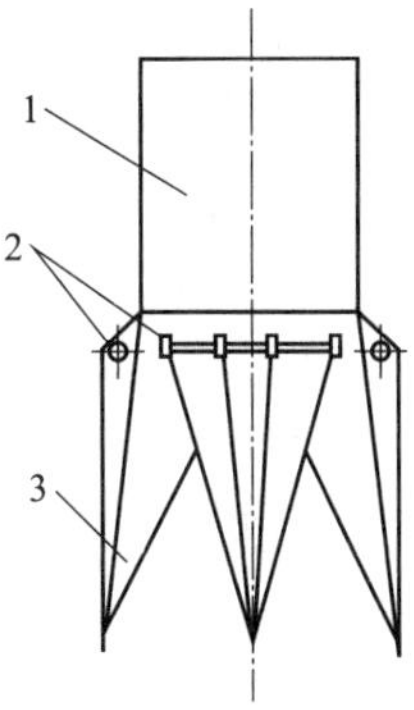

1—桩管；2—锁轴；3—活瓣。

图 2.21 活瓣桩尖

(1)锤击灌注桩

施工工艺：①用桩架吊起钢套管，对准预先设在桩位处的预制钢筋混凝土桩靴。套管与桩靴连接处垫草绳，以防止地下水渗入管内。然后，缓缓放下套管，套入桩靴压进土中。②套管上端扣上桩帽，检查套管与桩锤是否在同一垂直线上，套管偏斜不大于0.5%时，即可起锤沉管。③先用低锤轻击，观察后如无偏移再正常施打，直至符合设计要求的贯入度或沉入标高。④检查管内有无泥浆或水进入，即可灌注混凝土。套管内混凝土应尽量灌满，然后开始拔管。拔管要均匀，第一次拔管高度控制在能容纳第二次所需的混凝土灌注量为限，不宜拔管过高。拔管时要连续敲击，并控制拔出速度，对一般土层，以不大于 1 m/min 为宜；对软土层及软硬土层交界处，应控制在 0.8 m/min 以内。

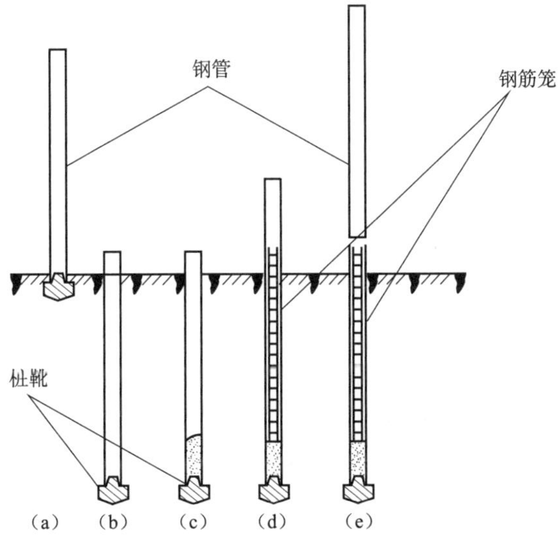

(a)就位；(b)沉套管；(c)开始灌注混凝土；(d)下钢筋骨架继续浇灌混凝土；(e)拔管成型。

图 2.22 沉管灌注桩施工过程

适用范围：宜用于一般黏性土、淤泥质土、砂土和人工填土地基。

复打法扩大灌注桩：为提高桩的质量和承载力，常采用复打扩大灌注桩。具体步骤是在第一次灌注桩施工完毕、拔出套管后，清除管外壁上的污泥和桩孔周围地面的浮土，立即在原桩位埋置桩靴或合好活瓣，进行第二次复打沉管，使未凝固的混凝土向四周挤压扩大桩径，然后再浇筑第二次混凝土。需要注意的是，前后两次沉管的轴线应重合，且复打施工必须在第一次灌注的混凝土初凝之前进行。

(2)振动灌注桩

振动灌注桩采用激振器或振动冲击锤沉管。其中，激振器又称振动锤，由电动机带动装有偏心块的轴旋转而产生振动。

振动灌注桩施工时，需先安装好桩机，将桩管下活瓣合起来、对准桩位，放下套管，压入土中，压入过程中避免偏斜。振动沉管与振动沉桩相似。注意：在沉管时要严格控制最后两个两分钟的贯入速度，其值按设计要求，或根据试桩和当地长期的施工经验确定。

振动灌注桩可采用单打法、反插法或复打法施工。①单打法施工时，在沉入土中的套管内灌满混凝土，开动激振器，振动 5～10 s，开始拔管、边振边拔。每拔 0.5～1 m，停拔振动 5～10 s，如此反复，直到套管全部拔出。②反插法施工时，在套管内灌满混凝土后，先振动再开始拔管，每次拔管高度 0.5～1.0 m，向下反插深度 0.3～0.5 m。如此反复，直到套管全部拔出。③复打法要求与锤击灌注桩相同。

适用范围：除与锤击灌注桩相同外，还适用于稍密及中密的碎石土地基。

(3)质量问题及处理

①断桩

断桩常出现于地面以下 1～3 m 不同软硬土层的交接处，断桩的裂痕呈水平或略倾斜，一般会贯通整个截面。对断桩的检查，在 2～3 m 深度内可用木槌敲击桩头侧面，同时用脚踏在桩头上，如桩已断则会感到浮振；也可用动测法，由波形曲线和频波曲线图形判断断桩的质量与完整程度。

原因：桩距过小，受到相邻桩在施打时使土产生水平横向推力和隆起上拔力的影响；软硬土层间传递水平力大小不同，对桩产生剪应力；桩身混凝土终凝不久、强度弱，承受不了外力的影响。

措施：桩中心距宜大于 3.5 倍桩径；确定打桩顺序及桩架行走路线时，应注意减少对新打桩的影响；采用跳打法或控制时间法以减少对邻桩的影响。断桩一经发现，应将断桩段拔出，将孔清理干净后，略增大面积或加上铁箍连接，再重新灌注混凝土补做桩身。

②缩颈

缩颈的桩又称瓶颈桩，即部分桩颈缩小，截面积不符合要求。

原因：在含水率大的黏性土中沉管时，土体受强烈扰动和挤压，会产生很高的孔隙水压力，桩管拔出后，这种水压力便作用到新浇筑的混凝土桩上，使桩身发生不同程度的颈缩现象；拔管过快，混凝土量少或和易性差，使混凝土出管时扩散差等。

措施：应经常测定混凝土落下的情况，发现问题及时纠正，一般可用复打法处理。

③吊脚桩

吊脚桩是指桩底部的混凝土隔空，或混凝土中因混进泥砂而形成松软层。

原因：桩靴强度不够，沉管时被打坏或压入套管中；水或泥砂进入桩管；拔管时桩靴未及时被混凝土压出；活瓣未及时打开。

措施：将桩管拔出，纠正桩靴，或将砂回填桩孔后重新沉管。

④桩靴进水进泥

桩靴进水进泥常发生在地下水位高或含水率大的淤泥、粉砂土层中。

原因：桩靴被打坏；活瓣变形或闭合不严。

措施：拔出桩管，清除泥砂，整修桩靴、活瓣，用砂回填桩孔重打。地下水位高时，可待桩管沉到地下水位时，先灌入管内约 0.5 m 厚的水泥砂浆作封底，再灌 1 m 高混凝土增压，然后再继续沉管。

4)爆扩成孔灌注桩

爆扩成孔灌注桩是先进行钻孔爆扩成孔(即孔底放入炸药，灌入适量的混凝土，然后引爆使孔底形成扩大头)，之后再放置钢筋笼，浇筑桩身混凝土(图 2.23)。

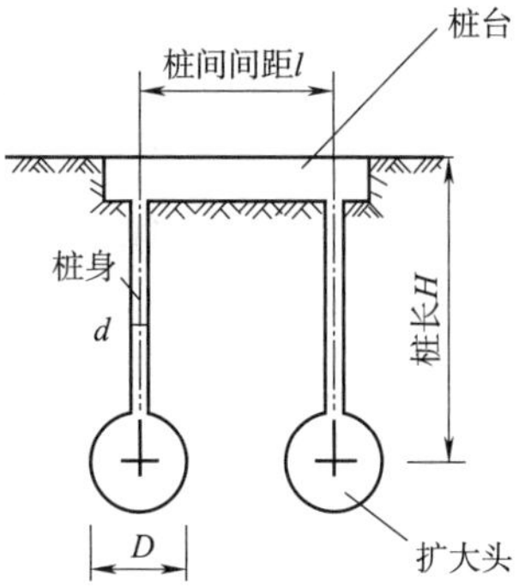

图 2.23　爆扩桩

爆扩成孔灌注桩在黏性土层中使用效果较好，但在软土及砂土中不易成型。桩长(H)一般为 3～6 m，最大不超过 10 m。扩大头直径 D 为(2.5～3.5)d。这种桩具有成孔简单、节省劳动力和成本低等优点。但检查质量不便，施工质量要求严格。

爆扩大头的施工要点如下：

(1)炸药用量

炸药用量与爆扩大头尺寸和土质有关，应就地通过试验来决定，或参考式(2.1)计算。

$$D=K\sqrt[3]{C} \tag{2.1}$$

式中　D——扩大头直径(m)；

C——硝铵炸药用量(kg)，见表 2.1；

K——土质影响系数，见表 2.2。

表 2.1　爆扩大头用药量参考

扩大头直径(m)	0.6	0.7	0.8	0.9	1.0	1.1	1.2
炸药用量(kg)	0.30～0.45	0.45～0.60	0.60～0.75	0.75～0.90	0.90～1.10	1.10～1.30	1.30～1.50

注：1. 表内数值适用于地面以下深度 3.5～9.0 m 的黏性土，土质松软时采用小数值，坚硬时采用大数值；
2. 在地面以下 2.0～3.0 m 的土层中爆扩时，用药量应较表值减少 20%～30%；
3. 在砂类土中爆扩时用药量应较表值增加 10%。

表 2.2　土质影响系数 K 值

项次	土的类别	变形模量 E (MPa)	天然地基计算强度 R_H (MPa)	土质影响系数 K	项次	土的类别	变形模量 E (MPa)	天然地基计算强度 R_H (MPa)	土质影响系数 K
1	坡积黏土	50	0.40	0.7～0.9	7	沉积可塑亚黏土	8	0.20	1.03～1.21
2	坡积黏土、亚黏土	14	—	0.8～0.9	8	黄土类亚黏土	—	0.12～0.14	1.19
3	亚黏土	13.4	—	1.0～1.1	9	卵石层	—	0.60	1.07～1.18
4	冲积黏土	12	0.15	1.25～1.30	10	松散角砾	—	—	0.04～0.99
5	残积可塑亚黏土	13	0.2～0.25	1.15～1.30	11	稍湿亚黏土	—	—	0.8～1.0
6	沉积可塑亚黏土	24	0.25	1.02					

(2)安放药包

把确定的炸药量用塑料布紧密包扎成药包,每个药包放 2 个雷管,用并联法与引爆线路连接;用绳将药包吊放到桩孔底正中,其上盖 15～20 cm 砂,保护药包不被混凝土冲破。

(3)灌压爆混凝土及引爆

灌压爆混凝土:灌入量为扩大头体积的一半,混凝土坍落度在黏性土层中宜为 10～12 cm;在砂土及人工填土中宜为 12～14 cm;骨料直径不宜大于 25 mm。

引爆:①灌注压爆混凝土后,应立即进行引爆,时间间隔不宜超过 30 min,否则容易出现混凝土“拒落”事故。②引爆时应注意引爆顺序,桩距大于爆扩影响间距时,可采用单爆方式;当桩距小于爆扩影响间距时,宜采用联爆方式;相邻桩扩大头不在同一标高时,引爆顺序应先深后浅进行。③引爆后,混凝土落入扩大头空腔底部,然后检查扩大头尺寸,并用软轴接长的振动棒振实。

(4)灌注桩身混凝土

扩大头底部混凝土振实后,立即将钢筋骨架垂直放入桩孔;然后,灌注混凝土,扩大头和桩身混凝土一次灌注完。桩顶需加盖草袋,终凝后浇水养护。需要注意的是,在干燥的砂类土地区,还要在桩的周围浇水养护。

5)挖孔灌注桩

挖孔灌注桩是指用人工挖土成孔后,灌注混凝土而成的桩。挖孔桩直径一般为 800～2 000 mm,桩长(埋深)一般在 20 m 左右。为保证人工挖孔施工安全,应采取必要的安全措施,如:预防孔壁坍塌、流砂、管涌等风险的措施;采取可靠的排水、通风、照明措施。

挖孔灌注桩具有单桩承载力大,受力性能好,质量可靠,沉降量小,施工操作简单,无须大型机械设备,且无振动、噪声、环境污染等优点;但也存在受地质条件限制、工人劳动强度大、危险性高、易对周边建(构)筑物产生影响等缺点,尤其是井下作业环境恶劣(工人易受到涌水、涌砂、塌方、毒气、触电、高处坠落、物体打击等安全威胁),近年来已逐渐被限制使用。

2.3 地下连续墙施工

地下连续墙是沿着拟建地下建(构)筑物的周边,预先施工形成的地下连续钢筋混凝土墙体,能够为后续地下工程施工提供挡土承重、截水防渗的作用。此种方式既可用作地下施工临时性围护结构,也可作为地下主体结构,后者更为经济。目前,地下连续墙已成为大型地下工程(如:高层建筑地下工程、地铁车站工程、地下车库、地下商业街等)和深基础工程应用较为广泛的一项基础施工技术。

知识拓展:

地下连续墙开挖技术起源于欧洲,早在 1920 年德国有专利出现。1940 年,意大利 ICOS 公司发明了地连墙工法(米兰法)。1958 年,我国首先在青岛丹子口水库采用此项技术修建水坝防渗墙。在应用初期,多作为防渗墙或临时挡土墙;之后,随着发展逐渐作为主体结构的一部分。目前,地下连续墙技术已被广泛应用于各类大型深基坑工程。

阅读

文本2.3-9

2.3.1 特点及适用条件

优点：①地下连续墙刚度大、抗弯强度高，支护结构变形小，安全性高；②具有良好的抗渗性能，能抵抗较高的水压力，且坑内降水对坑外影响较小；③施工适应性强，适用于各种土质条件；④施工时噪声小、无振动、不挤土，对邻近建(构)筑物、地下管线设施影响较小；⑤可用于逆作法施工，缩短工期并降低工程造价。

缺点：①施工工艺复杂，需要较多专用设备；②施工产生的弃土、废泥浆需妥善处理，以防污染环境；③成本较高。

适用条件：选用地下连续墙时，必须经过技术经济分析，确认经济性与合理性后方可采用。一般情况下，地下连续墙适用于基础埋置深度大、施工场地受限、变形与防水要求高、周边环境控制要求严格的地下工程。如：对于开挖深度大于 10 m 的深基坑，采用地下连续墙方法具有较好的经济性。

2.3.2 施工工艺

地下连续墙基本施工过程：导墙施工→开挖槽段及插入锁口管→钢筋笼加工与吊放→水下浇筑混凝土→拔出锁口管，如图 2.24 所示。

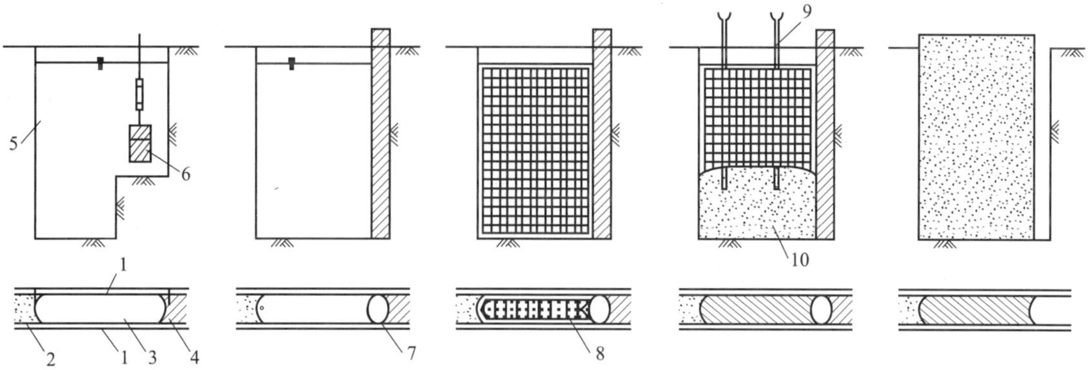

(a) 开挖槽段 (b) 插入锁口管 (c) 吊放钢筋笼 (d) 浇筑混凝土 (c) 拔出锁口管形成接头

1—导墙；2—已完成槽段；3—开挖槽段；4—未开挖槽段；5—泥浆；
6—开挖设备；7—锁口管；8—钢筋笼；9—导管；10—混凝土。

图 2.24 地下连续墙施工过程

(1)导墙施工

导墙属于临时结构，是在槽段开挖前，沿槽口两侧预先制作一定深度的钢筋混凝土墙体或砖砌墙体。

作用：挖槽导向，保护槽口，保证地下连续墙尺寸及形状，支撑施工荷载，防止槽壁顶部坍塌，存蓄泥浆并调节液位。

形状：导墙常见的断面形式有 L 形、倒 L 形、半工字形；厚度一般为 150～250 mm，深度为 1.5～2.0 m；墙顶高出施工地面 0.1～0.2 m，以防地面水流入槽段，如图 2.25 所示。地面土层土质较差时，导墙可设置伸入土层中，采用 L 形或半工字形。

施工要点：①导墙不能设在松散的土层或地下水位波动的部位；②导墙顶面应平行并保持水平；③内外导墙间净距，为地下连续墙厚度加 40～60 mm 的施工余量；④导墙水平钢筋必须通长连接，以保证整体性；⑤导墙背侧应用黏性土分层夯实，必要时可填素混凝土、不得漏浆；⑥每个槽段内导墙应设一个以上的溢浆孔；⑦导墙拆模后，应立即在墙间加设支撑，且养护期间重型机械设备不得在导墙附近停置或作业；⑧两导墙中心线应与地下连续墙纵向轴线相重合，允许偏差为±10 mm；墙面平整度允许偏差为 5 mm，竖向墙面垂直度偏差应小于 1/500。

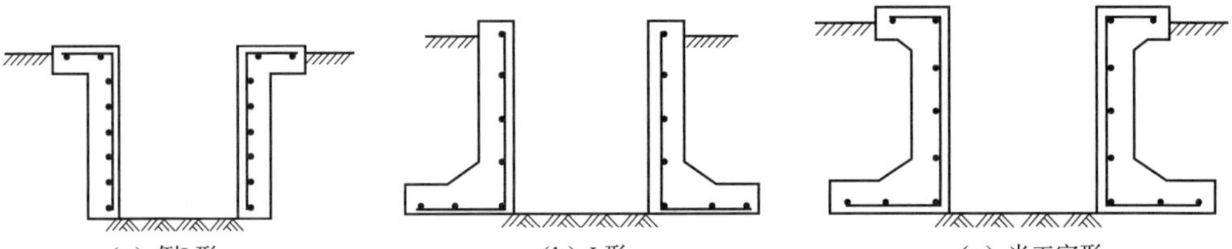

(a) 倒L形　(b) L形　(c) 半工字形

图 2.25　导墙断面形式

(2)开挖槽段及插入接头管

槽段划分：挖槽前，应预先将地下连续墙划分为若干个施工槽段，其平面形状可为"一字形、L 形、T 形"等。槽段长度应根据设计要求、土层性质、地下水情况、钢筋笼轻重、设备起吊能力、混凝土供应能力等条件确定，一般槽段长度为 3～7 m。

机械选型：挖槽机械的选择应根据工程地质条件、施工环境、结构尺寸、设备性能等综合确定。一般情况下，对于软弱地基，宜选用抓斗式挖槽机；对于硬质地基，宜选用回转式或冲击式挖槽机。

开挖槽段：开挖槽段过程中，应保持槽内始终充满泥浆，并有效利用与控制泥浆。泥浆的使用方式应根据挖槽方式的不同而定，如选用抓斗式挖槽机时，应采用泥浆静置方式，并随着挖槽深度的增大不断补充新鲜泥浆；选用回转式或冲击式挖槽机时(即钻头、切削刀具挖槽时)，应采用泥浆循环方式(同泥浆护壁成孔灌注桩，包括正循环与反循环)。槽段开挖完毕后，应检查槽位、槽深、槽宽及槽壁垂直度，合格后应尽快清底换浆，并完成地下连续墙体的施工，以防槽段塌方。

插入接头管：在单元槽段开挖完成后，应在邻节未挖土一端吊放接头管，以形成接头并隔离未开挖土壁。接头管用于形成地下连续墙单元槽段之间的连接接头。连接接头根据受力特性，可分为柔性接头(图 2.26)与刚性接头(图 2.27)。能够承受弯矩、剪力和水平拉力的施工接头称为刚性接头，反之不能承受弯矩和水平拉力的接头称为柔性接头。

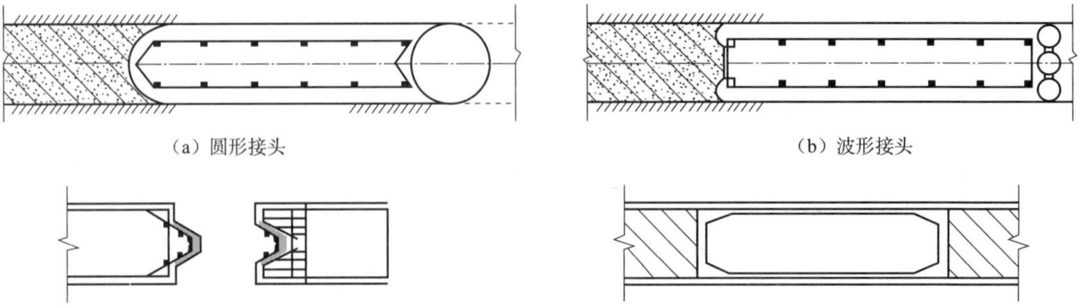

(a) 圆形接头　(b) 波形接头　(c) 楔形接头　(d) 工字形钢接头

图 2.26　地下连续墙柔性接头

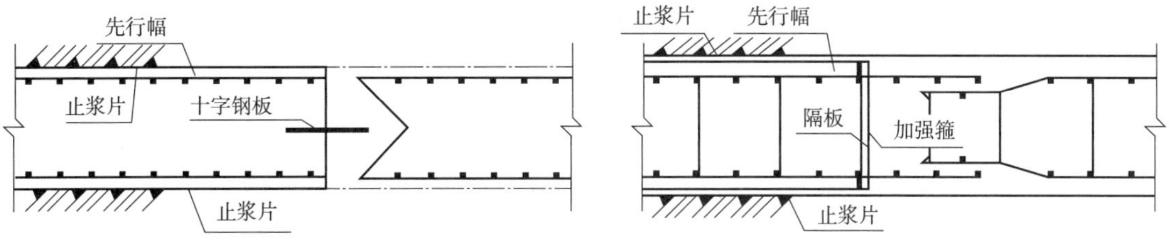

（a）十字钢板刚性接头 （b）钢筋搭接刚性接头

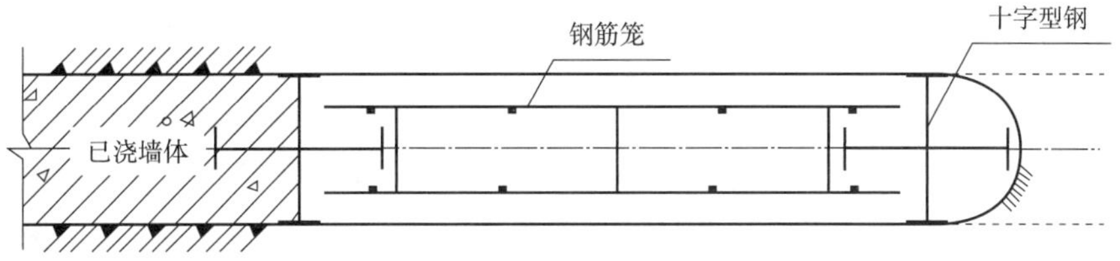

（c）十字形钢插入式接头

图 2.27 地下连续墙刚性接头

由于地下连续墙施工接头种类和数量众多，在实际工程中在满足受力和止水要求的前提下，应结合地区经验尽量选用施工简便、工艺成熟的施工接头，以确保接头的施工质量。由于柔性接头施工方便且构造简单，在满足受力和止水要求的条件下，宜优先采用柔性接头；当地下连续墙深度较大，要求需形成整体或当多幅墙段共同承受竖向荷载，墙段间需传递竖向剪力时，槽段间宜采用刚性接头，并应根据实际受力状态验算槽段接头的承载力。

(3)钢筋笼加工与吊放

成槽并安装接头管后，则需要将预先制作的钢筋笼吊放入槽内。单元槽段钢筋笼宜一次性整体沉放入槽。如钢筋笼必须分段时，宜采用机械连接，以便快速连接。

(4)水下浇筑混凝土及拔出接头管

地下连续墙的混凝土是在槽段护壁泥浆中浇筑完成，因此，对混凝土的流动性要求较高。混凝土配合比应按设计要求，通过试验确定。混凝土浇筑完成后，随即拔出接头管，至此一个单元墙段施工完毕，可进行下一单元墙段的施工。

2.4 沉井基础施工

沉井是指带刃角的井筒状结构物，在地面制作完成后，通过井内挖土使其依靠自身重力下沉到设计标高，经混凝土封底并填塞井孔，由此形成深基础。一般沉井构造主要由井壁、刃脚、隔墙、井孔、横梁及框架、凹槽、射水管、封底和盖板等组成（图 2.28）。沉井按立面形状可分为柱形沉井、锥形沉井、阶梯形沉井等类型（图 2.29），沉井形式应视沉井需要通过的土层性质和下沉深度而定。

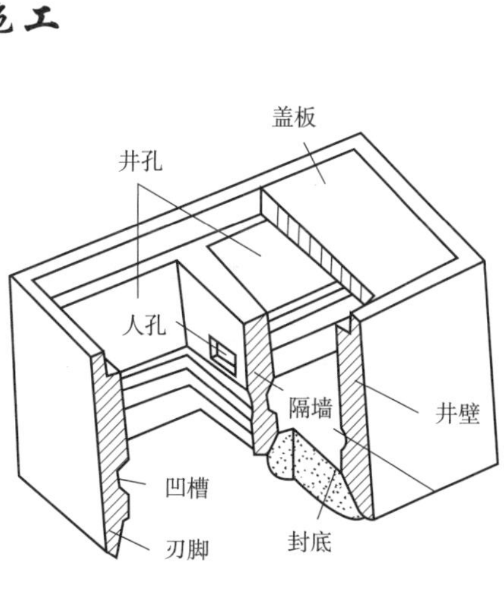

图 2.28 一般沉井构造

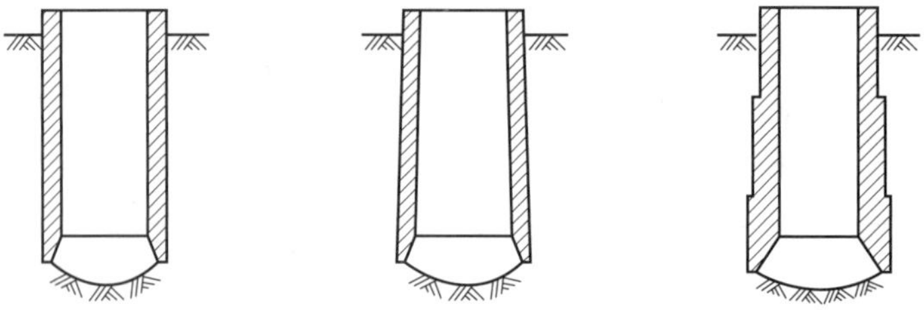

(a) 柱形沉井　　(b) 锥形沉井　　(c) 阶梯形沉井

图 2.29　沉井立面形状

知识拓展：

17 世纪，沉井技术在法国开始运用。此后，随着发展运用范围逐渐推广。1933 年，我国在钱塘江大桥工程中采用沉井技术。1958 年，我国创造了振动沉井法，沉井速度快、成本低，但遇到砾卵石层时井壁易断裂。1969 年，开始采用壁后泥浆淹水沉井法，深度可达 192 m，但成本较高。此后随着不断改进，逐渐达到了经济与安全兼顾的效果。

阅读

文本2.4-10

2.4.1　特点及适用条件

优点：①埋置深度大、整体性强、稳定性好，有较大的承载面积，能承受较大的垂直荷载和水平荷载；②沉井既是基础，又是挡土和挡水结构物，下沉过程中无须设置坑壁支撑或板桩围壁；③沉井施工对邻近建筑物影响较小；④内部空间可进一步利用。

缺点：①施工工期较长；②施工技术要求高；③施工过程中，易发生流砂造成沉井倾斜或下沉困难。

适用条件：沉井作为地下工程和深埋基础施工的一种结构形式，主要用于桥墩、锚碇、矿用竖井、地下泵房、水池、油库、地下设备基础、盾构隧道及顶管工作井等。尤其适用于上部荷载较大，表层地基土承载力不足，一定深度下有较好持力层，且与其他基础方案相比较为经济、合理的情况。此外，在山区河流中，冲刷范围大或河中有较大卵石，不便采用桩基础施工时；或岩层表面较平坦、覆盖层薄，且河水较深、采用扩大基坑施工围堰有困难时，均宜采用沉井法施工。

2.4.2　施工工艺

沉井基础施工过程：制作第一节沉井→抽垫与挖土下沉→沉井接高下沉→沉井封底→井孔填充和顶板浇筑(图 2.30)。

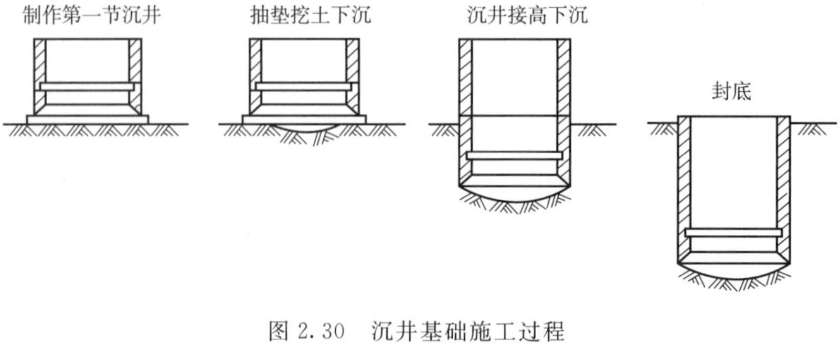

图 2.30　沉井基础施工过程

（1）制作第一节沉井

准备工作：①如天然地面土质较好，仅需将地面杂物清除并平整地面后，即可在其上制造沉井。②如为减小下沉深度，可在基础位置处挖一浅坑，在坑底制造沉井下沉；坑底应高出地下水 0.5～1.0 m。③如土质松软，应整平夯实或换土夯实。在场地准备完成后，还应在场地上平铺不小于 0.5 m 厚的砂或砂砾层。

制作沉井：①先在刃角处对称铺满垫木用于支承第一节沉井；②在刃角处放刃角角钢；③竖立内模，绑扎钢筋，浇筑第一节沉井结构；④当沉井混凝土强度达到设计强度等级的 70% 时可拆模。

（2）抽垫与挖土下沉

抽垫：当沉井混凝土强度完全达到设计强度后可抽撤垫木。抽垫应分区、依次、对称、同步地向沉井外抽出。基本顺序为“先内壁，再短边，最后长边”，长边下垫木隔一根抽一根，以固定垫木为中心，由远及近对称抽除；最后抽除固定垫木，随抽随用，并用砂土回填捣实，以免沉井开裂、移动或偏斜。

挖土下沉：①沉井宜采用不排水除土下沉，稳定的土层中也可采用排水除土下沉。其中，不排水除土下沉时，可使用空气吸泥机、抓土斗、水力吸泥机等，也可采用高压射水破坏土层；排水下沉时，常用人工除土，此种方式沉井下沉均匀，易于清除井内障碍物，但应有安全措施。②正常下沉时，应自中间向刃角处均匀对称除土，并随时注意保持沉井竖直下沉，无特殊情况不宜采用爆破施工。③应注意均衡挖土、平稳下沉，如有倾斜则及时纠偏。

（3）沉井接高下沉

当第一节沉井下沉至一定深度（井顶高出地面不小于 0.5 m 或高出水面不小于 1.5 m）时，停止除土，并接续浇筑第二节沉井。接续浇筑前，应凿毛第一节井顶顶面，然后搭设模板并均匀浇筑混凝土，当强度达到设计强度等级后，再拆模继续下沉。

（4）沉井封底

基底检验：沉井沉至设计标高后，应检验基底地质情况是否与设计相符，排水下沉可直接检验，不排水下沉需要水下检验，必要时还需用钻机取样。

基底处理：当基底达到设计要求后，应对地基进行处理。对砂性土或黏性土地基，一般可在井底铺砾石或碎石层至刃角底面以上 200 mm；对于岩石地基，应凿除风化岩层，若岩层倾斜还应凿成阶梯形。同时，应注意除净井底浮土、软土，使封底混凝土与地基结合紧密。

沉井封底：基底检验合格后应及时封底。排水下沉可采用普通混凝土封底；不排水下沉宜采用水下混凝土封底。

（5）井孔填充和顶板浇筑

封底混凝土达到设计强度等级后，则可填充井孔。如井孔中不填料或仅填砾石，则井顶应浇筑钢筋混凝土顶板以支承上部结构。然后，则可砌筑井上构筑物，并拆除临时性井顶围堰。

主要标准规范

《建筑地基基础工程施工规范》GB 51004—2015；

《混凝土结构工程施工规范》GB50666—2011；

《建筑基坑支护技术规程》JGJ 120—2012；

《建筑基坑工程监测技术标准》GB 50497—2019；

《建筑地基基础工程施工质量验收标准》GB 50202—2018；

《建筑工程施工质量验收统一标准》GB 50300—2013；

《建筑与市政施工现场安全卫生与职业健康通用规范》GB 55034—2022 等。

思考与练习

1. 试述地基加固处理的原理和拟定加固方案的原则。
2. 有哪些加固地基的方法？试述这些方法加固地基的机理。
3. 将地基处理与上部结构共同工作相结合可采取哪些措施？
4. 换土垫层为什么能加固地基？
5. 试述钢筋混凝土预制桩的制作、起吊、运输、堆放等环节的主要工艺要求。
6. 试分析打桩顺序、土壤挤压与桩距的关系。
7. 端承桩和摩擦桩的质量控制以什么为主？
8. 什么是沉管灌注桩的复打法？起什么作用？
9. 套管成孔灌注桩施工中常遇到哪些质量问题？如何处理？
10. 人工挖孔灌注桩有哪些特点？如何预防孔壁坍塌？

3 砌体工程

砌体工程是将砖、石、砌块等中小型砌体，按设计要求组砌成整体结构的工程。砌体工程因其具有就地取材、造价低、耐火性高、耐久性好、施工简便等优点，被广泛使用，典型的砌体工程有万里长城、赵州桥、无梁殿、金字塔等。需要说明的是，砌体工程由于劳动强度大、生产效率低，在现代建筑工程中对机械化施工要求日益突显。此外，由于普通黏土砖存在与农争地等不利影响，从环境保护、水土保持的角度，采用新型绿色砌筑材料替换传统砖石成为必然趋势。

知识目标

1. 了解砌体工程材料的分类及性能。
2. 熟悉砖砌体、石砌体、砌块砌体的施工工艺及要点，掌握砖砌体、石砌体、砌块砌体的质量要求。
3. 了解垂直运输设施的选用及布置要求，熟悉垂直运输设施安全使用的技术措施。
4. 了解脚手架的类型、构造及适用范围，熟悉脚手架安全使用的技术措施。

能力目标

1. 熟悉现行砌体工程相关法规、标准及规范，具有法律、质量、安全、成本、环保、创新等工程意识，具备沟通协作、组织协调、突发应变等能力。
2. 能识读砌体结构施工图，明确砌体工程的重难点。
3. 能够编制砌体工程施工方案，掌握相应的施工要点及措施，并进行技术交底。
4. 能够组织砌体工程规范化施工，判识并解决常规施工问题。
5. 能够根据现行相关标准规范，验收砌体工程质量，识别和整改隐患问题。

案例导航：

灵谷寺无梁殿位于南京市钟山风景名胜区灵谷公园内，始建于明朝洪武十四年，是中国历史最悠久、规模最大的砖砌拱券结构殿宇。该殿坐北朝南、前设月台，东西阔五间、长 53.8 m，南北深三间、宽 37.85 m，殿顶高 22 m，采用重檐歇山顶，上铺灰色琉璃瓦。因整座建筑全部用砖石垒砌而成，未用寸钉片木、无梁无柱，故又称之为“无梁殿”。虽历经年代久远，灵谷寺无梁殿体现出良好的防火性与耐久性，至今依然气势宏伟、结构坚固。

无梁殿式的建筑形式流行于明代，平面多为长方形，承重结构多采用筒拱、单拱或大拱两侧附有小拱（纵联砌法），明代初期无梁殿建筑多用厚重的外墙来抗衡筒拱所产生的水平推力，明中叶以后改厚墙为厚壁柱，以利于扩大建筑室内空间。中国现存典型的无梁殿建筑还有：北京颐和园智慧海、太原永祚寺、忻州五台山显通寺、福州开元寺等。

问题讨论：

1. 思考如何进行砌体结构的砌筑？应注意哪些要点？
2. 结合实例，思考影响砌体结构性能的要素有哪些？

3.1 砌体工程准备工作

3.1.1 砌体材料

砌体结构是用砂浆将块体材料粘结成的整体结构，以满足使用功能和承受结构荷载。因此，在材料方面，块体、砂浆的质量成为影响砌体结构性能的重要因素。

1)块体

砌体结构工程的块体主要有砖、石材、砌块三类。

(1)砖

砖可分为实心砖、多孔砖、空心砖；按生产方式的不同，可分为烧结砖、蒸压(或蒸养)砖两大类。

①烧结砖

烧结砖是以黏土、页岩、煤矸石、粉煤灰为主要原料，经压制成型、焙烧而成。按所用原料不同，对应可分为黏土砖、页岩砖、煤矸石砖、粉煤灰砖。

根据成形类别，烧结砖可分普通砖(实心砖)、多孔砖、空心砖，相应规格与强度等级见表 3.1。以烧结普通砖为例，4 块砖长加 4 个灰缝、8 块砖宽加 8 个灰缝、16 块砖厚加 16 个灰缝(简称 4 顺、8 丁、16 线)均为 1 m。

表 3.1 烧结砖规格及强度等级

类型	规格(mm)	强度等级
烧结普通砖	240×115×53	MU30、MU25、MU20、MU15、MU10
烧结多孔砖 烧结空心砖	190×190×90 240×115×90 240×180×115	承重：MU30、MU25、MU20、MU15、MU10 非承重：MU5、MU3、MU2

环境保护：

黏土砖是以黏土为主材，经处理、成型、干燥、焙烧而成的块体。我国早在春秋战国时期，已能制成方形、长形的黏土砖。至秦汉时期，制砖的技术、规模、质量、品种都有显著发展，世称“秦砖汉瓦”。然而，黏土砖的烧制会损毁大量的耕地、消耗大量的能源，并产生大量的烟尘、二氧化硫及氮氧化物，对环境造成极大的污染。因此，我国现已禁止黏土砖的生产与使用。

②蒸压砖

蒸压砖可分为煤渣砖、灰砂空心砖两类。其中：蒸压煤渣砖是以煤渣为主要原料，掺入适量的石灰、石膏，经混合压制成型，通过蒸压(或蒸养)而成的实心砖；蒸压灰砂空心砖以石灰、砂为主要原料，经坯料制备、压制成型、蒸压养护，最终制成孔洞率大于 15%的空心砖。相应规格与强度等级见表 3.2。

表 3.2 烧结砖规格及强度等级

类型	规格(mm)	强度等级
煤渣砖	240×115×53	MU20、MU15、MU10、MU7.5

续上表

类型	规格(mm)	强度等级
灰砂空心砖	长:240;宽:115 高:53、90、115、175	MU25、MU20、MU15、MU10、MU7.5

(2)石材

砌体结构工程的石材主要有毛石、料石两类。

①毛石

毛石又分为乱毛石和平毛石。乱毛石指形状不规则的石块;平毛石指形状不规则,但有两个面大致平行的石块。需注意毛石的中部厚度不应小于 150 mm。

②料石

料石按加工面的平整程度分为细料石、半细料石、粗料石、毛料石四类。料石的宽度、厚度均不宜小于 200 mm。

因石材的形状不一,通常用边长为 70 mm 的立方体试块进行抗压强度实验,强度等级有 MU100、MU80、MU60、MU50、MU40、MU30、MU20。需要说明的是,用于砌体结构的石材最低强度等级为 MU30。

(3)砌块

砌块种类较多,常用的有混凝土空心砌块、加气混凝土砌块、粉煤灰实心砌块。

在规格方面,通常把高度为:180～350 mm 的砌块称为小型砌块;360～900 mm 的砌块称为中型砌块。

在强度方面:砌块类型不同,强度等级各异,强度等级有 MU20、MU15、MU10、MU7.5、MU5.0。需要说明的是,用于砌体结构的砌块最低强度等级为 MU7.5。同时,生产单位供应砌块时,必须提供产品出厂合格证,并标明砌块的强度等级和质量相关指标。

2)砂浆

(1)原材料要求

砂浆分为水泥砂浆、石灰砂浆、混合砂浆三类,其主要原材料为水泥、砂、石灰膏及外掺料。

①水泥

水泥品种及强度应根据设计要求、砌体部位、环境条件综合确定。需要说明的是,水泥砂浆采用的水泥,其强度等级不应大于 32.5 级;水泥混合砂浆采用的水泥,其强度等级不宜大于 42.5 级。同时,不同品种的水泥,不得混合使用。

②砂

一般情况下,砂宜用中砂,毛石砌体宜用粗砂。需要注意的是:砂使用前应过筛,不得含有草根、树叶、煤块、炉渣等杂物,且含泥量不应超过 5%(强度等级小于 M5 的混合砂浆不应超过 10%)。

③石灰膏

石灰膏应确保其质量符合要求,如:①生石灰熟化成石灰膏时,应用孔径不大于 3 mm×3 mm的网过滤,熟化时间不得少于 7 d;②储存的石灰膏,应防干燥、冻结、污染,严禁使用脱水硬化的石灰膏。

④外掺料

外掺料主要用于改善砂浆的和易性,常用的外掺料有黏土膏、电石膏、粉煤灰等。同时,在砂浆中掺入有机塑化剂、早强剂、缓凝剂、防冻剂等外加剂时，应经检验、试配符合要求后，方可使用。

(2)砂浆的强度等级

砂浆的强度等级主要有 M15、M10、M7.5、M5、M2.5。需要注意的是：用于砌体结构的砂浆，最低强度等级为 M5。

砂浆试块强度验收时，合格标准应符合规定：同一验收批砂浆试块抗压强度平均值必须大于或等于设计强度等级的 1.10 倍，其中强度最小一组的平均值必须大于或等于设计强度等级的 85%。

(3)砂浆制备与使用

制备：①砂浆制备应采用经试配调整后的配合比，配料应准确。②水泥配料的精确度应控制在±2%以内，砂、石灰膏和外掺料应控制在±5%以内。③掺外加剂时，应先将外加剂按规定浓度溶于水中，然后将外加剂溶液与拌和水一起投入拌和，不得将外加剂直接投入拌制砂浆。

拌和及使用：①砂浆应采用机械拌和，拌和时间为：水泥砂浆、水泥混合砂浆不得少于 2 min；水泥粉煤灰砂浆和掺用外加剂的砂浆不得少于 3 min。②砂浆的稠度对烧结普通砖、蒸压粉煤灰砖砌体宜控制在 70～90 mm；对混凝土实心砖、多孔砖、空心砌块砌体和蒸压灰砂砖砌体宜为 50～70 mm；对烧结多孔砖、空心砖、蒸压加气混凝土砌块砌体宜为 60～80 mm；对石砌体宜为 30～50 mm。③砂浆应随拌随用，水泥砂浆和水泥混合砂浆必须在拌和后 3～4 h内使用完毕；如最高气温超过 30 ℃，则应在 2～3 h 内使用完毕。

3.1.2 脚手架及垂直运输设施

1)脚手架

脚手架是专为高空施工操作、堆放或运送材料、保证安全操作而搭设的临时工作平台。通常情况下，考虑到工作效率和施工组织等因素，每次脚手架的搭设高度以 1.2 m(也称为"一步架高")为宜。

(1)脚手架的种类

脚手架种类及形式多样：①按搭设位置可分为外脚手架、里脚手架；②按设置形式可分为单排脚手架、双排脚手架、多排脚手架、满堂脚手架等；③按结构形式可分为扣件式脚手架、碗扣式脚手架、门式脚手架、轮扣脚手架(快拆架)、承插型盘扣式脚手架等；④按支撑方式可分为落地式脚手架、悬挑式脚手架、吊式脚手架、附着升降脚手架等。

知识拓展：

20 世纪 50 年代初，脚手架主要采用竹子或木材搭设，但由于竹木材质的局限性，导致在使用寿命及安全性上都存有很大隐患。自 60 年代起，扣件式钢管脚手架应运而生，其结构简单、操作方便、适用性强，但搭建困难、维修成本高。自 80 年代起，我国在发展多功能脚手架方面取得了显著成效，门式脚手架、碗扣式钢管脚手架、轮扣式脚手架、盘扣式脚手架逐渐成为目前建筑行业的主流脚手架。

阅读

文本3.1.2-11

①外脚手架示例

外脚手架统指在建筑物外围搭设的脚手架。如：扣件式钢管外脚手架(图 3.1)，可搭设双排式[图 3.1(b)]或单排式[图 3.1(c)];吊篮脚手架(图 3.2),即带有升降装置的吊式脚手架;悬挑脚手架(图 3.3),即在建筑结构上采用悬挑方式搭设的脚手架。

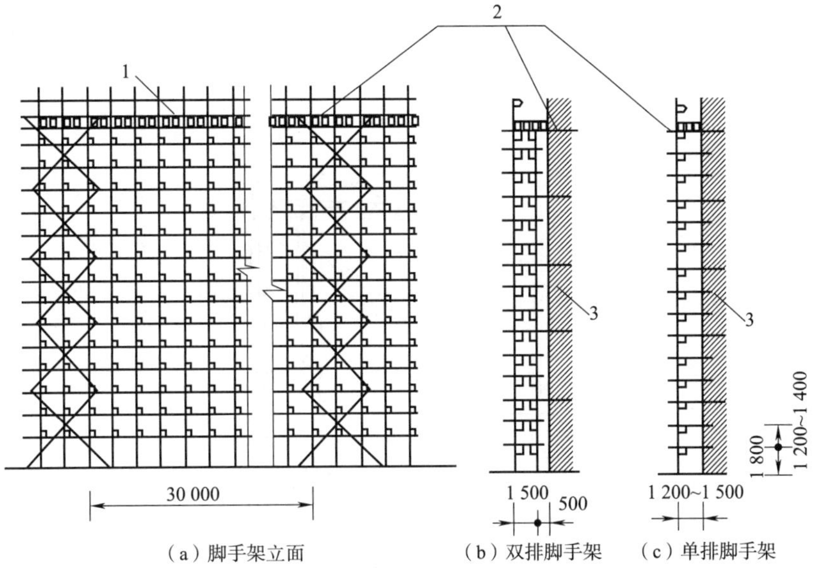

1—脚手板;2—连墙杆;3—墙身。

图 3.1 钢管扣件式外脚手架(单位:mm)

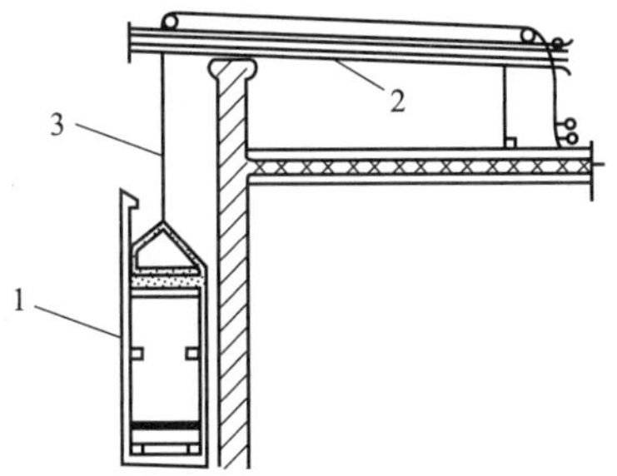

1—吊篮;2—支承设施;3—吊索。

图 3.2 吊篮脚手架示意

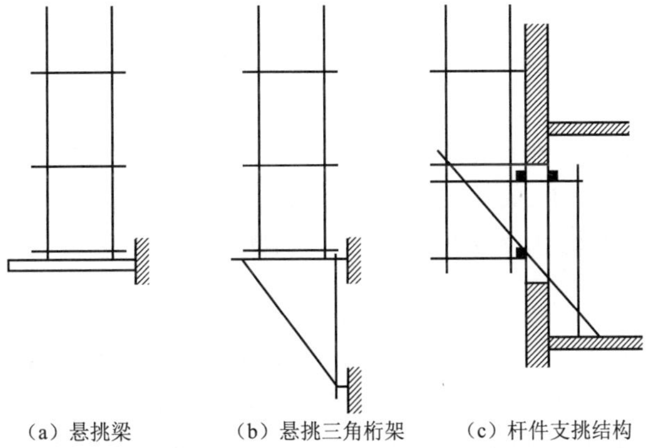

图 3.3 悬挑脚手架的挑支方式

②里脚手架示例

里脚手架(又称为内墙脚手架),是沿室内墙面搭设的脚手架。如门式脚手架为一种框组式脚手架的基本单元(图 3.4),可用作里脚手架搭设在每层楼板上,层层往上翻;也可组合成整片脚手架,作为满堂脚手架和外脚手架使用。此外,还可用于搭设垂直运输的井字架或模板的支撑架。

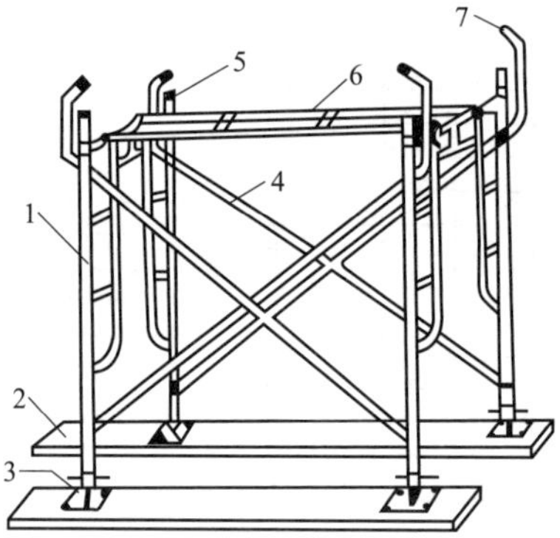

1—门架;2—平板;3—螺旋基脚;4—剪刀撑;5—连接棒;6—水平梁架;7—锁臂。

图 3.4 门式脚手架的基本单元

(2)脚手架搭设和使用要求

脚手架搭设:①脚手架搭设应满足工人操作、材料堆放及运输要求;②脚手架应具有足够的强度和刚度,应铺满、铺稳,不得有空头板;③外脚手架所承受的施工荷载不得大于 3 kN/m^2;④过高的外脚手架和钢脚手架应设防雷接地装置,外侧应设安全网;⑤通常情况下,脚手架宽度一般为 1.5~2 m,每步架高位为 1.2~1.4 m。

脚手架使用要求:①构造合理,坚固稳定,与结构拉结、支撑可靠,不沉降、变形、摇晃、失稳;②搭设、拆除和搬运方便,能长期周转使用;③应考虑多层作业、交叉作业和多工种作业的需要,减少搭拆次数;④应与垂直运输设施和楼层作业相适应,以确保材料从垂直运输安全转入楼层水平运输。

脚手架验收与检查:①脚手架搭设后,应根据现行标准规范严格验收;②在使用过程中要加强安全检查,防止局部失稳或整体失稳,避免造成人身安全事故。

典型案例:

某在建 30 层建筑工地,在施工过程中发生脚手架倒塌事故。脚手架从 20 层坠落,高度为 63.1 m,导致正在脚手架上作业的 12 名工人高处坠落,造成 10 人死亡、2 人受伤。事发后,公安部门对事故负有直接责任的 13 人予以刑事拘留。事故主要原因为:在整体提升附着式脚手架的过程中,未撤离架上作业人员,并违规拆除了承力构件,导致架体失衡坠落。暴露出违章指挥、违章作业、违反劳动纪律的“三违”现象。

2)垂直运输设施

垂直运输设施是指在施工活动中担负垂直运送材料与人员的机械设备及相关设施,是影响工程施工速度的重要因素。在砌体结构工程中,其作用主要体现为:①运输大量的砌筑材料、脚手架及各种预制构件;②除垂直运输外,还承担在地面与楼面的水平运输。

常用的垂直运输设施主要有塔式起重机、井架、龙门架、施工电梯等。

(1)塔式起重机

塔式起重机(简称为塔机、塔吊),是动臂装在高耸塔身上部的旋转起重机。此种设备具有作业空间大、吊装就位便捷、吊运速度快、可同时进行垂直与水平运输等优势(图 3.5)。

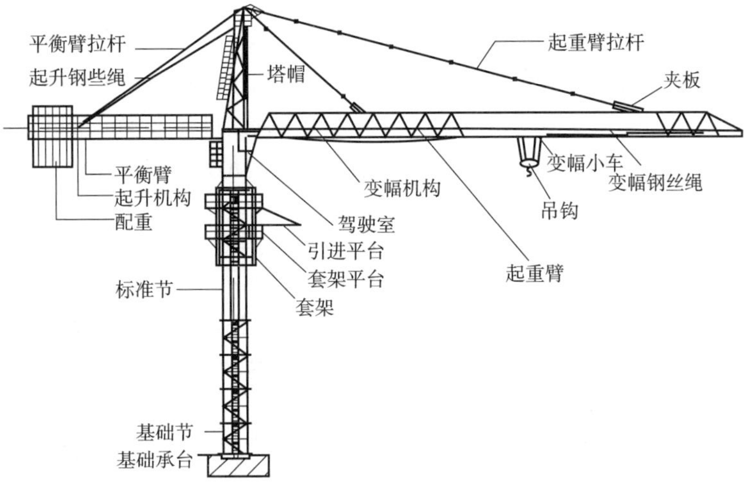

图 3.5 塔式起重机

(2)井架

井架主要用于垂直运输材料,多用型钢或钢管组成,也可用脚手架部件搭设(图 3.6)。井架应具有足够的强度、刚度、整体稳定性;应提供足够的工作高度和空间;应保证拆装方便、安全、移动迅速。为满足运输多种材料的需要和扩大服务范围,可在井架内设吊盘,在井架上安装悬臂拔杆。

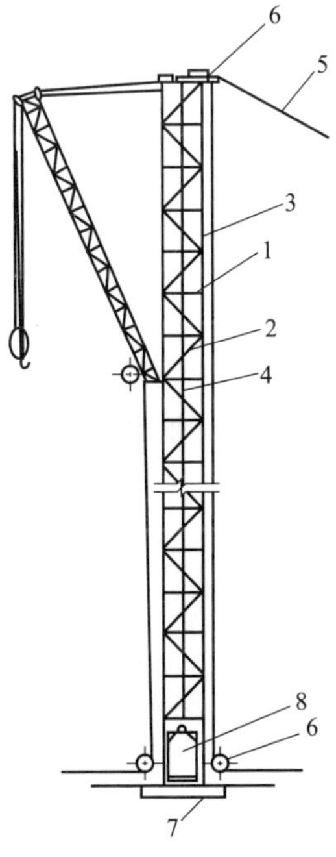

1—平撑;2—斜撑;3—立柱;4—钢丝绳;5—揽风绳;6—滑轮;7—垫木;8—内吊盘。

图 3.6 井架

(3)龙门架

龙门架是根据吊运设备和材料的需要,开发出来的小型起重设备,由两立柱及横梁构成。在龙门架上装设滑轮、导轨、吊盘及起重索、缆风绳等,即构成一个完整的运输体系(图 3.7)。

(4)施工电梯

施工电梯是建筑工程中经常使用的载人载货运输设备,由轿厢、驱动机构、标准节、附墙、底盘、围栏、电气系统等组成,附着在外墙或建筑结构上(图 3.8),可载货 1.0~1.2 t,可乘 12~15 人。施工电梯的吊笼装在井架外侧,沿齿条式轨道升降,独特的箱体结构使其兼具安全性与舒适性,并可随建筑物主体结构施工往上接高 100 m,故此更适用于高层建筑。

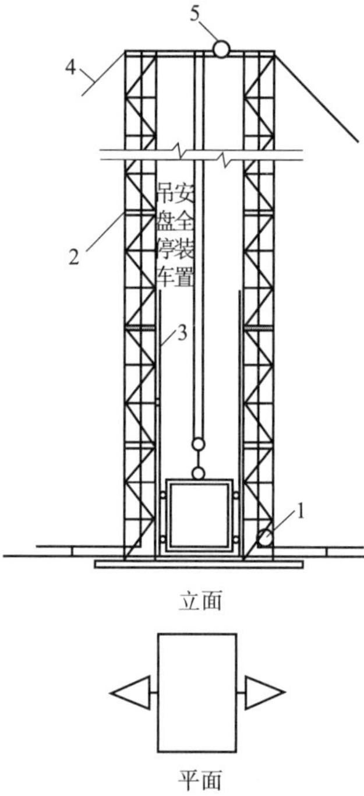

1—地轮;2—立柱;3—导轨;
4—缆风绳;5—天轮。

图 3.7 龙门架

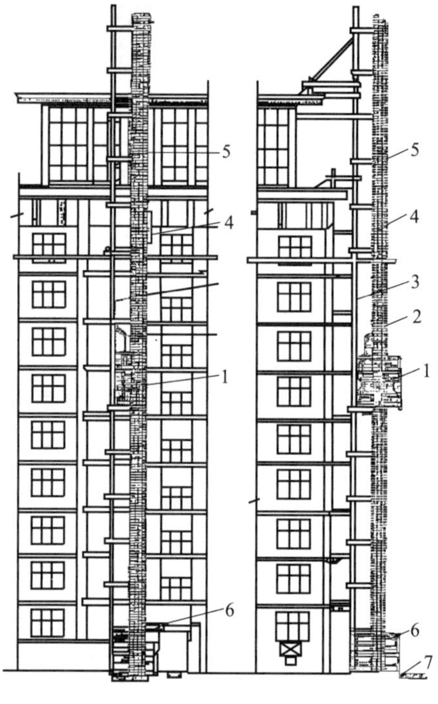

1—吊笼;2—小吊杆;3—架设安装杆;
4—平衡箱;5—导航架;6—底笼;7—混凝土基础。

图 3.8 建筑施工电梯

3.2 砌体施工

3.2.1 砖砌体施工

砖砌体结构类型较多,现以砖墙砌体为例,对施工工艺及质量要求做以说明。

1)一般规定

(1)砖的品种、强度等级必须符合设计要求,并应规格一致。用于清水砌体表面的砖应边角整齐,色彩均匀。不同品种的砖不得在同一楼层混砌。

(2)砂浆品种、强度等级及稠度应符合设计和规范的要求。

(3)灰砂砖、粉煤灰砖早期收缩值大,要求出窑后停放时间不应少于 28 d,以预防砌体早期开裂。

(4)砌筑烧结普通砖、多孔砖、蒸压灰砂砖、粉煤灰砖砌体时，砖应提前1～2 d适度湿润；注意严禁采用干砖或处于湿水饱和状态的砖砌筑。烧结类块体相对含水率为60％～70％，其他非烧结类块体相对含水率为40％～50％。

(5)多孔砖的孔洞应垂直于受压面，有利于砂浆结合层进入上下砖块的孔洞中，以提高砌体的抗剪强度和整体性。

(6)不得在下列墙体或部位设置脚手眼：①12 cm厚墙、料石清水墙和独立柱；②过梁上与过梁成60°角的三角形范围及过梁净跨度1/2的高度范围内；③宽度小于1 m的窗间墙；④砌体门窗洞口两侧20 cm(石砌体为30cm)、转角处45 cm(石砌体为60 cm)范围内；⑤梁或梁垫下及其左右50 cm范围内。

2)施工工艺

砌筑砖墙通常依次包括：抄平、放线、摆砖样、立皮数杆、立头角、铺灰砌砖、勾缝等工序。

(1)抄平

砌砖墙前，先在基础面或楼面上按标准的水准点定出各层标高，并用水泥砂浆或细石混凝土找平。

(2)放线

抄平后，以龙门板上轴线定位钉为准，拉麻线弹出墙身中心轴线及边线，并定出门窗洞口位置。

(3)摆砖样

放线后，由经验丰富的瓦工，预先根据墙身长度(按门、窗洞口分段)、组砌方式进行试摆砖样，尽量使砖块和灰缝的总长度与墙体长度相协调，确保每层的砖块排列整齐、灰缝宽度均匀，从而充分提升砌砖效率。摆砖样过程中，宜尽量使门窗垛的尺寸符合砖的模数；当偏差较小时，可通过竖缝调整，以减小砍砖数量。

实心砖组砌时，一般采用一顺一丁、三顺一丁、梅花丁(同一皮中丁砖与顺砖相间排列)、两平一侧、全顺、全丁等砌筑形式(图3.9)。顺砌是指砖块长度与墙身长度方向一致；丁砌是指砖块长度与墙身长度方向垂直。组砌方式应选用正确，确保上、下错缝，内外搭砌。

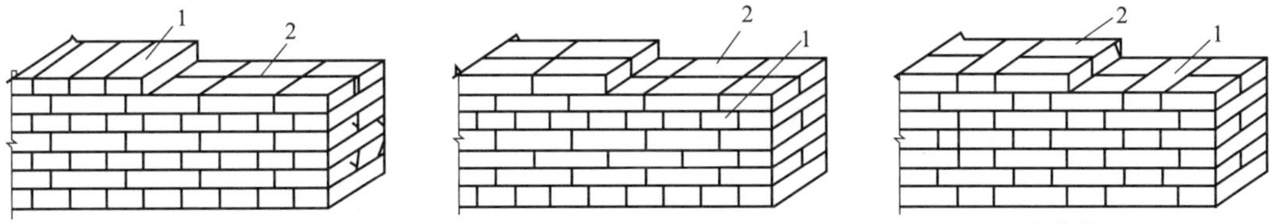

(a)一顺一丁 (b)三顺一丁 (c)梅花丁

1—丁砌砖块；2—顺砌砖块。

图3.9 砖的组砌方法

(4)立皮数杆

皮数杆(图3.10)是一根长约2 m的木板条，其上标有每皮砖和灰缝的厚度，以及门窗洞、过梁、楼板等的标高，用于控制每皮砖砌筑的竖向尺寸及墙体各部分构件的标高，并保证铺灰、砌砖的厚度均匀。皮数杆一般立于墙的转角处，用水准仪校正标高。若墙体较长，可每隔10～12 m立一根皮数杆。

(5)立头角

砌体结构施工时通常先砌筑转角处和交接处(俗称盘角)，严禁无可靠措施的内外墙分砌施工。头角即墙角，是确定墙身两面横平竖直的主要依据。盘角时，主要大角盘角不要超过 5 皮砖，应随砌随盘；同时，应与皮数杆对照，检查无误后将麻线挂在墙身上（称为挂准线），然后砌中间墙。

（6）铺灰砌砖

砌砖宜采用“三一”砌筑法或铺浆法。“三一”砌筑法是一铲灰、一块砖、一揉浆的砌筑方法。铺浆法是先铺设一段砂浆，然后在砖的侧面用刮浆法抹上竖向灰缝或通过揉浆挤出竖向灰缝，并排布砖块。铺浆长度不得超过 750 mm，当气温超过 30 ℃时，铺浆长度不得超过 500 mm。

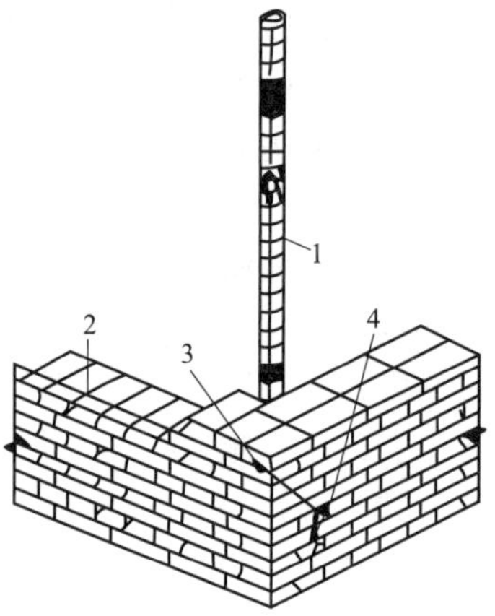

1—皮数杆；2—准线；
3—挑线铁钉；4—固定准线铁钉。
图 3.10　皮数杆

需要注意的是：①正常施工条件下，砖砌体每日砌筑高度宜控制在 1.5 m 或一步脚手架高度内。②当采用分段施工时，分段位置宜设置在伸缩缝、沉降缝、抗震缝、构造柱或门窗洞口处，且相邻施工段之间的砌筑高度差不得超过一个楼层的高度，也不宜大于 4 m；③对于 240 mm 承重墙的最上一皮砖、梁或梁垫下面、台阶水平面上、挑出层（挑檐、腰线等）均应整砖丁砌，以利于砖砌体的整体性、受力的合理性，或保证楼面、屋面结构能够得到有力支撑。④填充墙砌至接近梁、板底时，应留一定空隙，待填充墙砌筑完成并至少间隔 7 d 后，再采用侧砖或立砖斜砌挤紧，倾斜度宜为 60°左右，以防变形开裂。

此外，对于设置钢筋混凝土构造柱的砌体，构造柱与墙体的连接处应砌成马牙槎，并遵循先砌墙体、后浇构造柱的施工顺序（图 3.11）。

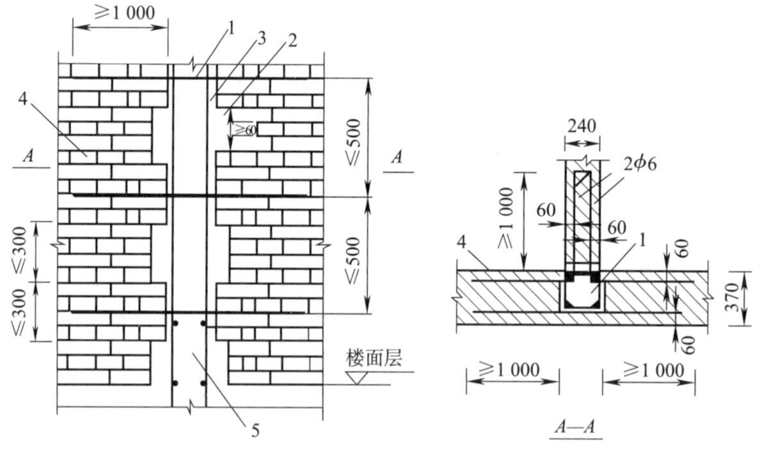

1—拉结钢筋；2—马牙槎；3—构造柱钢筋；4—墙；5—构造柱。
图 3.11　构造柱与墙体的连接（单位：mm）

（7）勾缝

勾缝是指用砂浆将相邻两块体之间的缝隙填塞饱满，其作用是让砌块与其上下左右砌筑块体之间的连接更为牢固，防止风雨侵入墙体内部，并使墙面清洁、整齐美观。勾缝时，宜用 1∶1.5 的水泥砂浆（砂应用细砂，也可用原浆勾缝）。

3）砌筑质量要求

砌筑质量应符合现行国家标准《砌体结构工程施工质量验收规范》（GB 50203—2011）的

相关规定，做到“横平竖直、砂浆饱满、组砌得当、接槎可靠”。

(1)横平竖直

砖砌体主要承受垂直力，为使砖砌筑时横平竖直、均匀受压，要求水平灰缝应平直、竖向灰缝应垂直对齐，不得游丁走缝。

(2)砂浆饱满

砂浆层的厚度和饱满度对砖砌体抗压强度影响很大，具体体现为：①若砂浆层太薄，则会因砂浆过少导致砖块间传力不匀，整体抗压强度不足；②若砂浆层过厚，则砂浆层可能变形过大。因此，水平灰缝和竖向灰缝厚度应控制在 8～12 mm(宜为 10 mm)，且水平灰缝的砂浆饱满度不得小于 80%(砖柱的灰缝砂浆饱满度不应小于 90%)。砂浆饱满度可用百格网检查，不得出现透明缝、瞎缝、假缝，以保证砖均匀受压，避免受弯、受剪、局部受压状态的出现。

(3)组砌得当

为提高砌体的整体性、稳定性和承载力，砖块排列应遵循上下错缝的原则，避免垂直通缝出现，错缝或搭砌长度一般不小于 60 mm。

(4)接槎可靠

接槎是指墙体临时间断处的接合方式，一般有斜槎和直槎两种形式(图 3.12)。

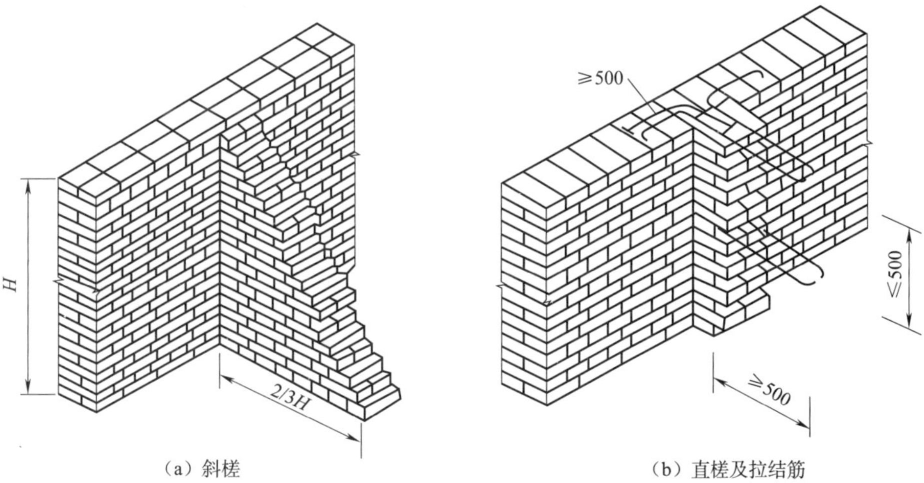

(a) 斜槎　　(b) 直槎及拉结筋

H—墙体高度。

图 3.12　砖砌体施工留槎(单位：mm)

对于不能同时砌筑而又必须留置的临时间断处，应砌成斜槎(实心砖砌体的斜槎水平投影长度不应小于砌体高度的 2/3)；如临时间断处留斜槎有困难，除转角处外也可留直槎(必须做出凸槎，并加设拉结筋)。砌筑接槎时，必须将接槎处的表面清理干净、浇水湿润，并填实砂浆、确保灰缝平直。

拉结筋设置：①拉结筋的数量为每 12 cm 墙厚放置一根 ϕ6 mm 的钢筋(墙厚为 12 cm 时，需设置 2ϕ6 mm 的钢筋)，间距沿墙高不得超过 50 cm；②拉结筋埋入长度从墙的留槎处算起，每边不应小于 50 cm；对于抗震设防烈度 6 度、7 度的地区，不应小于 100 cm；③拉结筋末端应有 90°弯钩。

总体而言，砌体结构的位置、垂直度、一般尺寸的允许偏差，应符合表 3.3 和表 3.4 的规定。

表 3.3 砖砌体的位置及垂直度允许偏差

项次	项目			允许偏(mm)	检验方法
1	轴线位置偏移			10	用经纬仪和尺检查,或用其他测量仪器检查
2	垂直度	每层		5	用 2m 拖线板检查
		全高	≤10 m	10	用经纬仪、吊线和尺检查,或用其他测量仪器检查
			>10 m	20	

表 3.4 砖砌体一般尺寸允许偏差

项次	项目		允许偏差(mm)	检查方法	抽检数量
1	基础、墙、柱顶面标高		±15	用水平仪和尺检查	不应少于 5 处
2	表面平整度	清水墙、柱	5	用 2 m 靠尺和楔形塞尺检查	不应少于 5 处
		混水墙、柱	8		
3	门窗洞口高、宽(后塞口)		±10	用尺检查	检验批洞口的 10%,且不应少于 5 处
4	外墙上下窗口偏移		20	以底层窗口为准,用经纬仪或吊线检查	检验批的 10%,且不应少于 5 处
5	水平灰缝平直度	清水墙	7	拉 5 m 线和尺检查	不应少于 5 处
		混水墙	10		
6	清水墙游丁走缝		20	吊线和尺检查,以每层第一皮砖为准	不应少于 5 处

3.2.2 石砌体施工

1)毛石砌体

(1)砌筑要点

毛石砌体应采用铺浆法砌筑,宜分皮卧砌。各皮石块间应利用毛石自然形状经敲打修整使其能与先砌毛石基本吻合、搭砌紧密;同时,毛石应上下错缝、内外搭砌。需要注意的是:①不得采用外面侧立毛石,中间填心的砌筑方法;②中间不得有铲口石(尖石倾斜向外的石块)、斧刃石(尖石向下的石块)和过桥石(仅在两端搭砌的石块),如图 3.13 所示;③对于石块间较大的空隙,应先填塞砂浆、后用碎石块嵌实,不得采用先放碎石块、后塞砂浆或干填碎石块的方法。

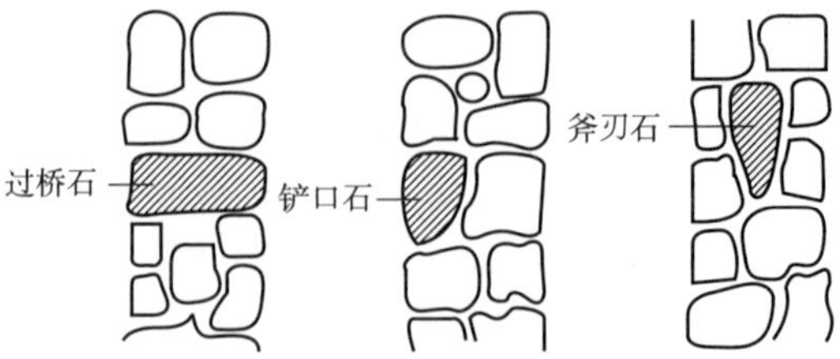

图 3.13 过桥石、铲口石、斧刃石

毛石砌体的砂浆必须饱满，叠砌面的粘灰面积(即砂浆饱满度)应大于80%。灰缝厚度宜为20～30 mm，石块间不得有相互接触现象。

(2)毛石基础

砌筑毛石基础时，第一皮石块应大面向下坐浆。同时，在毛石基础的转角处及交接处，应采用较大的平毛石砌筑。对于毛石基础的扩大部分，若做成阶梯形，则上级阶梯石块应至少压砌下级阶梯石块的1/2，相邻阶梯的毛石应相互错缝搭砌(图3.14)。

需要注意的是，毛石基础必须设置拉结石，且拉结石应均匀分布。毛石基础同皮内，拉结石应每隔2 m左右设置一块。拉结石长度：①若基础宽度等于或小于400 mm，应与基础宽度相等；②若基础宽度大于400 mm，可用两块拉结石内外搭接，搭接长度不应小于150 mm，且其中一块拉结石长度不应小于基础宽度的2/3。

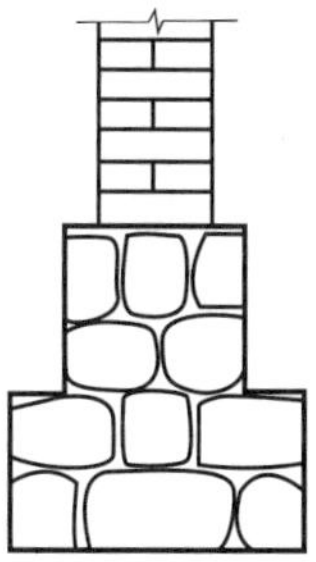

图3.14　阶梯形毛石基础

(3)毛石墙

砌筑毛石墙时，第一皮石块、转角处、交接处及洞口处，应采用较大的平毛石砌筑。同时，每个楼层墙体的最上一皮石块，宜用较大毛石砌筑。此外，毛石墙每日砌筑高度不应超过1.2 m。

需要注意的是，毛石墙必须设置拉结石，拉结石应均匀分布、相互错开。拉结石一般每0.7 m^2 墙面至少设置一块，且同皮内拉结石的中距不应大于2 m。拉结石的长度：①若墙厚等于或小于400 mm，应与墙厚相等；②墙厚大于400 mm，可用两块拉结石内外搭接，搭接长度不应小于150 mm，且其中一块拉结石长度不应小于墙厚的2/3。

2)料石砌体

(1)砌筑要点

料石砌体应采用铺浆法砌筑，砂浆铺设厚度应略高于规定灰缝厚度(高出厚度：细料石宜为3～5 mm；粗料石、毛料石宜为6～8 mm)。砌筑时，料石应放置平稳，砂浆必须饱满，上下皮料石的竖向灰缝应相互错开，错开长度应不小于料石宽度的1/2。

料石砌体灰缝厚度：细料石砌体不宜大于5 mm；粗料石和毛料石砌体不宜大于20 mm。同时，砂浆饱满度均应大于80%。

(2)料石基础

料石基础的第一皮料石应坐浆丁砌，以上各层料石可按一顺一丁进行砌筑。阶梯形料石基础，上级阶梯的料石至少压砌下级阶梯料石的1/3(图3.15)

(3)料石墙

组砌方式：①料石墙厚度等于一块料石宽度时，可采用全顺砌筑形式；②料石墙厚度等于两块料石宽度时，可采用两顺一丁或丁顺组砌的砌筑形式(图3.16)。其中，丁顺组砌是同皮内顺石与丁石相同，可一块顺石与丁石相间或两块顺石与一块丁石相间。

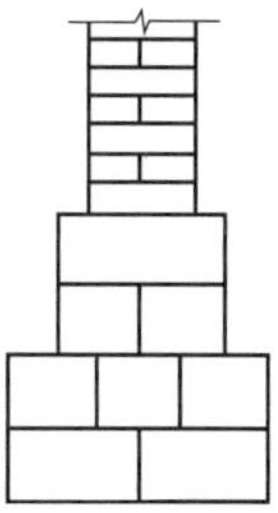

图3.15　阶梯形料石基础

(4)料石平拱

料石平拱，应按设计要求加工。如设计无规定，则料石应加工成楔形；斜度应预先设计，拱两端部的石块，在拱脚处坡度以60°为宜。平拱石块数应为单数，厚度与墙厚相等，高度为两皮料石高。拱脚处斜面应修整加工，使拱石相吻合(图3.17)。

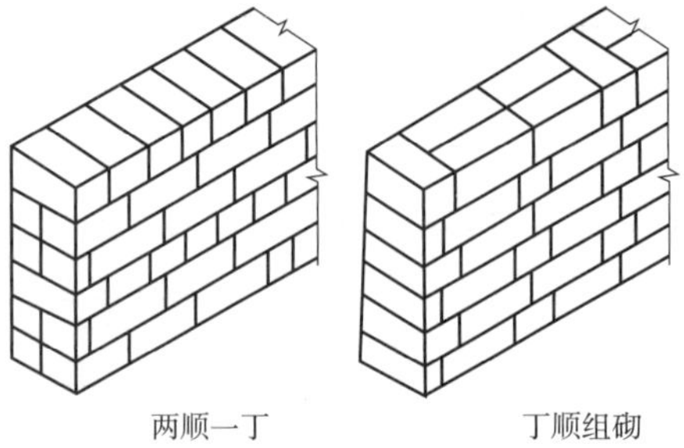

图 3.16　料石墙砌筑形式

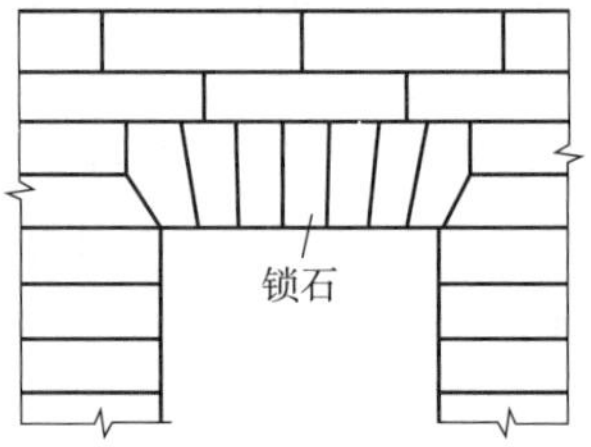

图 3.17　料石平拱示例

平拱砌筑时，应先支设模板，并以两边对称地向中间砌，正中一块锁石应挤紧；采用砂浆强度等级不应低于 M10，灰缝厚度宜为 5 mm。此外，砂浆强度达到其设计强度的 70%以上时，方可拆除模板。

(5)料石过梁

料石过梁，如设计无规定，过梁高度应为 200～450 mm；过梁宽度应与墙厚相同；过梁净跨度不宜大于 1.2 m，且两端各伸入墙内长度不应小于 250 mm(图 3.18)。

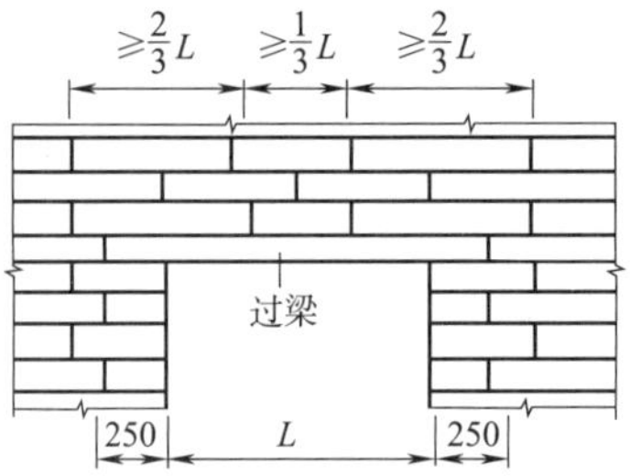

L—过梁净跨度。

图 3.18　料石过梁(单位：mm)

此外，过梁上砌墙时，其正中石块长度不应小于过梁净跨度的 1/3，其两旁石块长度不应小于过梁净跨度的 2/3。

3)石砌体质量

石砌体的轴线位置、垂直度、一般尺寸的允许偏差应符合表 3.5 和表 3.6 的要求。

表 3.5　石砌体的轴线位置及垂直度允许偏差

<table>
<tr><th rowspan="4">项次</th><th rowspan="4" colspan="2">项目</th><th colspan="7">允许偏差(mm)</th><th rowspan="4">检验方法</th></tr>
<tr><th colspan="2">毛石砌体</th><th colspan="5">料石砌体</th></tr>
<tr><th rowspan="2">基础</th><th rowspan="2">墙</th><th colspan="2">毛料石</th><th colspan="2">粗料石</th><th>细料石</th></tr>
<tr><th>基础</th><th>墙</th><th>基础</th><th>墙</th><th>墙、柱</th></tr>
<tr><td>1</td><td colspan="2">轴线位置</td><td>20</td><td>15</td><td>20</td><td>15</td><td>15</td><td>10</td><td>10</td><td>用经纬仪和尺检查，或用其他测量仪器检查</td></tr>
<tr><td rowspan="2">2</td><td rowspan="2">墙面垂直度</td><td>每层</td><td>—</td><td>20</td><td>—</td><td>20</td><td>—</td><td>10</td><td>7</td><td rowspan="2">用经纬仪、吊线和尺检查或用其他测量仪器检查</td></tr>
<tr><td>全高</td><td>—</td><td>30</td><td>—</td><td>30</td><td>—</td><td>25</td><td>20</td></tr>
</table>

表 3.6　石砌体的一般尺寸允许偏差

项次	项目		允许偏差(mm)							检验方法
			毛石砌体		料石砌体					
			基础	墙	基础	墙	基础	墙	墙、柱	
1	基础和墙砌体顶面标高		±25	±15	±25	±15	±15	±15	±10	用水准仪和尺检查
2	砌体厚度		+30	+20 −10	+30	+20 −15	+15	+10 −5	+10 −5	用尺检查
3	表面平整度	清水墙、柱	—	—	—	20	—	10	5	细料石用 2 m 靠尺和楔形塞尺检查,其他用两直尺垂直于灰缝拉 2 m 线和尺检查
		混水墙、柱	—	—	—	20	—	15	_	
4	清水墙水平灰缝平直度		—	—	—	—	—	10	5	拉 10 m 线和尺检查

3.2.3　中小型砌块施工

1)普通混凝土小型空心砌块砌体

普通混凝土小型空心砌块,是以水泥、砂、碎石或卵石、水等预制而成,其主要规格尺寸为 390 mm×190 mm×190 mm(一般有两个方形孔),最小外壁厚应不小于 30 mm,最小肋厚应不小于 25 mm,空心率应不小于 25%(图 3.19);强度等级为 MU5、MU7.5、MU10、MU15、MU20。

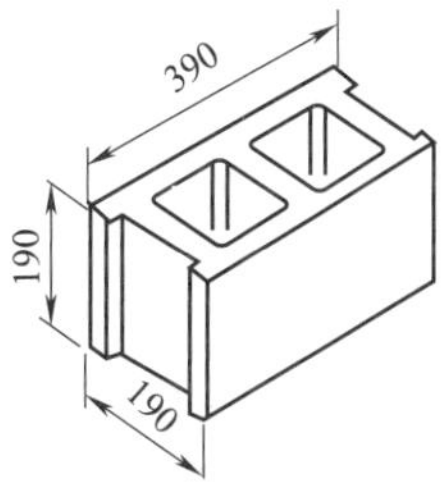

图 3.19　普通混凝土小型空心砌块(单位:mm)

(1)砌筑要点

砌筑用小砌块龄期应大于 28 d,且不宜浇水。对于承重砌体,严禁使用断裂小砌块或壁肋中有竖向凹形裂缝的小砌块砌筑;同时,也不得将小砌块与烧结普通砖等其他块体材料混合砌筑。

砌筑时,应立皮数杆、拉准线控制,从转角或定位处开始,内外墙同时砌筑,纵横墙交错搭接。其中:①外墙转角处应使小砌块隔皮露端面;②T 字交接处应使横墙小砌块隔皮露端面,纵墙在交接处改砌两块辅助规格小砌块(尺寸为 290 mm×190 mm×190 mm,一头开口),所有露端面用水泥砂浆找平(图 3.20)。同时,小砌块之间应对孔错缝搭砌,上下皮小砌块竖向灰缝相互错开 190 mm。如个别情况无法对孔砌筑,错缝长度不应小于 90 mm。当仍不能满足要求时,应在水平灰缝中设置 2ϕ4 mm 拉结钢筋或钢筋网片,钢筋网片每端均应超过该垂直灰缝,其长度不得小于 300 mm。

砌体灰缝宽度应控制在 8～12 mm,并应保证横平竖直、铺填砂浆。其中:①水平灰缝的砂浆饱满度不得低于 90%;②竖向灰缝的砂浆饱满度不得低于 80%。同时,不得出现瞎缝、透明缝;当缺少辅助规格小砌块时,砌体通缝不应超过两皮砌块。

需要注意的是:①一般情况下,砖砌体的转角处和交接处应同时砌筑,严禁无可靠措施的内外墙分砌施工。②对于不能同时砌筑而又必须留置的临时间断处,应砌成斜槎(斜槎水平投影长度不应小于斜槎高度的 2/3);如留斜槎有困难,除外墙转角处、抗震设防地区及不应留直槎的临时间断处外,也可留直槎(即从砌体面伸出 200 mm 砌成阴阳槎),并沿砌体每三皮砌块

(600 mm)，设拉结筋或钢筋网片，接槎部位宜延至门窗洞口(图 3.21)。

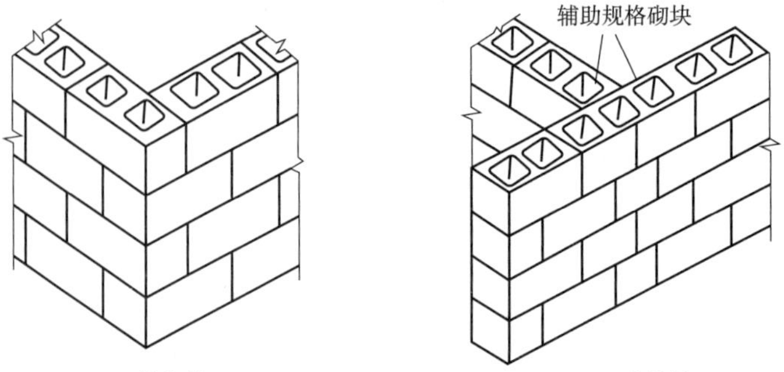

(a) 转角处　　(b) 交接处

图 3.20　小砌块墙转角处及 T 字交接处砌法

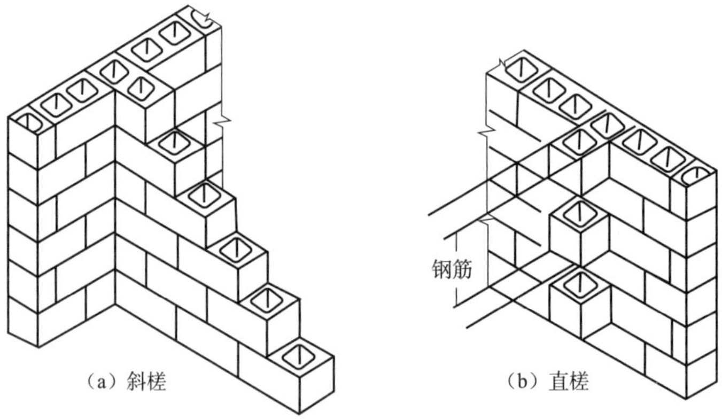

(a) 斜槎　　(b) 直槎

图 3.21　小砌块砌体斜槎和直槎

(2)质量要求

确保砌筑质量的要点可归纳为“对孔、错缝、反砌”。其中：①对孔，即上皮小砌块的孔洞对准下皮小砌块的孔洞，上下皮小砌块的壁、肋可较好传递竖向荷载，保证砌体的整体性及强度；②错缝，即上下皮小砌块错开砌筑，以增强砌体的整体性(注意错缝属于基本要求，必须满足)；③反砌，即小砌块底面朝上砌筑于墙体上，此种方式易于铺放砂浆，并保证水平灰缝砂浆的饱满度(这也是确定砌体试件强度指标的基本砌法)。

常温条件下，普通混凝土小砌块的日砌高度应控制在 1.8 m 内。对砌体表面的平整度、垂直度，以及灰缝的厚度、砂浆饱满度，应随时检查、校正偏差。在砌完每一楼层后，应校核砌体的轴线尺寸和标高，允许范围内的轴线及标高偏差，可在楼板面上予以校正。相应砌体的轴线、垂直度、一般尺寸的允许偏差应按表 3.7 和表 3.8 的规定。

表 3.7　混凝土小砌块砌体的轴线及垂直度允许偏差

项次	项目			允许偏差(mm)	检验方法
1	轴线位置偏移			10	用经纬仪和尺检查或用其他测量仪器检查
2	垂直度	每层		5	用 2 m 拖线板检查
		全高	≤10 m	10	用经纬仪、吊线和尺检查，或用其他测量仪器检查
			>10 m	20	

表 3.8　小砌块砌体一般尺寸允许偏差

项次	项目		允许偏差(mm)	检验方法	抽检数量
1	基础顶面和楼面标高		±15	用水平仪和尺检查	不应少于5处
2	表面平整度	清水墙、柱	5	用2 m靠尺和楔形塞尺检查	有代表性自然间的10%,但不应少于3间,每间不应少于2处
		混水墙、柱	8		
3	门窗洞口高、宽(后塞口)		±5	用尺检查	检验批洞口的10%,且不应少于5处
4	外墙上下窗口偏移		20	以底层窗口为准,用经纬仪或吊线检查	检验批的10%,且不应少于5处
5	水平灰缝平直度	清水墙	7	拉10 m线和尺检查	有代表性自然间的10%,但不应少于3间,每间不应少于2处
		混水墙	10		

2)加气混凝土砌块砌体

加气混凝土砌块是一种轻质多孔、保温隔热、防火性能良好,可钉、可锯、可刨,且具有一定抗震能力的新型建筑材料。同时,加气混凝土砌块所采用的原材料可选择河砂、粉煤灰、矿砂等,来源广泛、价格低廉,生产过程无污染或低污染,并可利用工业废料,具有良好的环保优势。

(1)砌体构造

加气混凝土砌块可砌成单层墙或双层墙。其中:①单层墙是将加气混凝土砌块立砌,墙厚为砌块的宽度。②双层墙是在两层加气混凝土砌块立砌墙中间夹以空气层,空气层厚度70～80 mm;同时,在两层砌块之间,每隔600 mm墙高,在水平灰缝中放置ϕ(4～6) mm的钢筋扒钉,扒钉间距为600 mm(图3.22)。

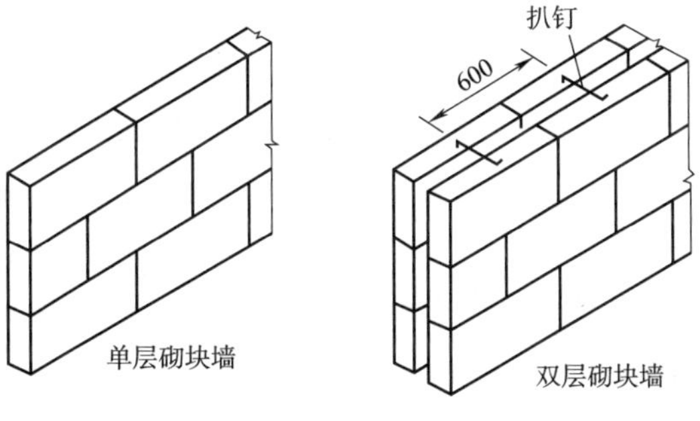

图3.22　加气混凝土砌块墙(单位:mm)

需要注意的是:①承重加气混凝土砌块墙的外墙转角处、墙体交接处,均应沿墙高1 m左右,在水平灰缝中放置拉结钢筋,拉结钢筋为3ϕ6 mm,钢筋伸入墙内不少于1 000 mm(图3.23)。②非承重加气混凝土砌块墙的转角处、承重墙交接处,均应沿墙高1 m左右,在水平灰缝中放置拉结钢筋,拉结钢筋为2ϕ6 mm,钢筋伸入墙内不少于700 mm(图3.24)。

此外,外墙窗口下一皮砌块之下的水平灰缝中,应设置拉结钢筋,拉结钢筋为3ϕ6 mm,钢筋伸过窗口侧边应不小于500 mm(图3.25)。

(2)砌筑要点

砌筑前,加气混凝土砌块出厂后要经充分干燥才能用于砌筑,且砌筑时应适量洒水湿润;其中,对于承重砌体,所用砌块强度等级应不低于MU7.5,砂浆强度不低于M5。同时,应根据建筑物的平面、立面图绘制砌块排列图,在墙体转角处设置皮数杆,并依准线砌筑。

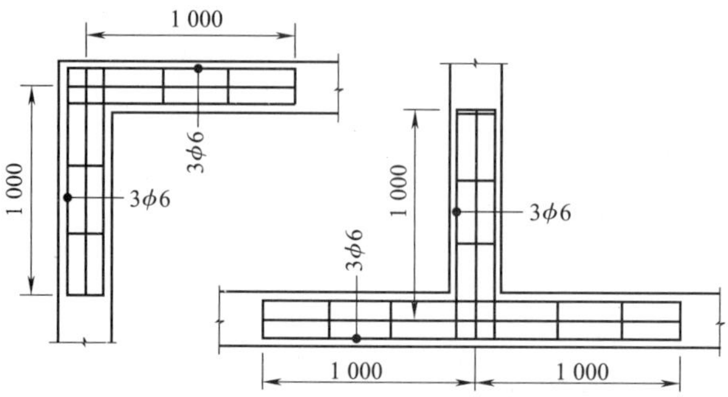

图 3.23 承重砌块墙拉结钢筋(单位:mm)

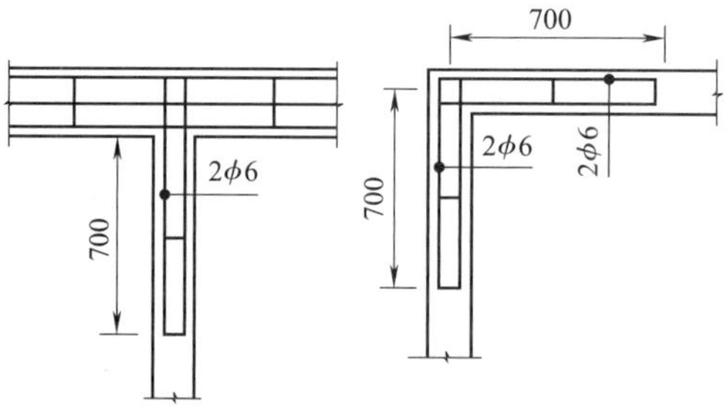

图 3.24 非承重砌块墙拉结钢筋(单位:mm)

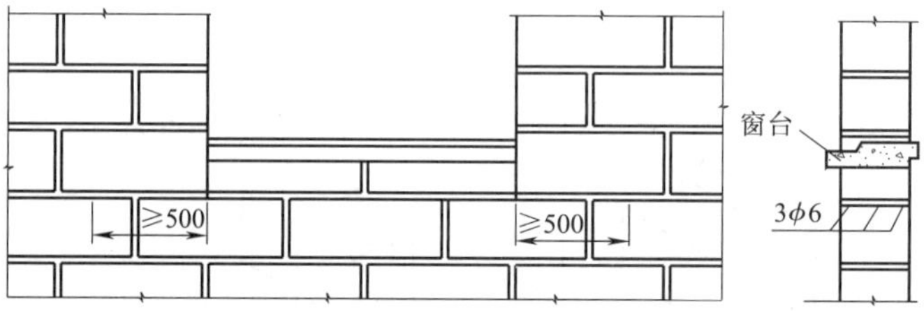

图 3.25 砌体墙窗口下配筋(单位:mm)

砌筑时,每一楼层内的墙体应连续砌完、不留接槎(如必须留槎时,应留斜槎或在门窗洞口侧边间断),且不得设置脚手眼。其中:①上下皮砌体的竖向灰缝应相互错开,相互错开长度不应小于 150 mm,宜为 300 mm;如不能满足,应在水平灰缝设置 $2\phi6$ mm 的拉结钢筋或 $\phi4$ mm 钢筋网片,拉结钢筋或钢筋网片的长度应不小于 700 mm(图 3.26)。②砌体转角处,应使纵横墙的砌块相互搭砌,隔皮砌块露端面;T 字交接处,应使横墙砌块隔皮露端面,并坐中于纵墙砌块(图 3.27)。

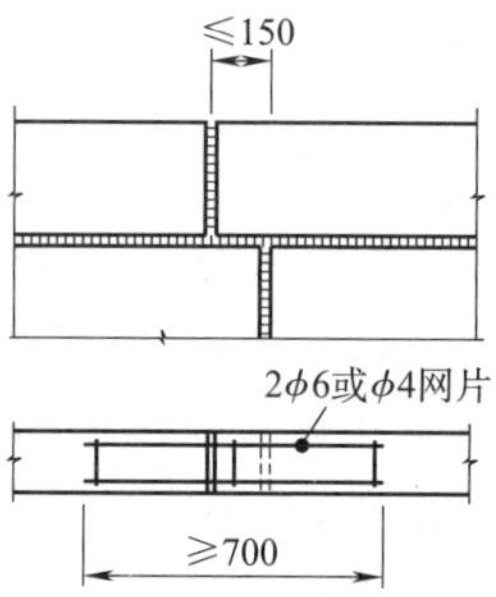

图 3.26 加气混凝土砌块墙中拉结筋(单位:mm)

砌体灰缝应横平竖直,砂浆饱满。其中,水平灰缝厚度宜为 15 mm,砂浆饱满度不应小于 90%;竖向灰缝宽度宜为 20 mm,砂浆饱满度不应小于 80%。

(3)质量要求

加气混凝土砌块不应与其他块材混砌,砌体一般尺寸的允许偏差应符合表 3.9 的要求。

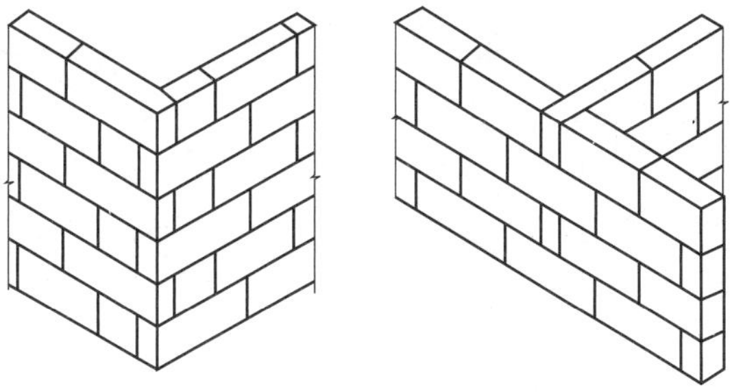

(a) 转角处　　(b) 交接处

图 3.27　加气混凝土砌块墙的转角处、交接处砌法

表 3.9　加气混凝土砌块砌体一般尺寸允许偏差

项次	项目		允许偏差(mm)	检验方法
1	轴线位移		10	用尺检查
	垂直度	小于或等于 3 m	5	用 2 m 拖线板或吊线、尺检查
		大于 3 m	10	
2	表面平整度		8	用 2 m 靠尺和楔形塞尺检查
3	门窗洞口高、宽(后塞口)		±5	用尺检查
4	外墙上、下窗口偏移		20	用经纬仪或吊线检查

3)粉煤灰砌块砌体

粉煤灰砌块是以粉煤灰、石灰、石膏、轻集料为原料,经加水搅拌、振动成型、蒸汽养护而成的密实砌块。其主要规格尺寸为 880 mm×380 mm×240 mm,180 mm×430 mm×240 mm;其强度等级为 MU10、MU13 两个等级。

(1)砌筑要点

砌筑前,粉煤灰砌块的砌筑面应适量浇水;用砌筑砂浆强度等级应不低于 M2.5。同时,应按设计图绘制砌块排列图,在墙体转角处设置皮数杆,并依准线砌筑。

砌筑时,每一楼层内的砌体应连续砌完、不留接槎(如必须留槎时,应留斜槎或在门窗洞口侧边间断),且不得设置脚手眼。其中:①砌块上下皮的垂直灰缝应相互错开,错开长度应不小于砌块长度的 1/3。②砌筑可采用"铺灰灌浆法",具体步骤为:先在墙顶上摊铺砂浆,然后将砌块按砌筑位置摆放在砂浆层上,并与前一砌块靠拢,留出不大于 20 mm 的空隙;待砌完一皮砌块后,在空隙两旁装夹板或塞泡沫塑料条,之后砌块灌浆槽内灌砂浆,直至灌满;待砂浆开始硬化不流淌时,即可卸掉夹板或取出泡沫塑料条(图 3.28)。③在砌体转角处,应使纵横墙砌块相互搭砌,隔皮砌块露端面,露端面应锯平灌浆槽;T 字交接处,应使横墙砌块隔皮露端面,并坐中于纵墙砌块,露端面应锯平灌浆槽(图 3.29)。

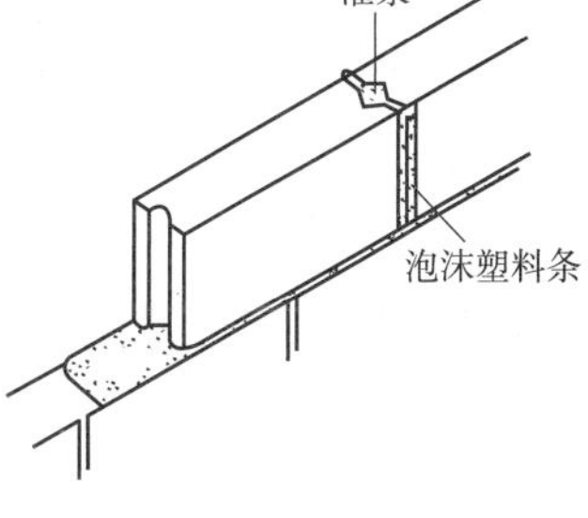

图 3.28　粉煤灰砌块砌筑

砌体灰缝应横平竖直、砂浆饱满。其中,水平灰缝厚度不得大于 15 mm,砂浆饱满度不应小于 90%;竖向灰缝宽度不得大于 20 mm,砂浆饱满度不应小于 80%。

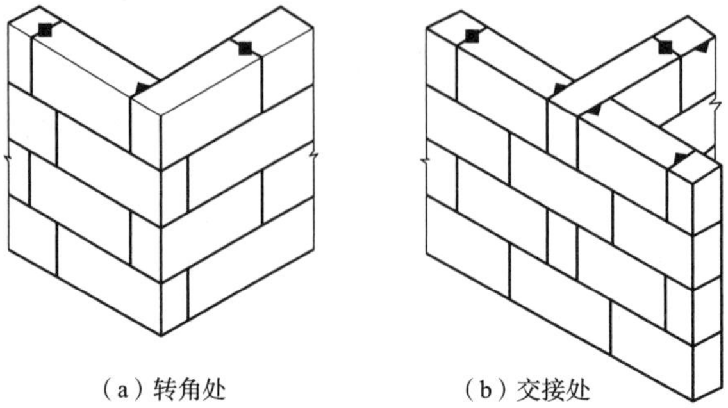

（a）转角处　　（b）交接处

图 3.29　粉煤灰砌块墙转角处、交接处的砌法

需要说明的是，砌到接近上层楼板时，因最上一皮不能灌浆，可改用烧结普通砖或煤渣砖斜砌挤紧。

(2)质量要求

粉煤灰砌块砌体允许偏差应符合表 3.10 的规定。

表 3.10　粉煤灰砌块砌体允许偏差

项次	项目			允许偏差(mm)	检验方法
1	轴线位置			10	用经纬仪、水平仪复查或检查施工记录
2	基础或楼面标高			±15	用经纬仪、水平仪复查或检查施工记录
3	垂直度	每楼层		5	用吊线法检查
		全高	10 m 以下	10	用经纬仪或吊线尺检查
			10 m 以上	20	用经纬仪或吊线尺检查
4	表面平整			10	用 2 m 长直尺和塞尺检查
5	水平灰缝平直度	清水墙		7	灰缝上口处用 10 m 长的线拉直并用尺检查
		混水墙		10	
6	水平灰缝厚度			+10、-5	与线杆比较，用尺检查
7	竖向灰缝宽度			+10、-5 >30 用细石混凝土	用尺检查
8	门窗洞口宽度(后塞框)			+10、-5	用尺检查
9	清水墙面游丁走缝			2.0	用吊线和尺检查

砌体工程常见的质量问题及管控措施见表 3.11。

表 3.11　砌体工程常见质量问题及管控措施

序号	问　题	管控措施
1	原材料不达标(如：尺寸偏差过大)	材料进场时，应严格验收
2	砂浆配合比不到位	推广使用成品砂浆；准确称量，合理控制砂浆稠度；随拌随用，严格控制使用时间
3	施工前未进行组砌规划	施工前，必须进行砌体组砌排版，尤其应明确每皮砖和灰缝的厚度、门窗洞口的尺寸、过梁及构造柱位置、植筋位置等

续上表

序号	问题	管控措施
4	违规砌筑 (如:砌块随意劈砍;灰缝不均匀、不饱满;存在通缝、假缝;随砌随顶;垂直度偏差较大;随意接槎等)	以现行标准规范为核心依据。宜采用机械切割;宜采用双面勾缝;顶砌严禁一次到位;砌筑过程应立皮数杆,水平拉线、竖向吊线,及时检查垂直度;接槎应力等
5	构造措施不符合要求 (如:构造柱设置不规范、无加密箍;过梁正反倒置、伸入墙体长度不足;植筋孔深度不足、清孔不干净、植筋胶质量不达标;窗台压顶设置不规范等)	以现行标准规范为核心依据。构造柱严格按砌体排版设置,上下端必须设置加密箍;严格设置过梁及伸入墙体长度;植筋孔应符合规范要求,钻孔后应及时清孔,验收合格后方可进行下道工序,植筋胶送检合格后方可使用,并应按规范要求进行拉拔试验;窗台压顶应内高外低

3.3 砌体冬期、雨期施工

3.3.1 冬期施工

当室外日平均气温连续 5 d 稳定低于 5 ℃时,砌体工程应采取冬期施工措施。

1)冬期施工要点

砌筑前,应注意因低温造成的不利影响:①砌块应清除冰霜;在正温条件下应浇水;在负温条件下,如浇水困难,应增大砂浆的稠度;但砌块不得遭水浸冻。②水泥宜采用普通硅酸盐水泥,不得使用无水泥配制的砂浆。③拌制砂浆用砂,不得有大于 1 cm 的冻结块。④石灰膏、黏土膏等不应受冻,如遭冻结,应经融化后使用。

砌筑时,为使砂浆有一定的正温度,拌和前水和砂可预先加热。其中,水温不得超过 80 ℃,砂的温度不得超过 40 ℃。同时,每日砌筑后,应在砌体表面覆盖保温材料。

2)冬期施工方法

砖石工程冬期施工常用方法有掺盐砂浆法和冻结法。

(1)掺盐砂浆法

掺盐砂浆法是在砂浆中掺入一定数量的氯化钠(单盐)或氯化钠加氯化钙(双盐),以降低冰点,使砂浆中的水分在一定的负温下不冻结。掺盐量应符合表 3.12 的规定,此种方法施工简便、经济、可靠,是砖石工程冬期施工广泛采用的方法。

需要说明的是,为便于施工,砂浆在使用时的温度不应低于 5 ℃;且当日最低气温不大于 −15 ℃时,砌筑承重墙体的砂浆强度等级应按常温施工提高 1 级。

表 3.12 掺盐砂浆的掺盐量(占用水量的百分比,%)

项次	日最低气温			等于或高于−10 ℃	−11～−15 ℃	−16～−20 ℃	−21～−25 ℃
1	单掺氯化钠		砖、砌块	3	5	7	—
			石材	4	7	10	—
2	复掺	氯化钠	砖、砌块	—	—	5	7
		氯化钙		—	—	2	3

(2)冻结法

冻结法的水泥砂浆或水泥混合砂浆不掺外加剂,允许砂浆遭受冻结。当气温回升至 0 ℃

以上后，砂浆解冻并继续硬化，此时砂浆强度以及与砖石的黏结力均会有不同程度的下降(原因在于砂浆经历了冻结、融化、再硬化的过程)，但总体状况属于可接受范围内。

需要说明的是，由于砌体在解冻时变形较大，所以下列情形不得采用冻结法：①空斗墙、毛石墙；②承受侧压力的砌体；③在解冻期间可能受到振动或动力荷载的砌体；④在解冻期间不允许发生沉降的砌体。

冻结法施工时，砂浆温度不应低于 10 ℃；当日最低气温≥－25 ℃时，砌筑承重砌体的砂浆强度等级应按常温施工提高 1 级；当日最低气温低于－25 ℃时，则应提高 2 级。

同时，考虑到砌体解冻时正常沉降的影响，应注意如下要点：①每日砌筑高度及临时间断处的高度差，均不得大 1.2 m；②门窗框的上部应留出不小于 5 mm 的缝隙；③砌体水平灰缝厚度不宜大于 10 mm；④留置在砌体中的洞口、沟槽等，宜在解冻前填砌完毕；⑤解冻前应清除结构的临时荷载；⑥解冻期间，应经常对砌体进行观测和检查，如发现裂缝、不均匀下沉等情况，应及时分析原因并采取加固措施。

3.3.2 雨期施工

1)雨期施工准备

(1)雨期来临之际，有必要对施工现场有组织排水并检查，做到排水通畅、雨停水干。

(2)应预先做好施工材料防潮、防浸泡的准备。施工现场临时设施、库房应做好防排水措施，砖在雨期必须集中堆放，以便用塑料薄膜、竹席等覆盖，且不宜浇水；同时，应注意水泥、保温材料等的保管堆放。

(3)施工现场临时设施有必要增设安全防护。如：脚手架等应增设防滑设施；高耸设备设施应有防雷接地措施。

(4)现场临时道路必要时应加固、加高路基，可在路面加铺炉渣、砂砾或其他防滑材料。

(5)需结合实际准备足够的防水、防汛材料和器材工具等，如：草袋、油毡、雨布等，并建立有效的应急管理措施。

2)雨期施工要点

(1)干湿砖块应合理搭配，湿度过大的砖不应上墙，以免砂浆流淌和砖块滑移造成墙体倒塌；每日砌筑高度应控制在 1.2 m 以内，以减小砌体倾斜的可能性。

(2)搅拌砂浆宜用中粗砂，因为中粗砂拌制的砂浆收缩变形小；并应要减少砂浆用水量，防止砂浆使用中变稀。

(3)稳定性较差的窗间墙、独立砖柱，应加设临时支撑或及时浇筑圈梁，以增加砌体的稳定性。

(4)根据雨期长短及工程实际情况，可搭活动的防雨棚，随砌筑位置变动而搬动。若为小雨，可不采取此措施。

(5)雨期如遇大雨必须停工。收工时，应在砖墙顶盖一层干砖，并用草帘加以覆盖，以免大雨冲刷灰浆。

(6)大雨过后继续施工，必须复核已完工砌体的垂直度和标高；受雨冲刷过的新砌墙体应翻动最上面两皮砖。此外，雨水浸泡会引起脚手架底座下陷而倾斜，因此，雨后施工要经常检查，发现问题及时处理、加固。

(7)遇台风时，应在与风向相反的方向加临时支撑，以保证墙体的稳定。

主要标准规范

《砌体结构通用规范》GB 55007—2021；

《砌体结构工程施工规范》GB 50924—2014；

《砌体结构工程施工质量验收规范》GB 50203—2011；

《建筑工程施工质量验收统一标准》GB 50300—2013 等。

思考与练习

1. 砌筑工程对砂浆有什么要求？
2. 砌筑用脚手架的作用和基本要求是什么？其主要类型有哪些？
3. 多层砖混结构施工，其垂直运输机械主要有哪些？
4. 砖砌体有哪几种组砌形式？
5. 简述砖砌体的施工工艺。
6. 简述砖砌体的质量要求及保证措施。
7. 砖墙临时间断处的接槎方式有哪些？有何要求？
8. 在什么条件下，砖砌体必须采取冬期施工措施？其方法有哪些？
9. 什么是掺盐砂浆法？什么是冻结法？施工时，应注意些什么？
10. 石材的类型有哪些？石砌体对砂浆有什么要求？
11. 简述石砌体的施工工艺及质量要求。
12. 为什么中小型砌块砌筑前要绘制砌块排列图？
13. 中小型砌块的施工要点有哪些？

4 混凝土结构工程

混凝土结构工程是指根据建筑结构设计要求，将钢筋、混凝土等材料利用模板浇筑成不同构件或结构的工程。钢筋混凝土结构在工业与民用建筑中被广泛采用，对建筑工程的安全性、适用性及耐久性具有举足轻重的作用。科学合理的混凝土结构工程，既能对建筑工程质量有积极的影响，又能节约建筑材料、有效降低成本。

知识目标

1. 了解混凝土结构工程的特点及施工过程，掌握钢筋与混凝土共同工作的原理。

2. 了解钢筋的种类、性能及加工工艺，掌握钢筋的连接方式、工艺要点、配料及代换方法、植筋工艺。

3. 了解模板的构造要求、受力特点，掌握模板设计、安装、拆除的方法。

4. 了解混凝土原材料、施工设备和机具的性能，掌握混凝土施工工艺的原理、施工配料、质量检查和评定。

5. 了解混凝土冬期施工工艺要求和常用措施。

能力目标

1. 熟悉现行混凝土结构工程相关法规、标准及规范，具有法律、质量、安全、成本、环保、创新等工程意识，具备沟通协作、组织协调、突发应变等能力。

2. 能识读混凝土结构施工图，明确混凝土结构工程的重难点。

3. 能编制混凝土结构工程施工方案，掌握相应的施工要点及措施，并进行技术交底。

4. 能组织混凝土结构工程规范化施工，判识并解决常规施工问题。

5. 能够根据现行相关规范标准，验收混凝土结构工程质量，识别和整改隐患问题。

案例导航：

上海中心大厦高 632 m，始建于 2008 年 11 月 29 日，于 2016 年 3 月 12 日完成大厦主体施工。其核心筒全部采用 C60 混凝土；巨型柱 37 层以下为 C70 混凝土，37～83 层之间为 C60 混凝土，83 层以上为 C50 混凝土，楼板采用 C35 混凝土。

该工程采用一泵到顶的施工方案，其中，核心筒混凝土实体最高泵送高度达 582 m，楼板混凝土泵送高度达 610 m。对此关键性挑战，通过研发形成了综合性能指标协同控制的超高泵送混凝土成套技术，攻克了 600 m 级混凝土泵送难题，并可使泵送阻力减少 50%以上，创造了多项混凝土一次连续泵送高度世界纪录。

问题讨论：

1. 混凝土的构成是什么？其强度等级如何划分？

2. 如何实现混凝土的泵送？应注意哪些要点？

4.1 混凝土结构工程概述

1)钢筋与混凝土共同工作原理

混凝土是由胶结料、骨料、水及外加剂按一定比例拌和而成的混合物,之后经硬化形成的人造石。混凝土的抗压能力大,但抗拉能力很低(约为抗压能力的1/10),受拉时容易产生断裂现象。

钢筋是抗拉能力很强的一种材料,通过在混凝土构件的受拉区配置适量的钢筋,则能良好弥补混凝土抗拉能力不足的缺陷,从而使构件既能受压又能受拉,以满足建筑功能和结构的要求。

钢筋和混凝土这两种不同性质的材料之所以能共同工作,主要原理在于:①混凝土硬化后会紧紧握裹钢筋,并保护钢筋不致锈蚀;②钢筋与混凝土的线膨胀系数相接近(钢筋为1.2×10^{-5},混凝土为$1.0\times10^{-5}\sim1.4\times10^{-5}$),当外界温度发生变化时,不会因胀缩不均破坏两者之间的粘结。

2)钢筋混凝土结构施工工艺流程

钢筋混凝土结构工程包括钢筋工程、模板工程、混凝土工程,施工工艺流程如图4.1所示。

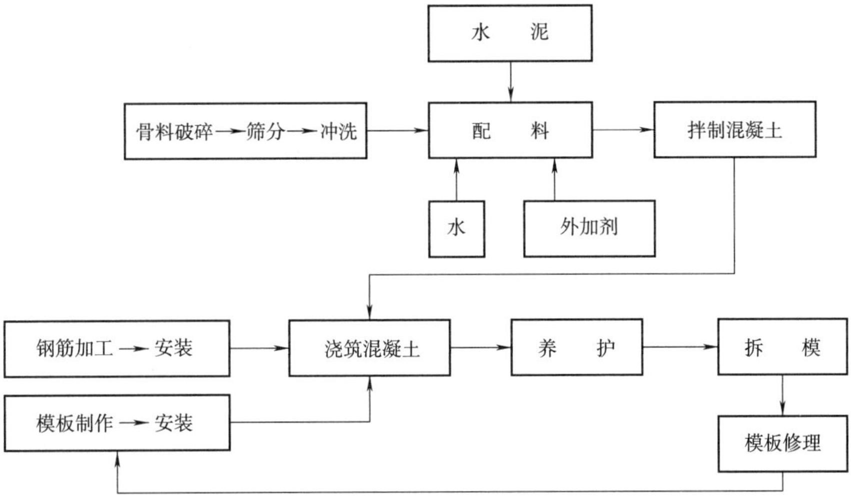

图4.1 钢筋混凝土结构工程施工工艺流程

3)特点及发展趋势

钢筋混凝土结构具有较好的整体性、安全性、适用性及耐久性,且有利于就地取材、节约钢材,故此应用极为广泛。与此同时,钢筋混凝土结构也存在自重大、抗裂性差、现场浇筑受季节气候条件限制,以及补强修复较为困难等缺点。随着新材料、新技术、新工艺的不断涌现,部分缺点正逐步得到改善,如:预应力混凝土技术,在充分提高构件刚度、抗裂性、耐久性的同时,也减少了构件的截面和自重,取得更好的经济效益。

思维拓展:

对于素混凝土抗压强度高、抗拉强度低、易开裂的问题,主要有两种改进的途径:①利用钢筋的受拉性能,将其与混凝土有机结合,产生了钢筋混凝土结构;②对受拉区施加预压应力,使混凝土不受拉或少受拉,产生了预应力混凝土结构。

4.2 钢筋工程

4.2.1 钢筋的种类及进场检验

1)钢筋的种类

(1)按生产工艺划分,钢筋可分为热轧钢筋、冷加工钢筋等。其中:①热轧钢筋主要包括热轧光圆钢筋(HPB)、热轧带肋钢筋(HRB)、细晶粒热轧带肋钢筋(HRBF)、余热处理钢筋(RRB)等,强度等级按屈服强度(MPa)可分为300级、400级、500级。②冷加工钢筋主要包括冷轧带肋钢筋、冷轧扭钢筋、冷拔低碳钢丝等。

《混凝土结构设计标准》(GB/T 50010—2010)(2024年版)根据“四节一环保”的要求,提倡应用高强、高性能钢筋,推广应用具有较好的延性、可焊性、机械连接性能及施工适应性的HRB系列普通热轧带肋钢筋。同时,根据混凝土构件对受力的性能要求,规定了各种牌号钢筋的选用原则,如:梁、柱和斜撑构件的纵向受力配筋应优先采用400 MPa、500 MPa级高强钢筋,用于高层建筑的柱、大跨度与重荷载梁的纵向受力配筋选用500 MPa级高强钢筋更为有利。

(2)按化学成分划分,钢筋可分为碳素钢钢筋和普通低合金钢钢筋。

①碳素钢钢筋根据碳量多少,可进一步分为:低碳钢(含碳量低于0.25%),中碳钢(含碳量0.25%~0.7%)、高碳钢(含碳量高于0.7%)钢筋。碳素钢的含碳量越大,其强度和硬度也随之增大,但塑性、韧性随之降低,性质变脆。需要说明的是,由于高碳钢钢筋破坏时,无明显信号且会突然断裂,一般不宜用于建筑工程中。

②普通低合金钢钢筋是在低碳钢、中碳钢的成分中加入少量合金元素(如钛、钒、锰等,其含量一般不超过总量的3%),从而获得强度高、综合性能好的钢种。

需要说明的是,普通低合金钢中,部分钢种虽然含碳量较高,但由于加入合金元素后,其不但强度提高,且综合性能也较好。

(3)按轧制外形划分,钢筋可分为光圆钢筋和变形钢筋(月牙形、螺旋形、人字形钢筋等)。

(4)按供应形式划分,钢筋可分为盘圆钢筋(直径不大于10 mm)和直条钢筋(长度为6~12 m,具体根据需求按定尺寸供应)。

(5)按直径大小划分,钢筋可分为钢丝(直径3~5 mm)、细钢筋(直径6~10 mm)、中粗钢筋(直径12~20 mm)、粗钢筋(直径大于20 mm)。

(6)按在结构中的作用,钢筋可分为受力钢筋、架立钢筋、分布钢筋等。其中,纵向受力普通钢筋可采用HRB400、HRB500、HRBF400、HRBF500、RRB400、HPB300;梁、柱和斜撑构件的纵向受力普通钢筋宜采用HRB400、HRB500、HRBF400、HRBF500钢筋。箍筋宜采用HRB400、HRBF400、HPB300、HRB500、HRBF500钢筋。预应力钢筋宜采用预应力钢丝、钢绞线和预应力螺纹钢筋。

知识拓展:

高强钢筋通常指屈服强度不小于400 MPa的普通热轧、细晶粒热轧、余热处理钢筋等,具有强度高、塑性好的特点。据估算,若高强钢筋的应用比例提高至65%,每年大约可节省钢筋1 000万t,则相应可节约1 600万t铁矿石、600万t标准煤、4 100万t水;并减排二氧化碳和污水各2 000万t、粉尘1 500万kg。

阅读

文本4.2.1-12

2)钢筋进场检验

钢筋进场时,应检查质量证明文件(包括产品合格证、出厂检验报告,有时产品合格证、出厂检验报告可以合并;当用户有特别要求时,还应列出某些专门检验数据),并按有关标准的规定进行抽样检验(抽样检验的结果是钢筋材料能否在工程中应用的判断依据)。根据国家现行标准《混凝土结构工程施工质量验收规范》(GB 50204—2015)的相关规定,抽取试件作屈服强度、抗拉强度、伸长率、弯曲性能和重量偏差检验,检验结果应符合相应标准的规定。检查数量应按进场批次和产品的抽样检验方案确定。

由于工程量、运输条件和各种钢筋的用量等的差异,很难对钢筋进场的批量大小作出统一规定。实际验收时,若有关标准中对进场检验作了具体规定,应遵照执行;若有关标准中只有对产品出厂检验的规定,则在进场检验时,批量应按下列情况确定:①对同一厂家、同一牌号、同一规格的钢筋,当一次进场的数量大于该产品的出厂检验批量时,应划分为若干个出厂检验批,并按出厂检验的抽样方案执行。②对同一厂家、同一牌号、同一规格的钢筋,当一次进场的数量小于或等于该产品的出厂检验批量时,应作为一个检验批,并按出厂检验的抽样方案执行。③对不同时间进场的同批钢筋,当确有可靠依据时,可按一次进场的钢筋处理。

对于每批钢筋的检验项目、检验数量、取样及试验方法应符合国家现行标准《钢筋混凝土用钢　第1部分:热轧光圆钢筋》(GB 1499.1—2024)和《钢筋混凝土用钢　第2部分:热轧带肋钢筋》(GB 1499.2—2024)的相关规定。检验项目主要包括拉伸、弯曲、尺寸表面、重量偏差等。

此外,成型钢筋(经弯曲、焊接、机械连接加工成型后,具有一定形状和尺寸,可直接用于结构构件绑扎安装的钢筋)进场时,应检查质量证明文件,并抽取试件作屈服强度、抗拉强度、伸长率和重量偏差检验,检验结果应符合国家现行相关标准的规定。对由热轧钢筋制成的成型钢筋,当有施工单位或监理单位的代表驻厂监督生产过程,并提供原材钢筋,力学性能第三方检验报告时,可仅进行重量偏差检验。同一厂家、同一类型、同一钢筋来源的成型钢筋,不超过30 t为一批,每批中每种钢筋牌号、规格均应至少抽取1个钢筋试件,总数不应少于3个。

同时,钢筋进场和使用前,均应加强外观质量的检查。弯曲不直或经弯折损伤、有裂纹的钢筋不得使用;表面有油污、颗粒状或片状老锈的钢筋亦不得使用,以防止影响钢筋握裹力或锚固性能。

需要说明的是,钢筋在加工使用中,如发现焊接性能或机械性能不良,还应进行化学成分分析,检验有害成分如硫(S)、磷(P)、砷(As)的含量是否超过规定范围。

最后,钢筋经检验合格后方可进场,在存放、使用过程中不得损坏标志,应根据品种、规格按批分别挂牌,标明数量、整齐堆放,并避免锈蚀和污染。

4.2.2 钢筋的连接方式

钢筋的连接方式主要有绑扎搭接、焊接连接、机械连接三大类。需要说明的是,各种类型钢筋接头的传力性能(强度、变形、恢复力、破坏状态等)均不如直接传力的整根钢筋,任何形式的钢筋连接均会削弱其传力性能。因此钢筋连接的基本原则为:①连接接头设置在受力较小处;②限制钢筋在构件同一跨度或同一层高内的接头数量;③避开结构的关键受力部位,如柱端、梁端的箍筋加密区,并限制接头面积百分率等;④需进行疲劳验算的构件,其纵向受拉钢筋不得采用绑扎搭接接头,也不宜采用焊接接头。

1)钢筋绑扎搭接

钢筋绑扎搭接是指钢筋端头之间互有一定的重叠长度,并用扎丝(一般采用 20～22 号钢丝或镀锌钢丝)绑扎的连接方法。此种方式工艺简单、工效高,不需要连接设备,适用于较小直径的钢筋连接;但接头刚度不如其他钢筋连接方式,钢筋较粗时需增加接头长度,较费钢材。需要注意的是,轴心受拉及小偏心受拉杆件的纵向受力钢筋不得采用绑扎搭接;其他构件中的钢筋采用绑扎搭接时,受拉钢筋直径不宜大于 25 mm,受压钢筋直径不宜大于 28 mm。

钢筋绑扎搭接要求绑扎位置准确、牢固,搭接接头的设置应符合现行标准规范的相关规定,如《混凝土结构设计标准》(GB/T 50010—2010)(2024 年版)、《混凝土结构工程施工质量验收规范》(GB 50204—2015)等。

(1)接头位置:①搭接接头宜设置在构件受力较小处;②在结构的重要构件和关键传力部位,纵向受力钢筋不宜设置搭接接头,此外同一纵向受力钢筋不宜设置 2 个或 2 个以上接头;③同一构件中相邻纵向受力钢筋的搭接接头宜相互错开;④钢筋的横向净距不应小于钢筋直径,且不应小于 25 mm;⑤搭接接头末端至钢筋弯起点的距离不应小于钢筋直径的 10 倍。

需要说明的是:①接头连接区段的长度为 $1.3l_1$(l_1 为搭接长度),搭接中点位于该连接区段内的接头均属于同一连接区段(图 4.2)。②纵向钢筋搭接接头面积百分率为该区段内有搭接接头的纵向受力钢筋截面面积与全部纵向受力钢筋截面面积的比值。当直径不同的钢筋搭接时,按直径较小的钢筋计算。位于同一连接区段内的受拉钢筋搭接接头面积百分率:对梁类、板类及墙类构件,不宜大于 25%;对柱类构件,不宜大于 50%。当工程中确有必要增大受拉钢筋搭接接头面积百分率时,对梁类构件,不宜大于 50%;对板、墙、柱及预制构件的拼接处,可根据实际情况放宽。

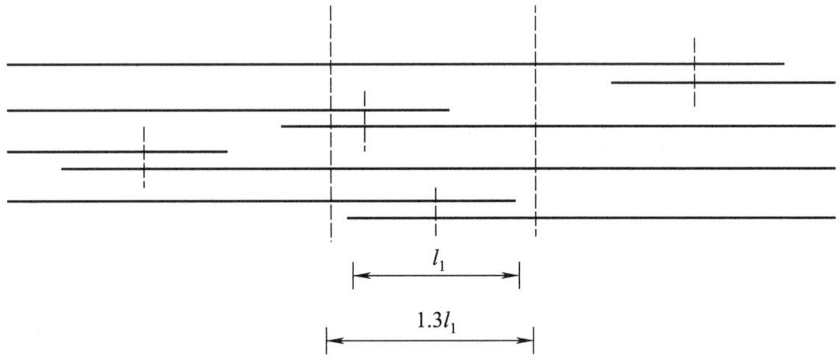

图 4.2　同一连接区段内的纵向受拉钢筋绑扎搭接接头

(2)搭接长度:①纵向受拉钢筋搭接接头的最小搭接长度应符合现行标准规范《混凝土结构设计标准》(GB/T 50010—2010)(2024 年版)的相关规定,按相应公式计算(注意:在任何情况下,受拉钢筋的搭接长度不应小于 300 mm);)。②纵向受压钢筋搭接时,其最小搭接长度应按同等情况受拉钢筋最小搭接长度的 70%取用(注意:在任何情况下,受压钢筋的搭接长度不应小于 200 mm)。

2)钢筋焊接连接

除不准出现明火等特殊情况外,钢筋连接采用焊接代替绑扎搭接,可显著改善结构性能、节约钢材、提高工效、降低成本。钢筋焊接常用的方法有:对焊、点焊、电弧焊、电渣压力焊等。需要说明的是:①纵向受力钢筋的焊接接头应相互错开。钢筋焊接接头连接区段的长度为 $35d$(d 为连接钢筋的较小直径)且不小于 500 mm,凡接头中点位于该连接区段长度内的焊接接头均属于同一连接区段。②纵向受拉钢筋的接头面积百分率不宜大于50%，但对预制构件的拼接处，可根据实际情况放宽。③纵向受压钢筋的接头百分率可不受限制。钢筋焊接方法分类及适用范围见表4.1。

表4.1　钢筋焊接方法分类及适用范围　　单位：mm

焊接方法		接头形式	适用范围	
			钢筋级别	钢筋直径
电阻点焊		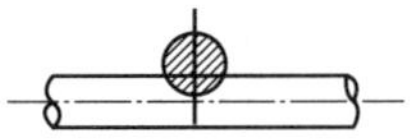	HPB300级 冷轧带肋钢筋 冷拔光圆钢筋	6～14 5～12 4～5
闪光对焊		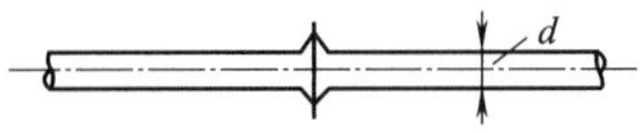	HPB300级 HRB400级 RRB400级	10～40 10～25
电弧焊	帮条双面焊	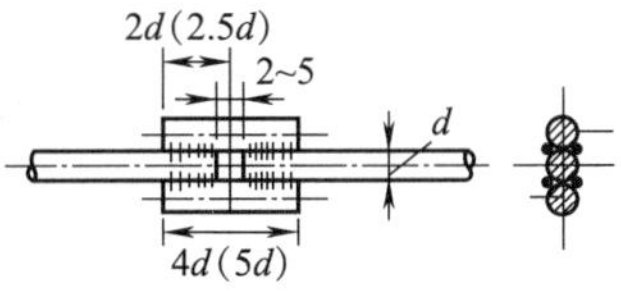	HPB300级 HRB400级 RRB400级	10～40 10～25
	帮条单面焊	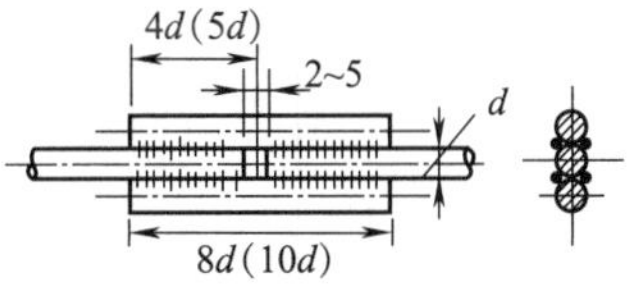	HPB300级 HRB400级 RRB400级	10～40 10～25
	搭接双面焊	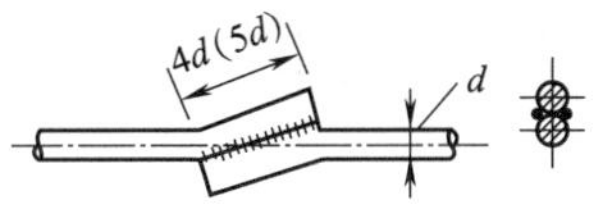	HPB300级 HRB400级 RRB400级	10～40 10～25
	搭接单面焊	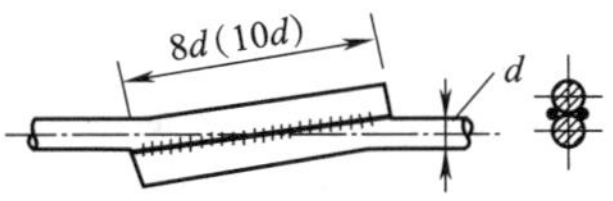	HPB300级 HRB400级 RRB400级	10～40 10～25
	熔槽帮条焊	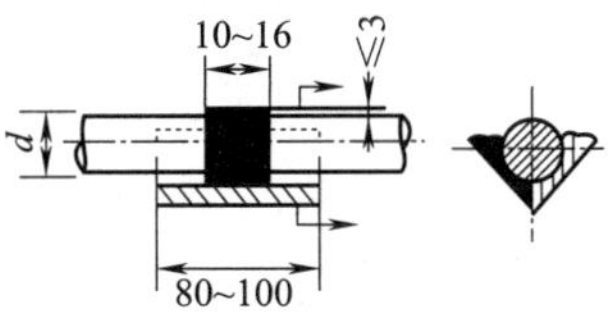	HPB300级 HRB400级 RRB400级	20～40 20～25
	坡口平焊	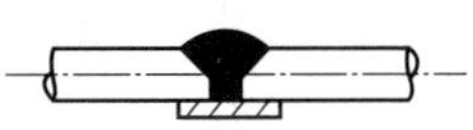	HPB300级 HRB400级 RRB400级	18～40 18～25
	坡口立焊	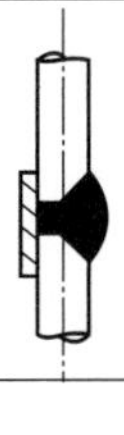	HPB300级 HRB400级 RRB400级	18～40 18～25

续上表

焊接方法		接头形式	适用范围	
			钢筋级别	钢筋直径
电弧焊	钢筋与钢板搭接焊	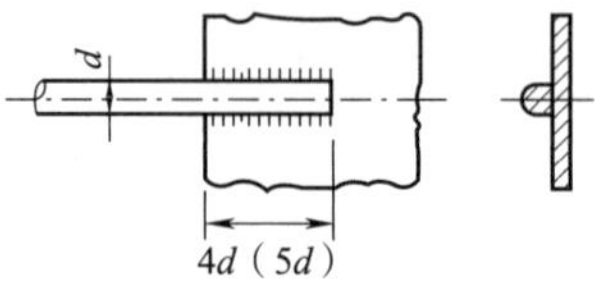	HPB300 级	8～40
电弧焊	预埋件角焊	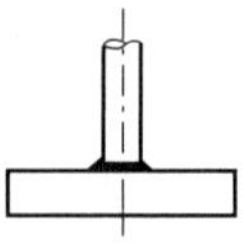	HPB300 级	6～25
电弧焊	预埋件穿孔塞焊	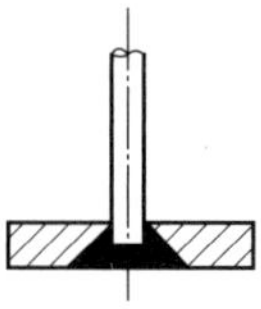	HPB300 级	20～25
电渣压力焊			HPB300 级	14～40

注：直径大于 28 mm 的带肋钢筋以及细晶粒热轧带肋钢筋，其焊接应经试验确定；余热处理钢筋不宜焊接。

(1)对焊

对焊是钢筋接触焊接的简称，其原理是利用对焊机使两段钢筋接触，通过低电压强电流，把电能转化为热能(电阻热)，使钢筋加热到一定温度后，施以轴向压力顶锻，使两根钢筋焊合在一起(图 4.3)。对焊具有成本低、质量好、工效高，以及适用于各种钢筋的特点，因此得到普遍应用。需要注意的是，不同直径的钢筋焊接时，截面比不宜超过 1.5。

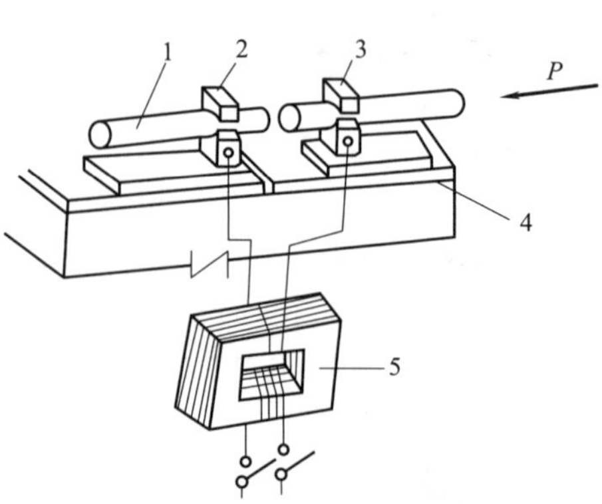

1—钢筋；2—固定电极；3—活动电极；4—机座；5—焊接变压器；P—对焊压力。

图 4.3　钢筋对焊

钢筋对焊常用闪光焊，广泛用于直条粗钢筋下料前的接长或制作直径为 6～16 mm 的闭口箍筋。根据钢筋品种、直径、所用焊机的不同，闪光焊的工艺可分为连续闪光焊、预热闪光焊和闪光—预热—闪光焊。

①连续闪光焊

连续闪光焊工艺简单，一般用于焊接直径较小和强度级别低的钢筋，连续闪光焊所能焊接钢筋的上限直径与焊机容量、钢筋牌号有关，一般钢筋直径在 22 mm 以下。

连续闪光焊的工艺过程主要包括连续闪光与顶锻两个阶段，具体步骤为：首先，将钢筋夹在焊机电极钳口上（钢筋与电极接触处应清除锈污，电极内应通入循环冷却水），闭合电源并使两端钢筋轻微接触（由于钢筋端部凸凹不平，开始仅有一点或数点接触，故电流密度和接触电阻很大，接触点很快熔化），形成“金属过梁”。然后，对“金属过梁”进一步加热，金属蒸气飞溅形成闪光现象；之后，再徐徐移动钢筋，保持接头轻微接触，形成连续闪光过程（接头同时被加热）。最后，当接头端面烧平、杂质闪掉、接头熔化后，随即施加适当的轴向压力迅速顶锻（先带电顶锻，随之断电顶锻到一定长度），使两根钢筋对焊成为一体。

需要说明的是，连续闪光焊在焊接过程中，闪光的作用能够使空气不能进入接头处；同时，还能够闪去接头中原有杂质的氧化膜，并通过挤压把已熔化的氧化物全部挤出，从而使接头质量得到保证。

②预热闪光焊（断续闪光→闪光→顶锻）

预热闪光焊是在连续闪光焊接之前，增加一次预热过程，以扩大焊接热影响区，此种方法适用于直径大于 25 mm、端面较平整的钢筋，能够有效解决连续闪光焊焊接大直径钢筋时的限制。

预热闪光焊的具体步骤为：首先，在闭合电源后，使两钢筋端面交替地闭合拉开，每一次都激起短暂的闪光，从而使钢筋预热；然后，当钢筋端面达到预热温度后，进行连续闪光焊的工艺过程。

③闪光—预热—闪光焊（闪光→断续闪光→闪光→顶锻）

对于端面有压痕、不够平整的钢筋，宜采用“闪光—预热—闪光焊”，即在预热闪光焊之前再增加一次闪光过程，烧去钢筋端部的压伤部分，从而使其端面较为平整，以保证端面上加热温度比较均匀，从而提高焊接接头的质量。此种方法适用于焊接直径大于 25 mm、端面不够平整的钢筋。

“闪光—预热—闪光焊”的操作要点为：一次闪光，闪平为准；预热充分，频率较高（3～5 次/s）；二次闪光，短、稳、强烈；顶锻过程快速有力。

④质量要求

钢筋对焊完毕后，应对接头进行外观检查，并按批切取部分接头进行机械性能试验。

外观检查要求：接头表面无裂纹和明显烧伤；接头应有适当镦粗的均匀毛刺；接头如有弯折，其角度不大于 4°；接头轴线的偏移不应大于 $0.1d$，亦不应大于 2 mm。外观检查不合格的接头，可将距接头左右各 15 mm 处切除重焊。

机械性能试验：应按同一类型分批进行，每批切取 6%，但不得少于 6 个试件，其中三个做抗拉试件，三个做冷弯试验。接头试件抗拉强度实测值不应小于钢筋母材的抗拉强度规定值，且断于接头以外处。对于冷弯性能，应做正弯和反弯试验；冷弯不应在焊缝处或热影响区断裂，否则不论强度多高均不合格；冷弯后外侧横向裂缝宽度亦不得大于 0.15 mm，对于 HRB400、RRB400 级钢筋，冷弯时不允许有裂纹出现。

(2)点焊

点焊(电阻点焊)是将已除锈钢筋的交叉点放在点焊机的两电极之间,使钢筋通电发热至一定温度后,加压使焊点金属焊合(图 4.4)。当圆钢筋交叉点焊时,由于接触处仅为一点(有较大的接触电阻),因此,在通电瞬间的全部热量集中在这一点上,能够使金属很快受热达到熔化连接的温度。

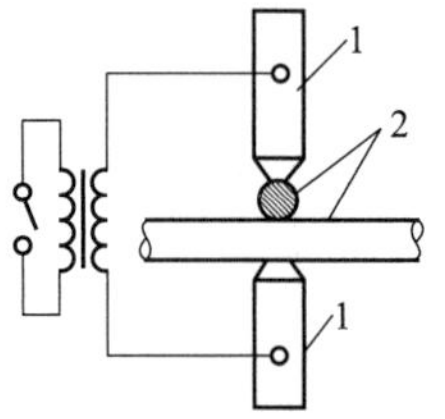

1—电极;2—钢筋。

图 4.4　点焊原理

点焊多用于钢筋骨架或钢筋网片中交叉钢筋的焊接,是实现机械化生产、高效施工、节约材料和劳动力(钢筋端部不需弯钩)、保证质量、降低成本的一种有效措施。此种方法适用于:直径 6～14 mm 的热轧 HPB300 级钢筋;直径 3～5 mm 的冷拔低碳钢丝;直径 4～12 mm 的冷轧带肋钢筋。

需要注意的是,不同直径的钢筋点焊时,大小钢筋直径之比应符合相应的要求(在较小钢筋直径小于 10 mm 时,不宜大于 3;在较小钢筋直径为 12～14 mm 时,不宜大于 2),并应根据小直径钢筋选择焊接参数。同时,为使焊点有足够的抗剪能力,焊点处钢筋互相压入的深度为细钢筋直径的 1/4～2/5。

焊点外观检查:①钢筋焊点的外观检查应无脱落、漏焊、裂纹、多孔性缺陷及明显烧伤现象;②焊点处应挤出饱满而均匀的熔化金属,并应有适量的压入深度;③焊接网的长、宽及骨架长度的允许偏差为±10 mm;焊接骨架高度允许偏差为±5 mm;网眼尺寸及箍筋间距允许偏差为±10 mm;④焊点的抗剪强度不应低于较小直径钢筋的抗拉强度;⑤抗拉试验时,不应在焊点处断裂;⑥弯曲试验时,不应有裂纹。

(3)电弧焊

电弧焊是利用电焊机使焊条与焊件之间产生高温电弧,进而将焊条与焊件金属熔化,并凝固后形成焊缝或焊接接头(图 4.5)。

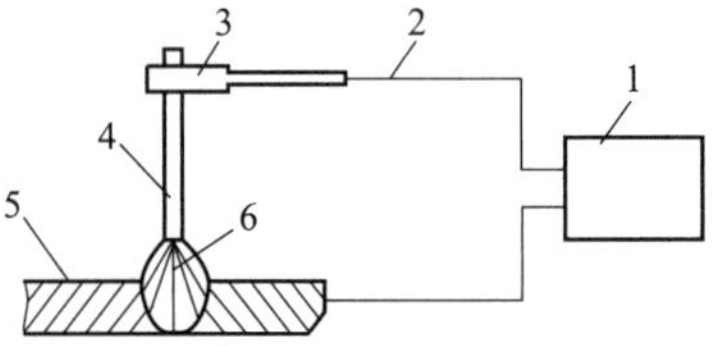

1—电源;2—导线;3—焊钳;4—焊条;5—焊件;6—电弧。

图 4.5　电弧焊工作原理

电弧焊应用较广,如钢筋的接长、钢筋骨架的焊接、钢筋与钢板的焊接、装配式结构接头的焊接及其他各种钢结构的焊接等。

电弧焊的接头形式主要有:搭接焊接头、帮条焊接头、坡口焊接头、钢筋与预埋件焊接头等四种。

①搭接焊接头

搭接焊接头是先将钢筋端部按搭接长度预弯,并保证两钢筋在同一轴线上,从而使接头受力性能良好。钢筋搭接焊宜采用双面焊,当两面施焊有困难时,也可采用单面焊。

②帮条焊接头

帮条焊接头是将需要焊接的钢筋对头摆放,然后在两侧放置帮条进行焊接。帮条宜采用与主筋同级别或同直径的钢筋制作(如帮条与被焊接钢筋的级别不相同时,还应按强度进行换算)。帮条焊接宜采用双面焊,不能进行双面焊时,也可采用单面焊。

需要注意的是,钢筋搭接焊接、帮条焊接的焊缝厚度应不小于 0.3d,且大于 4 mm;焊缝宽度不小于 0.7d，且不小于 10 mm。

③坡口(剖口)接头

坡口焊接头可分为平焊与立焊(图 4.6)，当焊接 HRB400、RRB400 级钢筋时，应先将焊件加温处理。此种方式比以上两种接头节约钢材。

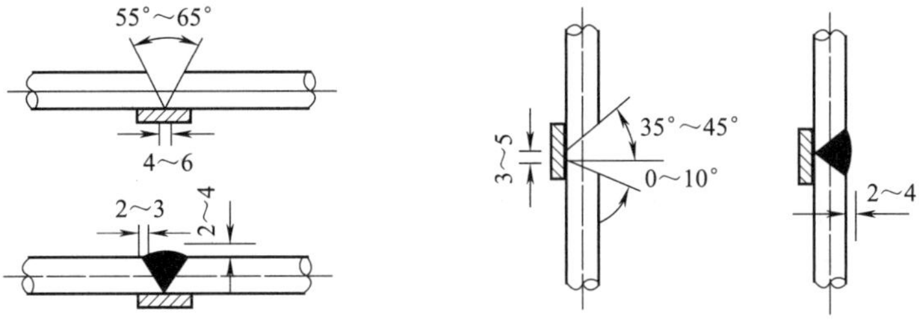

(a) 坡口平焊　(b) 坡口立焊

图 4.6　钢筋坡口接头(单位:mm)

④钢筋与预埋件接头

钢筋与预埋件接头可分对接接头和搭接接头两种。其中，对接接头又分为角焊和穿孔塞焊(图 4.7)。

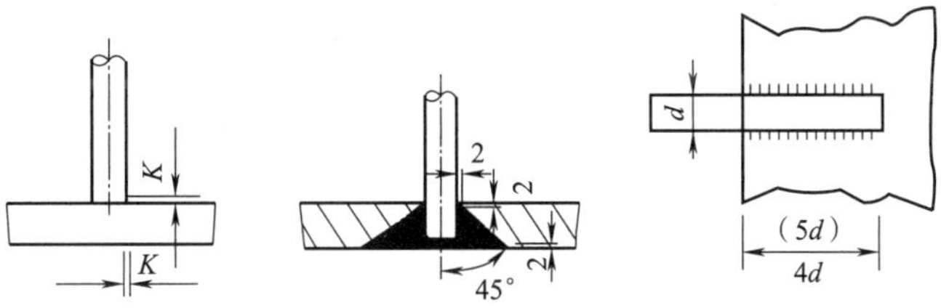

(a) 角焊　(b) 穿孔塞焊　(c) 搭接焊

K—角焊缝焊脚;d—钢筋直径。

图 4.7　钢筋与预埋件焊接

需要说明的是，当钢筋直径为 6～25 mm 时，可采用角焊；当钢筋直径为 20～30 mm 时，宜采用穿孔塞焊。角焊缝焊脚 K 对于 HPB300 级钢筋分别不小于钢筋直径的 0.5～0.6 倍。

⑤质量检查

电弧焊接头的质量检验主要是外观检查，其要求是：焊缝平顺、无裂纹；没有明显的咬边、凹陷、焊瘤、夹渣及气孔；用小锤敲击焊缝时，应发出与本金属同样的清脆声；焊缝尺寸与缺陷的偏差不得大于表 4.2 的规定。

表 4.2　电弧焊钢筋接头尺寸和缺陷的允许偏差

项次	偏差名称	单位	允许偏差	项次	偏差名称	单位	允许偏差
1	帮条对焊接头中心纵向偏移	mm	0.5d	6	焊缝长度	mm	−0.5d
2	接头处钢筋轴线的曲折	(°)	4	7	咬肉深度	mm	0.05d 或 1
3	接头处钢筋轴线的偏移	mm	0.1d 或 3	8	焊缝表面上气孔和夹渣		
4	焊缝高度	mm	−0.05d		(1)在 2d 长度上不得多于	个	2
5	焊缝宽度	mm	−0.1d		(2)直径不得大于	mm	3

注:允许偏差值在同一项目内如有两个数值时应按其中较严的数值控制。

需要说明的是，坡口接头除进行外观检查和超声波探伤外，还应分批切取1%的接头进行切片观察（焊缝金属部分）。切片经磨平后，内部应无裂缝且没有大于表4.3规定的气孔和夹渣。经切片后的焊缝处，允许用相同工艺补焊。

（4）电渣压力焊

电渣压力焊是将两钢筋安放成竖向对接形式，利用电流通过渣池产生的电阻热将钢筋端部熔化，然后施加压力使钢筋焊合（图4.8）。这种焊接方法操作简单、工作条件好、工效高、成本低，比电弧焊接头节约用电80%以上，比绑扎搭接、帮条搭接节约钢筋30%，能够提高工效6～10倍。

电渣压力焊主要用于现浇结构中，异径差在9 mm内的ϕ14～ϕ40 mm竖向或斜向（倾斜度在4∶1内）钢筋的接长。但需要注意的是，不得在竖向焊接之后，再横置于梁、板等构件中作水平钢筋之用。

焊接要点：①施焊前，需要先将钢筋端部120 mm范围内的铁锈、污物等杂质清除干净；②将夹具的下夹头夹牢下方钢筋，再将上方钢筋扶直并夹牢于活动电极中，使上下钢筋在同一轴线；并在上下钢筋之间安装引弧导电铁丝圈（可采用12～14号无锈火烧丝，圈高为10～12 mm）；之后再安放焊剂盒，用石棉布塞封焊剂盒下口，同时装满焊剂；③通电后，将上方钢筋上提2～4 mm引弧，用人工直接引弧继续上提钢筋5～7 mm，使电弧稳定燃烧；随着钢筋的熔化，将上方钢筋逐渐插入渣池中，此时电弧熄灭转为电渣过程；④焊接电流通过渣池产生大量的电阻热，使钢筋端部继续熔化；待钢筋端部熔化到一定程度后，切断电流、迅速顶压并持续几秒钟，以免接头偏斜或结合不良。

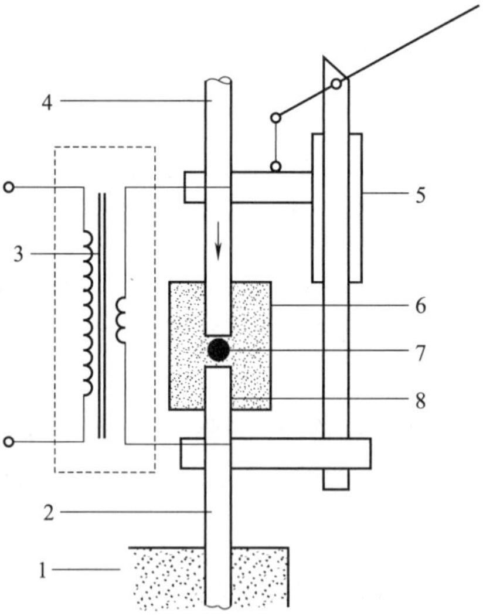

1—混凝土；2—下钢筋；3—焊接电源；4—上钢筋；
5—焊接夹具；6—焊剂盒；7—钢丝圈；8—焊剂。

图4.8 钢筋电渣压力焊

电渣压力焊接头的质量检验主要是外观检查与强度检验。其中：①外观检查。接头焊包应均匀，突出部分应至少高出钢筋表面4 mm，且不得有裂纹和明显的烧伤缺陷；同时，接头处钢筋轴线的偏移不超过$0.1d$，且不得大于2 mm；接头弯折不得超过4°（注意：凡不符合外观要求的钢筋接头，应将其切除重焊）。②强度检验。在现浇混凝土结构中，每一楼层以300个同钢筋级别和直径的接头为一批(不足 300 个接头也作为一批),切取其中三个接头作为试件进行静力拉伸试验,其抗拉强度实测值均不得低于该级别钢筋的抗拉强度标准值;如有一个试件的抗拉强度低于规定数值,则需要加倍取样;如仍有一个试件不符合要求,则判定该批焊接接头为不合格品。

需要说明的是,在焊接过程中,如发现裂纹、未熔合、烧伤等焊接缺陷可参照表 4.3 查找原因,并采取措施及时消除。

表 4.3　钢筋电渣压力焊接头缺陷及防止措施

焊接缺陷	防止措施
偏心	矫正钢筋接头、放正钢筋并夹紧、顶压力适当、保证夹具完好无伤
弯折	矫正钢筋接头、放正钢筋、延缓松开钢筋夹具时间
咬边	调小电流、缩短焊接时间、适当加大顶压力、及时停机
未熔合	提高下送钢筋速度、延迟断电时间、适当加大焊接电流
焊包不匀	磨平钢筋端头、放正铁丝圈、适当加大熔化量
气孔	按要求烘烤焊剂、清除铁锈
烧伤	钢筋端部彻底除锈、夹紧钢筋
焊包下流	塞好石棉布

典型案例：

“鸟巢”(国家体育场)是目前世界上用钢量最多的标志性工程之一,焊接技术是其施工过程中最难的一道工序,相关领域专家夜以继日、攻坚克难,取得了一系列重大技术突破,如:大面积仰焊技术;GMAW、FCAW-G 大流量防风技术;钢结构低温焊接技术;焊接机器人焊接技术等,为我国乃至世界建筑钢结构工程提供了依据。

阅读

文本4.2.2-13

3)钢筋机械连接

钢筋机械连接是通过机械手段(即连接件的机械咬合作用或钢筋端面的承压作用)将两根钢筋进行对接。此种方式具有操作简便、对中度高、连接速度快、接头质量可靠、无明火作业、不污染环境、可全天候施工,以及节约钢材和能源等突出优势。

常用的钢筋机械连接方式有:冷挤压套筒连接、锥螺纹套筒连接、直螺纹套筒连接、水泥灌浆充填套筒连接等。需要注意的是:①纵向受力钢筋的机械连接接头宜相互错开;②钢筋机械连接区段的长度为 $35d$,d 为连接钢筋的较小直径,凡接头中点位于该连接区段长度内的机械连接接头均属于同一连接区段;③位于同一连接区段内的纵向受拉钢筋接头面积百分率不宜大于 50%;但对板、墙、柱及预制构件的拼接处,可根据实际情况放宽。纵向受压钢筋的接头百分率可不受限制;④机械连接套筒的保护层厚度宜满足有关钢筋最小保护层厚度的规定,机械连接套筒的横向净间距不宜小于 25 mm。

(1)冷挤压套筒连接

挤压套筒连接是将两根带肋钢筋插入特制金属套管,然后采用挤压机和压膜在常温下对金属套管加压,从而使两根钢筋紧固成一体(图 4.9)。此种方法对套筒的强度及塑性要求高,接头质量稳定可靠,可与母材等强,适用于钢筋直径为 12～40 mm 的 HRB400 等带肋钢筋的连接。

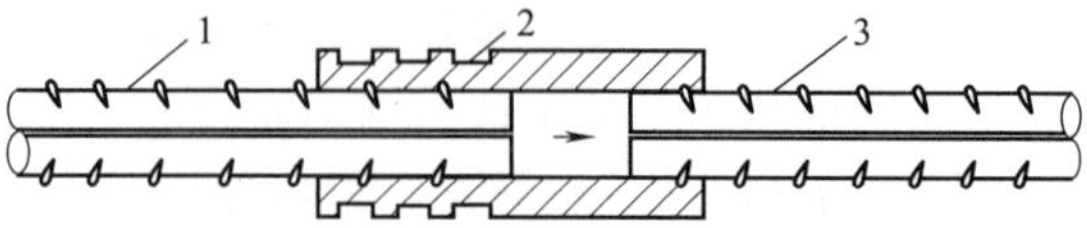

1—已挤压的钢筋；2—钢套筒；3—未挤压的钢筋。

图 4.9　钢筋套筒挤压连接

需要说明的是，金属套管的材料、几何尺寸应符合接头规格的技术要求，并应有出厂合格证。金属套管的标准屈服承载力和极限承载力应比钢筋大10%以上，且套管的保护层厚度不宜小于 15 mm，净距不宜小于 25 mm。当所用套管外径相同时，钢筋直径相差不宜大于两个级差。

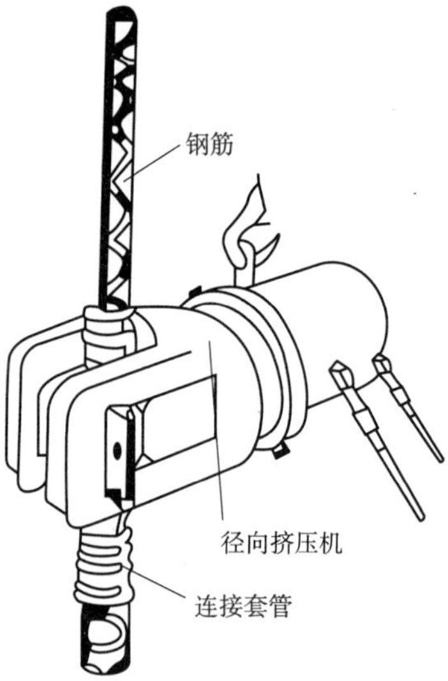

图 4.10　径向挤压套管连接

在实际应用过程中，冷挤压套筒连接可分为：径向挤压套管连接、轴向挤压套管连接两种方式。

①径向挤压套管连接

钢筋径向挤压套管连接是沿套管直径方向从套管中间依次向两端挤压套管，使之冷塑性变形把插在套管里的两根钢筋紧紧咬合成一体(图 4.10)。此种方式适用于连接 ϕ12～ϕ40 mm 的带肋钢筋。

②轴向挤压套管连接

钢筋轴向挤压套管连接是沿钢筋轴线冷挤压金属套管，把插入套管里的两根待连接热轧带肋钢筋紧固连成一体(图 4.11)。此种方式适用于连接 ϕ(20～32) mm 竖向、斜向和水平的带肋钢筋。

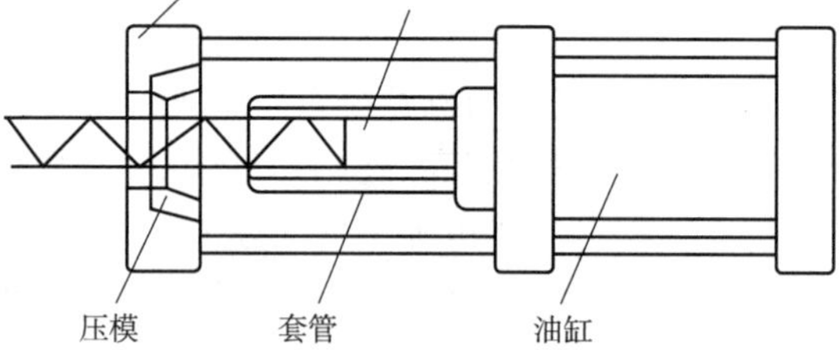

(a) 钢筋半接头挤压

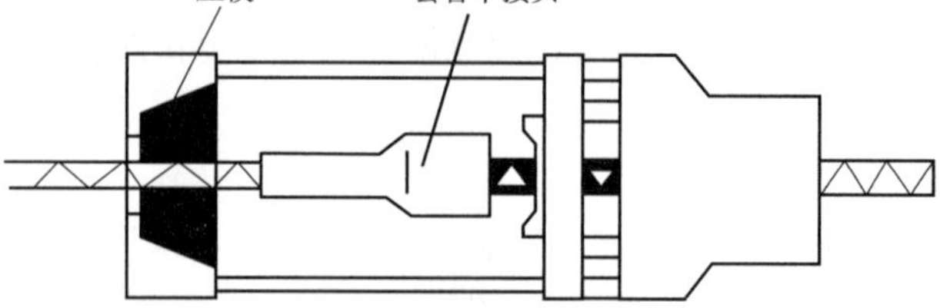

(b) 钢筋连接挤压

图 4.11　轴向挤压套管连接

③质量检查

冷挤压接头的外观检查应符合如下要求：①钢筋连接端花纹要完好无损，不准打磨花纹，连接处不准有油污、水泥等杂物；②钢筋端头离套管中线不应超过 10 mm；③压痕间距宜为 1～6 mm；挤压后的套管接头长度为套管原长度的 1.10～1.15 倍；对挤压后套管接头外径，用量规测量应能通过（量规不能从挤压套管接头外径通过的，可更换挤压模重新挤压一次即可），压痕处最小外径为套管原外径的 0.85～0.90 倍；④挤压接头处不得有裂纹，接头弯折角度不得大于 4°。

(2)锥螺纹套筒连接

锥螺纹套筒连接是将两根待连接钢筋的端部和套管预先加工成锥形螺纹，然后用手和力矩扳手将两根钢筋端部旋入套筒形成机械式钢筋接头（图 4.12）。此种方式不受钢筋有无花纹及含碳量的限制，适用于连接 ϕ16～ϕ40 mm 竖向、水平或任何倾角的钢筋（同径或异径）。当连接异径钢筋时，所连接钢筋直径之差不应超过 9 mm。

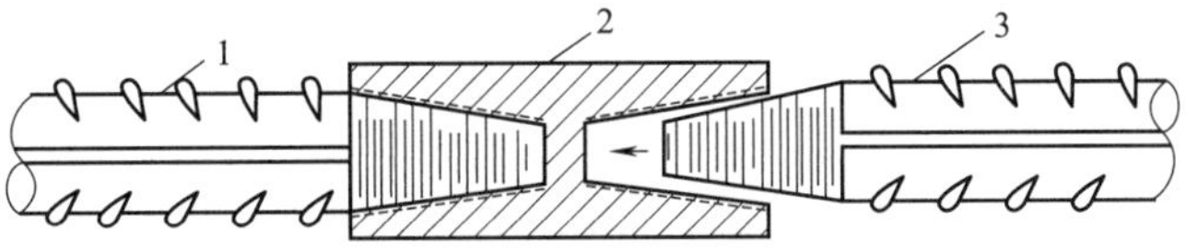

1—已连接的钢筋；2—锥螺纹套筒；3—待连接的钢筋。

图 4.12 钢筋锥螺纹套筒连接

锥螺纹套筒连接具有连接速度快、操作简便、无明火作业及综合成本较低等优势，但质量稳定性一般，存在易发生倒牙、脱扣等不足。此种方式适用于按一、二级抗震设防现浇混凝土结构的钢筋连接，但不得用于预应力钢筋、经常承受反复动荷载及承受高应力疲劳荷载的结构。

需要说明的是，锥形螺纹套筒的抗拉强度必须大于连接钢筋的抗拉强度。在进行钢筋连接时，具体步骤为：①应先取下钢筋连接端的塑料保护帽，检查丝扣牙形是否完好无损与清洁到位，以及钢筋规格与连接规格是否一致；②确认无误后把拧上连接套一头的钢筋拧到被连接钢筋上，并用力矩扳手按规定的力矩值，拧紧钢筋接头，当听到扳手发出“咔哒”声时，表明钢筋接头已拧紧，做好标记，以防钢筋接头漏拧。

(3)直螺纹套筒连接

常用的直螺纹套筒连接方式主要包括：镦粗直螺纹套筒连接、滚压直螺纹套筒连接。此种方式螺纹精度高、接头质量好、操作简便、连接速度快，价格适中。

①镦粗直螺纹套筒连接

镦粗直螺纹套筒连接是将钢筋端头镦粗后切削成直螺纹，然后用带直螺纹的套筒将钢筋两端拧紧的钢筋连接方法（图 4.13）。

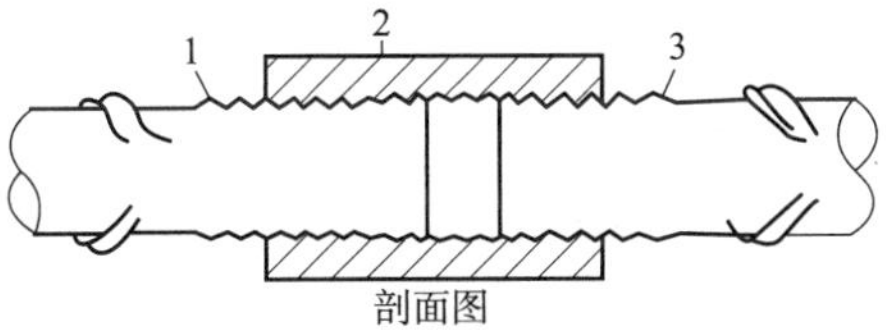

1—已连接的钢筋；2—直螺纹套筒；3—正在拧入的钢筋。

图 4.13 镦粗直螺纹套筒连接

②滚压直螺纹套筒连接

滚压直螺纹套筒连接是利用钢筋的冷作硬化原理，在滚丝机滚轧螺纹过程中，提高钢筋材料的强度，以补偿钢筋净截面面积减小给强度造成的损失，从而使滚轧后的钢筋接头能与钢筋母材保持基本等强的连接方法(图 4.14)。

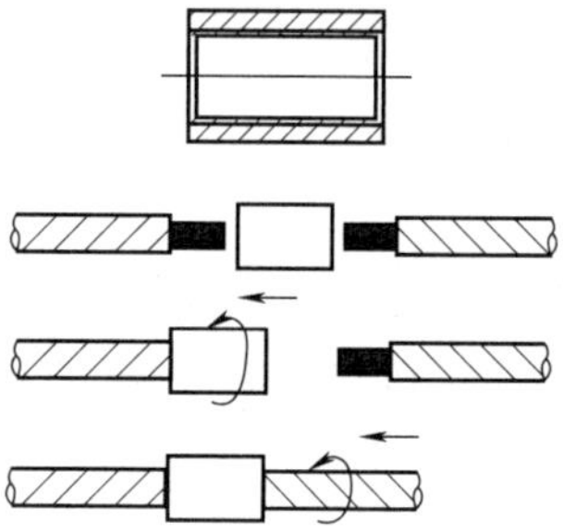

图 4.14　钢筋滚压直螺纹套筒连接

知识拓展：

我国在 20 世纪 50～70 年代，粗钢筋连接主要采用绑扎、闪光对焊及电弧焊等方式。80 年代后期，自主研制了电渣压力焊、水平钢筋窄间隙焊；同时，引进国外套筒挤压接头和锥螺纹接头。90 年代后期，我国自主研发了镦粗直螺纹钢筋接头和滚轧直螺纹钢筋接头，因工艺简单、操作便捷、成本较低等优点被广泛应用，并转向国外市场出口。

阅读

文本4.2.2-14

4.2.3　钢筋的配料及代换

钢筋配料是根据构件配筋图，先绘出各种形状和规格的单根钢筋简图并编号，然后分别计算各类型钢筋的下料长度、根数及质量，由此形成钢筋配料单(表 4.4)，作为钢筋备料、加工、验收及结算的依据。

表 4.4　钢筋配料单

构件名称	钢筋编号	简图	符号	直径(mm)	下料长度(mm)	单位根数	合计根数	质量(kg)
某建筑物 L₁ 梁(共 5 根)	①	6 690；150	Φ	25	7140	2	10	275.0
	②	265；175；635；4 810；635；1 740	Φ	22	8392	1	5	124.4
	③	5 425；150	Φ	12	5683	2	10	51.5
	④	3 155	Φ	20	3355	2	10	83.5
	⑤	1 968	Φ	12	2100	2	10	18.6

续上表

构件名称	钢筋编号	简图	符号	直径(mm)	下料长度(mm)	单位根数	合计根数	质量(kg)
某建筑物 L_1 梁(共5根)	⑥	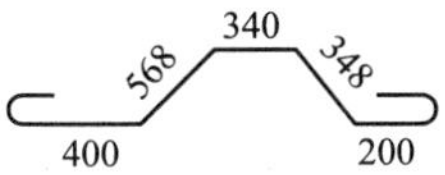	⌽	20	2016	1	5	24.7
	⑦	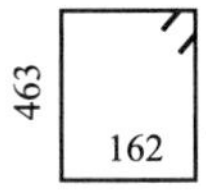	Φ	6	1298	33	165	Φ6钢筋总长度=250.1 m 质量=55.2 kg
	⑧1	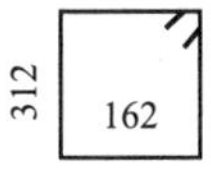	Φ	6	998	1	5	
	⑧2	287×162	Φ	6	948	1	5	
	⑧3	262×162	Φ	6	898	1	5	
	⑧4	237×162	Φ	6	848	1	5	
	⑧5	212×162	Φ	6	798	1	5	
	⑧6	187×162	Φ	6	748	1	5	
	⑧7	162×162	Φ	6	698	1	5	
	⑧8	127×162	Φ	6	648	1	5	
	⑧9	112×162	Φ	6	598	1	5	
合计	⌽25:275 kg;⌽22:124.4 kg;⌽20:108.2 kg;Φ12:70.1 kg;Φ6:55.2 kg 总质量 633 kg							

(1)钢筋下料长度计算

钢筋下料长度计算是实现钢筋配料准确的关键,主要涉及受力钢筋与箍筋两种类型。

受力钢筋下料长度:由于结构受力要求,多数钢筋需将中间弯曲(HPB300 级光圆钢筋弯曲直径不应小于 2.5d;HRB400、HRB500 级带肋钢筋弯曲直径不应小于 4d),并将两端弯成弯钩(如图 4.15 所示)。由于钢筋简图尺寸或设计图中注明的尺寸一般为外包尺寸(即钢筋外壁长度,但不包含端头弯钩的长度),因此,下料长度计算需重点考虑如下要点:①钢筋弯曲时,外壁伸长、内壁缩短,中心线长度不变,可明确外包尺寸大于中心线长度(两者之间的差值称为“量度差值”)。因此,通过外包尺寸与量度差值,可获得中心线长度。②由于外包尺寸不包含端头弯钩长度,所以端头弯钩的长度需单独计算附加。

箍筋下料长度:为简化计算,主要采用箍筋周长与箍筋调整值(弯钩增加长度与弯曲量度差值两项之和,根据箍筋外包尺寸或内包尺寸而定,见表 4.5)之和的方式计算其下料长度。

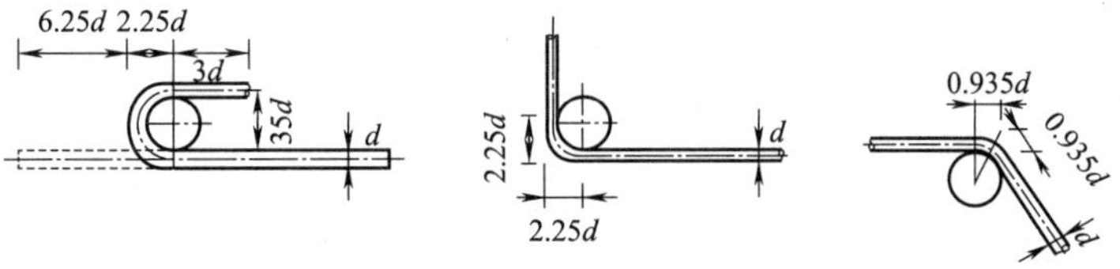

(a)半圆弯钩　(b)弯曲90°　(c)弯曲45°

图 4.15　钢筋弯折处长度变化示意

表 4.5 箍筋下料长度调整值

箍筋量度方法	箍筋直径(mm)			
	4～5	6	8	10～12
量外包尺寸	40	50	60	70
量内包尺寸	80	100	120	150～170

因此,可明确钢筋下料长度应按式(4.1)和式(4.2)计算。

$$\text{钢筋下料长度}=\text{外包尺寸}-\text{量度差值}+\text{端头弯钩长度} \tag{4.1}$$

$$\text{箍筋下料长度}=\text{箍筋周长}+\text{箍筋调整值} \tag{4.2}$$

【例 4.1】 现以弯钩弯曲直径为 $2.5d$(d 为钢筋直径)为例,说明其半圆弯钩增加长度,以及各种弯曲角度量度差值的计算方法。

①半圆弯钩的增加长度[图 4.15(a)]:

弯钩全长:$3d+\dfrac{3.5d\pi}{2}=8.5d$

弯钩增加长度(包括量度差值):$8.5d-2.25d=6.25d$

需要说明的是,在具体实践中,由于实际弯曲直径与理论直径存有不一致、钢筋粗细与机具条件不同等,会影响平直部分的长短。因此,在实际配料时,对弯钩增加长度也可根据具体条件,采用经验数据(表 4.6)。

表 4.6 半圆弯钩增加长度参考表

钢筋直径(mm)	≤6	8～10	12～18	20～28	32～36
一个弯钩长度(mm)	40	$6d$	$5.5d$	$5d$	$4.5d$

②弯 90°时的度量差值[图 4.15(b)]:

外包尺寸:$2.25d+2.25d=4.5d$

中心线长度:$\dfrac{3.5d\pi}{4}=2.75d$

量度差值:$4.5d-2.75d=1.75d$(实际工作中为计算简便常取 $2d$)

③弯 45°时的度量差值[图 4.15(c)]:

外包尺寸:$2\left(\dfrac{2.5d}{2}+d\right)\tan 22°30'=1.87d$

中心线长度:$\dfrac{3.5d\pi}{8}=1.37d$

量度差值:$1.87d-1.37d=0.5d$

同理,可得其他常用弯曲角度的量度差值,见表 4.7。

表 4.7 钢筋弯曲量度差取值(mm)

钢筋弯曲角度	30°	45°	60°	90°	135°
量度差值	$0.35d$	$0.5d$	$0.85d$	$2d$	$2.5d$

注:d 为钢筋直径。

【例 4.2】 现计算表 4.4 中各类编号钢筋的下料长度。

①号：2×150＋6 690＋2×5×25－2×2×25＝7 140(mm)

②号：175＋265＋2×635＋4 810＋1 740－4×0.5×22－2×22＋2×5×22＝8 392(mm)

③号：150＋5 425＋2×5.5×12－2×12＝5 683(mm)

④号：3 155＋2×5×20＝3 355(mm)

⑤号：1 968＋2×5.5×12＝2 100(mm)

⑥号：400＋568＋340＋348＋200＋2×5×20－4×0.5×20＝2 016(mm)

⑦号：(162＋462)×2＋50＝1 298(mm)

⑧号：每个箍筋的下料长度计算结果列于表 4.4。

需要说明的是，由于钢筋配料单既是钢筋加工的依据，也是签发工程任务单和限额领料的依据。故此，钢筋配料计算应仔细，计算完成后还需认真复核。

最后，为加工方便，根据钢筋配料单上的钢筋编号，分别填写钢筋料牌作为钢筋加工的依据(图 4.16)，并在钢筋加工完成后系于钢筋上，以便后续绑扎成型及安装过程的识别。注意：料牌必须准确无误，以免返工浪费。

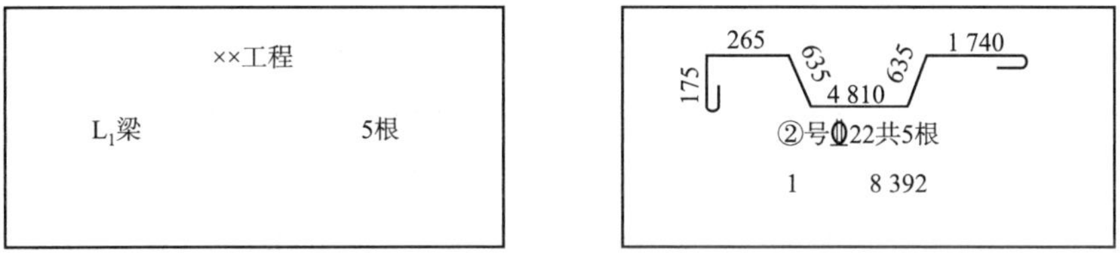

正面　　　　反面（单位：mm）

图 4.16　钢筋料牌

(2)钢筋的代换

施工过程中，如供应的钢筋品种、规格与设计图纸要求不符时，可以进行钢筋代换。代换时必须遵循如下要点：①以原设计意图为核心，充分了解代换钢材的性能，并严格遵守现行标准规范的相关规定，具体为应满足等强代换原则，符合设计要求的钢筋延伸率、构件承载力、裂缝宽度、挠度控制及抗震性能的相关规定，同时应满足最小配筋率、钢筋间距、保护层厚度、钢筋锚固长度、接头面积百分率及搭接长度等构造要求；②凡属重要的结构和预应力钢筋，在代换时应征得设计单位的同意；③对抗裂性要求较高的构件，不宜采用光圆钢筋代换带肋钢筋；④不宜改变构件中钢筋受力的有效高度；⑤同一截面内，可同时配有不同种类、直径的代换钢筋，但每根钢筋的拉力差不应过大，以免受力不均；⑥代换后的钢筋用量相较原设计用量，宜处于[－2%，＋5%]范围内。

要点解析：

钢筋代换的本质是使代换后混凝土构件的性能应尽可能接近原设计目标，并同时符合现行标准规范的相关规定，切勿仅着眼于配筋数量、钢筋面积等单个指标。

钢筋代换的方法主要有三种，分别为：等强代换、等面积代换、按裂缝或挠度控制要求的代换。

①等强代换：当结构构件按强度控制时，钢筋可按强度等同原则进行代换(式 4.3)。

$$n_2 \geqslant \frac{n_1 d_1^2 f_{y1}}{d_2^2 f_{y2}} \tag{4.3}$$

式中 d_1, n_1, f_{y1}——原设计钢筋的直径(mm)、根数(根)和设计强度(MPa);

d_2, n_2, f_{y2}——拟代换钢筋的直径(mm)、根数(根)和设计强度(MPa)。

式(4.3)有如下两种特例:

a. 设计强度相同,直径不同的钢筋代换:

$$n_2 \geqslant n_1 \frac{d_1^2}{d_2^2} \tag{4.4}$$

b. 直径相同,设计强度不同的钢筋代换:

$$n_2 \geqslant n_1 \frac{f_{y1}}{f_{y2}} \tag{4.5}$$

②等面积代换:当构件按最小配筋率控制时,钢筋可按面积相等原则进行代换(式 4.6)。

$$A_{s1} = A_{s2} \tag{4.6}$$

式中 A_{s1}——原设计钢筋的计算面积(mm^2);

A_{s2}——拟代换钢筋的计算面积(mm^2)。

③当结构构件受裂缝宽度或挠度控制时,钢筋代换需进行裂缝宽度或挠度验算。

钢筋代换后,有时由于受力钢筋直径加大或根数增多,而需要增加排数,此时构件截面的有效高度会减小,造成截面强度降低,对此有必要复核截面强度。对矩形截面的受弯构件,可根据弯矩相等,按式(4.7)复核截面强度。

$$N_2\left(h_{02} - \frac{N_2}{2f_{cm}b}\right) \geqslant N_1\left(h_{01} - \frac{N_1}{2f_{cm}b}\right) \tag{4.7}$$

式中 N_1——原设计的钢筋拉力(N),即 $N_1 = A_{s1} f_{y1}$;

N_2——代换钢筋拉力(N),即 $N_2 = A_{s2} f_{y2}$;

h_{01}, h_{02}——代换前后钢筋的合力点至构件截面受压边缘的距离(即构件截面的有效高度)(mm);

f_{cm}——混凝土的弯曲抗压强度设计值(MPa),对 C20 混凝土为 11 MPa,对 C30 混凝土为 16.5 MPa;

b——构件截面宽度(mm)。

4.2.4 钢筋的加工安装及验收

1)钢筋的加工

钢筋加工一般预先集中在车间采用流水作业法进行,然后运至现场进行安装和绑扎。钢筋加工过程包括调直、除锈、切断、接长、弯曲等。随着施工技术的发展,钢筋加工已逐步实现机械化和联动化。

(1)钢筋调直

钢筋调直宜采用无延伸功能的机械设备进行调直,也可利用冷拉方法调直。若冷拉仅为了调直,而不需要提高钢筋的强度,则调直冷拉率宜符合如下要求:HPB300 级钢筋不宜大于 4%;HRB400、HRB500、HRBF400、HRBF500 及 RRB400 级钢筋不宜大于 1%。

除利用冷拉调直外,粗钢筋还可采用捶直和扳直的方法,直径为 4~14 mm 的钢筋可采用调直机进行调直。目前,常用的钢筋调直机主要有 GJ4-4/14(TQ4-14)和 GJ6-4/8(JQ4-8)两种型号,均具有钢筋除锈、调直、切断等功能。

钢筋调直后应进行力学性能、重量偏差检验,其强度应符合国家现行有关标准的规定,其断后伸长率、重量偏差应符合《混凝土结构工程施工质量验收规范》(GB 50204—2015)的相关规定。

(2)钢筋除锈

为保证钢筋与混凝土之间的握裹力，在钢筋使用前，应将其表面的油渍、漆污、铁锈等清除干净。钢筋除锈主要有三种方式：①在钢筋冷拉或调直过程中除锈，此种方式对大量钢筋除锈较为经济；②采用电动除锈机除锈，此种方式对钢筋局部除锈较为方便；③采用手工除锈(用钢丝刷、砂盘)、喷砂和酸洗除锈等。

问题讨论：

钢筋锈蚀对混凝土构件的性能主要有哪些影响？

阅读

文本4.2.4-15

(3)钢筋切断

钢筋下料时须按下料长度切断。钢筋剪切可采用钢筋切断机(可切断 40 mm 的钢筋)、手动切断器(一般用于切断直径小于 12 mm 的钢筋)。对于大于 40 mm 的钢筋，常用氧乙炔焰、电弧割切或电锯切断。注意：钢筋的下料长度应力求准确，其允许偏差为±10 mm。

(4)钢筋弯曲

钢筋弯曲参数需注意：①钢筋端头弯钩，HPB300 级钢筋为 180°(弯曲直径不应小于 $2.5d$，d 为钢筋直径)，HRB400、HRB500 级钢筋为 90°或 135°(弯曲直径不应小于 $4d$)。②当用于轻骨料混凝土结构时，弯钩的弯曲直径为 $3.5d$。对于 HPB300 级钢筋，弯曲直径不宜小于 $3d$；HRB400 级不宜小于 $5d$。③箍筋末端应做弯钩，如设计无具体要求时，对于一般结构，箍筋两端可做成 90°或一端做成 90°、另一端做成 180°；对有抗震要求和受扭的结构，箍筋两端应做成 135°。

钢筋下料后，应结合弯曲设备特点、钢筋直径、曲角度进行画线，以便弯曲成设计所要求的尺寸。当弯曲钢筋两边对称时，画线工作宜从钢筋中线开始向两边进行；当弯曲形状比较复杂时，可先放样，再进行弯曲。钢筋弯曲宜采用弯曲机、弯箍机。弯曲机可弯曲直径 6～40 mm 的钢筋。对于直径小于 25 mm 的钢筋，当无弯曲机时，也可采用扳钩弯曲。

钢筋弯曲成型后，形状、尺寸必须符合设计要求，平面上不得有翘曲、不平现象。各弯曲部位不得有裂纹。钢筋弯曲成型后的允许偏差见表 4.8。

表 4.8　钢筋弯曲成型后的允许偏差

项　　次	项　　目	允许偏差(mm)
1	顺长度方向全长	±10
2	弯起点位移	±20
3	弯起高度	±5
4	箍筋边长	±5

2)钢筋的安装

钢筋安装总要求为：钢筋的品种、级别、规格和数量必须符合设计要求；同时，钢筋的位置要准确牢靠，接头要符合规定。

钢筋经过加工后，即可用于钢筋骨架或钢筋网的安装。钢筋成型应优先采用焊接，并在车间预制好后直接运往现场安装，只有当条件不足时，才在现场绑扎成型。

(1)钢筋在混凝土中保护层的厚度，可用水泥砂浆垫块(或塑料卡)，垫在钢筋与模板之间进行控制。垫块应布置成梅花形。其相互间距不大于 1 m。上下双层钢筋之间的尺寸可用绑扎钢筋来控制。

(2)板和墙的钢筋网，除外围两行钢筋的相交点全部扎牢外，中间部分的相交点可相隔交错扎牢，必须保证受力筋不会发生位置偏移；双向受力的钢筋，需全部扎牢；相邻绑扎点的铁丝扣应成八字形，以免网片歪斜变形；梁和柱的钢筋骨架，其箍筋弯钩叠合处应沿受力钢筋方向错开布置，箍筋转角与受力钢筋交叉点均应扎牢。

(3)柱中竖向钢筋搭接时，角部钢筋的弯钩平面与模板的夹角，对矩形柱应成 45°，对多边形柱应为模板内角的平分角；对圆形柱钢筋的弯钩平面应与模板的切角面垂直；当采用插入式振捣器浇筑小型截面柱时，弯钩平面与模板面的夹角不得小于 15°。

(4)钢筋网和钢筋骨架现场绑扎或安装就位后，混凝土保护层可用水泥砂浆垫层或塑料卡等定位件控制。对水平构件中双层钢筋网，在上层钢筋网下面应设置钢筋撑脚或混凝土撑脚，以保证钢筋位置正确。

3)钢筋的验收

钢筋安装完毕后，应根据设计图纸检查：①钢筋的牌号、级别、直径、根数、间距等是否正确，特别要注意负筋(负弯矩钢筋)位置的准确性。②钢筋接头的位置、搭接长度、混凝土保护层是否符合要求，以及钢筋绑扎是否牢固，有无松动、变形、开焊等现象。③钢筋表面是否有不允许的油渍、漆污、颗粒状(片状)铁锈等。④预埋件位置及数量是否正确。

钢筋验收应做好隐蔽工程记录。验收合格后，有关各方应在验收书上签字以备考查。钢筋安装位置的允许偏差见表 4.9。

表 4.9 钢筋安装位置的允许偏差和检验方法

项目		允许偏差(mm)	检验方法
绑扎钢筋网	长、宽	±10	尺量
	网眼尺寸	±20	尺量连续三档，取最大值
绑扎钢筋骨架	长	±10	尺量
	宽、高	±5	尺量
纵向受力钢筋	锚固长度	−20	尺量
	间距	±10	尺量两端、中间各一点，取最大偏差值
	排距	±5	
纵向受力钢筋、箍筋的混凝土保护层厚度	基础	±10	尺量
	柱、梁	±5	尺量
	板、墙、壳	±3	尺量
绑扎箍筋、横向钢筋间距		±20	尺量连续三档，取最大偏差值
钢筋弯起点位置		20	尺量
预埋件	中心线位置	5	尺量
	水平高差	+3,0	塞尺量测

注：检查中心线位置时，应沿纵、横两个方向量测，并取其中偏差的较大值。

4.2.5 植筋施工

植筋(又称种筋),是建筑结构加固改造工程中,常用的一种钢筋连接锚固技术(主要利用结构胶锁键握紧力作用锚固钢筋)。既可植入普通钢筋,也可植入螺栓式锚筋,适用于:施工中漏埋钢筋、钢筋偏离设计位置的补救、加大构件截面、上部结构扩跨、柱的接长、建筑加层接柱、高层建筑增设剪力墙的植筋等。

植筋方法具有工艺简单、工期短、造价省、操作方便、劳动强度低、质量易保证等优点,为工程结构加固及解决新旧混凝土连接提供了相应的处理技术。

植筋施工过程为:钻孔→清孔→填胶粘剂→植筋→凝胶。其中:①钻孔时,孔洞间距与孔洞深度应满足设计要求。②清孔时,先用吹气泵清除孔洞内粉尘,再用清孔刷清孔,要经多次吹刷。注意,不能用水冲洗,以免残留在孔中的水分削弱粘合剂的作用。③使用植筋注射器从孔底向外均匀地把适量胶粘剂填注孔内,注意勿将空气封入孔内。④按顺时针方向把钢筋平行于孔洞走向轻轻植入孔中,直至插入孔底、胶粘剂溢出。⑤将钢筋外露端固定在模架上,使其不受外力作用,直至凝结,并派专人现场保护。凝胶的化学反应时间一般为 15 min,固化时间一般为 1 h。

4.3 模板工程

模板体系由模板和支撑两部分组成。其中,模板是使混凝土构件按几何尺寸成型的模型板;支撑是保证模板形状、尺寸及空间位置正确的支撑体系,并承受模板传来的全部荷载。正确选择模板形式、材料,以及合理组织施工,对提高现浇钢筋混凝土结构施工效率、降低工程成本具有重要作用。

为保证质量与安全,模板和支撑应符合下列基本要求:①保证结构与构件各部分形状、尺寸及相互位置的正确性;②具有足够的强度、刚度和稳定性,能可靠地承受新浇混凝土的重量和侧压力及施工荷载;③构造简单、装拆方便,便于钢筋安装、混凝土浇筑及养护等工艺要求;④模板接缝应严密、不得漏浆;⑤材料轻质、高强、耐用、环保,利于多次周转使用。

知识拓展:

近年来,模板发展的主要方向具体为轻质量、高强度、高韧性、抗化学腐蚀、高周转率、低成本、转运便捷、低污染或无污染、废弃材料再利用等方面,其中铝合金模板、塑料模板等体现出良好的发展空间。

阅读

文本4.3-16

4.3.1 模板分类

1)按材料类型分类

根据材料类型划分,模板可分为木模板、钢木模板、钢模板、塑料模板、铝合金模板、玻璃钢模板等。

2)按结构类型分类

根据结构类型划分,模板可分为基础模板、柱模板、梁模板、楼板模板、楼梯模板、墙模板、壳模板、烟囱模板等。

3)按施工方法分类

(1)现场装拆式模板

现场装拆式模板是按照设计要求的结构形状、尺寸及空间位置，在施工现场组装并浇筑混凝土，当混凝土达到拆模强度后拆除的模板体系。常用的现场装拆式模板包括定型模板与工具式支模。

①定型模板

定型模板是按预定的几种规格尺寸设计并制造的模板。此种模板通用性好、拼装灵活，能够满足大多数构件几何尺寸的要求。使用时，仅需根据构件的尺寸选用相应规格尺寸的定型模板加以组合即可。常用的定型模板主要有钢定型模板、钢框胶合板定型模板、铝合金定型模板等。

钢定型模板：由钢模板、连接件、支撑件三部分组成，其中钢模板主要包括平面模板、阴角模板、阳角模板、连接角模等，如图 4.17 所示。该模板是目前使用较广泛的一种通用性组合模板，具有轻便灵活、尺寸准确、棱角整齐、不易漏浆、表面光滑、耐久性好、可多次重复使用等特点。

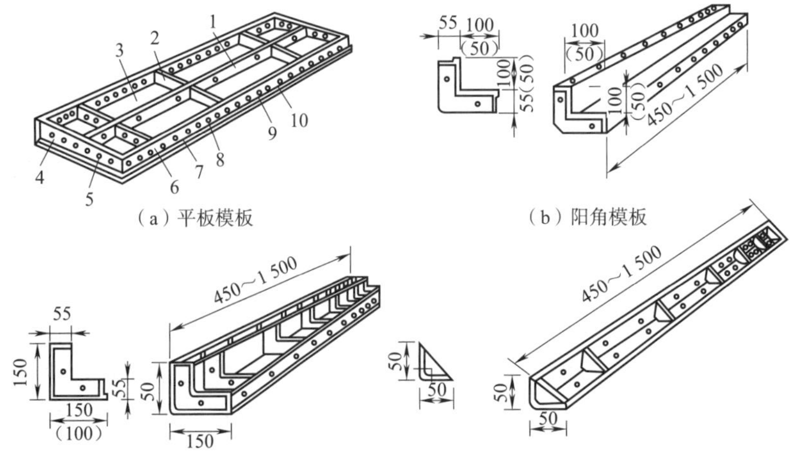

(a) 平板模板　(b) 阳角模板

(c) 阴角模板　(d) 连接角模

1—中纵肋；2—中模肋；3—面板；4—横肋；5—插销孔；
6—纵肋；7—凸棱；8—凸鼓；9—U 形卡孔；10—钉子孔。

图 4.17　组合式定型钢模板(单位：mm)

钢定型模板适用范围广，常用规格见表 4.10。

表 4.10　钢定型模板规格　(单位：mm)

规　格	平面模板	阴角模板	阳角模板	连接模板
宽度	300,250 200,150 100	150×150 50×50	100×100 50×50	50×50
长度	1 500、1 200、900、750、600、450			
肋高	55			

钢框胶合板定型模板：由钢框和防水木胶合板或竹胶合板组成(图 4.18)。此种模板重量较轻、板幅大、拆装方便，且保温性能好、维修方便、能多次周转使用。模板的宽度有 300 mm、600 mm 两种；长度有 900 mm、1 200 mm、1 500 mm、1 800 mm、2 400 mm 等；可作为混凝土结构柱、梁、墙、楼板的模板。

图 4.18　钢框胶合板定型模板

铝合金定型模板：是新一代绿色模板技术，铝模板按模数制作设计，经专用设备挤压后制作而成，由铝面板、支架和连接件三部分组成，具有完整的通用配件，能组合拼装成不同尺寸且外形尺寸复杂的整体模架(如：能将墙模、顶模，或梁模、板模拼装为一体，实现一次浇筑，图 4.19)。此种模板具有重量轻、刚度大、稳定性好、通用性强、精度高、拆装方便、周转次数多，"全回收，零损耗"的环保特点。同时，此种模板可采用早拆技术，以有效提高模板周转率，从而显著缩短工期、凸显经济效益。

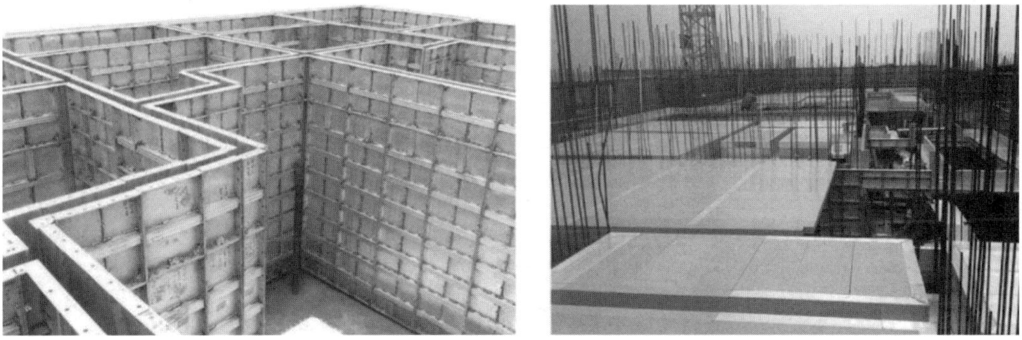

图 4.19　铝合金定型模板

②工具式支模

工具式支模是采用各种工具式的定型桁架、支柱、托具、卡具等组成模板的支架系统。此种方式有利于结构稳定、节约材料、扩大施工空间、便于交通运输与平面作业，以及保障施工安全及效率。常用的工具式支模有大模板、台模、模壳等。

大模板：一般由面板、加劲肋、竖楞、穿墙螺栓、支撑桁架、稳定机构和操作平台、穿墙螺栓等组成，是一种用于现浇钢筋混凝土墙体的大型工具式模板(图 4.20)。此种模板主要用于剪力墙施工，具有强度刚度大、平整光洁、易于清理、拼缝极少、重复利用率高(一次周转次数在

200 次以上)等优点,但同时具有重量重、耗钢量大、不保温等不足。

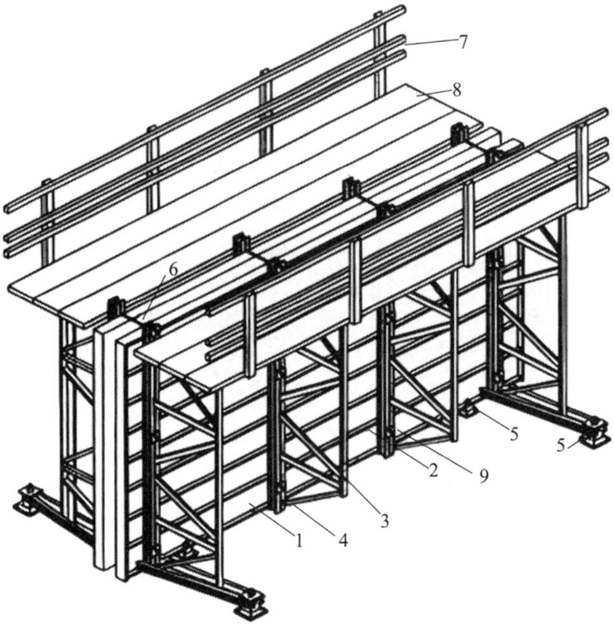

1—面板;2—水平加劲肋;3—支撑桁架;4—竖楞;5—调整水平度螺旋千斤顶;
6—固定卡具;7—栏杆;8—脚手板;9—穿墙螺栓。

图 4.20 大模板

台模:又称为桌模或飞模,由台面、支架(支柱)、支腿、调节装置、行走轮等组成(图 4.21)。在施工过程中,可以整体脱模、转运,利用起重机从浇筑完成的楼板下移运吊出,并转运至上一楼层,中途不再落地。此种模板适用于小开间、小进深的现浇混凝土楼板,单座台模面板的面积可达 60 m^2以上,具有整体性好、施工进度快、混凝土表面易平整等优势。

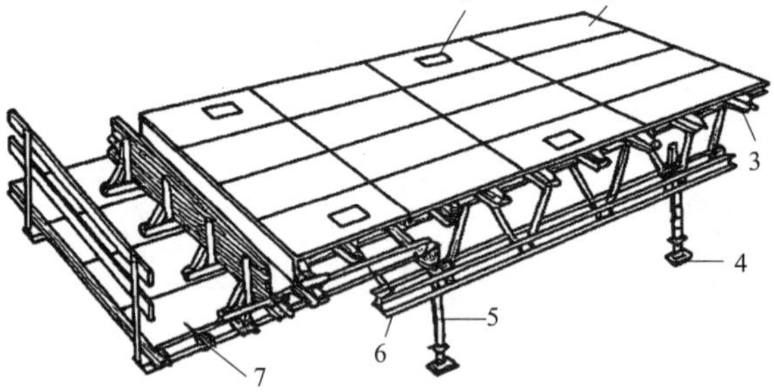

1—吊点;2—胶合板面板;3—铝龙骨;4—底座;5—可调钢支腿;6—铝合金桁架;7—操作平台。

图 4.21 竹铝桁架式台模

模壳:是用于现浇钢筋混凝土密肋楼盖的一种工具式模板。由于密肋楼盖是由薄板和间距较小的单向或双向密肋组成(图 4.22),因此,使用木模或组合式模板组拼难度较大且不经济,对此采用根据密肋楼板尺寸加工而成的模壳,则具有一次成型、多次周转使用等优势。目前,模壳主要采用玻璃纤维增强塑料和聚丙烯塑料制成,配置以钢支柱(或门架)、钢(或木)龙骨、钢拉杆及斜撑等支撑系统(图 4.23)。

图 4.22 密肋楼盖

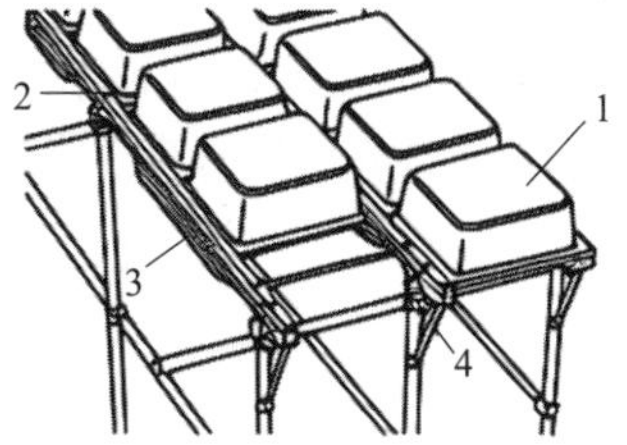

1—模壳;2—柱头;3—梁;4—悬挑斜撑。

图 4.23 模壳及早拆体系支撑系统

(2)固定式模板

固定式模板是预先按照构件的形状与尺寸制作的模板。各种胎模(土胎模、砖胎模、混凝土胎模)即属固定式模板。

(3)移动式模板

移动式模板是随着混凝土浇筑的推进,沿垂直方向或水平方向可移动的模板。如滑升模板、爬升模板,以及筒壳浇筑混凝土时采用的水平移动式模板等。

滑升模板:由模板系统、操作平台系统、液压提升系统三部分组成(图 4.24),是一种自行向上滑升的工具式模板。滑升模板常用于浇筑建筑物的竖向结构和高耸构筑物,如高层建筑、电视塔、烟囱、筒仓、高桥墩、竖井、沉井、双曲线冷却塔等。此种模板具有如下特点:①可以大幅度节约模板和支撑材料;②减少支、拆模板用工,加快施工速度;③由于混凝土连续浇筑,可保证结构的整体性;④模板一次性投资多、耗钢量大;⑤对建筑物立面造型和结构断面变化有一定的限制;⑥施工时宜连续作业,施工组织要求较严。

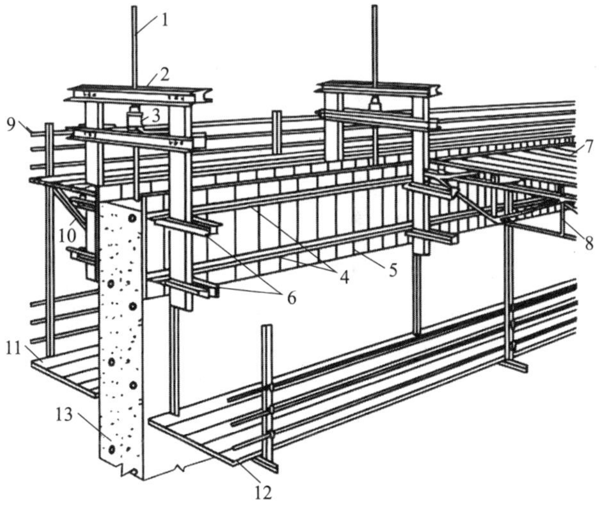

1—支撑杆;2—提升架;3—液压千斤顶;4—围圈;5—模板;6—围圈支托;7—操作平台;8—平台桁架;9—栏杆;10—外挑三脚架;11—外吊脚手;12—内吊脚手;13—混凝土墙体。

图 4.24 液压滑升模板组成示意

爬升模板:由钢模板、提升架、提升装置三部分组成(图 4.25),是在混凝土墙体浇筑完毕后,利用提升装置将模板自行提升到上一个楼层,进而继续浇筑上一层墙体的垂直移动式模板。此种模板能自行爬升、不依赖塔吊，适用于高层建筑墙体、电梯井壁、管道间混凝土施工等，其是将大模板工艺与滑升模板工艺相结合，既保持了大模板施工墙面平整的优点，又保持了滑模利用自身设备使模板向上提升的优点。

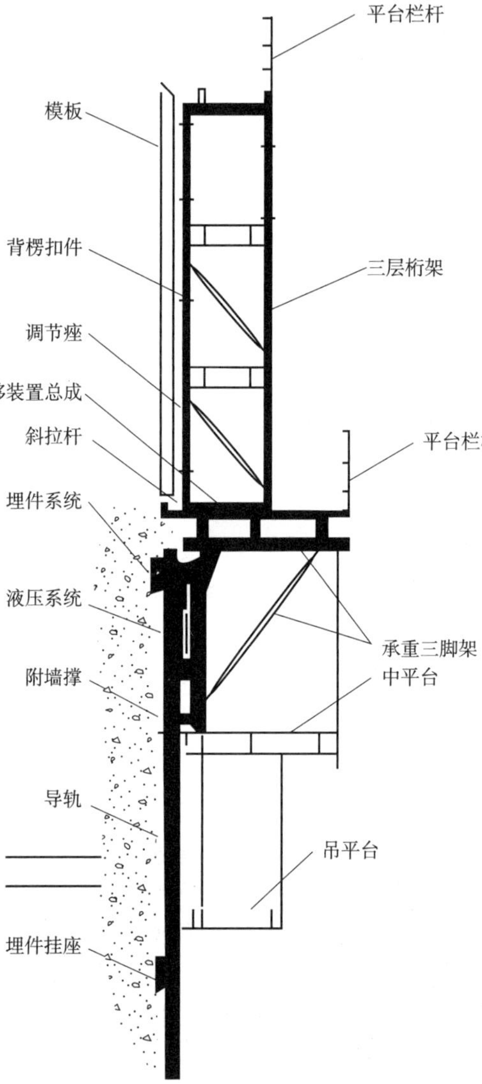

图 4.25　液压爬升模板构造

4.3.2　模板构造

1)基础模板

基础的特点是高度小而体积较大，故此基础模板主要由侧模及支撑构件构成，常用形式如图 4.26 所示。如土质良好，阶梯形基础的最下一级可不用模板(原槽浇筑)。安装阶梯形基础模板时，应保证上、下模板不发生相对位移。如有杯口时，还需要放入杯口模板。

在安装基础模板前，应对地基垫层的标高及基础中心线进行核对，并弹出基础边线。如为独立柱基，则应将模板中心线对准基础中心线；如为带形基础，则应将模板对准基础边线。然后再校正模板上口的标高，使之符合设计要求。经检查无误后，应将模板卡(钉、栓)牢撑稳。

在安装柱基础模板时，应与钢筋工配合进行。

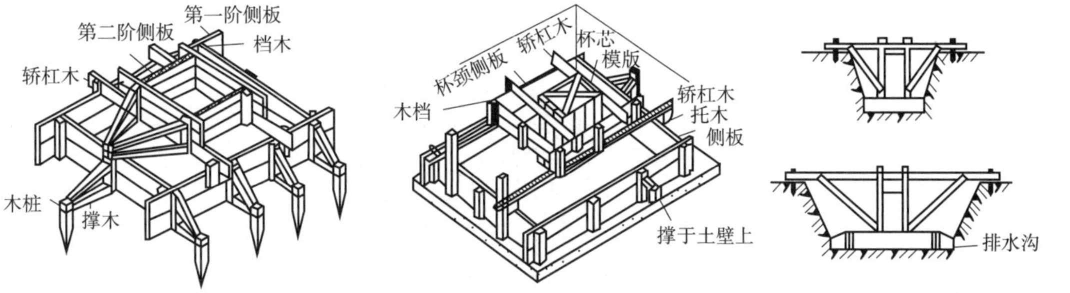

（a）阶形基础　（b）杯形基础　（c）条形基础

图 4.26　基础模板

2)柱模板

柱子的特点是断面尺寸不大，但比较高。因此，柱模主要解决垂直度、施工时侧向的稳定性，以及抵抗混凝土的侧压力等问题。同时，也应考虑浇筑混凝土便利、清理垃圾与钢筋绑扎等问题。一般而言，矩形柱模板由四块拼板围成(图 4.27)。外侧设置柱箍，以抵抗浇筑混凝土产生的侧压力，对截面较大的柱子，应在截面中间设置对拉螺栓。

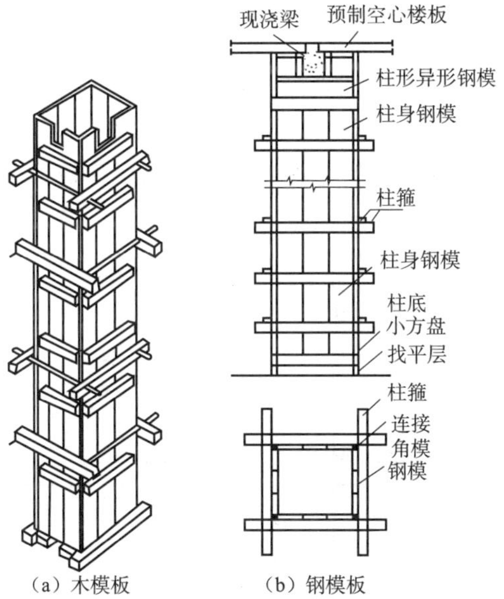

（a）木模板　（b）钢模板

图 4.27　矩形柱模板

在安装柱模板前，应先绑扎好钢筋，同时在基础面上或楼面上弹出纵横轴线和四周边线，固定小方盘；然后立模板，并用临时斜撑固定；再由顶部用垂球校正，检查其标高位置无误后，即用斜撑卡牢固定。柱高≥4 m 时，一般应采用四面支撑；当柱高超过 6 m 时，不宜单根柱支撑，宜几根柱同时支撑连成构架。对通排柱模板，应先装两端柱模板、校正固定，再在柱模板上口拉通长线校正中间各柱模板。

3)梁模板

梁的特点是跨度较大、宽度不大，同时梁高可达 1 m 左右，在工业建筑中部分梁构件的高度甚至可达 2 m 以上。T 形梁模板如图 4.28 所示。在混凝土浇筑过程中，对梁模板既有横向侧压力,又有垂直压力,因此,梁模板及其支撑系统的稳定性应有足够强度和刚度,不得出现超出规范允许变形范围的情形。

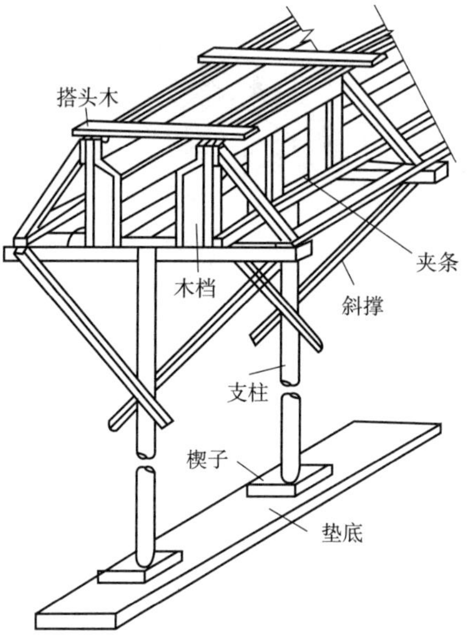

图 4.28 T形梁模板

圈梁的特点是断面小、但长度很长,除门窗洞口及其他个别部位属于架空外,其余部位均搁置在墙上。因此,圈梁模板主要由侧模以及固定侧模用的卡具组成。底模仅在架空部分使用,如架空跨度较大,也有用支柱(琵琶撑)撑住底模。圈梁模板如图 4.29 所示。

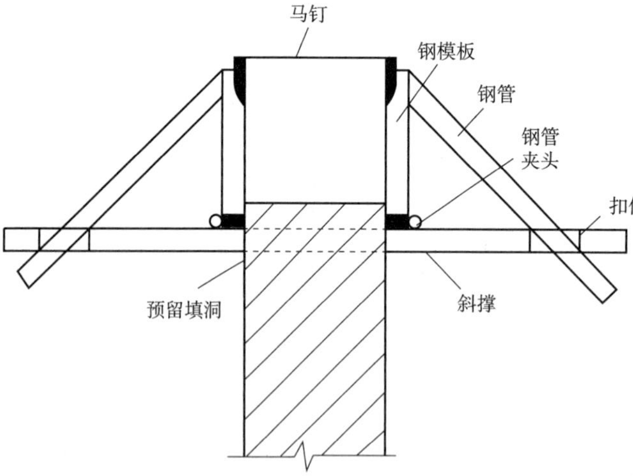

图 4.29 圈梁模板

梁模板应在复核梁底标高、校正轴线位置无误后进行安装。当梁的跨度≥4 m时,应使梁底模中部略微起拱,以防止灌注混凝土后跨中梁底下垂;如设计无规定时,起拱高度宜为全跨长度的 1/1 000~3/1 000。支柱(琵琶撑)安装时应先将其下土面拍平夯实,放好垫板(保证底部有足够的支撑面积)和楔子(校正高度);支柱间距应按设计要求,当设计无要求时,一般不宜大于 2 m;支柱之间应设水平拉杆、剪力撑,使之互相拉撑成一整体,离地面 50 cm 设一道,以上每隔 2 m 设一道；当梁底地面高度大于 6 m 时，宜搭排架支模或满堂脚手架支撑；上下层模板的支柱，一般应安装在同一条竖向中心线上，或采取措施保证上层支柱荷载能传递在下层支撑结构上，防止压裂下层构件。梁较高或跨度较大时，可留一面侧模，待钢筋绑扎完后再安装。

4)板模板

板的特点是面积大、厚度不大，相应的横向侧压力很小。因此，板模板及其支撑系统主要用于抵抗混凝土的垂直荷载和其他施工荷载，并应保证板不变形下垂。梁楼板钢模板如图 4.30所示。

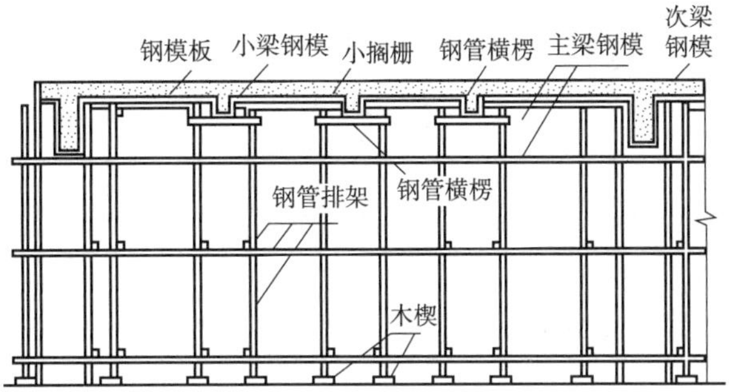

图 4.30 有梁楼板钢模板

板模板安装时，首先复核板底标高，搭设模板支架；然后，用阴角模板从四周与墙、梁模板连接再向中央铺设。为方便拆模，木模板宜在两端及接头处钉牢，中间尽量少钉或不钉；钢模板拼缝处采用 U 形卡即可；支柱底部应设长垫板及木楔找平。挑檐模板必须撑牢拉紧，防止向外倾覆，确保安全。

此外，需要说明的是，现浇混凝土楼面结构多为梁板结构，故此梁和楼板的模板通常一起拼装(图 4.31)。

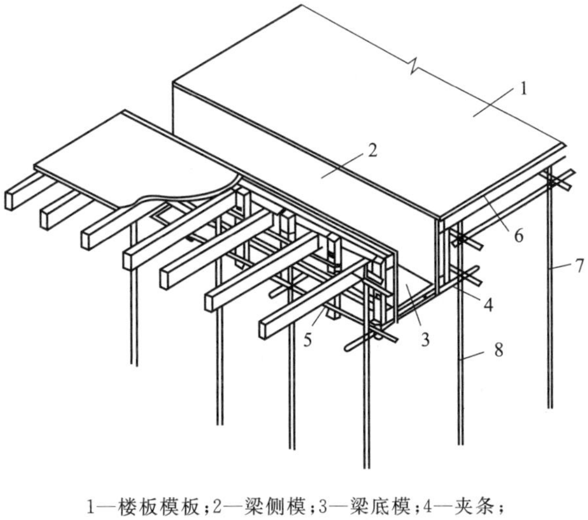

1—楼板模板；2—梁侧模；3—梁底模；4—夹条；

5—短撑木；6—楼板模板小楞；7—楼板模板钢管排架；8—梁模钢管架。

图 4.31 梁、楼板的胶合板模板系统

5)墙模板

墙体的特点是高度大、厚度小，所以墙模板主要承受混凝土的侧压力。因此，必须加强墙体模板的刚度,并设置足够的支撑,以确保模板不变形和发生位移。钢模板墙模如图 4.32 所示。

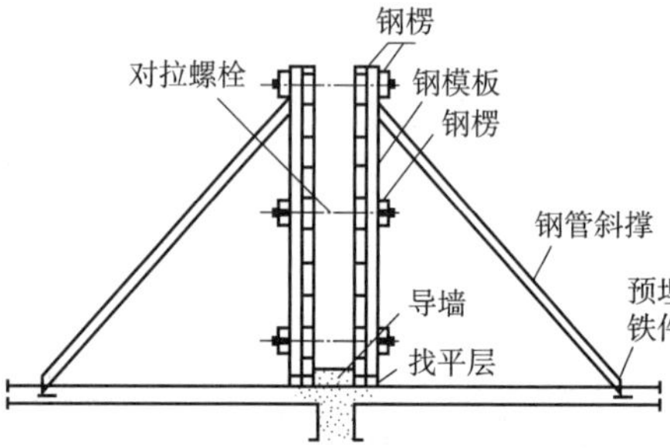

图 4.32 钢模板墙模

墙体模板安装时,要先弹出中心线和两边线,选择一边先装并设支撑,在顶部用线锤吊直,拉线找平后支撑固定;接着,待钢筋绑扎好后,墙基础清理干净,再竖立另一边模板。为了保证墙体的厚度,墙板内应加撑头或对位螺栓。

6)楼梯模板

楼梯与楼板较为相似,但其有支设倾斜、设置踏步的特点。板式楼梯模板如图 4.33 所示。

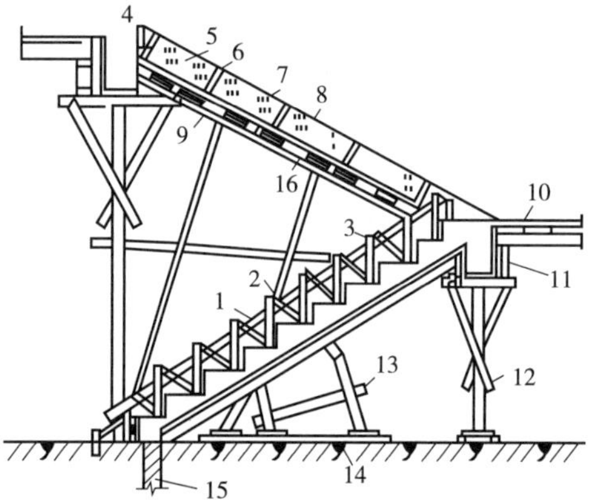

1—反扶梯基;2—斜撑;3—木吊;4—楼面;5—外帮侧板;6—木档;7—踏步侧板;8—挡木;9—搁栅;10—休息平台;11—托木;12—琵琶撑;13—牵杠撑;14—垫板;15—基础;16—楼梯底板。

图 4.33 板式楼梯模板

楼梯楼板施工前应根据设计放样,先安装平台梁及基础模板,再安装楼梯斜梁或楼梯底模板,然后安装楼梯外帮侧板。外帮侧板应先在其内侧弹出楼梯底板厚度线,用套板画出踏步侧板位置线,钉好固定踏步侧板的挡木,在现场安装侧板。梯步高度要均匀一致,特别要注意每层楼梯最下一步及最上一步的高度,必须考虑到楼地面层粉刷厚度,防止由于粉面层厚度不同导致的梯步高度不协调。

7)早拆模板体系

早拆模板体系是通过合理支设模板,将较大跨度的楼板,通过增加支承点(支柱),以缩小楼盖的跨度(≤2 m),从而达到“早拆模板,后拆支柱”的目的。当楼板混凝土达到早拆强度时,早拆装置升降托架降下,即可拆除模板及部分支撑(第一次拆除部分支撑,形成间距不大于 2m 的楼板支撑布局);所保留的支撑待混凝土构件达到拆模条件时拆除。此种方式具有加快模板周转速度、缩短工程建设周期、减少一次性的投入、降低施工成本、促进安全文明施工、提高企业的经济效益等优点。早拆模板体系构造如图 4.34～图 4.35 所示。

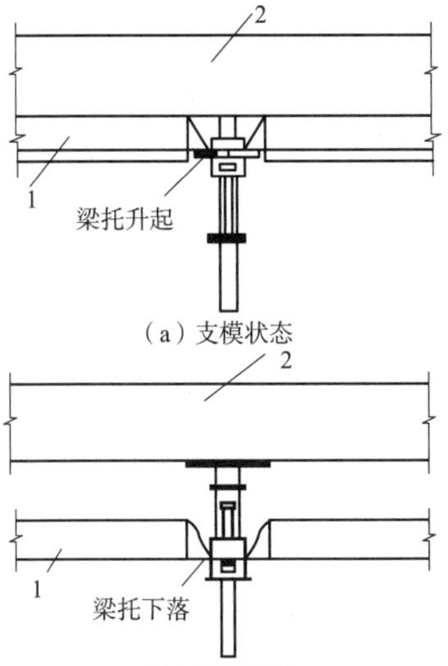

1—模板支撑梁；2—现浇楼板。

图 4.34 早期拆模方法

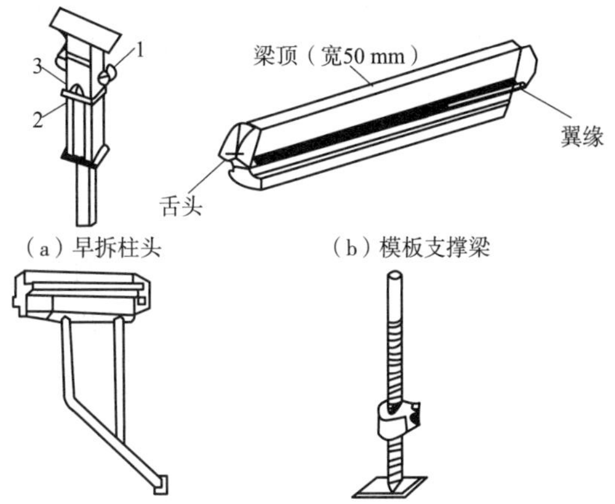

1—梁托；2—支撑板；3—方形管。

图 4.35 早拆模板支撑体系部件

4.3.3 模板设计

模板及支架应根据工程结构形式荷载大小、地基土类别、施工设备和材料供应等条件进行设计。

1)模板及支架设计的基本规定

(1)模板及支架的结构设计宜采用以概率理论为基础、以分项系数表达的极限状态设计方法。

(2)模板及支架的设计计算分析中，所采用的各种简化和近似假定，应有理论或试验依据，或经工程验证可行。

(3)模板及支架应根据施工期间各种受力状况进行结构分析，并应确定最不利的作用效应组合。

2)模板及支架设计的内容

模板及支架设计的内容主要包括：①模板及支架的选型及构造设计；②模板及支架的荷载及效应计算；③模板及支架的承载力、刚度和稳定性验算；④绘制模板及支架施工图。

3)荷载及组合

模板及支架的设计应计算不同工况下的各项荷载。常遇的荷载应包括模板及支架自重(G_1)、新浇筑混凝土自重(G_2)、钢筋自重(G_3)、新浇筑混凝土对模板侧面的压力(G_4)、施工人员及施工设备荷载(Q_1)、泵送混凝土及倾倒混凝土等因素产生的荷载(Q_2)、风荷载(Q_3)等，各项荷载的标准值可按《混凝土结构工程施工规范》(GB 50666—2011)中的附录 A 确定。

(1)模板及支架结构构件应按短暂设计状况下的承载能力极限状态进行设计，并应符合下式要求：

$$\gamma_0 S \leqslant \gamma_R R \tag{4.8}$$

式中　γ_0——结构重要性系数：对重要的模板及支架宜取 $\gamma_0 \geqslant 1.0$，对于一般的模板及支架应取 $\gamma_0 \geqslant 0.9$；

S——荷载基本组合的效应设计值（MPa），可按《混凝土结构工程施工规范》（GB 50666—2011）中的第 4.3.6 条的规定进行计算；

R——模板及支架结构构件的承载力设计值（MPa），应按国家现行有关标准计算；

γ_R——承载力设计值调整系数，应根据模板及支架重复使用情况取用，不应大于 1.0。

（2）模板及支架的荷载基本组合的效应设计值 S_d，可按式（4.9）计算：

$$S_d = 1.35\sum_{i\geqslant 1} S_{G_{ik}} + 1.4\psi_{cj}\sum_{j\geqslant 1} S_{Q_{jk}} \tag{4.9}$$

式中　$S_{G_{ik}}$——第 i 个永久荷载标准值产生的荷载效应值（MPa）；

$S_{Q_{jk}}$——第 j 个可变荷载标准值产生的荷载效应值（MPa）；

ψ_{cj}——第 j 个可变荷载的组合值系数，宜取 $\psi_{cj} \geqslant 0.9$。

（3）模板及支架的变形验算应符合下列要求：

$$a_{fk} \leqslant a_{f,lim} \tag{4.10}$$

式中　a_{fk}——采用荷载标准组合计算的构件变形值（mm）；

$a_{f,lim}$——变形限值（mm）。

（4）混凝土水平构件的底模板及支架、高大模板支架、混凝土竖向构件和水平构件的侧面模板及支架，宜按表 4.11 的规定确定最不利的作用效应组合。承载力验算应采用荷载基本组合，变形验算应采用荷载标准组合。

表 4.11　最不利的作用效应组合

模板结构类别	最不利的作用效应组合	
	计算承载力	变形验算
混凝土水平构件的底模板及支架	$G_1+G_2+G_3+Q_1$	$G_1+G_2+G_3$
高大模板支架	$G_1+G_2+G_3+Q_1$	$G_1+G_2+G_3$
	$G_1+G_2+G_3+Q_2$	
混凝土竖向构件或水平构件的侧面模板及支架	G_4+Q_3	G_4

注：1. 对于高大模板支架，表中（$G_1+G_2+G_3+Q_2$）的组合用于模板支架抗倾覆验算；

2. 混凝土竖向构件或水平构件侧面模板及支架承载力计算效应中的风荷载 Q_3，只用于模板位于风速大和离地高度大的场合；

3. 表中的"+"仅表示各项荷载参与组合，而不表示代数相加。

4）模板及支架的验算

（1）模板及支架的变形限值应符合下列规定：①对结构表面外露的模板，挠度不得大于模板构件计算跨度的 1/400；②对结构表面隐蔽的模板，挠度不得大于模板构件计算跨度的 1/250；③清水混凝土模板，挠度应满足设计要求；④架的轴向压缩变形值或侧向弹性挠度值不得大于计算高度或计算跨度的 1/1 000。

（2）模板支架的高宽比不宜大于 3；当高宽比大于 3 时，应增设稳定性措施，并应进行支架的抗倾覆验算。

（3）模板支架进行抗倾覆验算时应满足式（4.11）要求：

$$\gamma_0 k M_{sk} \leqslant M_{RK} \tag{4.11}$$

式中　γ_0——结构重要性系数；

R——模板及支架的抗倾覆安全系数，不应小于 1.4；

M_{sk}——按最不利工况下倾覆荷载标准组合计算的倾覆力矩标准值(MPa)；

M_{RK}——按最不利工况下抗倾覆荷载标准组合计算的抗倾覆力矩标准值(MPa)，其中永久荷载标准值和可变荷载标准值的组合系数取 1.0。

(4)模板支架结构钢构件容许长细比不应超过表 4.12 规定的容许值。

表 4.12　模板支架结构钢构件容许长细比 k

构件类别	容许长细比
受压构件的支架立柱及桁架	180
受压构件的斜撑、剪刀撑	200
受拉构件的钢杆件	350

(5)对于多层楼板连续支模情况，应计入荷载在多层楼板间传递的效应，宜分别验算最不利工况下的支架和楼板结构的承载力。

(6)支承于地基土上的模板支架，应按现行国家标准《建筑地基基础设计规范》(GB 50007—2011)有关规定对地基土进行验算；支承于混凝土结构构件上的模板支架，应按现行国家标准《混凝土结构设计标准》(GB/T 50010—2010)的有关规定对混凝土结构构件进行验算。

4.3.4　模板安装

模板及其支承结构的材料、质量，应符合现行标准规范的规定和设计要求。模板安装时，为了便于模板的周转和拆卸，梁的侧模板应盖在底模的外面，次梁的模板不应伸到主梁模板的开口里面，梁的模板亦不应伸到柱模板的开口里面；模板安装好后应卡紧撑牢，不得发生不允许的下沉与变形；现浇结构模板安装的偏差应符合表 4.13 的要求；固定在模板上的预埋件和预留孔洞均不得遗漏，安装必须牢固，位置准确，其允许偏差应符合表 4.14 的要求。

表 4.13　现浇结构模板安装的允许偏差

项　次	项　目		允许偏差(mm)
1	轴线位置		5
2	底模上表面标高		±5
3	截面内部尺寸	基础	±10
		柱、墙、梁	±5
4	柱、墙垂直度	层高≤6 m	8
		层高>6 m	10
5	相邻模板表面高差		2
6	表面平整度		5

注：检查轴线位置时，当有纵横两个方向时，应沿纵、横两个方向量测，并取其中偏差的较大值。

表 4.14　预埋件和预留孔洞允许偏差

项　次	项　目	允许偏差(mm)
1	预埋板中心线位置	3
2	预埋管、预留孔中心线位置	3

续上表

项　　次	项　　目		允许偏差(mm)
3	插　筋	中心线位置	5
		外露长度	+10,0
4	预埋螺栓	中心线长度	2
		外露长度	+10,0
5	预留洞	中心线位置	10
		尺寸	+10,0

注:检查中心线位置时,应沿纵、横两个方向量测,并取其中偏差的较大值。

4.3.5 模板拆除

1)拆除要求

混凝土成型经过一段时间养护,强度达到一定要求时,即可拆除模板。模板的拆除日期取决于混凝土硬化的快慢、不同模板的用途、结构构件的性质、混凝土硬化时的气温等条件。及时拆模,可提高模板的周转率,也可为其他工作创造条件,从而加快工程进度。但若过早拆模,混凝土则可能因强度不足导致不能担负自身重力或受外力发生变形,甚至可能断裂,进而造成严重的质量事故。现浇结构模板及支架的拆除,如设计无要求时,应符合下列规定:

(1)侧模应在混凝土强度能保证其表面及棱角不因拆模板而受损坏时,方可拆除;

(2)底模应在与结构同条件养护的试块达到表 4.15 的规定强度时,方可拆除;

(3)快速施工的高层建筑的梁和楼板模板,如 3～5 d 完成一层结构,其底模及支柱拆除时,应对所用混凝土的强度发展情况进行核算,确保下层楼板及梁能安全承载,方可拆除。

表 4.15　底模拆除时所需混凝土强度

结构类型	结构跨度(m)	按设计混凝土立方体抗压强度标准值的百分率计(%)
板	≤2	≥50
	>2,≤8	≥75
	>8	≥100
梁、拱、壳	≤8	≥75
	>8	≥100
悬臂构件		≥100

2)拆模顺序

拆模应按一定的顺序进行。一般应遵循先支后拆、后支先拆,先非承重部位、后承重部位以及自上而下的原则。重大复杂模板的拆除,事前应制定拆除方案。

(1)柱模

单块组拼时,应先拆除钢楞、柱箍和对拉螺栓等连接件、支撑件,再由上而下逐步拆除;预组拼时,则应先拆除两个对角的卡件,并作临时支撑后,再拆除另两个对角的卡件,待吊钩挂好,拆除临时支撑,方能脱模起吊。

(2)墙模

单块组拼时,在拆除对拉螺栓、大小钢楞和连接件后,从上而下逐步水平拆除;预组拼时,应在挂好吊钩，检查所有连接件是否拆除后，方能拆除临时支撑，脱模起吊。

对拉螺栓拆除时，可将对拉螺栓平齐沿混凝土表面切断，亦可在混凝土内加埋套管，将对拉螺栓从套管中抽出重复使用。

(3)梁、楼板模板

应先拆梁侧模，再拆楼板底模，最后拆除梁底模。拆除跨度较大梁的支柱时，应先从跨中开始分别拆向两端。

多层楼板模板支柱的拆除，应按下列要求进行：上层楼板正在浇筑混凝土时，下一层楼板的模板支柱不得拆除，再下一层楼板模板的支柱，仅可拆除部分；跨度 4 m 及 4 m 以下的梁应保留支柱，间距不得大于 3 m。

3)拆模注意事项

(1)拆模时，操作人员应站在安全处，以免发生安全事故。

(2)拆模时应尽量不要用力过猛过急，严禁用大锤和撬棍硬砸硬撬，以免混凝土表面或模板受到损坏。

(3)拆下的模板及配件严禁抛扔，要有人接应传递，按指定地点堆放，并做到及时清理、维修和涂刷好隔离剂，以备待用。

在拆除模板过程中，如发现混凝土有影响结构安全的质量问题时，应暂停拆除，经过处理后，方可继续拆除；对已拆除模板及支撑的结构，应在混凝土强度达到设计混凝土强度等级的要求后，才允许承受全部使用荷载。

典型案例：

某迁建工程天面构架模板发生坍塌，造成 8 人死亡、1 人受伤，直接经济损失约 1 163 万元。直接原因为：①违规将外脚手架作为模板支撑体系，未增设加固立杆，也未与已完工的建筑结构形成有效拉结；②未按要求待结构柱混凝土强度达到 75%及以上后，再浇筑屋面及挂板混凝土，且未设置防止模板支撑侧翻的可靠拉撑。

阅读

文本4.3.5-17

4.4 混凝土工程

混凝土工程质量的好坏直接影响到混凝土结构的承载力、整体性和耐久性。混凝土工程主要包括：配料、搅拌、运输、浇捣、养护等过程。在整个工艺过程中，各项工序紧密联系、相互影响，共同保证混凝土工程的质量。

4.4.1 混凝土原材料

混凝土的原材料主要有水泥、砂、石、水、外加剂、外掺料。

1)水泥

(1)水泥品种及性能

水泥的品种和成分不同，其凝结时间、早期强度、水化热、吸水性、抗侵蚀性能等也不相同，这些直接影响混凝土的质量、性能和适用范围，可参照表 4.16 选用。

表 4.16 常用水泥选用

工程特点与环境条件		优先选用	可以使用	不宜使用
环境条件	在普通气候环境中的混凝土	普通硅酸盐水泥	矿渣硅酸盐水泥 火山灰质硅酸盐水泥 粉煤灰硅酸盐水泥	—
	在干燥环境中的混凝土	普通硅酸盐水泥	矿渣硅酸盐水泥	火山灰质硅酸盐水泥 粉煤灰硅酸盐水泥
	在高湿度环境中或永远处在水下的混凝土	矿渣硅酸盐水泥 火山灰质硅酸盐水泥 粉煤灰硅酸盐水泥	普通硅酸盐水泥	—
	严寒地区的露天混凝土，寒冷地区的处在水位升降范围内的混凝土	普通硅酸盐水泥	矿渣硅酸盐水泥	火山灰质硅酸盐水泥 粉煤灰硅酸盐水泥
	受侵蚀性环境水或侵蚀性气体作用的混凝土	根据侵蚀性介质的种类、浓度等具体条件按专门(或设计)规定选用		
	厚大体积的混凝土	粉煤灰硅酸盐水泥 矿渣硅酸盐水泥	普通硅酸盐水泥 火山灰质硅酸盐水泥	硅酸盐水泥 快硬硅酸盐水泥
工作特点	要求快硬的混凝土	快硬硅酸盐水泥 硅酸盐水泥	普通硅酸盐水泥	矿渣硅酸盐水泥 火山灰质硅酸盐水泥 粉煤灰硅酸盐水泥
	高强(大于 C40)的混凝土	硅酸盐水泥	普通硅酸盐水泥 矿渣硅酸盐水泥	火山灰质硅酸盐水泥 粉煤灰硅酸盐水泥
	有抗渗要求的混凝土	普通硅酸盐水泥 火山灰质硅酸盐水泥	—	矿渣硅酸盐水泥
	有耐磨性要求的混凝土	普通硅酸盐水泥 硅酸盐水泥	矿渣硅酸盐水泥	火山灰质硅酸盐水泥 粉煤灰硅酸盐水泥

注：蒸汽养护时用的水泥品种宜根据具体条件通过实验确定。

水泥颗粒越细，水化作用的发展也越快、越充分。此种情形下，混凝土硬化快，且强度、泌水性、和易性均较好。需要注意的是：若水泥凝结过早，则施工操作难以掌握，可能会破坏正在形成的水泥石结构，进而损坏混凝土强度；若水泥凝结过迟，则浇筑的混凝土不能及时硬化，会妨碍正常施工，亦会影响工程质量和进度。

对于放热量较大的水泥，可用于提高混凝土冬季施工凝结硬化的温度，但对于大体积混凝土会产生过大的温差应力。对于需水量较大的水泥，相应的混凝土流动性小，收缩性、密实性差，强度低。对于安定性不良的水泥，因其含游离石灰会产生各种裂纹，甚至会严重破坏混凝土的整体性，因此不能用于工程中。

此外，对于有特殊要求的混凝土，尚应采用特种性能水泥。例如：快硬高强混凝土应采用快硬水泥或高级水泥；防水混凝土宜用具有膨胀性或无收缩性的不透水水泥；大体积混凝土应采用水化热较低的水泥；耐热、耐酸混凝土则应分别选用耐热性和耐腐蚀性较好的水泥。

(2)使用注意事项

水泥进场时，应对其品种、级别、出厂日期、包装或散装仓号等进行检查，并有序存放以免造成混料错配；对相应的强度、安定性及其他必要性能指标应进行复验。

水泥在储存、运输过程中容易受潮并损失强度，一般袋装水泥在干燥仓库中贮存时间超过三个月，其强度将损失20%左右。因此，水泥出厂时间超过三个月以上时，应经鉴定试验，根据试验得出的强度使用。如发现水泥有受潮、结块、变质现象时，其出厂或储存时间虽不足三个月，亦应经鉴定试验，根据试验得出的强度使用。受潮和过期水泥应尽量避免用于高强度等级混凝土和重要结构部位中。

知识拓展：

我国水泥工业经历了起步期(1949—1979年)、发展期(1980—2009年)、调整期(2010年至今)三个阶段。目前，在产能过剩的背景下，行业发展要求加强规范性与国际合作，并提倡“联合重组、错峰生产、行业自律”等发展方向。

阅读

文本4.4.1-18

2)砂

砂的质量须符合细度模数、孔隙率、坚固性以及有害杂质最大含量等方面的要求。

砂的细度模数一般以2.5～3.5的中、粗砂为宜，孔隙率不宜超过45%。原因在于，砂越细，相应的总表面积越大，需包裹砂粒表面和润滑砂粒用的水泥浆量也越多；同时，孔隙率越大，所需填充孔隙的水泥浆量也越多，此种情况下，不仅需要多用水泥，而且影响混凝土的强度和耐久性。

砂的坚固性，需用硫酸钠溶液检验，试样经5次循环后，其质量损失应不大于10%。

砂中的有害杂质，直接影响混凝土的质量，如：①砂中含有大量的云母，会影响水泥与砂粒的粘结；②黑云母易于风化，会影响混凝土的抗冻性和耐久性；③尘屑、淤泥、黏土(粒径小于0.08 mm)常常包裹着砂粒，使水泥与砂粒间形成薄弱层，含量过多会降低混凝土的强度、抗渗性、抗冻性，并增大收缩变形，所以使用前须用清水冲洗清除；④硫化物和硫酸盐对水泥有腐蚀作用；⑤有机物质易分解腐烂、析出有机酸，对水泥有侵蚀作用，故在有机物质含量较多时，宜先用石灰水冲洗后，再用清水冲洗；⑥相对密度小于2.00的轻物质(如煤屑、褐煤渣等)会降低混凝土强度；⑦氯离子对钢筋有腐蚀作用；⑧砂中若含有活性氧化硅时，能与水泥中的碱起作用，产生碱—骨架膨胀反应，使混凝土发生裂缝等。因此，为保证混凝土有良好的技术性能，砂中有害杂质含量的限制见表4.17。

表4.17 砂中有害杂质的含量

项　　目	高于或等于C30混凝土	低于C30混凝土
尘屑、淤泥和黏土总含量按质量计不大于(%)	3	5
云母含量按质量计不宜大于(%)	2	
轻物质含量按质量计不宜大于(%)	1	
硫化物和硫酸盐含量(折算为SO_3)按质量计不宜大于(%)	1	
有机质含量(用比色法实验)	颜色不宜深于标准，如深于标准时则应以混凝土进行强度对比实验加以复核	
钢筋混凝土中氯离子含量(换算成氯化钠)按质量计不宜大于干砂质量(%)	0.1	

注：1. 对有抗冻、抗渗或其他特殊要求的混凝土用砂，其含泥量不应大于3%，云母含量不应大于1%；对C10及以下的混凝土用砂，其含量可酌情放宽；

2. 砂中如含有颗粒状的磷酸盐或硫化物，则要经专门检验，确认能满足混凝土耐久性要求时方可采用。

如果怀疑砂中含有无定形二氧化硅(可能引起碱—骨料反应)时,应根据混凝土结构或构件的使用条件,通过专门试验确定其是否可用。

3)石子

混凝土中常用的石子有卵石或碎石。其中:①卵石表面光滑,空隙率、总表面积均较小,故拌制混凝土时水泥用量少,但其与水泥浆的粘结力较差,所以卵石混凝土的强度较低;②碎石表面粗糙,空隙率、总表面积均较大,故所需的水泥用量较多,与水泥浆的粘结力强,因此,碎石混凝土强度较高,但碎石的加工成本较卵石更高。

需要注意的是,石子的级配和最大粒径对混凝土质量影响较大。级配越好,其空隙率和总表面积越小。因此,良好的级配不仅能节约水泥用量,且混凝土的和易性、密实性、强度也较高,所以碎石或卵石的颗粒级配一般应符合表 4.18 的要求。

表 4.18 碎石或卵石的颗粒级配范围

级配情况	公称粒级(mm)	累计筛余(按质量计,%)											
		筛孔尺寸(圆孔筛,mm)											
		2.5	5	10	15	20	25	30	40	50	60	80	100
连续粒级	5~10	95~100	80~100	0~15	0								
	5~15	95~100	90~100	30~60	0~10	0							
	5~20	95~100	90~100	40~70		0~10	0						
	5~30	95~100	90~100	70~90		15~45		0~5	0				
	5~40		95~100	75~90		30~65			0~5	0			
单粒级	10~20		95~100	85~100		0~15	0						
	15~30		95~100		85~100			0~10	0				
	20~40			95~100		80~100			0~10				
	30~60				95~100			75~100	45~75		0~10	0	
	40~80					9~100			70~100		30~60	0~10	0

注:1. 公称粒级的上限为该粒级的最大粒径。单粒级一般用于组合成具有要求级配的连续粒级,也可与连续粒级的碎石或卵石混合使用,以改善它们的级配或配成较大粒度的连续粒级。

2. 根据混凝土工程和资源的具体情况,进行综合技术经验分析后允许直接采用单粒级,但必须避免混凝土发生离析。

在级配合适的条件下,石子的最大粒径越大,比表面积越小,空隙率也越小,有利于节省水泥和提高混凝土的强度与密实性。需要强调的是,由于结构断面、钢筋间距及施工条件的限制,一般规定石子的最大粒径不得超过钢筋最小净距的 3/4;不得超过结构截面最小尺寸的 1/4;不得超过实心板厚的 1/3,且最大不得超过 40 mm。石子中有害杂质含量限制见表 4.19。

表 4.19 石子中有害杂质及针片状颗粒允许含量

项　　目	高于或等于 C30	低于 C30
尘屑、淤泥和黏土的总含量按质量计不大于(%)	1	2
硫化物和硫酸盐含量折算为 SO_3 按质量计不宜大于(%)	1	
卵石中有机质含量(用比色法实验)	颜色不得深于标准色,如深于标准色则应以混凝土进行强度对比实验复核	

续上表

项　目	高于或等于 C30	低于 C30
针片状颗粒含量按质量计不大于(%)	5	25

注:1. 对有抗冻、抗渗或其他特殊要求的混凝土,其所有碎石或卵石的含泥量不应大于 1%;
2. 如含泥基本是非黏土质的石粉时,其总含量可由 1.0%~2.0%分别提高到 1.5%~3.0%;
3. 对 C10 及以下的混凝土用石子,其针片状颗粒含量可放宽到 40%;其含泥量可酌情放宽;
4. 石子中含有颗粒状硫酸盐或硫化物,应通过检验确认能满足混凝土耐久性时方可使用。

如果怀疑石子中含有无定形二氧化硅(可能引起碱—骨料反应)时,应根据混凝土结构或构件的使用条件,通过专门试验确定其是否可用。

骨料进场后,应按品种、规格分别堆放,不得混杂。骨料中严禁混入煅烧过的白云石或石灰块。

4)水

凡饮用水,均可用于混凝土的拌制与养护。需要注意的是,混凝土用水不得含有影响水泥正常硬化的有害杂质、油脂和糖料物质,因此,污水、工艺废水、pH 值小于 4 的酸性水、硫酸盐含量(按 SO_4 计)超过水量 1%的水,均不得用于混凝土中。此外,海水对钢筋有腐蚀作用,不能用来拌制有配筋结构的混凝土。

5)外加剂

为了改善混凝土的性能,以适应新结构、新技术发展的需要,并提高其经济效果,在不断研制水泥新品种,以及大力改进混凝土制备、养护工艺的同时,还广泛地采用掺外加剂的方法。

外加剂已成为混凝土中除水泥、砂、石和水之外的第五种原料,是改善混凝土性能、发展混凝土技术的有效途径。外加剂的种类繁多,按其作用不同可分为减水剂(塑化剂)、引气剂(加气剂)、促凝剂、缓凝剂、防水剂、抗冻剂、保水剂、膨胀剂、阻锈剂等。常用的商品外加剂通常是复合型外加剂。

外加剂可查阅有关材料手册,在选用时应注意:①在正式使用外加剂之前,应该进行相应的试验,以确定适当的掺量;②使用时应准确控制掺量,调整水胶比并搅拌均匀。

(1)减水剂

减水剂是一种表面活性材料,加入混凝土中会定向吸附于水泥颗粒表面,增加了水泥颗粒之间的静电斥力,能够对水泥颗粒起扩散作用,从而能把水泥凝聚体中包含的游离水释放出来,故此能在保持混凝土工作性能不变的基础上,显著减少拌和用水量、降低水胶比、改善和易性、增加流动性,并节约水泥用量,有利于混凝土强度的增长及物理性能的改善。

对于不透水性要求较高的混凝土、大体积混凝土及泵送混凝土等,采用减水剂最为合适。常用减水剂掺量及技术经济效果见表 4.20。

表 4.20　常用减水剂的种类及掺量参考表

种类	主要原料	掺量占水泥用量(%)	减水率(%)	提高强度(%)	增加坍落度(m)	节约水泥(%)	适应范围
木质素磺酸钠	纸浆废液	0.2~0.3	10~15	10~20	10~20	10~15	大体积混凝土 普通混凝土
MF 减水剂	聚次甲基萘磺酸钠	0.3~0.7	10~30	10~30	2~3 倍	10~25	早强、高强、耐碱混凝土

续上表

种类	主要原料	掺量占水泥用量(%)	减水率(%)	提高强度(%)	增加坍落度(m)	节约水泥(%)	适应范围
N系减水剂	工业萘	0.5～0.8	10～17	10		8～12	
NNO减水剂	亚甲基二萘磺酸钠	0.5～0.8	10～25	20～25	2～3倍	10～20	增强、缓凝、引气
NF减水剂	精萘	1.5	20			5～25	高强度混凝土
UNF减水剂	油萘	0.5～1.5	15～20	15～30	10～15	10～15	
FDN减水剂	工业萘	0.5～0.75	16～25	20～25		20	早强、高强、大流动混凝土
JN减水剂	萘残油	0.5	15～27	30～50	8～11	10～17	
SN－Ⅱ减水剂	萘	0.5～1.0	14～25	15～40	15～20	15～20	
磺化焦油减水剂	煤焦油	0.5～0.75	10	35～37		5～10	
糖蜜减水剂	废蜜	0.2～0.3	7～11	10～20	4～6	5～10	
AU减水剂	蒽油	0.5～0.75	15～20	10～36		10～15	
HM减水剂	纸浆废液	0.2	5～10	≥10		5～8	
SM减水剂	蜜胶树脂	0.2～0.5	10～27	30～50			高强混凝土
建1减水剂		0.5～0.7	10～30			10～25	

注:技术经济效果是指相对而言,在水泥用量、坍落度保持不变时,可减少用水量和提高强度;在水胶比和强度保持不变时,可增大坍落度;在强度、坍落度保持不变时,可节约水泥用量。

(2)早强剂

早强剂能够加速混凝土的硬化过程、提高早期强度,对加速模板周转、加快工程进度都有显著效果。早强剂常用配方参见表4.21。

表4.21 早强剂配方参考表

项次	早强剂名称	使用掺量(占水泥质量的百分比)	适用范围	使用效果
1	氯化钙($CaCl_2$)	1	低温或常温硬化	与不掺者对比7 d强度提高20%～40%
2	硫酸钾(Na_2SO_4)	1～2	低温硬化	7 d强度提高28%～34%
3	硫酸钾	0.5～2	低温硬化	7 d强度提高20%～40%
4	三乙醇胺[$N(C_2H_4OH)_3$]	0.05	常温硬化	3～5 d可达设计强度的70%
5	三异丙醇胺[$N(C_3H_6OH)_3$]	0.03	常温硬化	5～7 d可达设计强度的70%
	硫酸亚铁($FeSO_4\cdot 7H_2O$)	0.5		
6	硫酸钠(Na_2SO_4)	3	常温硬化	在－5 ℃条件下28 d可达到设计强度的70%
	亚硝酸($NaNO_2$)	4		
7	三乙醇胺	0.03	低温硬化	在－10 ℃条件下1～2月可达到设计强度的70%
	硫酸钠	3		
	亚硝酸钠	6		

续上表

项次	早强剂名称	使用掺量 （占水泥质量的百分比）	适用范围	使用效果
8	硫酸钠	2	蒸汽养护	蒸汽养护 6 h，与不掺者对比强度提高可达 30%～100%
	石膏（$CaSO_4 \cdot 2H_2O$）	1		
9	硫酸钠	2	常温硬化	3～5 d 可达设计强度 70%
	蔗糖一钙（$C_{12}H_{22}O_{11} \cdot CaO$）	0.05		

注：1. 以上配方均可用于混凝土及钢筋混凝土工程中；

2. 使用氯化物作早强剂时，尚应遵守施工验收规范的有关规定。

氯化钙（$CaCl_2$）价廉易得、易溶于水，既能与 C_3A 作用产生不溶性水化氯铝酸钙复盐（$3CaO \cdot Al_2O_3 \cdot 3CaCl_2 \cdot 32H_2O$），又能与 C_3S 水化析出 $Ca(OH)_2$ 生成氧氯化钙复盐（$CaCl_2 \cdot 3Ca(OH)_2 \cdot 10H_2O$ 和 $CaCl_2 \cdot Ca(OH)_2 \cdot H_2O$），这些复盐的生成可减少游离水，并增加化学结合水和水泥浆中的固相成分，从而有助于水泥石结构加速形成。需要注意的是，氯化物对钢筋有锈蚀作用，且影响混凝土的收缩性，所以有配筋构件的混凝土，氯盐掺量不得超过水泥质量的 1%（无筋混凝土为 3%），否则应加入阻锈剂；并禁止用于预应力结构和大体积混凝土中。

三乙醇胺（$N(C_2H_4OH)_3$）所配制的复活早强剂，对钢筋无锈蚀作用，应用也较普遍。三乙醇胺是一种非离子型表面活性剂，被吸附在水泥颗粒表面，形成一层带有电荷的亲水膜，阻碍水泥颗粒的凝聚，产生悬浮稳定的效应。同时，能降低溶液表面张力，使水对水泥颗粒的润湿和渗透加强，产生更多的水化物；同时，还能提高液相中 CaO 的溶解度，使水泥水化加速，从而提高混凝土的早期强度，且对后期强度也有一定的提高。三乙醇胺常与 NaCl、$NaNO_2$、$Na_2SO_4 \cdot 2H_2O$、Na_2SO_4 等无机盐制成复合早强剂，其中 $NaNO_2$ 可抑制钢筋锈蚀，而在三乙醇胺中掺入 $NaNO_2$ 和 NaCl 后，又可显著提高混凝土的早期强度。

（3）速凝剂

速凝剂起到加速水泥凝结硬化的作用，用于快速施工、堵漏、喷射混凝土等，其作用与早强剂略有区别。常用的速凝剂与水泥在加水拌和时立即反应，使水泥中的石膏丧失其缓慢作用，促使 C_3A 迅速水化，并在溶液中析出其水化物，导致水泥浆迅速凝固。如：掺入水泥质量 2.5%～3.5%的 711 速凝剂，水胶比 0.4 左右，可使水泥在 5 min 内初凝，10 min 内终凝，抗渗性、抗冻性和粘结能力都有所提高，前 7 d 强度比不掺者高，但 7 d 以后强度则较不掺者低。

（4）缓凝剂

缓凝剂是延长混凝土从塑性状态转化为固性状态的时间，并对后期强度的发展无显著影响的外加剂，具有缓凝、延长水化放热时间等功能，多与减水剂复合应用。如：我国常用的糖蜜缓凝剂，当掺量为水泥质量的 0.2%～0.4%时，可缓凝 2～3 h，减水 5%～8%，节约水泥 10%左右，可减小混凝土收缩并提高抗渗性。故此，缓凝剂广泛应用于油井工程、大体积混凝土、气候炎热地区的混凝土工程及长距离运输的混凝土。

（5）加气剂

混凝土中掺入加气剂，能产生很多密闭的微气泡，可增加水泥浆体积，减小砂石之间的摩擦力，切断与外界相通的毛细孔道，从而改善混凝土的和易性，减少拌和用水量，并提高抗渗、抗冻、抗化学侵蚀能力，尤其适用于水工结构。

需要注意的是，混凝土的强度会随含气量的增加而下降，使用时应严格控制加气剂掺入量。故此，含气量宜控制在3%～6%范围内，相应减少的用水量，对混凝土强度损失不大。一般情况下，松香热聚物、松香酸钠的掺用量为水泥质量的0.01%；铝粉加气剂掺用量为0.03%。

(6)防水剂

防水剂具有补偿混凝土收缩并填充水泥间隙的作用。防水剂种类较多，如：采用按水泥质量0.05%的松香酸钠和0.075%的氯化钙，配制成复合加气剂，混凝土防渗能力可达1.2～3.5 MPa；用水玻璃配制的混凝土不仅能防水，而且具有较好的粘结力和速凝作用，多用于修补工程与堵塞漏水。

(7)抗冻剂

抗冻剂可以在一定负温度范围内，保持混凝土水分不受冻结，并促使其凝结、硬化。如：氯化钠、碳酸钾可降低冰点；氯化钙不仅能降低冰点，而且还能起到促凝的作用。目前，常用的亚硝酸钠与硫酸盐复合剂，对钢筋无腐蚀，适用于－10 ℃环境下施工，且对混凝土有明显的塑化作用，其效果优于氯化钙、碳酸钾等抗冻剂；但缺点是在用量较大时，存在析盐现象，影响结构美观，掺量(按水泥质量计)可参考表4.22。

表4.22 复合抗冻剂在混凝土中的掺量

温度(℃)	硫酸钠(%)	亚硝酸钠(%)
－3	3	2
－5	3	4
－8	3	6
－10	3	8

6)外掺料

为节约水泥并改善混凝土的某种性能，在采用硅酸盐水泥或普通硅酸盐水泥拌制混凝土时，还可掺用一定的混合材料。一般用当地的工业废料或廉价的地方材料。如：掺入适量的火山灰，代替部分水泥的同时，可提高混凝土抗海水、硫酸盐等侵蚀的能力；掺入适量的粉煤灰，可节约水泥并改善混凝土的和易性，能够使混凝土的渗水性降低1/7～1/6。需要注意的是，外掺料的质量应符合国家现行标准的相关规定，其掺量应通过试验确定。

4.4.2 混凝土和易性、强度及其他性质

混凝土的和易性及强度是衡量混凝土质量的两个主要指标。

1)混凝土的和易性

(1)简介

和易性是指混凝土在搅拌、运输、浇筑等过程中，能够保持成分均匀、不致分层离析的性能，主要包括流动性、黏聚性、保水性三个方面。如混凝土和易性良好，则易于搅拌均匀；在运输和浇筑时，不会发生离析泌水现象；在捣实时，流动性大、易于捣实，且所制成的混凝土内部质地均匀密实，有利于保证混凝土的强度与耐久性。如混凝土和易性不好，则施工操作困难，质量难以保证。

混凝土的和易性通常用坍落度或工作度表示，见表4.23。根据和易性需求的不同，可分为塑性混凝土和干硬性混凝土。塑性混凝土的和易性可用坍落度测定；干硬性混凝土的和易性可用工作度试验测定。

表 4.23 混凝土和易性指标

混凝土名称	坍落度(mm)	工作度(s)
流动性混凝土	50～80	5～10
低流动性混凝土	10～30	15～30
干硬性混凝土	0	30～180

知识拓展：

需要说明的是，坍落度测定方法虽然简便，但仅能反映混凝土在自重作用下的流动性。在此基础上，还需评定其黏聚性和保水性，才能对混凝土的和易性进行完整测定。

阅读

文本4.4.2-19

(2)影响因素

影响混凝土和易性的因素较多，主要因素有：水泥性质、骨料种类及砂率、用水量、水泥浆数量及外加剂等。

水泥性质：水泥性质不同，会直接影响混凝土的和易性。如：硅酸盐水泥和普通水泥的和易性，比火山灰水泥、矿渣水泥好；水泥颗粒愈细，混凝土的黏聚性和保水性愈好；在水胶比相同情况下，水泥用量越多，则和易性越好。

骨料种类及砂率：混凝土中砂石骨料的颗粒圆滑、粒径大、级配优良，则流动性好；砂率过大，水泥浆被表面积较大的砂粒所吸附，则流动性减少；砂率过小，则砂子的体积不足以填满石子间的空隙，必然使部分水泥浆充当填空作用，导致骨料间接触部位的“润滑层”减薄，从而使流动性、黏聚性、保水性均较差，甚至发生离析、溃散等现象。因此，在配制混凝土时，应选用最优砂率，既能使水泥用量最省，又能满足和易性要求。

用水量：随着用水量的增大，混凝土的流动性也显著增大。但用水量过大，会使混凝土的黏聚性和均匀性变差，进而产生严重的泌水、分层或流浆，由此导致和易性变差，强度也随之降低。

水泥浆数量：在混凝土水胶比不变的情况下，水泥浆数量会随着用水量及水泥量的增加而增加，进而骨料间的“润滑层”增厚，使得混凝土的流动性增大、和易性改善，且不会影响强度。

外加剂：在混凝土中加入少量减水剂、加气剂或外掺料等均可改善混凝土的和易性。

2)混凝土的强度

(1)简介

混凝土具有较高的抗压强度，但其抗拉、抗弯、抗剪的强度均较小。因此，通常以抗压强度作为控制和评定混凝土质量的主要指标。

混凝土抗压强度是按照标准试验法，用边长为 150 mm 的立方体试件，在标准条件下(温度 20 ℃±3℃，相对湿度≥90%)养护 28 d 后经抗压试验测得的抗压强度。据此可划分混凝土强度的等级，如 C20、C25、C30、C35、C40、C45、C50、C55、C60、C65、C70、C75、C80 等。此外，若根据混凝土骨料的最大粒径来测定强度等级(采用表 4.24 中其他尺寸的试件)，则测得的强度值应乘以相应的尺寸换算系数。

表 4.24 试件尺寸选择及尺寸换算系数

试件尺寸(mm)	骨料最大粒径(mm)	尺寸换算系数
100×100×100	≤31.5	0.95
150×150×150	≤40	1.00
200×200×200	≤63	1.05

注:对于强度等级为 C60 及以上的混凝土试件,其强度的尺寸换算系数可通过实验确定。

问题讨论:

请查阅资料,思考不同强度等级的混凝土分别在建筑工程中有哪些应用?

(2)影响因素

混凝土强度除与砂石质量有关外,主要取决于水泥强度等级和水胶比。其中:①在相同条件下,所用水泥强度等级越高,混凝土的强度也就越高;反之,强度则低。②水胶比是混凝土中水和水泥的质量比。在正常情况的硬化过程中,和水泥起水化作用的水一般只占水泥质量的15%~20%,其余的水只是为了满足混凝土流动性的需要。如果水胶比大,则水泥浆中的含水率过多,多余的水在混凝土中呈游离状态,并在硬化水分蒸发后形成许多小孔,由此降低混凝土的密实度,亦降低了混凝土的强度。需要注意的是,也不宜提高水泥强度等级和降低水胶比,因为水泥强度等级提高过多,会浪费水泥;而水胶比过小,会影响混凝土的和易性。

混凝土密实度越大,则强度高,而密实度的大小又与振捣有关。浇筑混凝土时,必须予以充分捣实,才能得到密实而坚硬的混凝土。一般而言,振捣时间愈长、振捣的力量愈大,则混凝土愈密实。然而,对流动性较大的混凝土,强力振捣或长时间振捣,往往易产生离析泌水现象,反而会导致混凝土质量不匀、强度降低。因此,对于塑性混凝土,不宜过度利用振捣条件提高强度;对于干硬性混凝土,则可充分利用振捣条件提高强度,不但适用于强力振捣,而且还宜加压振捣。

混凝土强度还与养护温度、湿度和龄期有关。在正常养护条件下,混凝土的强度在最初7~14 d 内发展较快,以后逐渐缓慢,28 d 达到设计强度等级,此后强度增长过程可延续数十年。其中:①混凝土浇筑后,在一定时间内必须保持足够的湿度。否则,将导致混凝土失水干燥,影响强度增长;同时,由于水化作用未充分完成,可能造成混凝土内部结构疏松,甚至在表面出现干缩裂缝。②当湿度合适时,在 4~40 ℃范围内,温度愈高,水泥水化作用愈快,其强度发展也愈快;反之,则愈慢。当温度低于 0 ℃时,混凝土强度停止发展,甚至会因冻胀而破坏。

3)混凝土其他性质

混凝土除和易性、强度作为主要性能外,根据使用环境和条件的不同,还需考虑其他与混凝土耐久程度有关的性质,如抗渗性、抗冻性、耐热性、收缩与膨胀等。

提高混凝土的抗渗性与抗冻性,均须杜绝毛细管道和增强混凝土的密实度,具体措施为:①降低水胶比,减少用水量;②改善和易性,避免产生离析泌水现象;③采用低流动性混凝土或干硬性混凝土;④加强养护,或采用真空作业等。在特殊情况下,应采用防水混凝土。

普通混凝土在高温作用下,如长期受到 70 ℃以上的温度作用,则强度会降低。其原因在于:首先,骨料的水泥石体积变化不一致;同时,游离 $Ca(OH)_2$ 会脱水变为 CaO,当温度降低和受潮后,游离 CaO 又继续水化;如此反复进行,混凝土强度则会降低,直至破坏。因此,如经常受到 200 ℃以上温度作用时，必须采取隔热措施；某些处于高温作用的结构，可用特制的耐热混凝土，其耐热度可达到 1 400 ℃左右。

此外，混凝土在硬化过程中，由于水泥水化生成物的体积比原来物质的体积小，加上游离水蒸发及胶凝体失水紧缩，其体积会产生收缩（收缩系数为 0.001 5），如控制不当易造成混凝土裂缝；而当混凝土在水中硬化时，由于水分存在，相应的体积不变，甚至有轻微膨胀（膨胀值远比收缩值小，一般没有坏作用）。对此，混凝土施工时应予以注意。

科技前沿：

除常规混凝土外，根据构件具体的使用要求与环境条件，还有高性能混凝土、纤维增强混凝土、耐酸混凝土、耐碱混凝土、耐热（耐火）混凝土、耐磨损混凝土、膨胀混凝土、防辐射混凝土、自愈混凝土等新型混凝土的类型。

阅读

文本4.4.2-20

4.4.3 混凝土施工配料

施工配料是保证混凝土质量的重要环节之一，必须严格加以控制。其中，影响施工配料的因素主要有两方面：一是称量不准；二是未结合砂、石骨料实际含水率的变化，进行施工配合比换算。

由于砂、石骨料实际含水率的差异，必然会导致拌制混凝土的水胶比、砂石比（含砂率）及浆骨比与原设计配合比不一致。具体如下：①当水胶比增大时，混凝土的黏聚性、保水性会降低，硬化后多余的水分残留在混凝土中形成气泡，或者因水分蒸发留下气孔，从而导致混凝土的密实性差、强度低、收缩大、徐变大、抗渗性和抗冻性能差；当水胶比减少时，则混凝土流动性差、影响成型密实，易造成混凝土结构内部松散、表面产生蜂窝及麻面等现象。②在水泥浆用量一定的条件下，砂率过大时，则混凝土的流动性降低；砂率过小时，则砂浆量不足，不仅会降低混凝土的流动性，严重时还影响黏聚性和保水性，进而产生粗骨料离析、水泥浆流失，甚至溃散等不良现象。③浆骨比是反映混凝土中水泥浆用量的多少（即水泥浆用量与骨料用量之比），如控制不准也会直接影响混凝土的水胶比和流动性。

因此，为确保混凝土质量，必须及时、准确地进行混凝土施工配合比的换算，并严格控制原材料的称量。

1）施工配合比换算

混凝土设计配合比是根据完全干燥的砂、石骨料制定的，但实际使用的砂、石骨料一般都含有水分，且含水率经常随实际条件发生变化。所以，在拌制混凝土前，应及时测定实际砂、石骨料的含水率，并将设计配合比换算为考虑骨料实际含水率的施工配合比。

【例 4.3】 已知设计配合比为 C∶S∶G∶W＝439∶566∶1202∶193；经测定砂子含水率 w_s 为 3%，石子的含水率 w_G 为 1%，则每立方米混凝土的材料用量为：

水泥 $C'=439$ kg（不变）

砂 $S'=S(1+w_S)=566\times(1+3\%)=583$(kg)（换算后增加）

石子 $G'=G(1+w_G)=1\ 202\times(1+1\%)=1\ 214$(kg)（换算后增加）

水 $W'=W-Sw_S-Gw_G=193-566\times3\%-1\ 202\times1\%=164$(kg)（换算后减少）

故施工配合比为 439∶583∶1 214∶164。

得出混凝土施工配合比后，还须根据工地现有搅拌机的出料容量进行配制。如搅拌机的出料容量为 400 L 时，则每搅拌一次(即一盘)的配料用量为：

水泥$=439\times0.4=175.6$(kg)(实用 150 kg，即三袋水泥)

砂子$=583\times\frac{150}{439}=199.2$(kg)

石子$=1\ 214\times\frac{150}{439}=414.8$(kg)

水$=164\times\frac{150}{439}=56$(kg)

为严格控制混凝土的施工配合比，用料称量应务必准确，每盘称量偏差不得超过如下规定：水泥及混合材料为±2%；砂石为±3%；水及外加剂为±2%。同时，还应对各种衡量器具定期校验，以保障称量准确；经常测定砂石含水率，雨天施工应增加测定次数。

4.4.4 混凝土搅拌

1)搅拌机选择

混凝土搅拌机按其工作原理，可分为自落式和强制式两大类。

自落式搅拌机(图 4.36)是依靠搅拌鼓筒的旋转，通过其内壁弧形叶片将混凝土拌和料带到一定高度后，利用物料自重自由下落，以达到均匀拌和的目的。此种搅拌机筒体和叶片磨损较小、易于清理，但搅拌力量小、动力消耗大、效率低，主要用于搅拌流动性较大的混凝土。

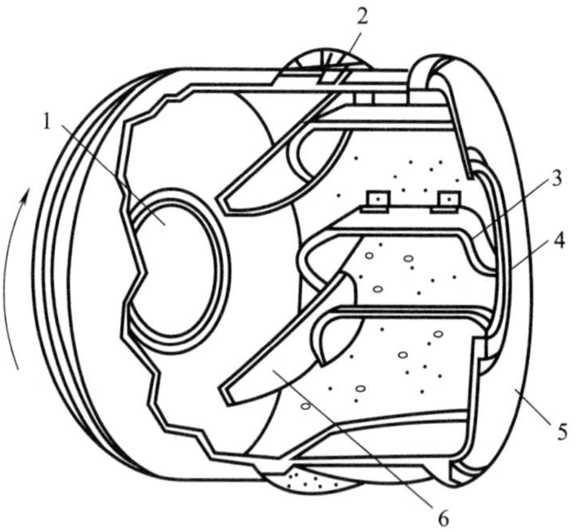

1—进料口；2—大齿轮；3—弧形叶片；4—卸料口；5—斜向叶片；6—搅拌鼓筒。

图 4.36 自落式搅拌机

强制式搅拌机(图 4.37)是通过搅拌叶片的强制转动(搅拌鼓筒固定不转)，推动物料旋转、剪切、推压、抛出，以达到均匀拌和的目的。此种搅拌机具有搅拌质量好、速度快、生产效率高、操作简便及安全等优点，但机件磨损较快，适用于拌制各种混凝土。对于干硬性混凝土、轻骨料混凝土、高性能混凝土，必须用该类机械搅拌。

混凝土搅拌机的规格常以“装料容积”(即可装松散拌和料的总体积)来表示；同时，一次搅拌好的混凝土体积称为“出料容积”，一般为装料容积的 0.55～0.75(又称出料系数)。如：J1-400 自落式移动搅拌机，其装料容积为 400 L，出料容积为 260 L。

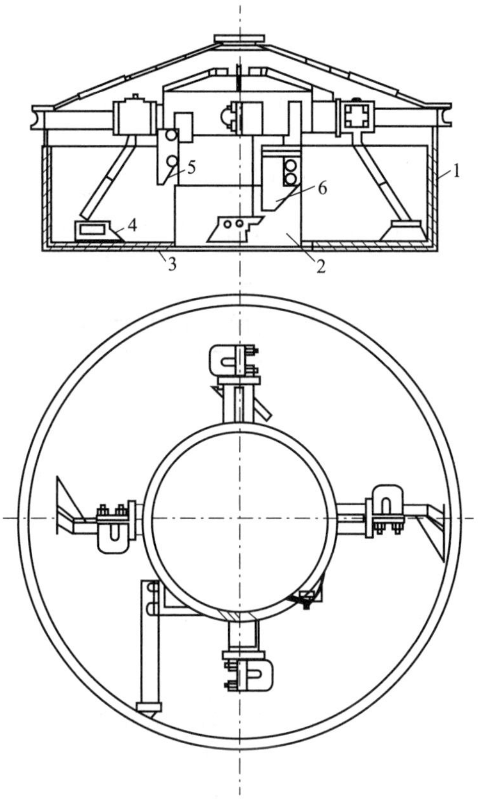

1—外衬板;2—内衬板;3—底衬板;4—拌叶;5—外刮板;6—内刮板。

图 4.37 强制式搅拌机

> **要点解析:**
>
> 为保证混凝土得到充分拌和,搅拌机的装料容积通常为几何容积的 1/3~1/2。若装料超出合理范围,则会影响混凝土拌和物的均匀性;反之,若装料过少,亦不能充分发挥搅拌机的效能。

2)搅拌制度确定

为拌制出均匀优质的混凝土拌和物,除正确选择搅拌机型号外,还应确定合理的搅拌制度,具体包括:装料容积、搅拌机转速、搅拌时间、投料顺序等。

(1)搅拌机转速

对于自落式搅拌机,若转速过高,则混凝土拌和料会在离心力的作用下吸附于筒壁不能自下落;若转速过低,则不能充分拌和,且会降低搅拌机的生产率。故此,搅拌机转速 n 应满足式(4.12)的要求,既能使拌和料克服离心力的影响而自由下落,又能保持最大转速充分发挥其机械性能。

$$\frac{13}{\sqrt{R}} \leqslant n \leqslant \frac{16}{\sqrt{R}} \tag{4.12}$$

式中 R——搅拌筒半径(m)。

对于强制搅拌机,其搅拌过程虽不受重力和离心力的影响,但其转速亦不能过大,否则会加速机械的磨损,也易使混凝土拌和物产生分层离析现象。故此,强制式搅拌机叶片的转速一般为 30 r/min。

(2)搅拌时间

搅拌时间是指从原材料全部投入到开始卸料时所需的全部时间,其直接影响混凝土质量及搅拌机的生产效率。搅拌时间的确定与搅拌机型号、骨料品种及粒径以及混凝土的和易性等相关。若搅拌时间过短,则混凝土拌和不均匀,强度及和易性都会降低;若搅拌时间过长,不仅会降低生产效率,还会降低混凝土的和易性或产生分层离析现象。混凝土搅拌的最短时间可参照表 4.25。

表 4.25　混凝土搅拌的最短时间(s)

混凝土坍落度(mm)	搅拌机机型	搅拌机的出料量(L)		
		<250	250~500	>500
≤40	强制式	60	90	120
>40 且<100	强制式	60	60	90
≥100	强制式	60		

注:1. 当掺有外加剂与矿物掺合料时,搅拌时间应适当延长;

2. 当采用其他形式的搅拌设备时,搅拌的最短时间应按设备说明书的规定或经试验确定;

3. 采用自落式搅拌机时,搅拌时间宜延长 30 s。

一般而言,轻骨料混凝土的搅拌时间相对普通混凝土较长;坍落度较大的混凝土,其搅拌时间相对较短;鼓筒直径越大,转速相对较低,搅拌时间则较长;自落式搅拌由于物料重力的影响,可能发生分层离析的现象,则搅拌时间较长;强制搅拌可避免物料重力的不利影响,故此搅拌时间短、质量好、效率高。

(3)投料顺序

投料顺序是指原材料先后投入搅拌过程的顺序,需重点考虑确保混凝土搅拌质量、提高混凝土强度、减少水泥飞扬、减缓机械磨损、避免混凝土粘罐、降低能耗及提高生产效率等要点。

混凝土搅拌的投料方法主要有一次投料法、二次投料法、水泥裹砂法。

①一次投料法

一次投料法的投料顺序是先倒入砂子(或石子),再倒入水泥,然后倒入石子(或砂子),最后加水搅拌。此种做法将水泥夹于砂石之间,能够使砂(或石子)首先接触搅拌机体内表面或搅拌叶片,从而不会引起水泥飞扬与粘罐;同时,也能有效避免水泥吸水成团,产生“夹生”现象。

②二次投料法

二次投料法可分为预拌水泥砂浆法和预拌水泥浆法。预拌水泥砂浆法的投料顺序是先将水泥、砂、水充分搅拌成均匀的水泥砂浆后,再加入石子搅拌成均匀的混凝土。预拌水泥浆法的投料顺序是先将水泥和水充分搅拌成均匀的水泥净浆后,再加入砂、石子搅拌成混凝土。二次投料法与一次投料法相比,可提高强度约 15%;或在混凝土强度等级相同的情况下,可节约水泥 15%~20%。

③水泥裹砂法

水泥裹砂法(sand enveloped with cement method,SEC 法)的搅拌程序为:首先,对砂的表面湿度进行处理,宜控制在 4%~6%。然后,进行两次加水搅拌,其中,第一次加水搅拌称为造壳搅拌(水量 20%~26%),使砂的周围形成黏性很高的水泥糊包裹层;第二次加入水、石子,经搅拌部分水泥浆能够均匀地分散在已经被造壳的砂及石子周围。采用水泥裹砂法制备的混凝土与一次投料法相比较，强度可提高 20%～30%，且混凝土不易产生离析、泌水现象。

需要强调的是，由于最初开始时，筒壁要吸附部分水泥浆，所以许多工地在拌制第一盘混凝土时，通常只加规定重量一半的石子，故此也称为“减半石混凝土”；当使用粉状掺合料时，掺合料应和水泥同时进入搅拌机，搅拌时间相应增加 50%～100%；当使用外加剂时，为保证混凝土拌和物的均质性，应先用水稀释，之后与水一起同时间、同方向加入搅拌筒内，搅拌时间也需要增加 50%～100%；对拌制吸水性较大的轻质多孔骨料混凝土时，应先投入骨料及 2/3 的拌和用水，经短时间的搅拌，使骨料吸水饱和后，再投入其余材料及剩余水量。

4.4.5 混凝土运输

混凝土自搅拌机中卸出后，应及时运至浇筑地点。运输方案的选择，应根据建筑结构特点、混凝土工程量、运输距离、道路、气候条件及现有设备综合考虑。

1)运输混凝土基本要求

(1)保证混凝土连续浇筑

混凝土运输必须保证其浇筑工作能够连续进行，尤其是在不允许留设施工缝的情况下。为此，应按混凝土最大浇筑量和运距，来选择运输机具设备的数量及型号。同时，也要考虑运输机具设备与搅拌机设备的配合。一般运输机具的容积是搅拌机出料容积的倍数。

(2)保证混凝土在初凝前浇筑完毕

为保证混凝土在初凝前浇筑完毕，应以最少的转运次数和最短的时间，将其从搅拌地点运至浇筑现场。混凝土从搅拌机卸出后到浇筑完毕的延续时间不宜超过表 4.26 的规定。

表 4.26 混凝土从搅拌机中卸出到浇筑完毕的延续时间 单位：min

混凝土强度等级	气温	
	不高于 25℃	高于 25℃
不高于 C30	120	90
高于 C30	90	60

注：1. 对掺用外加剂或采用快硬水泥拌制的混凝土其延续时间应按试验确定；
2. 对轻骨料混凝土，其延续时间应适当缩短。

(3)保持混凝土质量性能

在运输过程中，应保持混凝土的均匀性，避免产生分层离析、浆液流失、坍落度变化以及初凝等问题。主要原因涉及：①运输中的不利振动；②皮带、溜槽运输时的惯性力作用；③垂直运输时自由落差过大；④运输时间或距离过长；⑤转运次数过多；⑥运输工具漏浆、吸水、劣化等。运至浇筑地点后，若发现有离析或初凝现象，则必须在浇筑前进行二次搅拌，拌和料均匀后方可入模。对已凝结的混凝土应作为废品，不得用于工程中。

综上可明确，应采取如下措施：①尽可能使运输线路短直、道路平坦，并确保车辆行驶平稳，以减少运输时的振荡。②垂直运输的自由落差不大于 2 m。③溜槽运输的坡度不宜大于 30°，混凝土移动速度不宜大于 1 m/s。如果溜槽的坡度太小，混凝土移动太慢，可在溜槽底部加装小型振动器；当溜槽太斜，或用皮带运输机运输，混凝土流动太快时，应在末端设置串筒和挡板[图 4.38(a)和图 4.38(b)]，以保证垂直下落和落差高。④当混凝土浇筑高度超过 3 m 时，应采用成组串筒[图 4.38(c)]。⑤当混凝土浇筑高度超过 8 m 时，应采用带节管的振动串筒[图 4.38(d)]，即在串筒上每隔 2～3 根节管安置一台振动器。

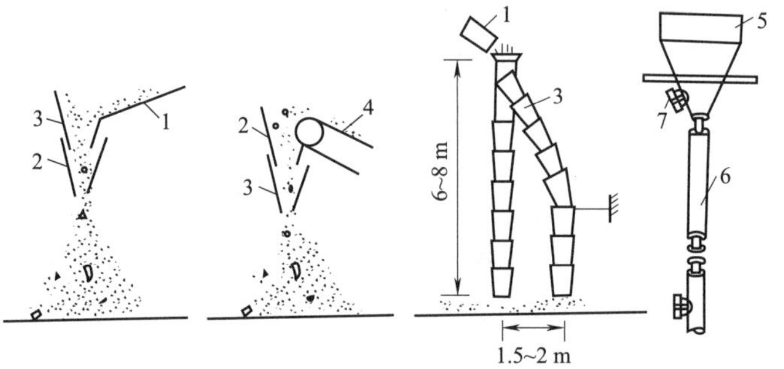

（a）溜槽运输　（b）皮带运输　（c）串筒　（d）振动串筒

1—溜槽；2—挡板；3—串筒；4—皮带运输机；5—漏斗；6—节管；7—振动器。

图 4.38　防止混凝土离析的措施

需要强调的是：①运输混凝土的容器应平整光洁、不吸水、不漏浆，装料前应先用水湿润；②在炎热天气或风雨天气，容器上应加遮盖，以减少水分的蒸发或防止进水；③冬季运输应考虑保温措施。

2)混凝土运输机具

混凝土运输机具一般分为间歇式运输机具(如：手推车、自卸汽车、机动翻斗车、搅拌运输车等水平运输机具，以及井架、桅杆、塔吊等垂直运输机械)和连续式运输机具(如：皮带运输机、混凝土泵等)。

(1)混凝土搅拌运输车

混凝土搅拌运输车(图 4.39)可长距离运送混凝土，其是将搅拌筒安装在汽车底盘上，在运输途中搅拌筒不停地慢速转动，此种方式既可以运送拌和好的混凝土拌和料；也可以将混凝土干料装入筒内，在运输途中加水搅拌，以减少长途运输引起的混凝土坍落度损失。

1—搅拌筒；2—进料斗；3—固定卸料溜槽；4—活动卸料斗。

图 4.39　混凝土搅拌运输车

(2)混凝土泵

混凝土泵是利用泵送压力将混凝土通过管道输送到浇筑地点，能够一次完成水平运输和垂直运输。此种方式具有连续浇筑、输送能力大、速度快、效率高、节省人力等优点，适用于狭窄的施工场地，有较高的技术经济效益(可降低施工费用 20%～30%)。因此，在高层建筑、超高层建筑、桥梁、水塔、烟囱、隧道等大型混凝土结构的施工中应用较广。

混凝土泵根据驱动方式可分为气压泵、挤压泵、活塞泵等类型，以活塞泵应用较多。活塞泵根据构造原理的不同，可分为机械式和液压式两种，以液压式较为常用。液压式活塞泵按推动活塞介质的不同，可分为油压式、水压式两种，以油压式较为常用。

目前，常用的液压式活塞泵基本为液压双缸式，其工作原理如图 4.40 所示。工作时，混凝土拌和料装入料斗，吸入端阀门开启，排出端阀门关闭，液压活塞在液压作用下通过活塞杆带动活塞后移，料斗内的混凝土在自重和真空吸力作用下进入混凝土缸。然后，液压系统中压力油的进出方向相反，使活塞向前推压，同时吸入端阀门关闭，压出端阀门打开，混凝土在压力作用下通过 Y 形管进入输送管道，输送到浇筑地点。由于两个液压缸交替进料和出料，从而能达到混凝土连续输送的目的。

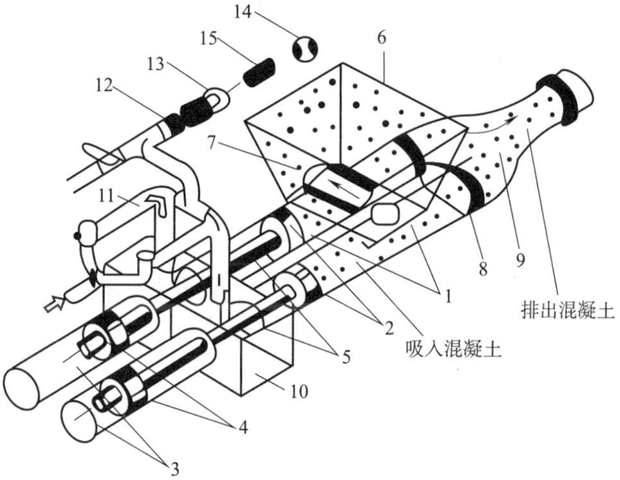

1—混凝土缸；2—推压混凝土活塞；3—液压缸；4—液压活塞；5—活塞杆；6—料斗；
7—吸入阀门；8—排出阀门；9—Y 形管；10—水箱；11—水洗装置换向阀；
12—水洗用高压软管；13—水洗用法兰；14—海绵球；15—清洗活塞。

图 4.40 液压活塞式混凝土泵工作原理

此外，混凝土泵根据能否移动，还可分为固定式与移动式。其中：①使用固定式混凝土泵时，需用其他车辆将其拖至现场，具有输送能力大，输送高度高等特点。一般最大水平输送距离为 250～600 m，最大垂直输送高度为 150 m，输送能力为 60 m^3/h 左右，适用于高层建筑混凝土工程。②移动式混凝土泵车是将混凝土泵安装在汽车底盘上，根据需要可随时开至施工地点进行作业。此种泵车一般附带装有全回转三段折叠臂架式布料杆，既可以利用工地配置的管道输送到较远较高的浇筑地点，也可利用随车的布料杆在其回转范围内进行浇筑(图 4.41)。移动式混凝土泵车的输送能力一般为 80 m^3/h；在水平输送距离为 520 m 和垂直输送高度为 110 m 时，输送能力为 30 m^3/h。

此外，混凝土输送管道一般用钢管制成，常用的管径主要有 100 mm、125 mm、150 mm 等；标准管长 3 m，另有 2 m 和 1 m 长的配套管，以及 15°、30°、45°、90°等不同角度的弯管，以便管道转折处使用。管径选择主要根据混凝土骨料的最大粒径、输送距离、输送高度及工程条件来决定。

需要强调的是，泵送混凝土应注意如下事项：①必须要求混凝土连续供应，以保证混凝土泵连续工作；②输送管线宜直，转弯宜缓，接头应严密；③泵送前应先用适量与混凝土相同组分的水泥砂浆润湿管线内壁；④预计泵送间歇时间超过 45 min 或当混凝土出现离析时，应立即用压力水或其他方法冲洗管内残留的混凝土；⑤泵送过程中料斗内应具有足够的混凝土以防吸入空气产生阻塞，料斗上方应设置金属网防止大石块堵泵；⑥若混凝土供应脱节，不能连续泵送时，泵机应每隔 4～5 min 交替进行正转和反转两个行程，以防混凝土泌水和离析；⑦泵送结束后应及时把残留在缸体内及输送管道内的混凝土清洗干净；⑧夏季或冬季施工时，应注意对输送管采取隔热降温措施或保温措施。

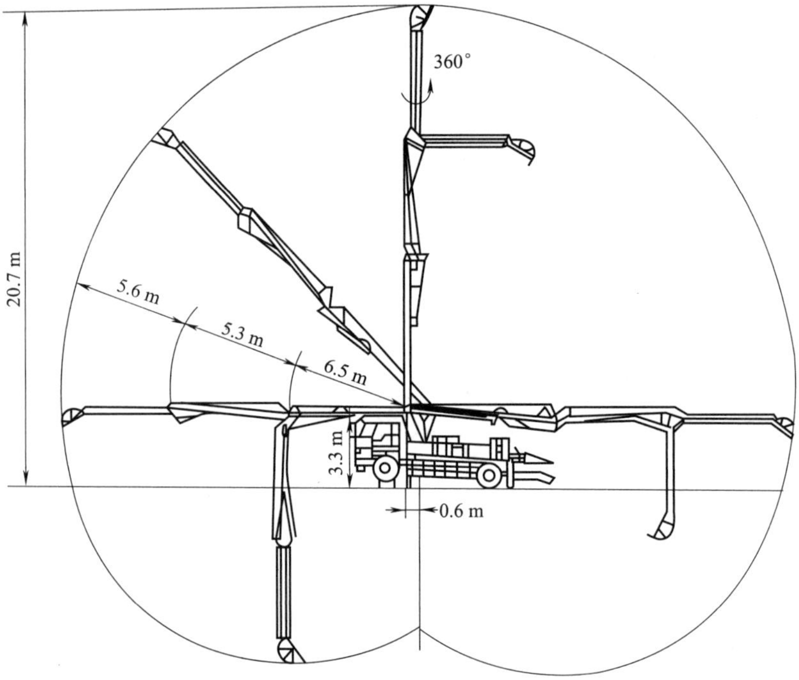

图 4.41 三段折叠式布料杆浇筑范围

4.4.6 混凝土成型

混凝土成型是将混凝土拌和料浇筑在符合要求的模板内捣实，以实现良好的密实性并达到设计要求的强度。成型后的混凝土，应内实外光、尺寸准确、表面平整，钢筋及预埋件的位置应符合设计要求，新旧混凝土应结合良好。混凝土成型主要包括浇筑与捣实。

1）混凝土浇筑

（1）浇筑前准备工作

①对模板体系进行检查，应确保标高及位置的尺寸正确，强度、刚度、稳定性及严密性满足要求；模板中的垃圾、泥土及钢筋上的油污应加以清除；木模板应浇水润湿，但不应留有积水。

②钢筋及预埋件应请监理人员共同检查，确定钢筋的级别、直径、排放位置及保护层厚度是否符合现行标准规范与设计图纸的要求，并应做好隐蔽工程记录。

③准备相关材料和机具，注意天气预报，不宜在雨雪天气浇筑混凝土。

④做好施工组织工作，落实技术、安全交底工作。

(2)浇筑一般要求

①混凝土应在初凝前浇筑，如已有初凝现象，则应进行一次强力搅拌才能入模；如混凝土在浇筑前有离析现象，也应重新拌和才能浇筑。

②浇筑时，混凝土的自由倾落高度应符合如下要求：对于素混凝土或少筋混凝土，用料斗或漏斗浇筑时，不应超过 2 m；对竖向结构（如柱、墙），浇筑混凝土的高度不应超过 3 m；对配筋较密或不便捣实的结构，不宜超过 60 cm。如无法满足上述要求，则应采用串筒、溜槽和振动串筒下料，以防产生离析。

③浇筑竖向结构混凝土前，底部应先浇入 50～100 mm 厚与混凝土成分相同的水泥砂浆，以避免蜂窝、麻面等现象。

④混凝土浇筑时的坍落度应符合表 4.27 的规定。

表 4.27　混凝土浇筑时的坍落度

结构种类	坍落度(mm)
基础或地面等的垫层、无配筋和大体积结构(挡土墙、基础等)或配筋稀疏的结构	10～30
板、梁和中型以上截面的柱子等	30～50
配筋密列的结构(薄壁、斗仓、筒仓、细柱等)	50～70
配筋特密的结构	70～90

注：1. 本表为采用机械振捣混凝土时的坍落度，当采用人工捣实混凝土时，其值可适当增大。
2. 当需要配制大坍落度混凝土时，应掺用外加剂。

⑤施工时，混凝土必须分层浇筑、分层捣实。浇筑厚度应符合表 4.28 的规定。

表 4.28　混凝土浇筑层厚度

捣实混凝土方法		浇筑层厚度(mm)
插入式振捣		振捣器作用部分长度的 1.25 倍
表面振动		200
人工捣固	在基础、无筋混凝土或配筋稀疏的结构中	250
	在梁、墙、板、柱结构中	200
	在配筋密列结构中	150
轻骨料混凝土	插入式振捣	300
	表面振动(振动时需加荷)	200

⑥为保证混凝土的整体性，混凝土浇筑工作应连续进行。因技术或组织原因必须间歇时，间歇时间应尽可能缩短，并应在前层混凝土凝结之前，将后层混凝土浇筑完毕。间歇最长时间应按水泥品种及现场条件确定，参照表 4.29。当超过时，应留设施工缝。

表 4.29　混凝土运输、浇筑和间歇的允许时间　　单位：min

混凝土强度等级	气温	
	≤25℃	＞25℃
≤C30	210	180
＞C30	180	150

注：当混凝土中掺有促凝或缓凝外加剂时，其允许时间应根据试验结果确定。

⑦施工缝位置应在混凝土浇筑之前确定，并宜留置在结构受剪力较小且便于施工的部位。其中，柱应留水平缝，梁、板、墙应留垂直缝。

柱子施工缝宜留在基础的顶面、梁或吊车梁牛腿的下面、吊车梁的上面、无梁楼板柱帽的下面，如图 4.42 所示。与板连成整体的大截面梁，施工缝留置在板面以下 20～30 mm 处。当板下有梁托时，留在梁托下部。单向板的施工缝留置在平行于板短边的任何位置。有主次梁的楼板宜顺着次梁方向浇筑，施工缝应留置在次梁跨度中间 1/3 范围内，如图 4.43 所示。墙体的施工缝留置在门洞过梁跨中 1/3 范围内，也可留置在纵横墙的交接处。

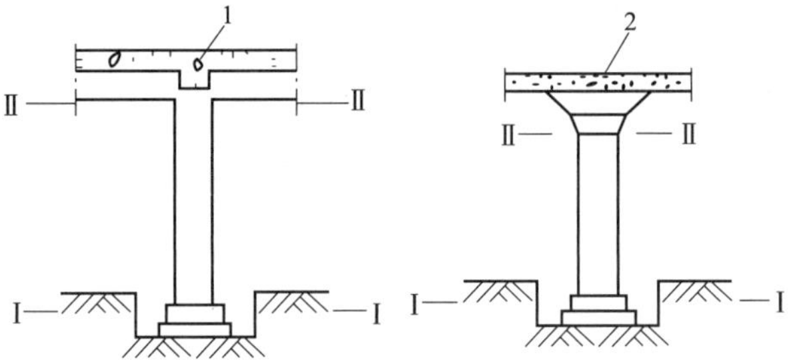

Ⅰ—Ⅰ、Ⅱ—Ⅱ表示施工缝位置；1—肋形楼板；2—无梁楼盖。

图 4.42　浇筑柱的施工缝位置图

在施工缝处继续浇筑时，为解决新旧混凝土的结合问题，应对已硬化的施工缝表面进行处理。需清除表层的水泥薄膜、松动石子及软弱混凝土层，必要时还要加以凿毛；钢筋上的油污、水泥砂浆及浮锈等杂物也应加以清除；然后用水冲洗干净，保持充分湿润，且不得积水；在浇筑前，宜先在施工缝处铺一层水泥砂浆或与混凝土成分相同的水泥砂浆；施工缝处的混凝土应细致捣实，使新旧混凝土紧密结合。

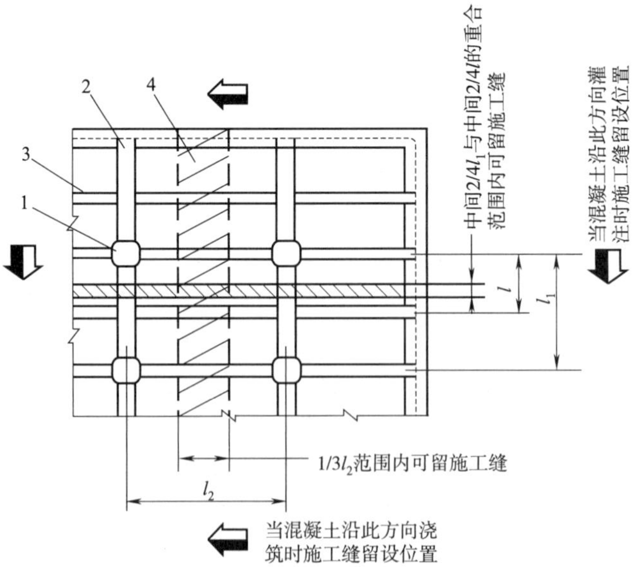

1—柱；2—主梁；3—次梁；4—板；l—板跨；l_1—主梁跨度；l_2—次梁跨度。

图 4.43　浇筑有主次梁楼板的施工位置

⑧在混凝土初凝之后、终凝之前应防止振动。当混凝土的抗压强度不小于 1.2 MPa 时，

方可允许在上面继续进行施工活动。

⑨在混凝土浇筑过程中，应动态监测模板体系、钢筋、预埋件及预留孔洞的情况，当出现不正常的变形或位移时，应及时采取处理措施，以保证混凝土施工质量。

(3)框架结构浇筑

框架结构的主要构件有基础、柱、梁、楼板等。其中，框架梁、板、柱等构件是沿垂直方向重复出现的，因此，一般按结构层分层施工。如果平面面积较大，还应分施工段进行(一般以伸缩缝划分施工段)，以便组织流水作业。在每层每段中，浇筑顺序为先浇柱，后浇梁、板。

柱基础浇筑：应先边角后中间，按台阶分层浇筑，确保混凝土充满模板各个角落，防止因一侧倾倒混凝土挤压钢筋，造成连接钢筋的移位。

柱浇筑：①柱浇筑宜在梁板模板安装后、钢筋未绑扎前进行，以便利用梁板模板作横向支撑及浇筑操作平台；②一排柱子的浇筑顺序应从两端同时向中间推进，以防柱模板在横向推力下向一方倾斜；③当柱子断面小于 400 mm×400 mm，并有交叉箍筋时，可在柱模侧面每段不超过 2 m 的高度开口，插入斜溜槽分段浇筑；④柱浇筑时，底部应先填 50～100 mm 厚的水泥砂浆(与混凝土成分相同)，以免底部产生蜂窝现象；⑤随着柱子浇筑高度的上升，混凝土表面将积聚大量浆液，因此混凝土的水胶比和坍落度，应随浇筑高度的上升递减。⑥与墙体同时整浇的柱子，两侧浇筑高差不能太大，以防柱子中心移动。

梁板浇筑：①在浇筑与柱连成整体的梁或板时，应在柱浇筑完毕后停歇 1～1.5 h，使其初步沉实、排除泌水后，再继续浇筑梁或板。②肋形楼板的梁板应同时浇筑，其顺序是先根据梁高分层浇筑成阶梯形，当达到板底位置时，即与板的混凝土一起浇筑，而且倾倒混凝土的方向应与浇筑方向相反；③当梁的高度大于 1 m 时，可先单独浇梁，并在板底以下 20～30 mm 处留设水平施工缝；④浇筑无梁楼盖时，在柱帽下 50 mm 处暂停，然后分层浇筑柱帽，下料应对准柱帽中心，待混凝土接近楼板底面时，再连同楼板一起浇筑。

楼梯浇筑：楼梯宜自下而上一次浇筑完成，当必须留置施工缝时，其位置应在楼梯长度中间 1/3 范围内。

剪力墙浇筑：剪力墙浇筑除按一般规定进行外，门窗洞口两侧应同时下料，浇筑高差不能太大，以免门窗洞口发生位移或变形。同时，应先浇筑窗台下部，后浇筑窗间墙，以防窗台下部出现蜂窝孔洞。

此外，在混凝土浇筑过程中，应采取有效措施保证钢筋保护层厚度、钢筋位置和结构尺寸的准确，并注意施工过程中不要对负弯矩部分的钢筋产生不利影响。同时，对于钢筋较密集处，可改用细石混凝土，并加强振捣以保证混凝土密实。

(4)大体积混凝土浇筑

大体积混凝土是指结构物实体最小几何尺寸不小于 1 m 的大体量混凝土，或预计会因混凝土中胶凝材料水化引起的温度变化(混凝土内最高温度与外界温度之差不低于 25 ℃)和收缩导致有害裂缝产生的混凝土。一般为建筑物、构筑物的基础，如高层建筑中常用的整体钢筋混凝土箱形基础、高炉转炉设备基础等。

为保证结构的整体性和混凝土浇筑工作的连续性，应在下层混凝土初凝之前将上层混凝土浇筑完毕。因此，在编制浇筑方案时，首先应计算每小时需要浇筑混凝土的数量 Q。

$$Q=\frac{V}{t_1-t_2} \tag{4.13}$$

式中 V——每个浇筑层中混凝土的体积(m^3)；

t_1——混凝土初凝时间(h)；

t_2——运输时间(h)。

根据式(4.13)可确定所需搅拌机、运输机具和振动器的数量，并据此拟定浇筑方案与施工组织。

大体积混凝土对整体性要求较高，一般不允许留设施工缝。因此，必须保证混凝土搅拌、运输、浇筑、振捣各项工序的协调配合，并根据结构大小、钢筋疏密等具体情况，选择合理可行的浇筑方案。常用的浇筑方案包括：全面分层、分段分层、斜面分层。

①全面分层是在整个结构内分层浇筑混凝土，第一层全部浇筑完毕后，在其初凝前再浇筑第二层，如此逐层进行，直至浇筑完毕[图 4.44(a)]。采用此方案，结构平面尺寸不宜过大，施工时从短边开始、沿长边进行。必要时亦可从中间向两端，或从两端向中间同时进行。

②分段分层是混凝土从底层开始浇筑，进行一定距离后浇筑第二层，如此依次向前浇筑各层[图 4.44(b)]。此方案适用于厚度不大但面积或长度较大的结构。

③斜面分层是施工时从浇筑层底端开始、逐渐上移，以一定斜面坡度(1∶3)连续进行浇筑[图 4.44(c)]。此方案适用于结构长度超过厚度 3 倍的情况。

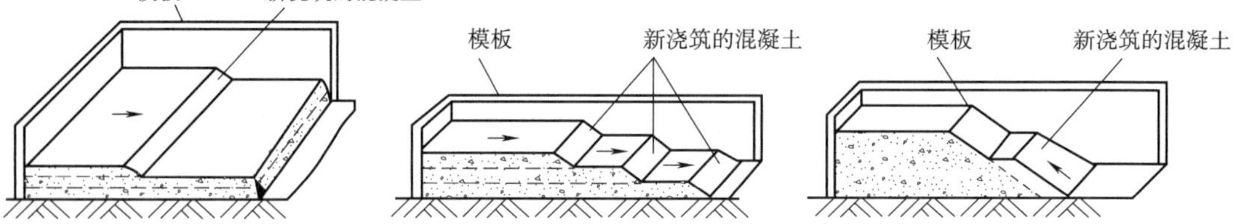

(a) 全面分层　(b) 分段分层　(c) 斜面分层

图 4.44 大体积混凝土浇筑方案

需要强调的是，大体积混凝土，由于其截面大、水化热大，致使内部热量积聚显著，由此形成内外温差较大、胀缩不均的问题，当热应力超过混凝土的抗拉强度时，混凝土易产生裂缝。

因此，在浇筑大体积混凝土时，必须采取适当的措施：①宜选用水化热较低的水泥，如矿渣、火山灰或粉煤灰水泥；②掺缓凝剂或缓凝型减水剂，也可掺入适量粉煤灰等外掺料；③采用大粒径、级配良好的石子和中粗砂；④尽量减少水泥用量和每立方米混凝土的用水量；⑤降低混凝土的入模温度，如：在气温较高时，可在砂、石堆场及运输设备上搭设简易遮阳装置或覆盖草包等隔热材料；采用低温水或冰水拌制混凝土等；⑥扩大浇筑面和散热面，减少浇筑层厚度和浇筑速度，必要时在混凝土内部埋设冷却水管，用循环冷水降低混凝土内部的温度；⑦浇筑完毕后，应及时排除泌水，必要时进行二次振捣；⑧加强混凝土保温、保湿养护，严格控制大体积混凝土的内外温差，当设计无具体要求时，温差不宜超过 25 ℃，对此可采用草包、炉渣、砂、锯末、油布等不易透风的保温材料养护或蓄水养护，以减少混凝土表面的热扩散，并延缓混凝土内部水化热的降温速率。

此外，为了控制大体积混凝土裂缝的开展，特殊情况下可在施工期间设置临时伸缩缝的“后浇带”，即将结构分成若干段，以有效削减温度收缩应力；待所浇筑的混凝土经一段时间的养护干缩后，再在后浇带中浇筑混凝土补偿收缩，使分块的混凝土连成一个整体。在正常施工条件下，后浇带的间距一般为 20～30 m，带宽 1 m 左右，混凝土浇筑 30～40 d 后用比原结构强度高 5～10 MPa 的混凝土填筑，并保持不少于 15 d 的潮湿养护。

典型案例：

中国国际丝路中心大厦，塔楼筏板基础混凝土浇筑量高达 31 800 m^3，需要在 36 h 内连续浇筑完成，采用自主研发的“无间歇溜管法浇筑技术”(共 8 套溜管、4 个汽车泵、150 辆商混罐车同时浇筑)，浇筑速度达到 1 200 m^3/h，属国内同类型项目浇筑最快纪录。同时，还采用了分层振捣、循环水降温、高精度智能测温等成套控制技术，相应绝热温升、内外温差等温控指标均优于规范建议要求。

阅读

文本4.4.6-21

(5)水下混凝土浇筑

对于灌注桩、地下连续墙等基础及水下结构，常需要在水下浇筑混凝土。目前，水下不分散混凝土技术已被广泛采用，即混凝土在水中不离析、不分散，能自流平、自密实。浇筑时，利用导管输送混凝土并使之与环境水隔离，依靠管中混凝土的自重下落，在已浇筑混凝土内部流动、扩散，以完成混凝土的浇筑工作(图 4.45)。

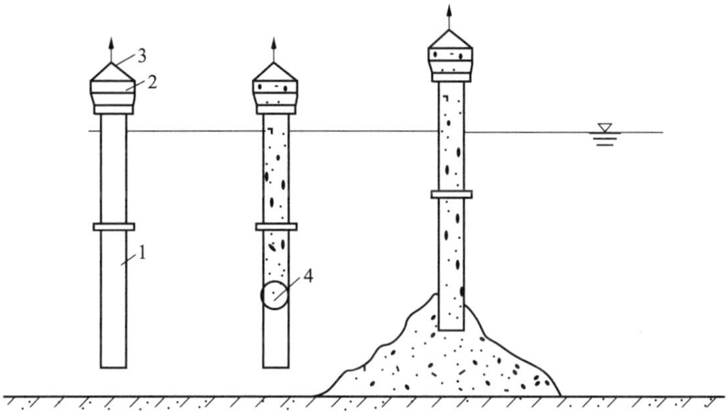

1—导管；2—承料漏斗；3—提升机具；4—球塞。

图 4.45　导管法浇筑水下混凝土

导管由每段长度为 1.5～2.5 m(脚管为 2～3 m)、管径 200～300 mm、厚 3～6 mm 的钢管连接而成(通过法兰盘加止水胶垫用螺栓连接)。承料漏斗位于导管顶端，漏斗上方装有振动设备以防混凝土在导管中堵塞。提升机具用来控制导管的提升和下降，常用的提升机有卷扬机、电动葫芦、起重机等。球塞可用软木、橡胶、泡沫塑料等制成，其直径比导管内径小 15～20 mm。

施工时，先将导管放入水中(下部距底面约 100 mm)，用麻绳或铅丝将球塞吊在导管内水位以上的 0.2 m 处(球塞顶铺 2～3 层稍大于导管内径的水泥袋纸，再散铺一些干水泥，以防混凝土中骨料卡住球塞)，然后浇入混凝土。当球塞以上导管和承料漏斗装满混凝土后，剪断球塞吊绳，混凝土靠自重推动球塞下落至基底并向四周扩散。球塞冲出导管后，浮至水面，可重复使用。冲入基底的混凝土应将管口包住，形成混凝土堆。之后，不断将混凝土浇入导管中，管外混凝土面不断被管内的混凝土挤压上升，导管随之提升(到一定高度，将导管顶段拆下)。注意不能提升过快，必须保证导管下端始终埋入混凝土内，最小埋入深度参见表 4.30，最大埋置深度不宜超过 5 m。混凝土浇筑的最终高程应高于设计标高约 100 mm，以便清除强度低的表面混凝土(应在混凝土强度达到 2～2.5 MPa 后进行)。

表 4.30 导管的最小埋入深度

混凝土水下浇筑深度(m)	导管埋入混凝土的最小深度(m)
≤10	0.8
10～15	1.1
15～20	1.3
>20	1.5

需要说明的是，水下浇筑的混凝土应具有抵抗泌水和离析的能力，故混凝土的用量宜适当增加，砂率应不少于 40%，泌水率应控制在 1%～2%以内；粗骨料粒径不得大于导管直径的 1/5 或钢筋间距的 1/4，并不宜超过 60 mm；混凝土水胶比应为 0.55～0.66；坍落度应为 150～180 mm。开始时，采用低坍落度；正常施工时，采用较大的坍落度，且维持坍落度的时间不得少于 1 h，以便混凝土依靠自重及流动能力实现密实成型。

每根导管的作用半径一般不大于 3 m，所浇混凝土覆盖面积不宜大于 30 m^2，当面积过大时，可用多根导管同时浇筑。混凝土浇筑应从最深处开始，相邻导管下口的标高差不应超过导管间距的 1/20～1/15，并保证混凝土表面均匀上升。

要点解析：

导管浇筑水下混凝土的关键：①开始浇筑时，混凝土的供应量应满足导管埋入混凝土堆内要求埋置深度所需的混凝土量；②正常施工时，混凝土的供应量应大于导管内保持混凝土要求高度所需的混凝土量；③严格控制导管提升高度，只能上下升降、不能左右移动，以避免造成管内返水事故。

(6)防水混凝土浇筑

防水混凝土是在普通混凝土骨料级配的基础上，通过调整配合比的方法，进一步提高密实度和抗渗性的一种富砂浆混凝土。防水混凝土注重水泥砂浆的密实度，通过水泥砂浆在粗骨料周围形成一定密度的砂浆包裹层，从而将粗骨料充分隔开使之保持一定的间距，由此切断沿石子表面形成的毛细渗水通路，以使混凝土具有更好的抗渗性。

防水混凝土应严格按施工配合比配料，采用机械搅拌的方式。搅拌时间比普通混凝土略长，一般不少于 120 s。

防水混凝土在运输过程中需防止坍落度、含气量损失、漏浆及产生离析现象。浇筑时若发生明显的泌水离析现象时，应加入适量与原水胶比一致的水泥浆，搅拌均匀后方可浇筑。

浇筑前，应清除模板内的积水、木屑、铅丝、铁钉等杂物，并用水湿润模板。如使用钢模板，应保持其表面清洁、无浮浆。

浇筑时，混凝土的自落高度不得超过 1.5 m，否则应使用串筒、溜槽或溜管等工具进行浇筑。

2)混凝土成型方法

入模后，混凝土内部仍含有大量的空洞与气泡，对此必须采取适当的方法在其初凝前振捣密实。捣实成型的方法主要有：振捣法、挤压法、离心法等。

(1)振捣法

振捣法分为人工捣实和机械捣实两种方式。其中：①人工捣实是利用捣锤、插钎等工具的冲击力使混凝土密实成型。捣实时，必须分层浇筑混凝土，每层厚度宜在 150 mm 左右、应布料均匀，每层确保捣实后方能浇筑上一层；捣插应插匀插全，尤其是主钢筋下面、钢筋密集处、石子较多处、模板阴角处及施工缝处应特别注意捣实。需要注意的是，增加捣插次数比加大捣插力度效果更好。此外，用木槌敲击模板时，用力要适当，以免造成模板移位。②机械捣实是通过振动器的振动力以一定的方式传递给混凝土，通过强迫振动破坏水泥浆的凝胶结构，由此降低水泥浆的黏度与骨料间的摩擦力，从而提高混凝土拌合物的流动性，使混凝土密实成型。综上，可明确机械捣实混凝土的效率高、密实度大、质量好，且能振实低流动性或干硬性混凝土。

混凝土振动机械按工作方式的不同，可分为内部振动器、表面振动器，外部振动器和振动台等，如图 4.46 所示。这些振动机械的构造原理基本相同，主要利用偏心锤的高速旋转使振动设备因离心力产生振动。

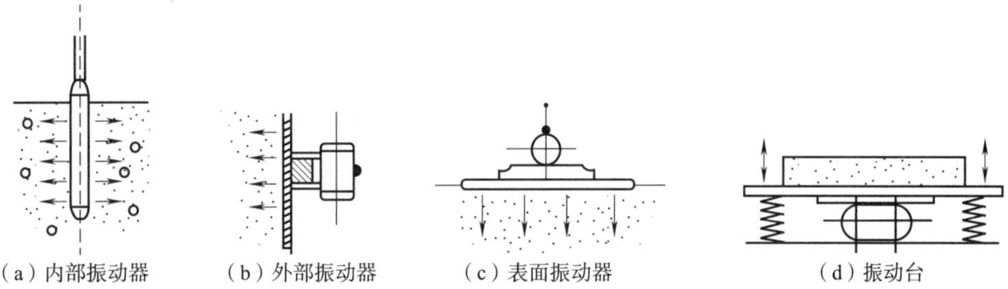

图 4.46　振动机械示意

①内部振动器

内部振动器又称插入式振动器，由电动机、软轴、振动棒三部分组成(图 4.47)，工作时振动棒插入混凝土，通过振动力捣实混凝土。插入式振动器是应用最广泛的一种，常用以振实梁、柱、墙等平面尺寸较小、但深度较大的构件，以及体积较大的混凝土。

在选用插入式振动器时，应根据混凝土性能而定。混凝土坍落度小时宜选用高频振动器，坍落度大时选用低频振动器；对同一种混凝土，骨料粒径较大时宜选用低频振动器，粒径较小时宜选用高频振动器。总体而言，当振动频率接近于混凝土颗粒的自振频率时，振捣效果最好；但由于骨料粒径大小不一，因此最为理想的是采用多频振动器。

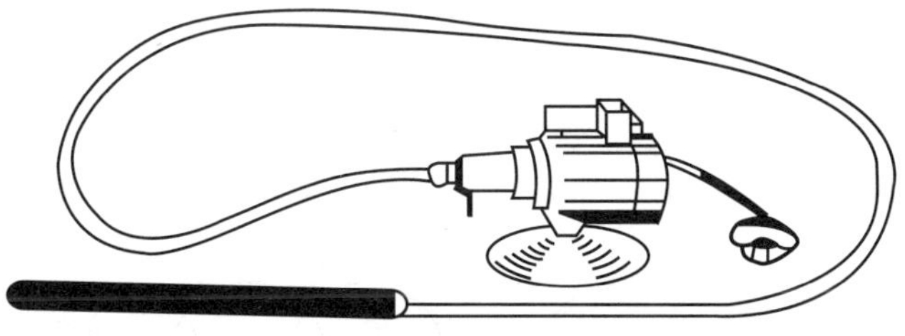

图 4.47　HZ-50A 行星高频插入式振动器

插入式振动器的振捣方法有垂直振捣和斜向振捣两种(图 4.48)，可根据具体情况采用，一般以多采用垂直振捣。垂直振捣易掌握插点距离、控制插入深度(不得超过振动棒长度的 1.25 倍)；不易产生漏振，不易触及钢筋、模板；混凝土受振后能自然沉实、均匀密实。斜向振捣是将振动棒与混凝土表面成 40°～50°角度插入，此种方式操作省力、效率高、出浆快、易于排出空气，不会发生严重的离析现象，且振动棒拔出时不会形成孔洞。

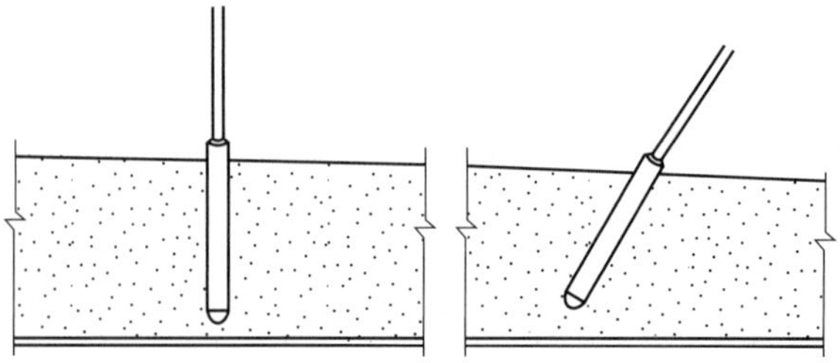

（a）垂直振捣　　（b）斜向振捣

图 4.48　插入式振动器振捣方法

使用插入式振动器垂直振捣的操作要点为："直上、直下，快插、慢拔；插点均布、切勿漏插；上下振动、层层扣搭；时间掌握好，密实质量佳。"

操作要点中，"快插"是防止先将混凝土表面振实，进而导致与下层混凝土产生分层离析的现象；"慢拔"是防止振动棒抽出时形成插孔，以便混凝土填满密实。振动器插点要均匀排列，可采用"行列式"或"交错式"的次序移动（图 4.49），防止漏振；每次移动两个插点的间距不宜大于振动器作用半径的 1.5 倍（振动器的作用半径一般为 300～400 mm）；振动棒与模板的距离，不应大于其作用半径的 0.5 倍，且应避免碰撞钢筋、模板、芯管、吊环、预埋件或空心胶囊等。为保证每一层混凝土上下振捣均匀，应将振动棒上下来回抽动 50～100 mm；同时还应将振动棒插入下一层未初凝的混凝土中，深度不应小于 50 mm。最后，混凝土振捣时间要掌握好，振动时间过短，不能使混凝土充分捣实；振动时间过长，则可能产生分层离析现象；一般每点振捣时间为 20～30 s，使用高频振动器时应大于 10 s。振捣效果以混凝土不下沉、气泡不上升、表面泛浆为准。

②表面振动器

表面振动器又称平板振动器，是将一个带有偏心块的电动振动器安装在平板上，通过平板与混凝土表面接触，将振动力传递给混凝土以达到捣实的目的。平板可用木板或钢板制成，尺寸依具体需要而定。由于平板振动器是放在混凝土表面进行振捣，所以其作用深度较小（150～250 mm），故此仅适用于平整且表面积大、但厚度较小的结构或构件，如楼地面、屋面等。

在振捣时，平板必须与混凝土充分接触，以保证振动力的有效传递；振实厚度，在无筋或单筋平板中约为 200 mm，在双筋平板中约为 120 mm；表面振动器在每一位置应连续振动一定的时间，正常情况下为 25～40 s，并以混凝土表面均匀出现浆液为准；振动器移动时应有一定的路线，并保证前后左右相互搭接 30～50 mm，防止漏振；振动倾斜混凝土表面时，振动路线应由低处向高处推进。

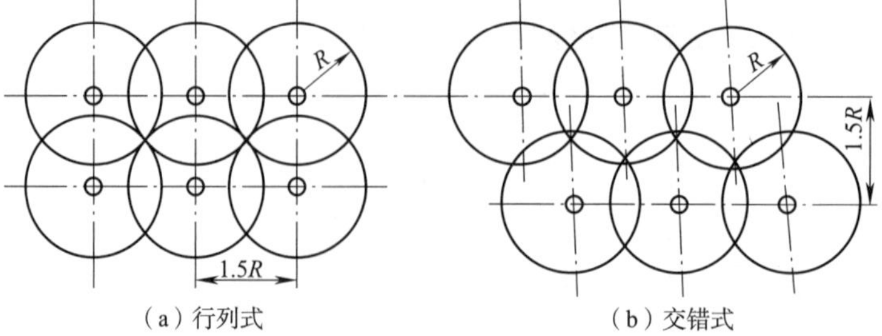

（a）行列式　　（b）交错式

R—影响半径。

图 4.49　插入式振动棒的插点排列

③外部振动器

外部振动器又称附着式振动器，直接安装在模板外侧的横挡或竖挡上。主要是利用偏心块旋转时产生的振动力，通过模板传递给混凝土。附着式振动器的体积小、结构简单、操作方便，也可以改制成平板式振动器。由于其振动作用的深度较小(约 250 mm)，故此仅适用于钢筋较密、厚度较小、不宜使用插入式振动器的结构或构件中。同时，外部振动器要求模板应具有足够的刚度，且混凝土的水胶比相较内部振动器需要更大一些。

使用外部振动器，其间距应通过试验确定。一般间距为 1～1.5 m；结构尺寸较厚时，可在结构两侧同时安装振动器，待混凝土入模后方可开动振动器；混凝土浇筑高度要高于振动器安装部位；振动时间以混凝土振成一个水平面且不再出现气泡为止，必要时需通过试验确定；振动器开动后应随时观察模板的变化，以防位移或漏浆。

④振动台

振动台是一个支承在弹性支座上的工作平台，在平台下面装有振动机构，当振动机构运转时，即带动工作台进行强迫振动，进而工作台上的混凝土得到振实。振动台是成型工艺中生产效率较高的一种设备，是预制构件常用的振动机械。当混凝土厚度小于 200 mm 时，可将混凝土一次装满进行振捣；当混凝土厚度大于 200 mm 时，需分层浇筑、分层振捣，每层厚度不应大于 200 mm，也可随浇随振。当采用振动台振实干硬性混凝土和轻骨料混凝土时，宜采用加压振动的方法，压力为 1～3 kPa。

(2)挤压法

挤压成型的工作原理如图 4.50 所示。混凝土拌和料通过料斗由螺旋铰刀向后挤送，在挤送过程中，拌和料在已成型空心板阻力(即反作用力)的作用下被挤压密实，挤压机同步在反作用力作用下，沿着与挤压相反的方向被推动前进，由此在挤压机后方形成一条连续的混凝土多孔板带。挤压成型实现了机械化连续生产，减轻了劳动强度、提高了生产率并节约了模板，还可根据设计要求长度任意切断板材，是预制构件厂生产预应力空心板的主要成型工艺。

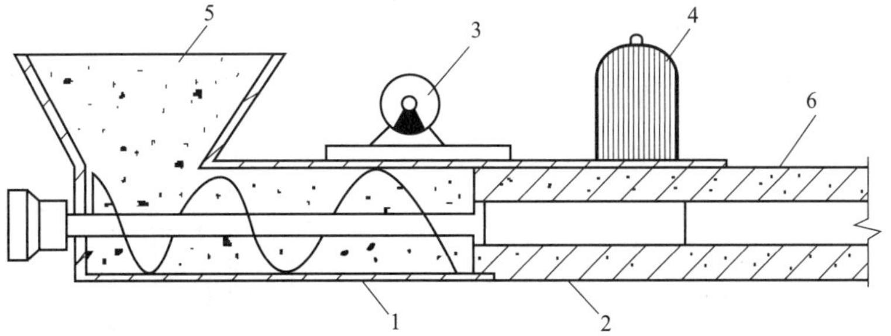

1—螺旋铰刀；2—成型管；3—振动器；4—压重；5—料头；6—已成型空心板。

图 4.50 挤压成型原理

挤压成型要求使用水胶比为 0.28～0.38 的干硬性混凝土，骨料粒径不宜大于 10 mm。挤压成型时，成型管的断面随板孔形状而定，可取圆形或矩形，其数量按板孔的数量配制；如需生产实心板，将成型管拆除即可。螺旋铰刀螺距的大小直接影响挤压力，螺距越小，则挤压力越大，混凝土越密实，但行进速度减慢、送料量减少。同时，应注意避免挤压机行走时的偏斜。挤压成型多孔板带的切断方法有两种：一是在混凝土初凝前，按所需长度切断混凝土，待混凝土达到一定强度后，再放松、切断预应力钢丝；另一种是在混凝土达到一定强度后，用钢筋混凝土切割机整体切断。

(3)离心法

离心法成型如图 4.51 所示，是将装有混凝土的钢制模板放在离心机上，当模板旋转时，在摩擦力和离心力的作用下，使混凝土分布于模板内壁，将混凝土中的部分水分挤出，并使混凝土密实，此种方法适用于管柱、管桩、管式屋架、电杆及上下水管等构件的生产。

离心法成型过程分为三个阶段：①离心机转速为 80～150 r/min，延续时间为 2～15 min，此阶段使混凝土沿模板内壁均匀分布，内部形成空腔；②过渡阶段，转速 250～400 r/min，延续时间为 2～5 min，此阶段起到继续布料、减少分层的作用；③加大转速至 400～900 r/min，延续 15～30 min，增大离心力，以使混凝土密实成型。

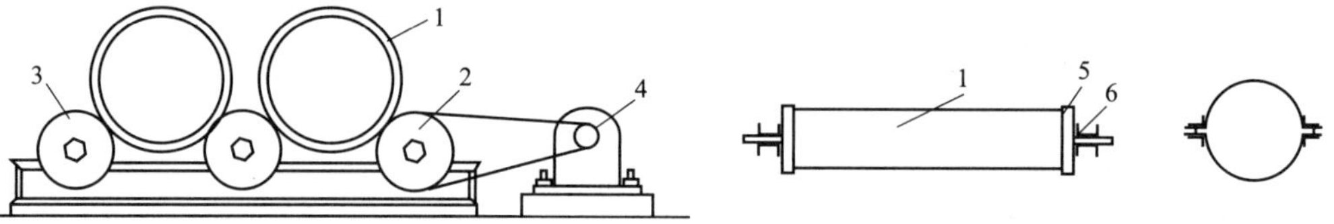

(a) 滚轮式离心机　(b) 车床式离心机　(c) 管模示意

1—管模；2—主动轮；3—从动轮；4—电动轮；5—平面卡盘；6—支承轴承。

图 4.51　离心机工作原理

采用离心法成型，石子最大粒径不应超过构件壁厚的 1/3～1/4，且不得大于 15～20 mm；砂率应为 40%～50%；水泥用量不应低于 350 kg/m^2，不宜使用火山灰水泥；坍落度宜控制在 30～70 mm 以内。

3)混凝土真空吸水

为使混凝土易于成型，有时采用加大水胶比的方式，提高混凝土的流动性，但混凝土的密实性和强度随之降低。真空吸水是利用真空吸水设备，将已浇筑完成的混凝土中的游离水和气泡吸出，以达到降低水胶比、提高混凝土强度、改善混凝土性能以及加快施工进度的目的。经真空吸水的混凝土，密实度大，抗压强度可提高 25%～40%，与钢筋的握裹力可提高 20%～25%，并可增大弹性模量、减少收缩。

混凝土真空吸水技术主要由真空泵机组、真空吸盘、连接软管等组成，如图 4.52 所示。

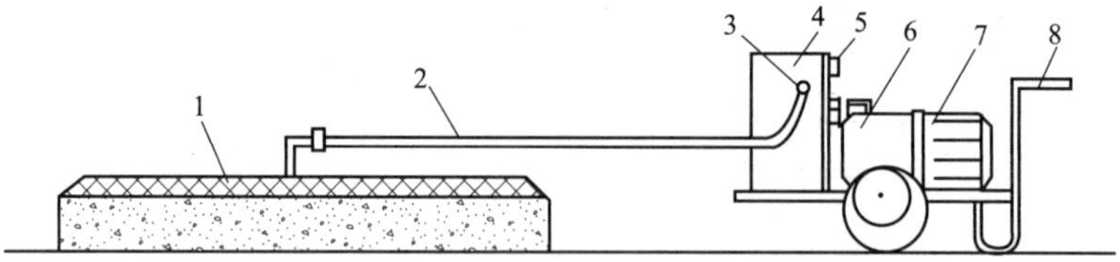

1—真空吸盘；2—软管；3—吸水进口；4—集水箱；5—真空表；6—真空泵；7—电动机；8—手推小车。

图 4.52　真空吸水设备工作原理

采用混凝土真空吸水技术，一般初始水胶比宜不超过 0.6，最大不应超过 0.7。坍落度可取 50～90 mm，砂石比可参见表 4.31。由于真空吸水后，混凝土体积会相应的缩小，故此整平后的混凝土表面应比设计尺寸略高 2～4 mm。

表 4.31　真空脱水混凝土适宜的砂石比值

骨灰比	水泥用量(kg/m^3)	最优砂石比
4∶1	460	0.42

续上表

骨灰比	水泥用量(kg/m³)	最优砂石比
5.5∶1	350	0.52
9∶1	220	0.67

在放置真空吸盘前,应先铺设过滤网,过滤网必须平整紧贴在混凝土上,真空吸盘放置时应注意其周边密封是否严密,防止漏气,并保证两次抽吸区域有 30 mm 的搭接。

开机吸水的延续时间取决于真空度、混凝土厚度、水泥品种及用量、混凝土浇筑前的坍落度、温度等因素。真空度越高,抽吸量越大,混凝土越密实,一般真空度为 66.661～69.993 kPa;在真空度一定时,混凝土层越厚,开机的时间则越长;但混凝土太厚时,应分层吸水或真空度由小到大慢慢增加,以免造成上密下疏的现象。开机延续时间可参考表 4.32,也可根据经验观察混凝土表面的水分是否明显抽干,指压无痕或脚踩仅留下轻微痕迹时,可认为真空抽吸完成。

表 4.32 真空抽吸开机延续时间参考表

混凝土厚度 h(mm)	开机延续时间(min)
＜50	$0.75h$
60～100	$3.5+(h-5)$
110～150	$8.5+1.5(h-10)$
160～200	$16+2(h-115)$
200～250	$26+2.5(h-20)$

注:1. 表内混凝土水胶比为 0.6～0.65;
2. 如采用火山灰质水泥,开机延续时间应延长 1.5 倍;
3. 真空作业的真空度为 66.660 kPa。

在真空抽吸过程中,为避免混凝土脱水出现阻滞现象,可在开机一定时间后,暂时停机并立即进行 5～20 s 的短暂振动,之后再开机。如此重复数次,则可加强吸水的效果。真空吸水后,应进一步对混凝土表面平整抹光。

4.4.7 混凝土养护

混凝土成型后,为保证水泥水化反应正常进行,应及时养护。养护的目的是为混凝土硬化创造必需的温、湿度条件,防止水分过早蒸发或冻结,以避免混凝土强度降低及出现收缩裂缝、剥皮、起砂等问题,从而确保混凝土质量。

实践证明,混凝土养护对其性能影响很大。养护不良的混凝土,由于水分散失过快、水化作用停止,相应的强度将无法增长,且易造成内部组织疏松、外表干缩开裂,抗渗性与耐久性也随之降低,甚至可能引起严重的质量事故。

1)混凝土养护要点

(1)混凝土脱水的原因

混凝土出现脱水现象,主要是由于天气炎热、空气干燥等原因,使混凝土在凝结硬化期间水分蒸发过快,导致已形成凝胶体中的水泥颗粒不能充分水化(尚未转化成稳定的结晶),缺乏足够的粘结力,从而在混凝土表面出现片状或粉状的剥落现象(即剥皮、起砂),甚至引起水泥石结构的松散或破坏,严重影响混凝土的强度。

在高温季节，下列情况易出现混凝土脱水现象：①在干硬性混凝土工程中；②在薄壁结构及蒸发面较大的工程中；③当使用发热量较高的矾土水泥、高强度等级水泥，或使用需水量多的矿渣水泥时；④当使用吸水性强的骨料时。

(2)混凝土干缩裂纹的原因

新浇筑的混凝土尚未达到设计强度时，如养护环境湿度较低或遭遇干燥，则会使混凝土中多余的水分过早蒸发，进而产生较大的收缩变形并出现干缩裂纹，从而影响混凝土的整体性和耐久性。但如果混凝土在达到充分的强度后遭遇干燥，则不致产生干缩裂纹。因此，应设法使混凝土收缩尽可能延迟到混凝土充分硬化之后。

综上可知，混凝土的脱水与干缩，主要与温、湿度紧密相关。因此，在养护阶段，应使混凝土在硬化期间处于潮湿状态(尤其是初凝硬化期)，以免水分过早蒸发；或使混凝土在较高温度与合理湿度条件下，加速其硬化过程，从而预防混凝土脱水与干缩的影响。

2)混凝土养护方法

混凝土养护常用的方法主要有自然养护、加热养护、蓄热养护。其中，蓄热养护多用于冬季施工；加热养护除用于冬期施工外，多用于预制构件的养护。

(1)自然养护

自然养护是指在自然气温条件下(高于+5 ℃)，对混凝土采取覆盖、浇水润湿、挡风、保温、保湿等养护措施。此种方式成本低、效果好，但养护期长。自然养护可分为覆盖浇水养护和塑料薄膜养护两种。

①覆盖浇水养护

覆盖浇水养护是在混凝土浇筑完成后的3～12 h内(根据外界气温条件而定)，在混凝土表面用草帘、芦席、麻袋、锯末、湿土、湿砂等材料覆盖(具有较强吸水保湿性的材料)，通过浇水使混凝土表面保持湿润的一种养护方法。

混凝土浇水养护的时长取决于水泥的品种和用量。如：对采用硅酸盐水泥、普通硅酸盐水泥、矿渣硅酸盐水泥拌制的混凝土，不得少于7昼夜；对掺用缓凝型外加剂或有抗渗性要求的混凝土，不得少于14昼夜；对采用矾土水泥拌制的混凝土，不得少于3昼夜。每日浇水次数以能保持混凝土具有足够的润湿状态为宜。当气温在15 ℃以上时，最初3昼夜内，白天至少每3 h浇水一次，夜间应浇水两次；在后续的养护中，每昼夜应浇水3次左右；在天气干燥的条件下，浇水次数应适当增加。

对大面积混凝土结构，如地坪、楼板、屋面、路面等可采用蓄水养护；对于贮水池等类型的工程，可在拆除内模、混凝土达到一定强度后注水养护；对于地下结构或基础，可在其表面涂刷沥青乳液或通过土方回填的方式代替洒水养护。

②塑料薄膜养护

塑料薄膜养护是以塑料薄膜为覆盖物，使混凝土与空气隔绝，则内部水分不易被蒸发，从而保障水化作用正常进行，以顺利完成凝结硬化过程。此种方式与浇水养护法相比，可改善施工条件、节省人工、节约用水，并保证混凝土质量。

塑料薄膜养护可将塑料薄膜直接覆盖在混凝土构件上；或将塑料溶液喷洒在混凝土表面，待溶液挥发后在混凝土表面形成一层塑料薄膜。需要说明的是，采用喷洒塑料薄膜养护，28 d的混凝土强度低约8%，同时由于成膜很薄，难以起到隔热防冻的作用，因此，夏季薄膜成型后需加设防晒设施(不少于24 h)，否则易发生丝状裂缝。

(2)蒸汽养护

蒸汽养护是通过加热来加速混凝土强度的增长，常用的方法有蒸汽室养护、热模养护等

(其他方法可参见 4.4.9"混凝土冬期施工")。需要注意的是,为避免因蒸汽温度骤然升降引致构件产生裂缝,应严格控制升温、降温的速度。若混凝土中掺减水剂或加气剂,一般不宜采用蒸汽养护,或应通过试验确定。

①蒸汽室养护

蒸汽室养护是将混凝土构件放在充有蒸汽的养护室内,使混凝土在较高温、湿度条件下,迅速达到预期要求的强度。蒸汽养护过程分为静停、升温、恒温、降温四个阶段。

静停阶段:是将浇筑成型的混凝土放在室温条件下静停 2～6 h(干硬性混凝土为 1 h),以增强混凝土对升温阶段破坏作用的抵抗力,避免蒸汽养护时在构件表面出现裂缝和疏松现象。

升温阶段:通入蒸汽,使混凝土从原始温度上升到恒温温度。升温速度不宜太快,以免混凝土因内外温差过大产生裂缝。升温速度一般为 10～25 ℃/h(干硬性混凝土为 35～40 ℃/h)。

恒温阶段:升温至要求温度后,保持相应时段内温度不变。恒温阶段是混凝土强度增长最快的阶段。恒温温度与水泥品种有关,对普通水泥一般不超过 80 ℃;矿渣水泥、火山灰水泥的可提高到 90～95 ℃。如温度进一步提高,虽然可使混凝土硬化速度加快,但会降低其后期强度。恒温时间一般为 5～8 h,同时应保持 90%～100%的相对湿度。

降温阶段:是混凝土构件由恒温温度降至常温的阶段。降温速度不宜过快,否则混凝土会产生表面裂缝。一般情况下,构件厚度在 100 mm 左右时,降温速度每小时不应大于 20～30 ℃。构件出室温度与室外气温相差不得大于 40 ℃;当室外气温为负温时,相差不得大于 20 ℃。

目前,常用蒸汽养护室的形式有坑式、折线形隧道式、立式等。其中:坑式蒸汽养护室(图 4.53),设备简单,可间歇式生产,但生产效率低、能源浪费大;折线形隧道式养护室(图 4.54),由于饱和蒸汽较轻,会自然聚集在中部形成恒温区,两边斜坡分别为升温区和降温区,故此可连续生产(构件连续移动进行养护);立式蒸汽养护(图 4.55),是利用蒸汽比空气轻、高温饱和蒸汽聚积于上部,自然形成窑内温度由下而上逐渐升高的湿热环境,构件在上升、横移及下移的过程中,完成了升温、恒温、降温的过程,同时也实现了机械化连续生产。

②热模养护

热模养护,蒸汽不与混凝土接触,而是被喷至模板,使热量通过模板与刚成型的混凝土进行交换,如图 4.56 所示。此法蒸汽用量少且加热均匀,既可用于预制构件,也可用于现浇墙体。采用热模养护时,模板需采用特制的空腔式或排管式模板,宜采用热拌混凝土(详见 4.4.9"混凝土冬期施工"),提高混凝土的入模温度,如此可减省静停时间、缩短升温时间,进而能较快地进入高温养护阶段,由此可大幅度缩短养护周期。同时,为减少热损失,模板背面应设保温层。拆模时,应严格控制降温速度,防止混凝土骤然遇冷产生裂缝。大模板拆模时,模板内可继续通汽,先使模板离开墙体 10～20 mm,过 0.5 h 后再离开 30～40 mm,1.5 h 后进行拆除。

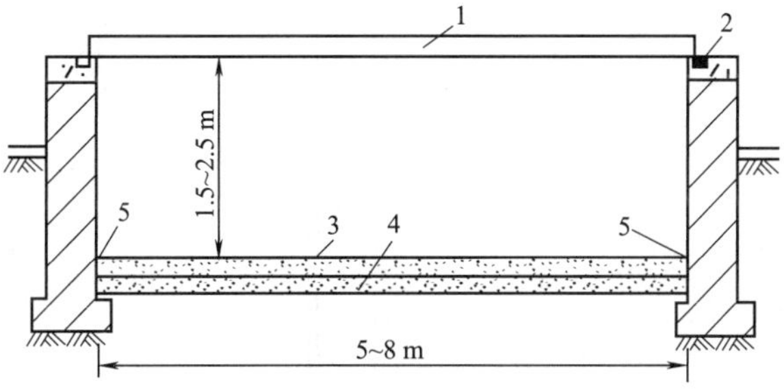

1—坑盖;2—水封;3—混凝土地面;4—白灰炉渣;5—蒸汽管。

图 4.53 坑式蒸汽养护室

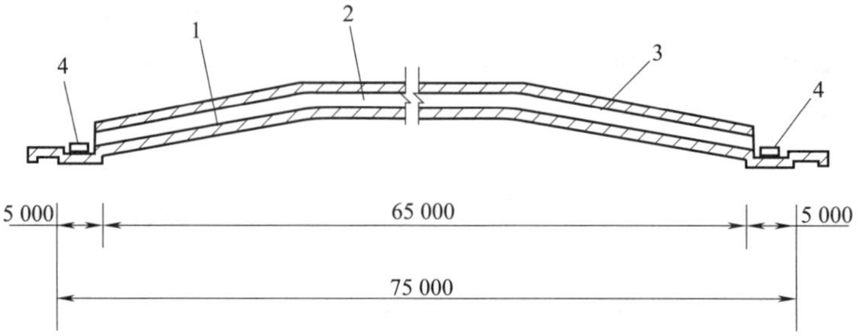

1—升温区；2—恒温区；3—降温区；4—运模车。

图 4.54　折线形隧道式养护室(单位：mm)

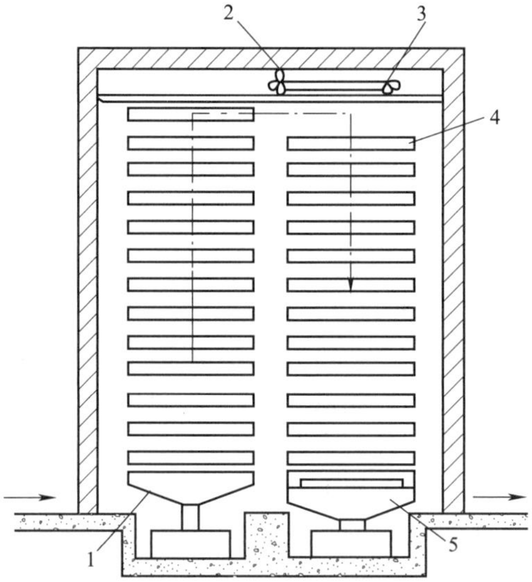

1,5—升降机；2—蒸汽管；3—横移机；4—带有模板的构件。

图 4.55　立式蒸汽养护室

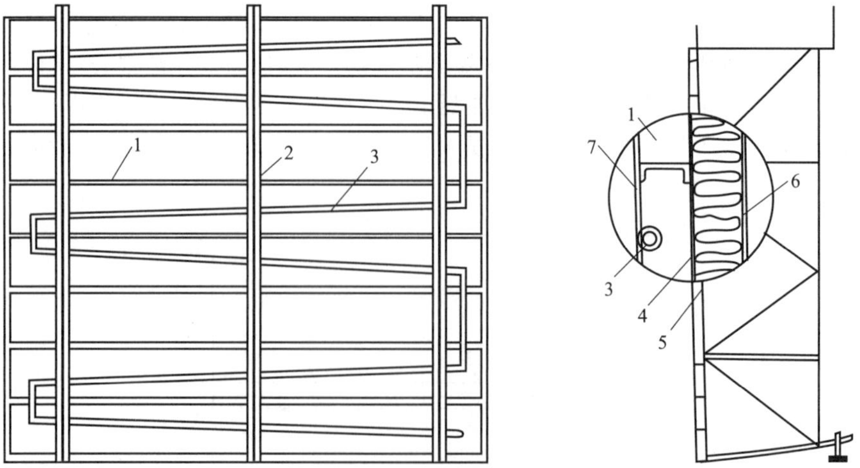

1—横肋；2—竖肋；3—蒸汽管；4—0.5 mm 铁皮；5—8 mm 厚矿棉；6—1 mm 铁皮；7—大模板面。

图 4.56　蒸汽热模构造

4.4.8 混凝土质量检查

混凝土质量检查包括施工中检查与施工后检查。其中，施工中检查主要是对混凝土拌制和浇筑过程中，所用材料的质量及用量、搅拌地点和浇筑地点混凝土坍落度等检查，在每一工作班内应至少检查两次；当混凝土配合比因外界影响有变动时，应及时检查；对混凝土的搅拌时间，应随时检查。

1)混凝土外观检查

混凝土结构或构件拆模后，应从外观上检查：①表面有无麻面、蜂窝、孔洞、露筋、缺棱掉角、裂缝等缺陷；②外形尺寸是否超过允许偏差值，如有应及时加以修正。对现浇混凝土结构，其允许偏差应符合表 4.33 的规定。对其他结构或有专门规定时，应符合相应规定的要求。

表 4.33 现浇混凝土结构的允许偏差

项　目			允许偏差(mm)
轴线位置	整体基础		15
	独立基础		10
	墙、柱、梁		8
垂直度	层高	≤6 m	10
		>6 m	12
	全高(H)≤300 m		$\frac{H}{3\,000}+20$
	全高(H)>300 m		H/10 000 且≤80
标高	层高		±10
	全高		±30
截面尺寸	基础		+15，−10
	柱、梁、板、墙		+10，−5
	楼梯相邻踏步高差		±6
表面平整(2 m 长度上)	8		
预埋件中心位置	预埋件		10
	预埋螺栓		5
	预埋管		5
	其他		10
预留洞、孔中心线位置			15
电　梯　井	长、宽尺寸		+25，0
	中心位置		10

注：H 为结构全高。

2)混凝土强度检验

混凝土强度检验主要是对其抗压强度的检验。具体目的是：①作为评定是否达到设计混凝土强度的依据，是混凝土质量的控制性指标，应采用标准试件的混凝土强度；②为结构构件拆模、出池、出厂、吊装、张拉、放张及施工期间临时负荷等工序，提供混凝土的实际强度，应采用与结构构件同条件养护标准尺寸试件的混凝土强度。

(1)试件的留置

用于检查结构构件混凝土强度的试件，应在混凝土浇筑地点随机抽取，取样与试件留置应符合下列规定：

①每拌制 100 盘且不超过 100 m^3 同配合比的混凝土，其取样不少于一次。

②每工作班拌制同一配合比的混凝土不足 100 盘时，其取样不少于一次。

③每一现浇楼层同配合比的混凝土，其取样不得少于一次。同一单位工程每验收项同一配合比的混凝土，其取样不得少于一次。

④当一次浇筑混凝土 1 000 m^3 时，同一配合比的混凝土每 200 m^3 取样不得少于一次。

⑤配合比有变化时，每种配合比均应取样。

每次取样应至少留置一组(3 个)标准试件；同条件养护试件的留置组数，可根据实际需要而定。

(2)每组试件的强度

混凝土试件立方体抗压强度试验应根据现行国家标准《混凝土物理力学性能试验方法标准》(GB/T 50081—2019)中的相关规定执行。每组混凝土试件强度代表值的确定，应符合下列规定：

①取 3 个试件强度的算术平均值。

②当 3 个试件强度的最大值或最小值与中间值之差超过中间值的 15%时，取中间值；

③当 3 个试件强度的最大值和最小值与中间值之差均超过中间值的 15%时，该组试件的强度不应作为评定依据。

(3)同一验收批的强度

混凝土强度应分批进行验收。同一验收批的混凝土应由强度等级相同、生产工艺和配合比基本相同的混凝土组成。对现浇混凝土结构构件，尚应按单位工程的验收项目划分验收批，每个验收项目应按现行国家标准确定。同一验收批的混凝土强度，应以同批内标准试件的全部强度代表值来评定。

①当混凝土的生产条件在较长时间内能保持一致，且同一品种混凝土强度的变异性保持稳定时，应由连续的 3 组试件代表一个验收批，其强度应同时满足下列要求。

$$m_{f_{cu}} \geqslant f_{cu,k} + 0.7\sigma_0 \tag{4.14}$$

$$f_{cu,min} \geqslant f_{cu,k} - 0.7\sigma_0 \tag{4.15}$$

当混凝土强度等级不高于 C20 时：

$$f_{cu,min} \geqslant 0.85 f_{cu,k} \tag{4.16}$$

当混凝土强度等级高于 C20 时：

$$f_{cu,min} \geqslant 0.90 f_{cu,k} \tag{4.17}$$

式中 $m_{f_{cu}}$——同一验收批混凝土强度的平均值(MPa)；

$f_{cu,k}$——设计的混凝土强度标准值(MPa)；

σ_0——验收批混凝土强度的标准值(MPa)；

$f_{cu,min}$——同一验收批混凝土强度的最小值(MPa)。

σ_0 应根据前一检验期内同一品种混凝土试件的强度数据，按式(4.18)确定：

$$\sigma_0 = \frac{0.59}{m}\sum_{i=1}^{m}\Delta f_{cu,i} \tag{4.18}$$

式中 $\Delta f_{cu,i}$——前一检验期第 i 验收批混凝土试件中强度的最大值与最小值的差；

m——前一检验期内验收批总批数。

每个检验期不应超过 3 个月，且在该期间内验收总批数不得小于 15 组。

②当混凝土的生产条件不能满足上述规定，或在前一检验期内的同一品种混凝土无足够

的强度数据用以确定验收批混凝土强度标准差时，应由不小于10组的试件代表一个验收批，其强度同时符合下列要求。

$$m_{f_{cu}} - \lambda_1 S_{f_{cu}} \geqslant 0.9 f_{cu,k} \tag{4.19}$$

$$f_{cu,min} \geqslant \lambda_2 f_{cu,k} \tag{4.20}$$

式中 $S_{f_{cu}}$——验收批混凝土强度的标准差(MPa)，当 $S_{f_{cu}}$ 的计算值小于 $0.06f_{cu,k}$ 时，取 $S_{f_{cu}} = 0.06f_{cu,k}$；

λ_1，λ_2——合格判定系数，按表4.34取用。

表4.34 合格判定系数

试件组数 n	10～14	15～24	≥25
λ_1	1.70	1.65	1.60
λ_2	0.90	0.85	

$S_{f_{cu}}$ 按式(4.21)计算：

$$S_{f_{cu}} = \sqrt{\frac{\sum_{i=1}^{m} f_{cu,i}^2 - nmf_{cu}^2}{n-1}} \tag{4.21}$$

式中 $f_{cu,i}$——验收批内第 i 组混凝土试件的强度(MPa)；

n——验收批内混凝土试件的总组数。

③对零星生产预制构件的混凝土或现场搅拌批量不大的混凝土，可采用非统计法评定。此时验收批混凝土强度必须同时满足下列要求。

$$m_{f_{cu}} \geqslant 1.15 f_{cu,k} \tag{4.22}$$

$$f_{cu,min} \geqslant 0.95 f_{cu,k} \tag{4.23}$$

当怀疑混凝土试件强度的代表性时，可采用非破损检验方法(如回弹法、超声法等)或从结构构件中钻取芯样的方法，并根据现行相关标准的规定对混凝土强度进行推定，作为是否进行处理的依据。但非破损检验不能代替混凝土标准试件，作为混凝土强度合格的评定依据。当采用钻芯检验法时，取样部位应符合如下特征：受力较小，避开主筋、预埋件和管线，便于钻芯机安装与操作。高度和直径均为100 mm或150 mm芯样试件的抗压强度值，可直接作为边长为150 mm立方体试件的混凝土抗压强度值。当为薄壁构件或钻取芯样对结构安全有影响时，不能采用此法。

3)混凝土缺陷处理

(1)缺陷分类及产生原因

①麻面

麻面是结构构件表面上呈现无数的小凹点，但无钢筋暴露的现象。主要原因是：由于模板表面粗糙、未清理干净、润湿不足、漏浆、振捣不实、气泡未排出以及养护不好等。

②露筋

露筋即构件内钢筋没有被混凝土包裹而外露。主要原因是：由于未放垫块或垫块位移、钢筋位移、结构断面较小、钢筋过密等使钢筋紧贴模板，以致混凝土保护层厚度不够所致。有时也因缺边、掉角而露筋。

③蜂窝

蜂窝是混凝土表面无水泥砂浆，露出石子的深度大于5 mm但小于保护层的蜂窝状缺陷。主要原因是：配合比不准确、浆少石子多或搅拌不匀、浇筑方法不当、振捣不合理，造成砂浆与石子分离、模板严重漏浆等。

④孔洞

孔洞是指混凝土结构内存在孔隙，局部或全部无混凝土。主要原因是：骨料粒径过大，钢筋配置过密造成混凝土下料中被钢筋挡住，混凝土流动性差，混凝土分层离析，振捣不实，混凝土受冻，混入泥块杂物等。

⑤缝隙及夹层

缝隙及夹层是施工缝处有缝隙或夹有杂物。主要原因是：因施工缝处理不当，或混凝土中含有垃圾杂物等。

⑥缺棱掉角

缺棱掉角是指梁、柱、板、墙以及洞口的直角边上的混凝土局部残损掉落。主要原因是：混凝土浇筑前模板未充分润湿，使棱角处混凝土中的水分被模板吸去、水化不充分、强度降低，拆模时棱角损坏。此外，拆模过早或拆模后保护不好，也会造成棱角损坏。

⑦裂缝

裂缝有温度裂缝、干缩裂缝及外力引起的裂缝。主要原因是：结构和构件下地基产生不均匀沉陷；模板、支撑没有固定牢固；拆模时受到剧烈振动；温差过大；养护不良；水分蒸发过快等。

问题讨论：

混凝土是否完全不带裂缝才符合质量要求？

阅读

文本4.4.8-22

⑧强度不足

混凝土强度不足的原因是多方面的，主要原因是：原材料达不到规定的要求，配合比不准、搅拌不均、振捣不实及养护不良等。

(2)缺陷处理

①表面抹浆修补

对于混凝土表面有少量小蜂窝、麻面、露筋、露石等的缺陷，可用钢丝刷或加压水洗刷基层，再用1∶2～1∶2.5的水泥砂浆填满抹平，抹浆初凝后应加强养护。

当表面裂缝较细、数量不多时，可将裂缝用水冲洗并用水泥浆抹补。对宽度和深度较大的裂缝，应将裂缝附近的混凝土表面凿毛，或沿裂缝方向凿成深为15～20 mm，宽为100～200 mm的V形凹槽，扫净并洒水润湿；之后先用水泥浆刷一层，然后用1∶2～1∶2.5的水泥砂浆涂抹2～3层，总厚控制在10～20 mm，并压实抹光。

②细石混凝土填补

当蜂窝比较严重或露筋较深时，应按其全部深度凿去薄弱的混凝土和个别突出的骨料颗粒，然后用钢丝刷或加压水洗刷表面，再用比原混凝土等级提高一级的细骨料混凝土填补并捣实。

对于孔洞，可在旧混凝土表面采用处理施工缝的方法：将孔洞处不密实的混凝土和突出的石子剔除，并凿成斜面避免死角；然后，再用水冲洗或用钢丝刷清理，充分润湿72 h后，浇筑比原混凝土强度等级高一级的细石混凝土。细石混凝土的水灰比宜在0.5以内，可掺入水泥用量万分之一的铝粉(膨胀剂)，用小振捣棒分层捣实，并做好养护工作。

③环氧树脂修补

当裂缝宽度在0.1 mm以上时，可用环氧树脂灌浆修补。修补时，先用钢丝刷清除混凝土表面的灰尘、浮渣及散层，使裂缝处保持干净，然后把裂缝做成一个密闭性空腔(有控制的留设进出口)；然后借助压缩空气把浆液压入缝隙，使之充满整个裂缝。这种方法具有很好的强度和耐久性，与混凝土有很好的粘接作用。

对混凝土强度严重不足的承重构件应拆除返工，尤其对结构要害部位更应如此。对强度降低不大的混凝土可不拆除，但应与设计单位协商，通过结构验算并结合混凝土实际强度，提出处理方案。

典型案例：

某教学楼工程为六层框架结构，基础及主体均采用C30混凝土。完工后，对第4层竖向构件用回弹法检测，回弹值不符合设计要求。同时，根据混凝土试块抗压强度检测报告，该层柱28 d立方体抗压强度代表值为24～27 N/mm^2，不满足混凝土强度验收要求。经核验，该层中柱存在一定安全隐患，部分边柱承载力也不足。

阅读

文本4.4.8-23

4.4.9 混凝土冬期施工

当室外日平均气温连续5 d稳定低于5 ℃时，钢筋混凝土工程应采取冬期施工措施，并应及时采取应对气温突然下降的防冻措施。

1)混凝土冬期施工原理

(1)温度与混凝土硬化的关系

温度高低对混凝土强度的增长有很大影响。在湿度合适的条件下，温度越高，水泥水化反应就越迅速、完全，混凝土的硬化速度也越快，相应的强度则越高。反之，温度越低，水泥水化反应则越慢。当接近0 ℃时，混凝土硬化速度滞缓，强度增长大幅度降低。当温度低于−3 ℃时，混凝土中的水会结冰，水泥颗粒不能和冰发生化学反应，水化作用几乎停止，强度则无法增大。因此，为确保混凝土质量，当室外平均气温连续5 d稳定低于5 ℃时，应采取冬期施工措施，并应及时采取应对气温突然下降的防冻措施。

需要注意的是，混凝土拌和温度不应过高，否则会使水泥颗粒表面迅速水化、结成外壳，进而阻止内部继续水化，形成“假凝”现象。

(2)冻结对混凝土质量的影响

混凝土在初凝前或刚初凝后遭受冻结，此时水泥来不及水化反应或水化反应刚开始，自身尚无强度，水泥在受冻后处于“休眠”状态；当恢复正常养护后，强度可重新发展直至与未受冻前基本相同，总体几乎无强度损失。

若混凝土在初凝后自身强度很小时遭受冻结，此时混凝土内部存在两种应力：一种是水泥水化作用产生的粘结应力；另一种是混凝土内部自由水冻结，体积膨胀(体积增大8%～9%)产生的冻胀应力。由于粘结应力小于冻胀应力，很容易破坏刚形成水泥石的内部结构，由此产生较多的微裂纹(过程不可逆)，加之冰块融化后会形成空隙，这严重降低了混凝土的密实度和耐久性。在混凝土解冻后，其强度虽然能继续增长，但远不可能达到原设计的强度等级。

若混凝土在冻结前达到某一强度值，当混凝土内部水化作用产生的粘结应力足以抵抗自由水结冰产生的冻胀应力时，解冻后强度还能继续增长，最终可达到原设计强度等级，对强度影响不大，总体仅属于增长缓慢而已。因此，为避免混凝土遭受冻结带来的危害，必须使混凝土在受冻前达到这一强度值，即混凝土冬期施工的临界强度。

临界强度与水泥的品种、混凝土强度等级等紧密相关。硅酸盐水泥或普通硅酸盐水泥配置的混凝土为设计混凝土强度标准值的 30%；矿渣硅酸盐水泥配置的混凝土为 40%，但对 C10 及 C10 以下的混凝土，不得小于 0.5 MPa。

2)冬期施工的工艺要求

(1)混凝土材料选择及要求

水泥：应优先选用硅酸盐水泥或普通硅酸盐水泥，水泥强度等级不应低于 42.5 级，最小水泥用量不宜少于 300 kg/m^3，水胶比不应大于 0.6。使用矿渣硅酸盐水泥时，宜采用蒸汽养护；使用其他品种水泥时，应注意其中的掺和材料对混凝土抗冻、抗渗等性能的影响。需要注意的是，对掺用防冻剂的混凝土，严禁使用高铝水泥。

骨料：骨料必须清洁，不得含有冰、雪、冻块等冻结物及易冻裂的矿物质；在掺用含有钾、钠离子防冻剂的混凝土中，不得混有活性材料。

外加剂：宜使用无氯盐类防冻剂。对抗冻性高要求的混凝土，宜使用引气剂或引气减水剂，并应符合现行国家标准《混凝土外加剂应用技术规范》(GB 50119—2013)的规定。需要注意的是，在钢筋混凝土中掺用氯盐类防冻剂时，氯盐掺量应严格控制，混凝土必须振捣密实，不宜采用蒸汽养护。

(2)混凝土材料的加热

冬期拌制混凝土时，应优先采用加热水的方法，当加热水仍不能满足要求时，再对骨料进行加热。水及骨料的加热温度应根据热工计算确定，不得超过表 4.35 的规定。

表 4.35 拌和水及骨料最高温度

普通硅酸盐水泥、矿渣硅酸盐水泥的强度等级	拌和水	骨料
42.5 以下	80 ℃	60 ℃
42.5 以上	60 ℃	40 ℃

(3)混凝土的搅拌与运输

搅拌前，应用热水或蒸气冲洗搅拌机，搅拌时间应较常温延长 50%。投料顺序为先投入骨料和已加热的水；然后，再投入水泥。水泥不应与 80 ℃以上的水直接接触，避免水泥假凝。混凝土拌和物的出机温度不宜低于 10 ℃。对搅拌好的混凝土应经常检查其温度及和易性，若有较大差异，应检查材料加热温度、骨料含水率等是否有误，并及时加以调整。

在运输过程中，所用容器应有保暖措施，应尽量缩短运输时间、减少转运次数，以防止混凝土热量的散失和冻结，并应保证混凝土的入模温度不低于 5 ℃。

(4)混凝土的浇筑

混凝土在浇筑前，应清除模板、钢筋上的冰雪和污垢。同时，不得在强冻胀性地基上浇筑混凝土；当在弱冻胀性地基上浇筑混凝土时，地基土不得遭冻；当在非冻胀性地基土上浇筑混凝土时，混凝土在受冻前，其抗压强度不得低于临界强度。

当分层浇筑大体积混凝土时，已浇筑层的混凝土在被上一层混凝土覆盖前，其温度不得低于按热工计算的温度，且不得低于 2 ℃。

对加热养护的现浇混凝土结构构件，混凝土的浇筑程序及施工缝的位置，应能防止在加热养护时产生较大的温度应力；当加热温度在 40 ℃以上时，应征得设计单位同意。

对于装配式结构，浇筑承受内力接头的混凝土或砂浆，宜先将结合处的表面加热到正温；浇筑后的接头混凝土或砂浆在温度不超过 45 ℃的条件下，应养护至设计要求强度；当设计无专门要求时，其强度不得低于设计混凝土强度标准值的 75%；浇筑接头的混凝土或砂浆，可掺用不致引起钢筋锈蚀的外加剂。

3)冬期养护方法

混凝土冬期养护方法有蓄热法、蒸气加热法、电热法、暖棚法以及掺外加剂法等。无论采用哪种方法，均应保证混凝土在受冻以前达到冬期施工临界强度。

(1)蓄热法

蓄热法是利用原材料预热的热量及水泥水化热量，通过适当的保温，延缓混凝土的冷却，保证混凝土在冻结前达到冬期施工临界强度的一种冬期施工方法。适用于室外最低温度不低于−15 ℃的地面以下工程或表面系数(指结构冷却的表面积与其全部体积的比值)不大于 15 的结构。

蓄热法养护具有施工简单、易于控制、节能、费用低等特点。因此，在混凝土冬期施工时，应优先考虑采用。只有当蓄热法不能满足要求时，才考虑选择其他方法。需要说明的是，蓄热法与其他方法(如短时加热、用早强水泥、掺外加剂、搭简易棚罩等)结合使用效果更好。

蓄热法养护的三个基本要素是：混凝土的入模温度、围护层的总传热系数及水泥水化热值。应通过热工计算调整以上三个要素，使混凝土冷却到 0 ℃时，强度能达到临界强度的要求。

采用蓄热法时，宜用强度等级高、水化热大的硅酸盐水泥或普通硅酸盐水泥，掺用早强型外加剂，适当提高入模温度，外部早期短时加热；同时选用传热系数较小、价廉耐用的保温材料，如草帘、草袋、锯末、谷糠及炉渣等。此外，还可采用其他一些有利于蓄热的措施，如地下工程可用未冻结的土壤覆盖；用生石灰与湿锯末均匀拌和覆盖，利用材料自身发热保温；充分利用太阳能，白天有日照时，打开保温材料，夜间时再覆盖等。

(2)蒸汽加热法

蒸汽加热养护分为湿热养护和干热养护两类。其中：湿热养护是让蒸汽与混凝土直接接触，利用蒸汽的湿热作用来养护混凝土，常用方法有棚罩法、蒸汽套法以及内部通气法等；干热养护则是将蒸汽作为热载体，通过某种形式的散热器，将热量传导给混凝土使其升温，常用方法有毛管法和热模法(热模法内容详见 4.4.7“混凝土养护”)。

①棚罩法

棚罩法是在现场结构物的周围制作能拆卸的蒸汽室，如在地槽上部盖简单的盖子或在预制构件周围用保温材料(木材、砖、篷布等)做成密闭蒸汽室，通入蒸汽加热混凝土。此种方法设施灵活、施工简便、费用较少，但耗汽量大，温度不易控制。适用于加热小型预制构件及地槽中的混凝土结构。

②蒸汽套法

蒸汽套法是在构件模板外再用一层紧密不透气的材料(如木板)做成蒸汽套，汽套与模板间的空隙约 150 mm，通入蒸汽加热混凝土。采用蒸汽套法时，能适当控制温度，其加热效果取决于保温构造，但设施较复杂、费用较高，可用于现浇柱、梁及肋形楼板等整体结构的加热。

③内部通汽法

内部通汽法是在混凝土构件内部预留直径为 13～50 mm 的孔道，再将蒸汽送入孔内加热混凝土。当混凝土达到要求强度后，需排除冷凝水，随即用砂浆灌入孔道加以封闭。内部通汽法节省蒸汽、费用较低，但入气端易过热产生裂缝；适用于梁、柱、桁架等构件。

④毛管法

毛管法是在模板内侧做成沟槽(断面可做成三角形、矩形或半圆形),间距 200～250 mm,在构槽上盖以 0.5～2 mm 的铁皮,使之成为通蒸汽的毛管,通入蒸汽进行加热。毛管法用汽少,但仅适用于以木模浇筑的结构,对于柱、墙等垂直构件加热效果好,而对于平置构件,其加热不易均匀。

(3)电热法

电热法是利用电能作为热源来加热养护混凝土的方法。电热法可分为电极法、电热毯法、工频涡流加热法、远红外线养护法等。

①电极法

电极法是在新浇筑混凝土内部或表面每隔 100～300 mm 的间距设置电极($\phi6$～$\phi12$ mm 的短钢筋或宽 40～60 mm 的白铁皮),通以低压电源,由于混凝土的电阻作用,使电能变为热能,产生热量对混凝土进行加热。

电极的布置应保证混凝土温度均匀,与钢筋的最小距离应符合表 4.36 的规定。否则应采取适当的绝缘措施,振捣时要避免接触电极及其支架。

表 4.36 电极与钢筋的最小间距

电压(V)	65	87	106
电极与钢筋的最小距离(mm)	>50～70	>80～100	>120～150

电极法加热应在混凝土浇筑后立即通电,通电前混凝土的外露表面应用锯末覆盖,并在其上洒 5%食盐水以利于养护。

②电热毯法

电热毯法适用于以钢模板浇筑的构件。其由四层玻璃纤维布中间夹以电阻丝制成,尺寸根据钢模板背后格的大小而定,约为 300 mm×400 mm,电压 60 V,功率每块 75 W,通电后表面温度可达 110 ℃,但应控制加热温度不得大于 40 ℃。

在混凝土浇筑前先通电将模板预热,浇筑后根据混凝土温度变化可断续送电养护。

③工频涡流加热法

工频涡流加热法是利用安装在钢模板上内穿单根导线的钢管通电后产生涡流,对混凝土进行加热养护。本法适用于以钢模板浇筑的混凝土墙体、梁、柱和接头。其加热混凝土温度比较均匀,控制方便;但需制作专用模板,模板投资大。

④远红外线养护法

远红外线养护法是利用远红外辐射器向新浇筑的混凝土辐射远红外线,使混凝土的温度得以提高,以在较短时间内获得要求的强度。这种工艺具有施工简便、升温迅速、养护时间短、降低能耗、不受气温和结构表面系数的限制等特点,适用于薄壁结构、大模工艺、装配式结构接头等混凝土的加热。

产生远红外线的能源除电源外,还可用天然气、煤气、石油液化气和热蒸汽等,可根据具体条件选择。

(4)暖棚法

暖棚法是在需要养护的建筑结构或构件周围用保温材料搭起暖棚,棚内设置热源,以维持棚内正温环境,使混凝土浇筑和养护如同在常温中一样。但暖棚搭设需大量材料和人工,能耗高、费用大,一般只用于建筑物面积不大、混凝土结构集中的工程。需要注意的是,采用暖棚法养护混凝土时，棚内温度不得低于 5 ℃，并应保持混凝土表面湿润。

(5)掺外加剂法

在冬期施工混凝土中，掺入适量的外加剂，能够使混凝土强度迅速增长，在冻结前达到要求的临界强度，或降低水的冰点使混凝土能在负温下仍可以凝结硬化。此种方法是混凝土冬期施工的有效方法，不仅可以简化施工工艺、节约能源，还可以改善混凝土性能。需要注意的是，掺用外加剂的混凝土应符合冬期施工工艺要求的有关规定。

主要标准规范

《混凝土结构通用规范》GB 55008—2021；

《混凝土结构设计标准》GB/T 50010—2010(2024 年版)；

《混凝土结构工程施工规范》GB50666—2011；

《混凝土结构加固设计规范》GB50367—2013；

《混凝土结构工程施工质量验收规范》GB50204—2015；

《建筑工程施工质量验收统一标准》GB50300—2013 等。

思考与练习

1. 试述钢筋与混凝土共同工作的原理。
2. 简述钢筋混凝土施工工艺过程。
3. 试述钢筋的种类及其主要性能。
4. 试述钢筋加工工艺及要求。
5. 试述植筋的方法及特点。
6. 试述钢筋的焊接方法。如何保证焊接质量？
7. 简述机械连接方法。
8. 如何计算钢筋的下料长度？
9. 试述钢筋代换的原则及方法。
10. 对模板有何要求？设计模板应考虑哪些原则？
11. 试述钢定型模板的特点及组成。
12. 简述现浇结构工具式支撑的类型及构造。
13. 不同结构的模板(基础、柱、梁板、楼梯)的构造有什么特点？
14. 模板设计应考虑哪些荷载？
15. 现浇结构拆模时应注意哪些问题？
16. 试述常用水泥的特性及适用范围。
17. 简述外加剂的种类和作用。
18. 试分析水胶比、含砂率对混凝土质量的影响。
19. 混凝土配料时为什么要进行施工配合比换算？如何换算？
20. 搅拌机为何不宜超载？试述进料容量与出料容量的关系。
21. 如何使混凝土搅拌均匀？为何要控制搅拌机的转速和搅拌时间？
22. 如何确定搅拌混凝土时的投料顺序？

23. 混凝土运输有何要求？混凝土在运输和浇筑中如何避免产生分层离析？

24. 混凝土浇筑时应注意哪些事项？

25. 试述施工缝留设的原则和处理方法。

26. 大体积混凝土施工应注意哪些问题？

27. 如何进行水下混凝土浇筑？

28. 混凝土成型方法有哪几种？如何使混凝土振捣密实？

29. 试述振动器的种类、工作原理及适用范围。

30. 使用插入式振捣器时，为何要上下抽动、快插慢拔？插点布置方式有哪几种？

31. 试述湿度、温度与混凝土硬化的关系。自然养护和加热养护应注意哪些问题？

32. 试分析混凝土产生质量缺陷的原因及补救方法。如何检查和评定混凝土的质量？

33. 为什么要规定冬期施工的“临界温度”？冬期施工应采用哪些措施？

34. 影响混凝土质量有哪些因素？在施工中如何才能保证质量？

35. 某建筑物有 5 根 L_1 梁，每根梁配筋如图 4.57 所示。试编制 5 根 L_1 梁钢筋配料单。

36. 某主梁筋设计为 5Φ25，现在无此钢筋，仅有Φ28 与Φ20 的钢筋，已知梁宽为 300 mm，应如何代换？

37. 某梁采用 C30 混凝土，原设计纵筋为 6Φ20(f_y=400 MPa)，已知梁断面 $b\times h$=300 mm×600 mm，试用Φ级钢筋(f_y=335 MPa)进行代换。

38. 某剪力墙长、高分别为 5 700 mm 和 2 900 mm，施工气温 25 ℃，混凝土浇筑速度为 6 m/h，采用组合式模板，试选用内、外钢楞。

39. 设混凝土水胶比为 0.6，已知设计配合比为水泥：砂：石子=260 kg：650 kg：1 380 kg，现测得工地砂含水率为 3%、石子含水率为 1%，试计算施工配合比。若搅拌机的装料容积为 400 L，每次搅拌所需材料又是多少？

40. 一设备基础长宽高分别为 20 m、8 m、3 m，要求连续浇筑混凝土，搅拌站设有三台 400 L 搅拌机，每台实际生产率为 5 m^3/h，若混凝土运输时间为 24 min，初凝时间取 2 h，每浇筑层厚度为 300 mm，试确定：

(1)混凝土浇筑方案；

(2)每小时混凝土的浇筑量；

(3)完成整个浇筑工作所需的时间。

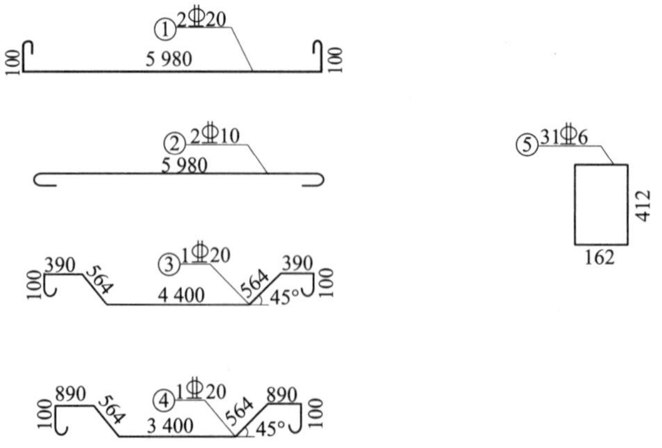

图 4.57 梁配筋图(单位：mm)

5 预应力混凝土工程

预应力技术是一种通过施加预先应力改善混凝土构件力学性能的方法，已被广泛应用于高层建筑、大型桥梁、大跨度薄壳、水工结构、海洋工程、核电站等重要工程，在提高结构承载力、抗裂性、抗震性、耐久性以及节约建材等方面取得了显著的效果。在建筑工程中，通过预应力技术可实现大空间无柱结构设计，使建筑更加美观和实用。此外，预应力技术还用于结构加固、旧房改造、边坡支护等工程中，具有广阔的应用发展前景。

知识目标

1. 了解预应力混凝土的概念及特点。

2. 了解先张法台座的类型、预应力值建立和传递的原理，掌握张拉程序、张拉应力控制和放张方法。

3. 了解后张法的施工工艺、锚具类型及张拉设备，掌握预应力筋的制作、张拉方法、张拉程序、张拉应力的控制。

4. 了解无粘结预应力筋的制作和铺设要求，掌握张拉锚固工艺。

能力目标

1. 熟悉现行预应力混凝土结构工程相关法规、标准及规范，具有法律、质量、安全、成本、环保、创新等工程意识，具备沟通协作、组织协调、突发应变等能力。

2. 能识读预应力混凝土结构施工图，明确预应力混凝土结构工程的重难点。

3. 能够编制预应力混凝土结构工程施工方案，掌握相应的施工要点及措施，并进行技术交底。

4. 能够组织预应力混凝土工程规范化施工，判识并解决常规施工问题。

5. 能够根据现行相关标准规范，验收预应力混凝土工程质量，识别和整改隐患问题。

案例导航：

某高层建筑，地下室为3层，建筑面积约2.8万m^2。其中，负三、负二层约1万m^2，负一层约0.8万m^2。采用了预应力无梁楼盖结构，楼盖厚度负三层为250 mm，负二、负一层为200 mm。地下室楼盖根据后浇带的设置分六个区块施工，区块内采用有粘结预应力，张拉端设置在两端后浇带加强带及外侧壁板。

问题讨论：

1. 什么是预应力？该工程为何采用预应力楼盖？

2. 预应力混凝土结构如何施工？

预应力混凝土是在外荷载作用前，预先建立有内应力的混凝土。一般是在混凝土结构或构件的受拉区域，通过对预应力筋进行张拉、锚固、放松，借助钢筋的弹性回缩，使受拉区混凝土事先获得预压应力。预压应力的大小和分布应能减少或抵消外荷载所产生的拉应力。相较普通钢筋混凝土而言，预应力混凝土具有构件截面小，自重轻、承载力高、质量好、材料省、耐久性好等优点，在大跨度结构中或在一定范围内代替钢结构使用时，具有较好的综合经济效益。

预应力混凝土根据预应力大小，可分为：全预应力混凝土和部分预应力混凝土；根据施加应力方式，可分为：先张法预应力混凝土、后张法预应力混凝土、自应力混凝土；根据预应力筋的粘结状态，可分为：有粘结预应力混凝土和无粘结预应力混凝土；根据施工方法可分为：预制预应力混凝土、现浇预应力混凝土和叠合预应力混凝土等。

名人事迹：

林同炎，土木工程学家，中国科学院外籍院士。原名林同棪，在唐山交通大学就读时，接受老师茅以升先生“名字既应好懂，又代表炎黄子孙”的建议，将“棪”改为“炎”。他是预应力工程理论的研究者与最早实施者，被尊称为“预应力混凝土先生”。1956 年完成的力作《预应力混凝土》，被美国土木工程学会评选为高校最好教科书之一。

阅读

文本5-24

5.1 先张法施工

先张法是在台座或模板上预先张拉预应力筋，用夹具临时固定后浇筑混凝土，待混凝土达到一定强度后放张预应力筋，通过预应力筋与混凝土之间的粘结力使混凝土产生预压应力的施工方法(图 5.1)。先张法一般仅适用于生产中小型预制构件，多用于预制厂构件生产，也可在施工现场使用。

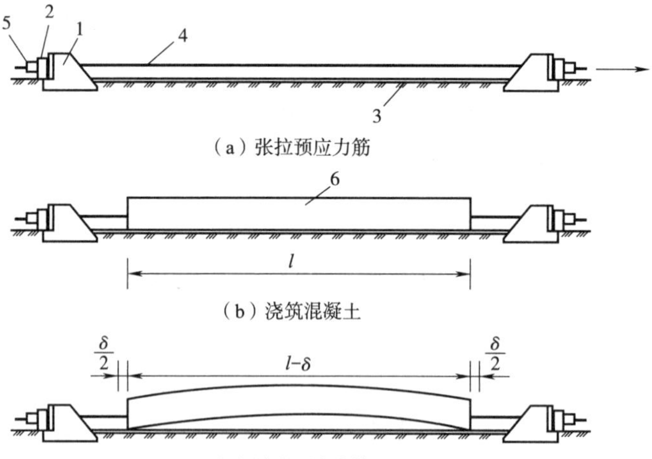

(a) 张拉预应力筋

(b) 浇筑混凝土

(c) 放张预应力筋

1—台座；2—横梁；3—台面；4—预应力筋；5—夹具；6—混凝土构件。

图 5.1 先张法施工工艺

先张法生产构件可分为长线台座法和短线台模法两种。用台座法生产时，各道施工工序均在台座上进行，预应力筋的张拉力由台座承受。台模法为机组流水或传送带生产构件，预应力筋的张拉力由钢台模承受。台座法不需要复杂的机械设备，适宜多种产品生产，故此应用较广。本节将介绍台座法生产的施工方法。

1)张拉设备和夹具

(1)台座

台座是先张法生产的主要设备之一,要求有足够的强度、刚度和稳定性,以免台座变形、倾覆、滑移而引起预应力值的损失。

台座按构造不同,可分为墩式台座和槽式台座两类。

①墩式台座

墩式台座由承力台墩、台面及横梁组成,长度宜为 50～150 m,宽度一般不大于 2 m(图 5.2)。台座的两端设置有固定预应力筋的横梁,一般用型钢制作,设计时除要求横梁在张拉力的作用下有一定强度外,还应特别注意变形,以减少预应力损失。

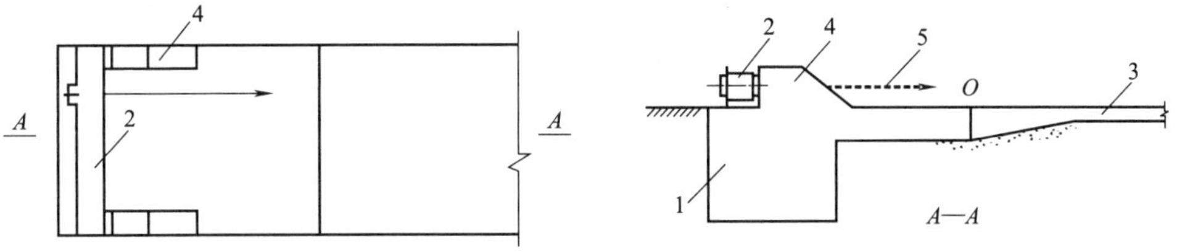

1—混凝土墩式台座;2—横梁;3—混凝土台面;4—牛腿;5—预应力筋。

图 5.2 墩式台座

台座承载力应根据构件张拉力的大小,设计范围为 200～500 kN/m。在台座端部应留出张拉操作空间与通道,两侧应留设构件运输和堆放的场地。墩式台座一般用于生产小型构件。

台面一般通过在夯实的碎石垫层上浇筑一层厚度为 60～100 mm 的混凝土而成。台面伸缩缝可根据当地温差和经验设置,约为 10 m 一道;也可采用预应力混凝土滑动台面,不留伸缩缝。预应力混凝土滑动台面是在原有混凝土台面或新浇筑混凝土基层上刷隔离剂,之后张拉预应力筋、浇筑混凝土,待混凝土达到放张强度后切断预应力筋,台面随之发生滑动,此种台面使用效果良好。

②槽式台座

槽式台座由钢筋混凝土压杆、上下槽梁及台面组成(图 5.3)。台座的长度一般不大于 76 m,宽度随构件外形及制作方式而定,一般不小于 1 m,承载力可达 1 000 kN 以上。为便于混凝土浇筑和蒸汽养护,槽式台座多低于地面,适用于张拉吨位较大的大型构件。

设计槽式台座时,应进行抗倾覆、稳定性、强度验算。

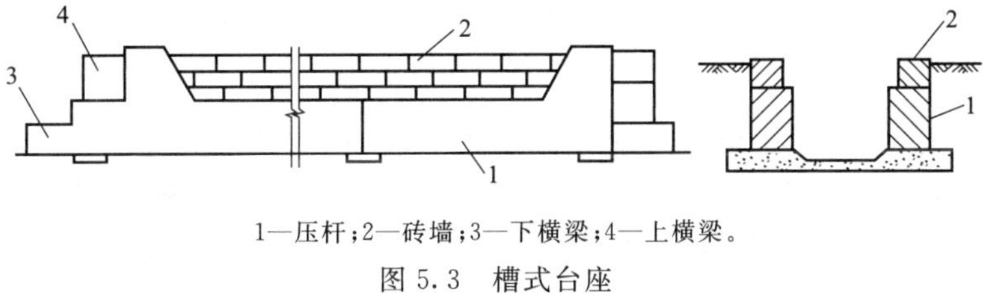

1—压杆;2—砖墙;3—下横梁;4—上横梁。

图 5.3 槽式台座

科技前沿:

可周转自锚式先张法工字梁台座具有全构件可周转、自平衡轻量化、双指标智能张拉控制等优点,可解决传统台座变形协调性差、施工复杂等问题,保证了预制梁的质量,同时可大幅度降低预制成本,提高经济效益。

(2)夹具

夹具是张拉和临时固定预应力筋的工具,应工作可靠、构造简单、施工方便、成本合理。根据夹具的工作特点可分为:张拉夹具和锚固夹具。

①张拉夹具

张拉夹具是将预应力筋与张拉机械连接起来,进行预应力筋张拉的工具。常用的张拉夹具有:钳式夹具、偏心式夹具和楔形夹具,如图 5.4 所示。

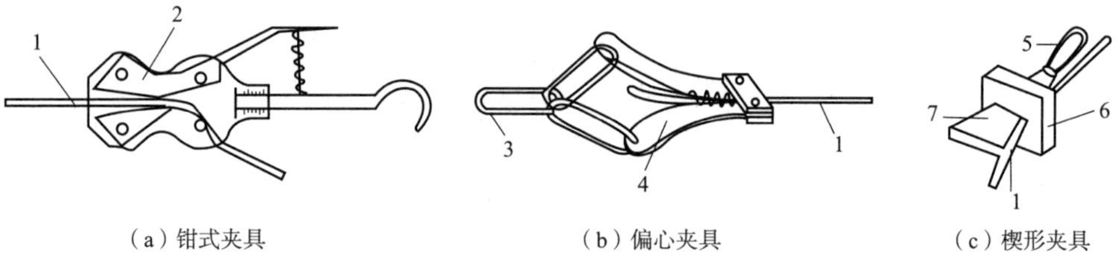

1—预应力筋;2—钳齿;3—拉钩;4—偏心齿条;5—拉环;6—锚板;7—楔块。

图 5.4 张拉夹具

②锚固夹具

锚固夹具是将预应力筋临时固定在台座横梁上的工具。常用的锚固夹具有:锥形夹具、圆套筒三片式夹具、方套筒两片式夹具、镦头夹具等。

锥形夹具:用来锚固预应力钢丝的,由锚环和锚塞组成(图 5.5)。锚环和锚塞均用 45 号钢制作。锚环不需热处理,锚塞热处理后的硬度应达 HRC(40~50)。

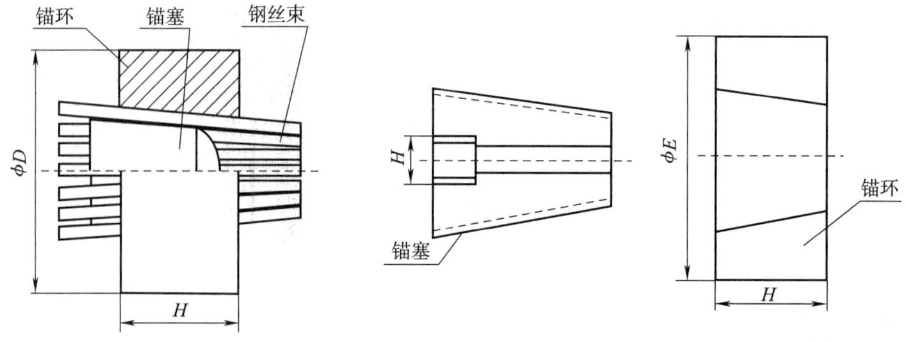

ϕ_D、ϕ_E—锚环直径;H—锚环厚度;M—灌浆孔直径。

图 5.5 钢质锥形锚具

圆套筒三片式夹具:用于锚固预应力钢筋的,由中间开有圆锥形孔的套筒和三片夹片组成(图 5.6)。圆套筒三片式夹具可以锚固 $\phi 12$ mm 或 $\phi 14$ mm 的单根热轧 HRB 400 和 HRB 500 钢筋。套筒和夹片用 45 号钢制作,套筒和夹片热处理后硬度应达 HRC(35~40)和 HRC(40~45)。

方套筒两片式夹具:用于锚固单根热处理钢筋(图 5.7)。该夹具的特点是操作非常简单,钢筋由套筒小直径一端插入,夹片后退,两夹片间距扩大,钢筋由两夹片之间通过,由套筒大直径一端穿出。夹片受弹簧的顶推前移,两夹片间距缩小,夹持钢筋。

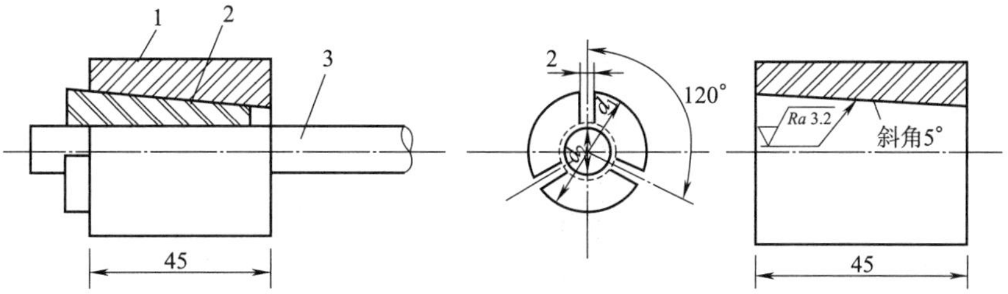

（a）装配图 （b）夹片 （c）套筒

1—套筒；2—夹片；3—预应力筋；*Ra*—套筒平均粗糙度。

图 5.6 圆套筒三片式夹具

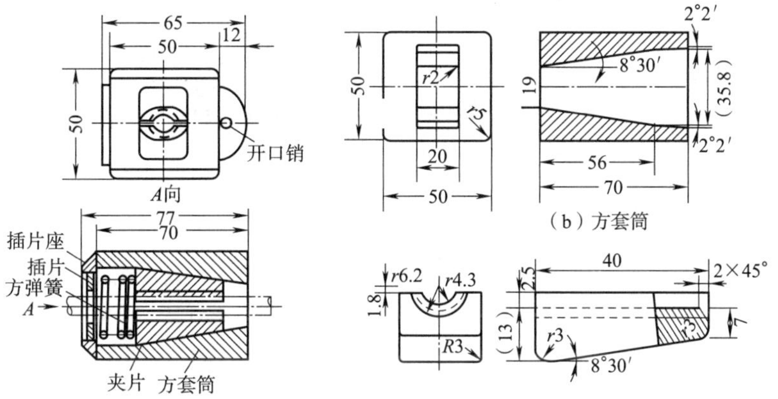

（a）装配图 （b）方套筒 （c）夹片

图 5.7 方套筒两片式夹具示意(单位:mm)

镦头夹具:用于固定预应力钢丝或钢筋。冷拔低碳钢丝可采用冷镦或热镦方法制作镦头；碳素钢丝只能采用冷镦方法制作墩头；直径小于 22 mm 的钢筋可在对焊机上采用热镦方法制作镦头；大直径钢筋只能采用热镦方法锻制镦头。镦头夹具适用于精轧螺纹钢筋和钢丝，分为单根镦头夹具(图 5.8)和镦头梳筋板夹具(图 5.9)。

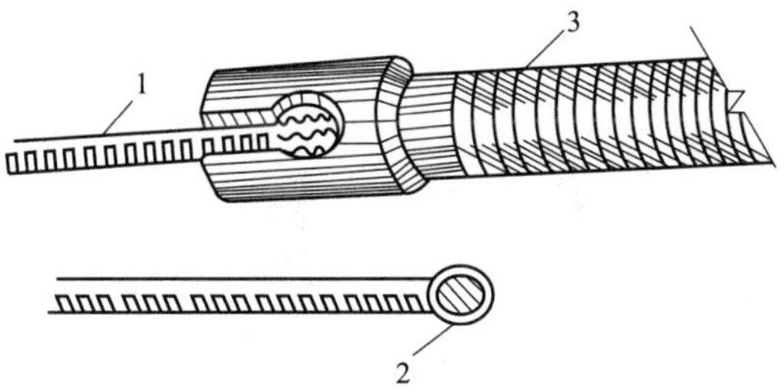

1—预应力筋；2—镦粗头；

3—张拉螺杆。

图 5.8 单根镦头夹具

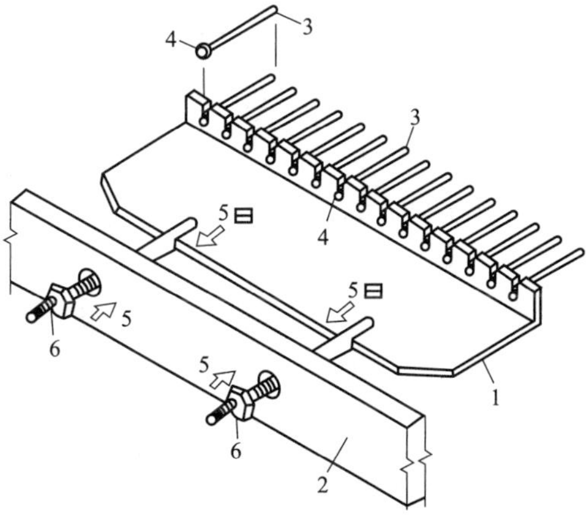

1—梳筋板；2—钢模横梁；3—钢丝；4—墩头；

5—千斤顶张拉时爪钩孔及支撑位置示意；6—固定用螺母。

图 5.9 钢模上张拉用的梳筋板夹具

(3)张拉设备

先张法张拉设备主要分为电动张拉设备和液压张拉设备两类。前者由于仅限于单根钢丝张拉,现已较少采用;后者适用于各类预应力筋张拉,应用广泛。

①电动张拉机

电动张拉机按传动方式可分为电动螺杆张拉机和电动卷筒张拉机。

电动螺杆张拉机:是电动机正向旋转时,通过减速箱带动螺母旋转,螺母即推动螺杆沿轴向后运动张拉钢筋(图 5.10)。螺杆前端连接弹簧测力计和张拉夹具,测力计上装有微动开关。张拉行程为 1 000 mm,额定张拉力为 10 kN、30 kN。适用于预制厂在长线台座上张拉冷轧带肋钢丝等预应力筋。

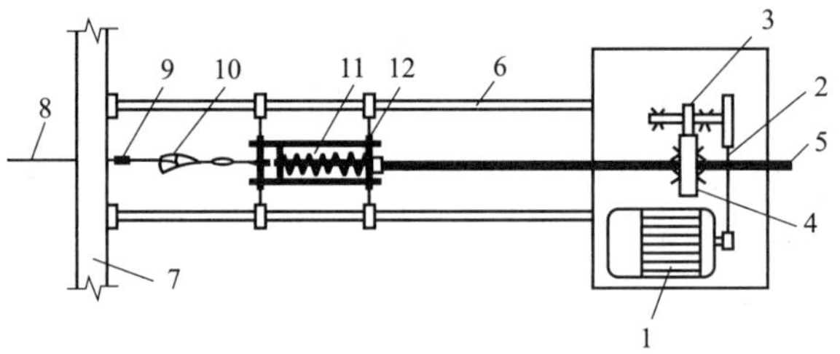

1—电动机;2—皮带;3—齿轮;4—齿轮螺母;5—螺杆;6—承力杆;7—台座横梁;8—钢丝;9—锚固夹具;10—张拉夹具;11—弹簧测力计;12—滑动架。

图 5.10 电动螺杆张拉机

电动卷筒张拉机:是电动机通过减速箱带动卷筒,将钢丝绳卷起进行张拉。钢丝绳绕过张拉夹具尾部,与弹簧测力计连接。相应的张拉行程与额定张拉力同电动螺杆张拉机。

②液压张拉机

先张法张拉设备常用的液压张拉机为油压千斤顶。

油压千斤顶可张拉单根预应力筋或多根成组预应力筋。多根成组张拉时,可采用四横梁式张拉装置进行(图 5.11)。

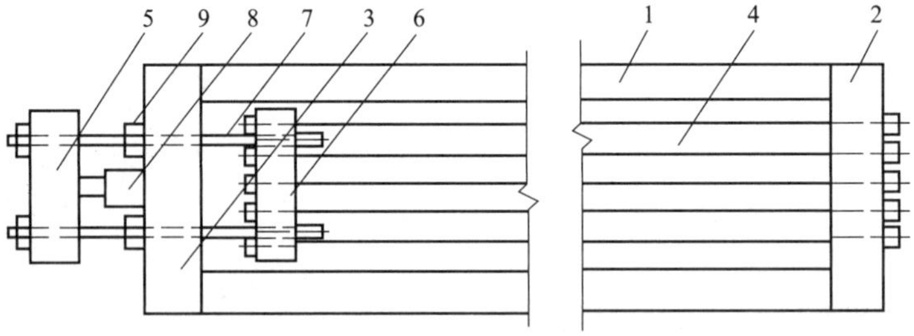

1—台座传力柱;2—前横梁;3—后横梁;4—预应力筋;5—拉力架外横梁;6—拉力架内横梁;7—大螺杆;8—台座式千斤顶;9—螺母。

图 5.11 千斤顶四横梁张拉装置示意

四横梁式油压千斤顶张拉装置,用钢量较大,大螺丝杆加工困难,调整预应力的初应力费时间,油压千斤顶行程小,总体工效较低,但其一次张拉力大。

2)先张法施工工艺

用先张法在台座上生产预应力混凝土构件时,施工工艺流程一般如图 5.12 所示。

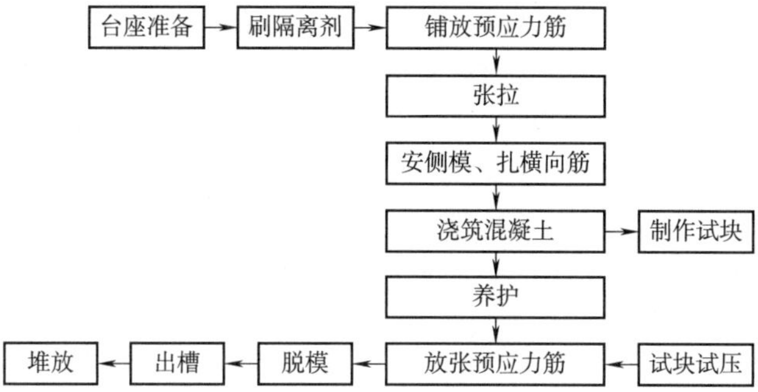

图 5.12 先张法工艺流程

先张法工艺特点为：预应力筋在浇筑混凝土前张拉，预应力的传递主要依靠预应力筋与混凝土之间的粘结力，为了获得质量良好的构件，在整个生产过程中，除确保混凝土质量以外，还必须确保预应力筋与混凝土之间良好粘结，从而使构件获得符合设计要求的预应力值。

要点解析：

需要说明的是，虽然碳素钢丝的强度很高，但其表面光滑，故此与混凝土粘结力较差，必要时可采取刻痕或压波措施，以提高钢丝与混凝土的粘结力。

(1)预应力筋的铺设

预应力筋应采用砂轮锯或切断机切断，不得采用电弧切割。为便于脱模，长线台座(或台模)在铺放预应力筋前应先刷隔离剂，但需采取措施防止隔离剂污损预应力筋，进而影响其与混凝土的粘结。若预应力筋遭受污染，应使用适宜的溶剂清洗干净。预应力钢丝宜用牵引车铺设。如果钢丝需要接长，可借助钢丝拼接器用 20～22 号铁丝密排绑扎搭接。

(2)预应力筋的张拉

预应力筋的张拉应严格按设计要求进行。采用合适的张拉控制应力、张拉方法、张拉程序，并应采取可靠的质量保证措施和安全措施。

①张拉方法

先张法对预应力筋的张拉，有单根张拉、多根成组张拉等方法。

②张拉控制应力

预应力筋的张拉是先张法施工中的关键工序，其张拉控制应力的大小将直接影响制作构件的质量，最大张拉控制应力应符合表 5.1 的规定。

表 5.1 最大张拉控制应力允许值(N/mm^2)

钢筋种类	张拉控制应力限制	
	先张法	后张法
碳素钢丝、刻痕钢丝、钢绞线	$0.80f_{ptk}$	$0.75f_{ptk}$
冷拔低碳钢丝、热处理钢筋	$0.75f_{ptk}$	$0.70f_{ptk}$
冷拉热轧钢筋	$0.95f_{pyk}$	$0.90f_{pyk}$

注：f_{ptk}为预应力筋极限抗拉强度标准值，f_{pyk}为预应力筋屈服强度标准值。

③张拉程序的确定

对预应力钢丝，由于张拉工作量大，宜采用一次张拉程序：

$0 \rightarrow (1.03 \sim 1.05)\sigma_{con}$ 锚固

其中，σ_{con} 为预应力筋的张拉控制应力；采用超张拉系数 1.03～1.05，主要是考虑弹簧测力计的误差、温度影响、台座横梁或定位板刚度不足、台座长度不符合设计取值、工人操作影响等。

对低松弛钢绞线，可采用一次张拉程序：

单根张拉　　$0 \rightarrow \sigma_{con}$ 锚固

多根成组整体张拉　　$0 \rightarrow$ 初应力调整值 $\rightarrow \sigma_{con}$ 锚固

思维拓展：

与预应力超张拉程序的理念一致，对于具体关键目标的推进，在原定工作的基础上需要多一分准备，以有效应对不确定因素产生的影响，从而确保关键目标的顺利达成。

(3)混凝土的浇筑和养护

混凝土浇筑必须一次完成，不允许留设施工缝。混凝土的强度等级不宜低于 C40，且不应低于 C30。为减少混凝土收缩和徐变引起的预应力损失，在确定混凝土配合比时，应采用低水灰比控制水泥的用量；同时，对骨料选用良好的级配，必须振捣密实，尤其是构件端部，以保证混凝土的强度和粘结力。

预应力混凝土构件叠层生产时，应待下层构件混凝土达到 8～10 N/mm^2 后，再进行上层混凝土构件的浇筑。

(4)预应力筋的放张

预应力筋的放张是预压应力值建立的过程，是先张法构件能否获得良好质量的关键环节，应根据放张要求确定适宜的放张顺序、放张方法及相应的技术措施。

①放张要求

预应力筋放张时，混凝土强度应符合设计要求，当设计无具体要求时，其强度不应低于设计混凝土强度标准值的 75%。注意，过早放张会引起较大的预应力损失或导致预应力钢丝产生滑动。

②放张方法

放张过程中，应使预应力构件自由压缩。放张工作的进程应缓慢进行，避免损坏模板或使构件开裂。常用的放张方法有：钢丝钳或氧乙炔焰切割、预热熔割、千斤顶放张、砂箱放张、楔块放张等。

钢丝钳或氧乙炔焰切割：对预应力筋为钢丝或细钢筋的板类构件，放张时可直接用钢丝钳或氧乙炔焰切割，并宜从生产线中间处切断以减少回弹量，且有利于脱模。对每一块板，应由外向内对称放张，以免构件扭曲或开裂。

预热熔割：对预应力筋数量较少的粗钢筋构件，可采用氧乙炔焰在烘烤区轮换加热每根粗钢筋，使其同步升温，受热后的钢筋内力徐徐下降、慢慢伸长，待钢筋出现缩颈时即可切断。采用此方法应采取隔热措施，以防烧伤构件端部的混凝土。

千斤顶放张：用千斤顶拉动单根钢筋，松开螺母。放张时，由于混凝土与预应力筋已连成整体，松开螺母所需的间隔只能是最前端构件外露钢筋的伸长，因此，所施加的应力往往超过控制应力约 10%，比较费力。采用此方法放张时，应拟定合理的放张顺序并控制每一循环的放张吨位，以免构件在放张过程中受力不均，致使后放张的钢筋内力增大而被拉断。

砂箱放张：砂箱装置由钢制的套箱和活塞组成。内装石英砂或铁砂，装砂量宜为砂箱长度的 1/3～2/5。砂箱放置在台座与横梁之间，预应力筋张拉时，箱内砂被压实以承受横梁的反力。预应力筋放张时,将出砂口打开,砂慢慢流出,从而使整批预应力筋徐徐放张。采用砂箱放张,能控制放张速度,工作可靠、施工方便,可用于张拉力不大于 1 000 kN 的情况,如图 5.13 所示。

楔块放张:楔块装置放置在台座与横梁之间。预应力筋放张时,旋转螺母使螺杆向上运动,并带动楔块向上移动,钢块之间的间距变小,横梁向台座方向移动,从而同时放张预应力筋。楔块放张,一般用于张拉力不大于 300 kN 的情况,如图 5.14 所示。

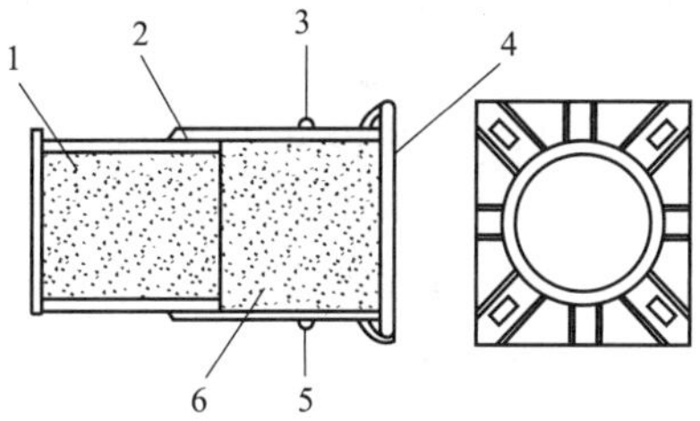

1—活塞;2—钢套箱;3—进砂口;
4—钢套箱底板;5—出砂口;6—砂子。

图 5.13 砂箱放张

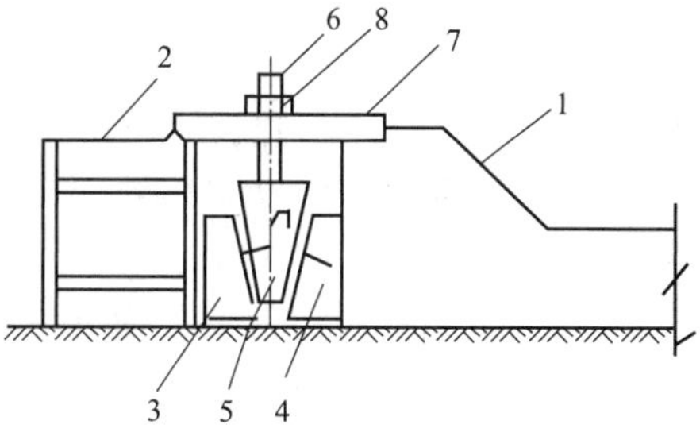

1—台座;2—横梁;3、4—钢块;
5—钢楔块;6—螺杆;7—承力板;8—螺母。

图 5.14 楔块放张

③放张顺序

预应力筋的放张顺序应符合设计要求,当设计无专门要求时,应符合下列规定:

对于承受轴心预压应力的构件(如拉杆、桩等),所有预应力筋应同时放张;

对于承受偏心预压应力的构件(如梁等),应先同时放松预压力较小区域的预应力筋,再同时放张预压力较大区域的预应力筋;

若不能满足上述两项要求时,应分阶段、对称、相互交错地进行放张,以防放张过程中构件产生扭曲、裂纹或预应力筋发生断裂。

5.2 后张法施工

后张法是先浇筑混凝土构件(在预应力筋部位预先留设孔道),待混凝土达到设计规定强度后,将预应力筋穿入孔道,经张拉至控制应力后锚固,最后进行孔道灌浆(图 5.15)。后张法不需要专门的台座设备,灵活性大,已广泛用于施工现场生产大型预应力混凝土构件和现场浇筑预应力混凝土结构。此外,对于大型构件可分件制作,运到现场利用预应力钢筋连成整体。

后张法的特点是混凝土的弹性压缩不直接影响预应力筋有效预应力值的建立,适用于现场制作大型桥梁、渡槽、屋架等构件。根据工艺过程的不同,后张法预应力混凝土可分为有粘结预应力混凝土和无粘结预应力混凝土两类。

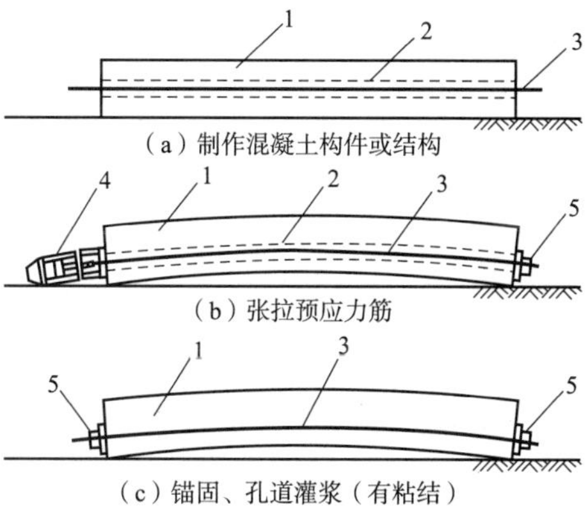

1—混凝土构件或结构;2—预留孔道;
3—预应力筋;4—千斤顶;5—锚具。

图 5.15 后张法预应力施工工艺

1)预应力筋(有粘结)

有粘结预应力施工,主要采用消除应力光面钢丝、1×7 钢绞线,有时也采用精轧螺纹钢筋;在低预应力构件中,也可采用热轧 HRB400 和 RRB400 级钢筋。其中:①预应力钢丝按力学性能的不同,可分为普通松弛钢丝和低松弛钢丝。②预应力钢绞线可采用标准型钢绞线和模拔钢绞线(图 5.16)。模拔钢绞线是在捻制成型后再经模拔处理制成,这种钢绞线内的钢丝在模拔时被压扁,使钢绞线外径减小,可减小孔道直径或在相同直径的孔道内增加钢绞线数量,且各钢丝之间及与锚具间由点接触变成面接触,接触面较大、易于锚固。③精轧螺纹钢筋是用热轧方法在整根钢筋表面轧出无纵肋而横肋为不连续的螺纹(图 5.17)。该类钢筋在任意截面处都可用带内螺纹的连接器接长或用螺母进行锚固,具有无须焊接、锚固简单的特点。

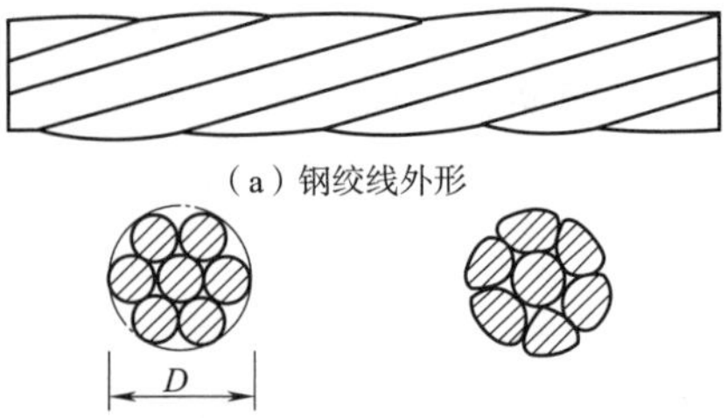

(a) 钢绞线外形

(b) 标准型钢绞线截面　(c) 模拔钢绞线截面

D—钢铰线直径。

图 5.16　预应力钢绞线

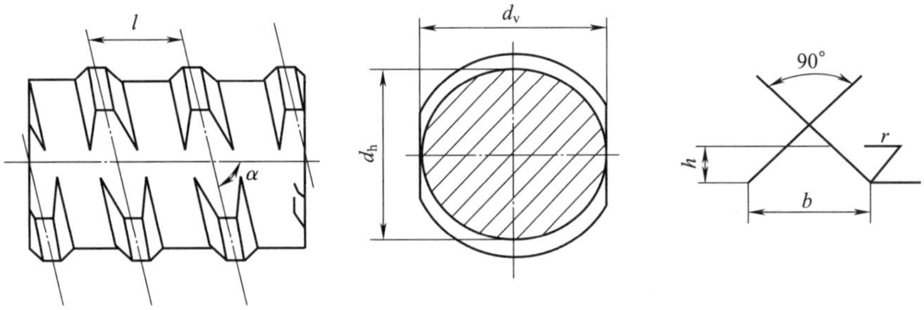

d_h—基圆直径;d_v—基圆直径;h—螺纹高;b—螺纹底宽;l—螺距;r—螺纹根弧;α—导角。

图 5.17　精轧螺纹钢筋外形

2)锚具

锚具是后张法中保持预应力筋的拉力并将其传递到混凝土的永久性锚固装置。锚具应具有可靠的锚固能力,并具有构造简单、操作方便、体形较小、成本较低等特征。

锚具的类型有很多,根据预应力筋的种类,可按表 5.2 选择。

表 5.2　常用锚具的选用

预应力筋品种	张拉端	固定端	
		安装在结构外部	安装在结构内部
钢绞线	夹片锚具 压接锚具	夹片锚具 挤压锚具 压接锚具	压花锚具 挤压锚具
单根钢丝	夹片锚具 墩头锚具	夹片锚具 墩头锚具	墩头锚具
钢丝束	墩头锚具 冷(热)铸锚	冷(热)铸锚	墩头锚具
精轧螺纹钢筋	螺母锚具	螺母锚具	螺母锚具

根据锚固方式的不同,可分为夹片式(单孔与多孔夹片锚具)、支承式(螺母锚具、镦头锚具等)、握裹式(挤压锚具、压花锚具等)和锥塞式(钢质锥形锚具等)四类。

(1)夹片式

①单孔夹片锚具

单孔夹片锚具与承压钢板、螺旋筋共同组成单孔夹片锚固体系，如图 5.18 所示。单孔夹片锚固体系适用于锚固单根无粘结预应力钢绞线，常用于锚固直径为 ϕ12.7 mm 或 ϕ15.2 mm 的钢绞线；锚具下承压钢板的尺寸宜为 80 mm×80 mm×12 mm；螺旋筋采用 ϕ6 mm 的钢筋，直径 70 mm，共 4 圈。此外，也可将单孔夹片锚具的锚环与承压钢板合一，采用铸钢制成。

②多孔夹片锚具

多孔夹片锚具与锚垫板(也称铸铁喇叭管、锚座)、螺旋筋等组成多孔夹片锚固体系，如图 5.19 所示。多孔夹片锚具是在一块多孔的锚板上，每个锥形孔装一副夹片，夹持一根钢绞线。此种做法优点在于：某一根钢绞线锚固失效后，不会引起整体锚固的失效，锚固性能稳定可靠。此种锚固体系用于锚固钢绞线束，每束钢绞线的根数不受限制，对锚板与夹片的要求，与单孔夹片锚具相同。

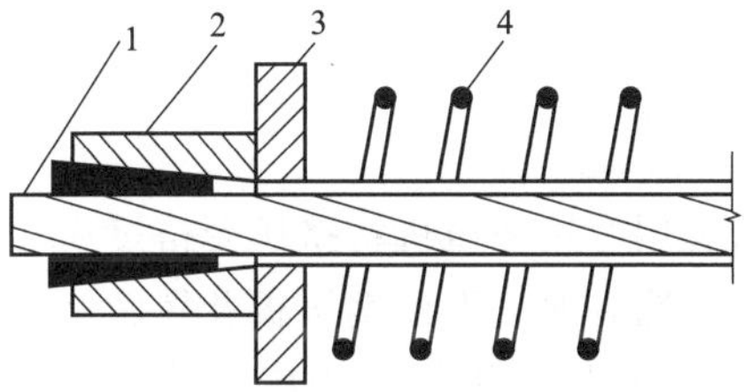

1—钢绞线；2—单孔夹片锚具；
3—承压钢板；4—螺旋筋。

图 5.18　单孔夹片锚固体系

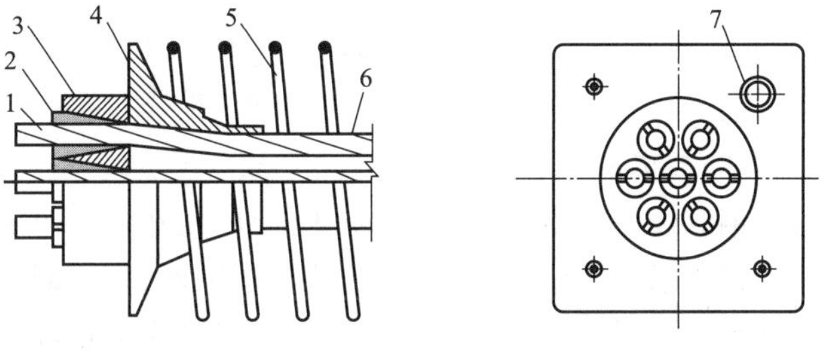

(a) 截面/侧面　　(b) 端面/平面

1—钢绞线；2—夹片；3—锚板；4—锚垫板；
5—螺旋筋；6—金属波纹管；7—灌浆孔。

图 5.19　多孔夹片锚固体系

(2)支承式

①螺母锚具

每个孔道只放一根钢筋时，常采用高强精轧螺纹钢筋作为预应力筋，其张拉端和非张拉端均可采用螺母锚具(图 5.20)。螺母锚具由螺母和垫板构成。一般采用 45 号钢制作，适用于直径 18～32 mm 的螺纹钢筋，张拉时一般配用 YC60A 型千斤顶和专用接头进行。预应力筋需接长时，可使用螺纹接长套筒。

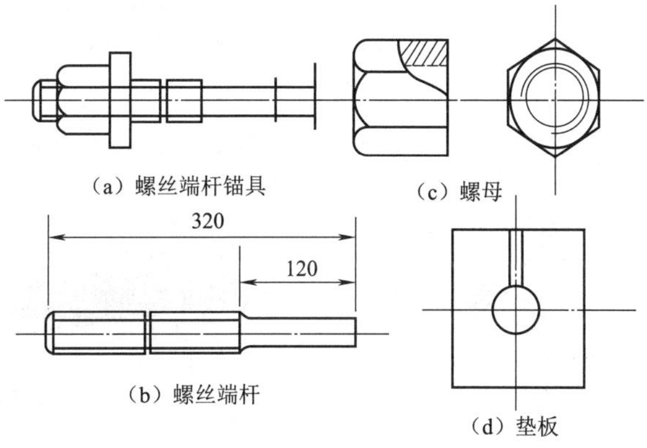

图 5.20　螺母锚具与接长套筒(单位：mm)

②墩头锚具

墩头锚具常用于将单根钢丝或钢丝束作为预应力筋的情况。高强钢丝墩头宜采用液压冷镦,冷镦头的强度应不低于钢丝母材强度的97%。钢丝束镦头锚具分为A型与B型。A型由锚环和螺母组成,可用于张拉端;B型为锚板,用于固定端,如图5.21所示。

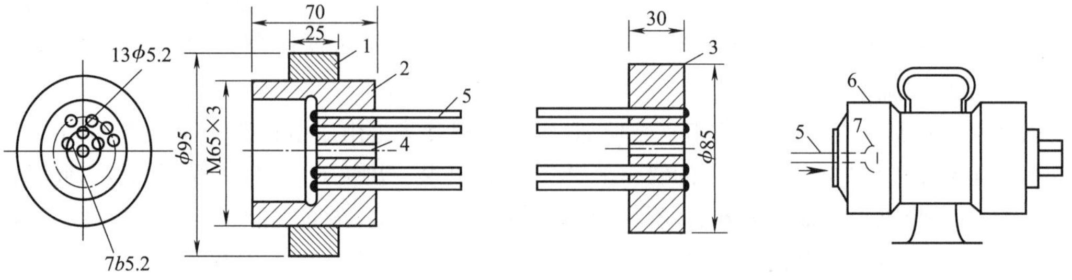

(a) 张拉端锚环与螺母　(b) 固定端锚板　(c) 液压冷镦器

1—螺母;2—锚环;3—锚板;4—排气孔;5—钢丝;6—冷镦器;7—镦粗头。

图5.21　墩头锚具构造与墩头机(单位:mm)

(3)握裹式

钢绞线的固定端锚具,有挤压锚具、压花锚具等类型。

挤压锚具:在钢绞线端部安装异形钢丝衬圈和挤压套,利用专用挤压机将挤压套挤过模孔后,使套筒变细并握紧钢绞线,从而形成可靠的锚固头。挤压锚具通过下设钢垫板及螺旋筋形成锚固体系,既适用于有粘结预应力的钢绞线束(图5.22),也适用于无粘结预应力的单根钢绞线,应用范围最广。

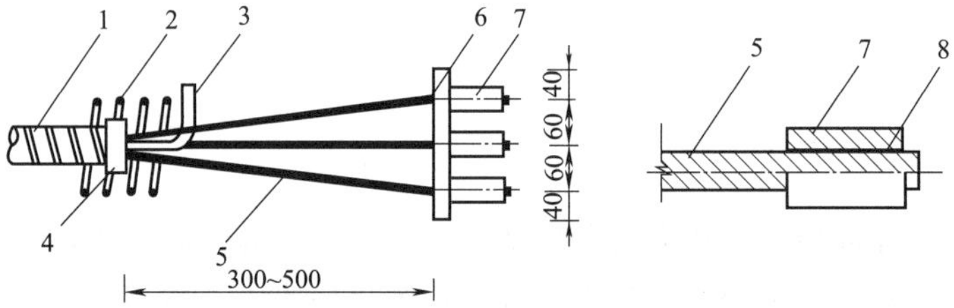

1—金属波纹管;2—螺旋筋;3—排气管;4—约束圈;5—钢绞线;6—锚垫板;7—挤压锚具;8—异形钢丝衬圈。

图5.22　挤压锚具(单位:mm)

压花锚具:是利用专用压花机将钢绞线端头压成梨形散花头并埋入混凝土内的一种握裹式锚具,如图5.23所示。混凝土强度等级不应低于C30。多根钢绞线的梨形头应分排埋置在混凝土内。为提高压花锚具四周及散花头根部混凝土的抗裂强度,在散花头头部配置构造筋,在散花头根部配置螺旋筋。此种锚具仅适用于固定端空间较大的有粘结钢绞线,但成本较低。

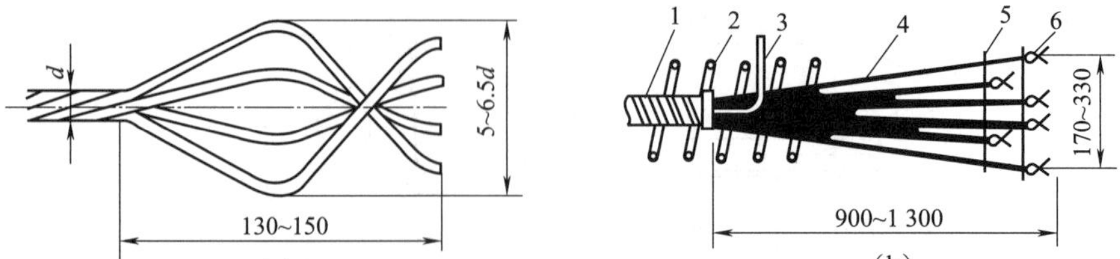

(a)　(b)

1—波纹管;2—螺旋筋;3—排气管;4—钢绞线;5—构造筋;6—压花锚具;d—钢绞线直径。

图5.23　压花锚具(单位:mm)

3)张拉设备

后张法预应力施工的张拉设备由液压千斤顶、高压油泵和外接油管三部分组成。目前,常用的千斤顶有拉杆式千斤顶(代号为 YL)、穿心式千斤顶(代号为 YC)和锥锚式千斤顶(代号为 YZ)。其中,拉杆式千斤顶逐渐被穿心式千斤顶替代。千斤顶的选择主要依据是锚具的类型和总张拉力的大小。

(1)穿心式千斤顶

穿心式千斤顶是一种利用双液压缸兼具张拉预应力筋及顶压锚具作用的千斤顶,主要由张拉油缸、顶压油缸、顶压活塞、回程弹簧等组成。张拉前,需将预应力筋穿过千斤顶,固定在尾部的工具锚上。目前,该系列产品有 YC120D 型、YC60 型、YC120 型等,其中 YC60 型千斤顶的构造及工作原理如图 5.24 所示。穿心式千斤顶适用性强,既适用于张拉需要顶压的夹片式锚具,也可在配上撑脚与拉杆后,用于张拉螺杆锚具和镦头。

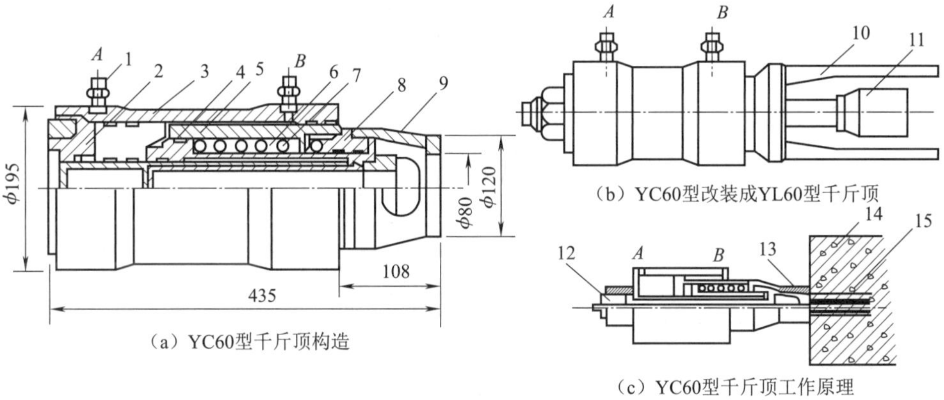

1—端盖螺母;2—端盖;3—张拉油缸;4—顶压活塞;5—顶压油缸;6—穿心套;7—回程弹簧;8—连接套;9—撑套;10—撑脚;11—连接头;12—工具锚;13—预应力筋锚具;14—构件;15—预应力筋。

图 5.24 YC60 型千斤顶(单位:mm)

(2)锥锚式千斤顶

锥锚式千斤顶是一种兼具张拉、顶锚、退楔等功能的千斤顶。锥锚式千斤顶由张拉油缸、顶压油缸、锥形卡环、楔块和退楔装置等组成,如图 5.25 所示。此种千斤顶仅用于张拉采用钢质锥形锚具的钢丝束。目前,该系列产品有 YZ38 型、YZ60 型、YZ85 型、YZ150 型等。

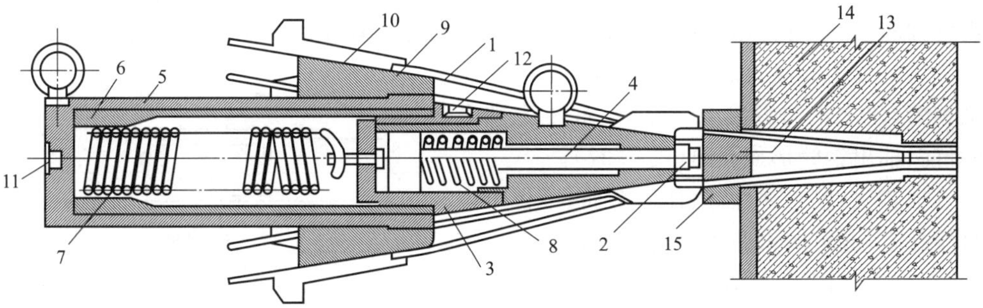

1—预应力筋;2—顶压头;3—副缸;4—副缸活塞;5—主缸;6—主缸活塞;7—主缸拉力弹簧;8—副缸压力弹簧;9—锥形卡环;10—楔块;11—主缸油嘴;12—副缸油嘴;13—锚塞;14—构件;15—锚环。

图 5.25 锥锚式千斤顶

4)后张法施工工艺

后张法有粘结预应力混凝土的施工工艺流程,如图 5.26 所示。下面对孔道留设、预应力筋张拉、孔道灌浆等主要工序进行说明。

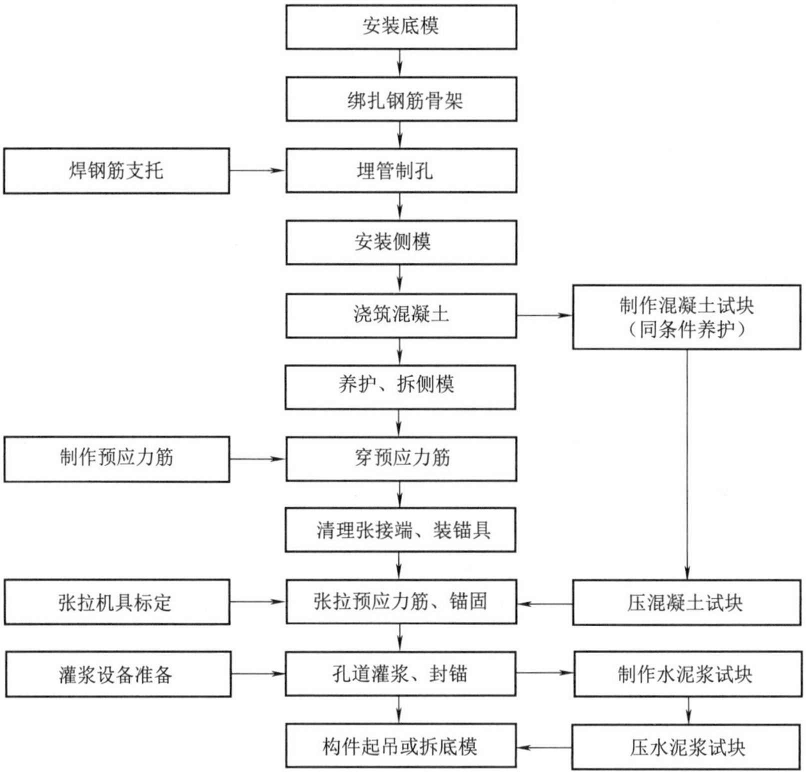

图 5.26　后张法有粘结预应力施工工艺流程

(1)孔道留设

预留孔道的规格、数量、位置及形状应符合设计要求;预留孔道的定位应牢固,且浇筑混凝土时不应出现移位和变形;同时,孔道应平顺,端部的预埋锚垫板应垂直于孔道中心线。孔道的留设方法主要有:抽芯法、预埋管法。

①抽芯法

钢管抽芯法:钢管抽芯法适用于直线孔道。预先将钢管埋设在模板内孔道相应的位置,在混凝土浇筑过程中和浇筑之后,应间隔一定时间缓慢转动钢管,使之不与混凝土粘结,在混凝土初凝后、终凝前,抽出钢管形成孔道(图 5.27)。

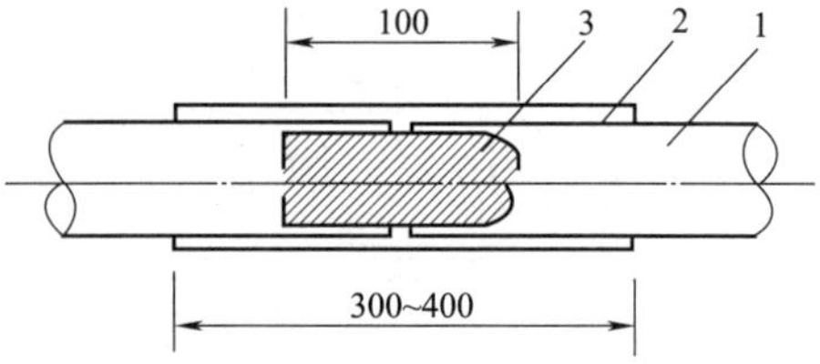

1—钢管;2—白铁皮套管;3—硬木塞。

图 5.27　钢管连接方法(单位:mm)

胶管抽芯法:胶管弹性好、便于弯曲,不仅可以留设直线孔道,亦可留设曲线孔道。胶管具有一定的弹性,在拉力作用下,其断面能缩小,所以在混凝土初凝后可将胶管抽拔出来。一般采用有五层或七层夹布的胶管或钢丝网橡皮胶管。其中,夹布胶管质软,需要在管内充气或充水。抽管时,一般应先上后下、先曲后直(图 5.28)。

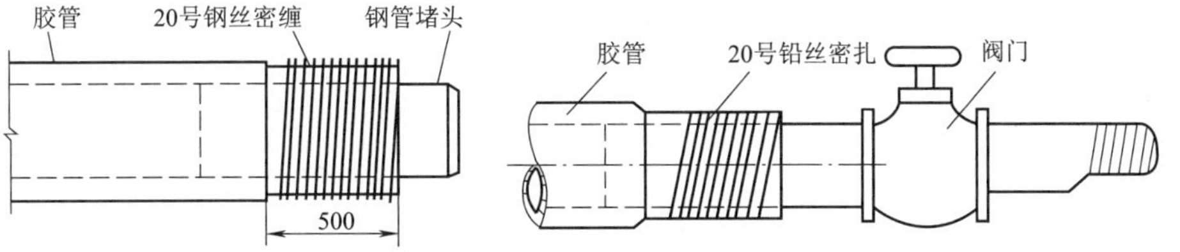

图 5.28 胶管封管以及与阀门连接

②预埋管法

采用预埋波纹管成孔时，波纹管直接埋在构件或结构中，不再取出。根据材料的不同，波纹管分为：金属波纹管、塑料波纹管。

金属波纹管：用冷轧钢带或镀锌钢带经压波后螺旋咬合而成。具有重量轻、刚度好、弯折方便、连接简单、与混凝土粘结较好等优点，可做成各种形状的孔道，并可省去抽管工序，已成为目前预埋管法的首选管材。

塑料波纹管：采用聚丙乙烯或高密度聚乙烯成管，管道外表面的螺旋筋与混凝土具有较高的粘结力，从而能将预应力传递至管外混凝土。塑料波纹管具有耐腐蚀性好、孔道摩擦损失小、可提高构件的抗疲劳性能等优点。

问题讨论：

如何保证波纹管位置不变？如何确保不发生渗漏？

阅读

文本5.2-25

(2)预应力筋张拉

预应力筋的张拉是制作预应力构件的关键工序。张拉时，结构或构件的混凝土强度应符合设计要求；当设计无具体要求时，应不低于设计强度标准值的 75%。张拉过程中，应重点关注：张拉控制应力、张拉方式、张拉顺序、张拉程序、张拉伸长值校核等要点。

①张拉控制应力

张拉控制应力应符合设计要求，且最大张拉控制应力不应超过表 5.1 的规定。需要说明的是，后张法控制应力值低于先张法，这是因为后张法构件在张拉钢筋的同时，混凝土已受到弹性压缩；而先张法是在预应力筋放松后，混凝土才受到弹性压缩。此外，在混凝土收缩、徐变等引致预应力损失方面，后张法也小于先张法。

②张拉方法

根据预应力混凝土结构特点、预应力筋形状及长度、施工工艺工法等的不同，预应力筋的张拉方式主要有：一端张拉、两端张拉、分批张拉等。

一端张拉：适用于长度不大于 30 m 的直线预应力筋，以及锚固损失影响长度 $L_F \geq L/2$（L 为预应力筋长度）的曲线预应力筋。设计认为可放宽以上限制时，也可将张拉端分别设置在构件的两端。

两端张拉：适用于长度大于 30 m 的直线预应力筋，以及锚固损失影响长度 $L_F < L/2$ 的曲线预应力筋。当张拉设备不足或由于张拉顺序等原因，也可先在一端张拉完成后，再移至另一

端张拉,在补足张拉力后锚固。

分批张拉:对配有多束预应力筋的构件或结构应分批进行张拉。后批预应力筋张拉产生的混凝土弹性压缩,会对先批张拉的预应力筋造成预应力损失,所以先批张拉的预应力筋张拉力应加上弹性压缩损失值,从而使分批张拉后每根预应力筋的张拉力基本相等。若为两批张拉,则第一批预应力筋的张拉控制应力 σ'_{con} 应按式(5.1)计算。

$$\sigma'_{con}=\sigma_{con}+\alpha_E\sigma_{PC} \tag{5.1}$$

式中 σ'_{con}——第一批预应力筋的张拉控制应力(MPa);

σ_{con}——设计控制应力,即第二批预应力筋的张拉控制应力(MPa);

α_E——钢筋与混凝土的弹性模量比;

σ_{PC}——第二批预应力筋张拉时,在已张拉预应力筋重心处产生的混凝土法向应力(MPa)。

③张拉顺序

张拉顺序的安排,应满足使混凝土不产生超应力、构件不扭转与侧弯、结构不变形等要求,对称张拉是一项重要原则。同时,还应考虑到尽量减少张拉设备的移动次数。

④张拉程序

后张法预应力筋的张拉程序一般情况下与先张法相同,应根据构件类型、张拉锚固体系、松弛损失取值等因素确定。

⑤张拉伸长值校核

对张拉伸长值进行校核,可以综合反映张拉力是否足够、孔道摩阻损失是否偏大,以及预应力筋是否有异常现象等。根据《混凝土结构工程施工质量验收规范》(GB 50204—2015)的规定:如实际伸长值比计算伸长值偏差超过±6%,应暂停张拉;在采取措施予以调整后,方可继续张拉。

预应力筋的伸长值 ΔL 可按式(5.2)计算。

$$\Delta L=\frac{PL_T}{A_P E_S} \tag{5.2}$$

式中 P——预应力筋的平均张拉力(N),取张拉端拉力与跨中扣除孔道摩阻损失后拉力的平均值;

A_P——预应力筋的横截面面积(mm^2);

L_T——预应力筋的长度(m);

E_S——预应力筋的弹性模量(N/mm^2)。

预应力筋的实际伸长值,应在初应力为张拉控制应力的10%左右时开始量测,其实际伸长值 $\Delta L'$ 应按式5.3确定。

$$\Delta L'=\Delta L_1+\Delta L_2-(A+B+C) \tag{5.3}$$

式中 ΔL_1——从初应力至最大张拉力之间的实测伸长值(mm);

ΔL_2——初应力以下的推算伸长值(mm),可根据弹性范围内张拉力与伸长值成正比的关系,用计算法或图解法确定;

A——张拉过程中锚具楔紧引起的预应力筋内缩值(mm);

B——千斤顶体内预应力筋的张拉伸长值(mm);

C——施加预应力时,后张法混凝土构件的弹性压缩值(其值微小时可忽略不计)(mm)。

⑥张拉注意事项

a. 在预应力作业过程中,应特别注意安全。任何情况下,作业人员均不得站在预应力筋的两端操作，张拉千斤顶的后面应设防护装置。

b. 操作千斤顶和测量伸长值的人员，应站在千斤顶的侧面工作；在油泵开动的过程中，不得擅自离开岗位。

c. 做到千斤顶、孔道、锚环三对中，以使张拉过程顺利进行、测量数据准确，并避免过大的孔道摩擦。

d. 采用锥锚千斤顶张拉钢丝束时，应先使千斤顶张拉缸进油，至压力表略有启动时暂停，检查每根钢丝的松紧并进行调整，然后再打紧楔块。

e. 钢丝束镦头锚固体系，在张拉过程中应随时拧紧螺母，锚固时如遇钢丝束偏长或偏短，应增加螺母或用连接器解决。

f. 新的工具锚夹片在第一次使用前，应在夹片背面涂上润滑剂，以后每使用 5～10 次，应将工具锚上的挡板连同夹片一同卸下，向锚板的锥孔中再涂上一层润滑剂，以防夹片在退楔时卡住。

g. 当预应力筋是逐根或逐束张拉时，应保证各阶段不出现对结构不利的应力状态；同时，需在考虑后批张拉预应力筋产生的结构构件的弹性压缩，对先批张拉预应力筋影响的基础上，确定张拉力。

h. 多根钢丝同时张拉时，构件截面中断丝和滑脱钢丝的数量，不得大于钢丝总数的 3%，且一束钢丝中只允许一根；对多跨双向连续板，同一截面应按每跨计算。

i. 每个构件张拉完毕后，应检查端部和其他部位有无裂缝，并填写张拉记录表。

j. 长期外露的锚具，应涂刷防锈油漆，或用混凝土、砂浆封裹，以防止腐蚀。

(3)孔道灌浆

预应力筋张拉后，利用灌浆泵将水泥浆压灌到预应力筋孔道中。灌浆的作用，一是保护预应力筋、防止锈蚀；二是使预应力筋与构件混凝土能有效地粘结，以控制超载时裂缝的间距与宽度，并减轻梁端锚具的负荷状况。

灌浆设备包括：砂浆搅拌机、灌浆泵、储浆桶、过滤网、橡胶管和喷浆嘴等。灌浆泵应根据灌浆高度、长度、形态等选用，并配备计量校检合格的压力表。

预应力筋穿入孔道后至灌浆的时间间隔，当环境相对湿度大于 60%或近海环境时，不宜超过 14 d；当环境相对湿度小于 60%时，不宜超过 28 d；否则应采取防锈措施。当工程所处环境温度高于 35 ℃或连续 5 d 环境日平均气温低于 5 ℃时，不宜进行灌浆施工。灌浆前应全面检查构件孔道及灌浆孔、泌水孔、排气孔是否畅通。对抽拔管成孔，可采用压力水冲洗孔道；对预埋波纹管成孔，必要时可采用压缩空气清孔。宜先灌下层孔道，后灌上层孔道。

孔道内水泥浆应饱满、密实，应采用强度等级不低于 42.5 级的普通硅酸盐水泥配制水泥浆，其水胶比不应大于 0.45；搅拌后 3 h 泌水率不宜大于 2%，且不应大于 3%。泌水应能在 24 h 内全部重新被水泥浆吸收。为改善水泥浆性能，可掺缓凝减水剂。灌浆用水泥浆的配合比应通过试验确定，施工中不得任意更改。水泥浆应采用机械搅拌，以确保拌和均匀。搅拌好的水泥浆必须过滤(网眼不大于 5 mm)置于贮浆桶内，并不断搅拌以防沉淀。灌浆试块采用 7.07 cm^3 的试模制作，其标准养护 28 d 的抗压强度不应低于 30 N/mm^2。移动构件或拆除底模时，水泥浆试块强度不应低 15 N/mm^2。

灌浆工作应缓慢均匀地进行，不得中断，并应排气通顺，在出浆口出浓浆并封闭排气孔后，宜再继续加压至 0.5～0.7 N/mm^2，稳压 2 min，再封闭灌浆孔。当孔道直径较大且水泥浆不掺微膨胀剂或减水剂进行灌浆时，可采取二次压浆法或重力补浆法。超长孔道、大曲率孔道、扁管孔道、腐蚀环境的孔道等，可采用真空辅助灌浆。

孔道灌浆后，应检查孔道上凸部位灌浆密实性，如有空隙，应采取人工补浆措施。对孔道阻塞或孔道灌浆密实情况有疑问时，可局部凿开或钻孔检查，但以不损坏结构为前提，否则应采取加固措施。

最后，需要把露在构件端部外面的预应力筋及锚具，用封端混凝土保护起来。

要点解析：

灌浆后孔道内水泥浆或砂浆强度达到 15 MPa 时方可移动构件，强度达到 100% 设计强度时，才允许吊装。

(4)预应力专项施工与普通钢筋混凝土有关工序的配合要求

预应力作为混凝土结构分部工程中的一个分项工程，在施工中须与钢筋分项工程、模板分项工程、混凝土分项工程等密切配合。

①模板安装与拆除

a. 确定预应力混凝土梁、板底模起拱值时，应考虑张拉后产生的反拱，起拱高度宜为全跨长度的 0.5%～1%。

b. 现浇预应力梁的一侧模板，可在金属波纹管铺设前安装；另一侧模板应在金属波纹管铺设后安装。梁的端模应在端部预埋件安装后封闭。

c. 现浇预应力梁的侧模，宜在预应力筋张拉前拆除。底模支架的拆除，应按施工技术方案执行；当无具体要求时，应在预应力筋张拉及灌浆强度达到 15 MPa 后拆除。

②钢筋安装

a. 普通钢筋安装时，应避让预应力筋孔道；梁腰筋间的拉筋，应在金属波纹管安装后绑扎。

b. 金属波纹管或无粘结预应力筋铺设后，附近不得进行电焊作业；如有必要则应采取防护措施。

③混凝土浇筑

a. 混凝土浇筑时，应防止振动器触碰金属波纹管、无粘结预应力筋和端部预埋件等。

b. 混凝土浇筑时，不得踏压或撞碰无粘结预应力筋、支撑架等。

c. 预应力梁板混凝土浇筑时，应多留置 1～2 组混凝土试块，与梁板同条件养护，用以测定预应力筋张拉时混凝土的实际强度值。

d. 施加预应力时，临时断开的部位，在预应力筋张拉后即可浇筑混凝土。

典型案例：

阅读

文本5.2-26

某在建工程连续梁底板在张拉预应力筋时，相继出现撕裂脱落的事故。经调查，事故主要原因是：①预应力设置较大，预应力管道多且间距小，导致底板压应力、径向力较大；②底板上下层钢筋网之间拉筋设计不合理，致使连接处受力较薄弱。

此次事故处理措施为：第三方复核。原设计波纹管系数 $\mu=0.35$ 偏大，导致预应力配置较多，将 μ 取 0.25，减少配束。割掉合拢段，恢复成悬臂状态，割掉底板，重新浇筑底板。底板挖空率达 58%，分批张拉，分批灌浆。

5.3　无粘结预应力混凝土施工

无粘结预应力混凝土施工是后张法的一项新工艺。施工方法是：在浇筑混凝土之前，按设计要求将塑料包裹层内涂防腐油脂的预应力筋铺好；之后浇筑混凝土，待混凝土达到设计要求强度后，对预应力筋张拉锚固。此种方式，预应力筋与混凝土之间没有粘结，张拉力完全依靠锚具传递至混凝土，优点是不需要预留孔道并灌浆，施工简单、摩擦力小，且预应力筋易弯成多跨曲线形状；缺点是预应力筋的强度不能充分发挥（一般降低10%～20%），且对锚具要求高。

经工程实践可明确，无粘结预应力筋用在双向连续平板、密肋板中较经济，适用于曲线配筋结构，在多跨连续梁中也有较大发展。无粘结后张法施工顺序如图5.29所示。

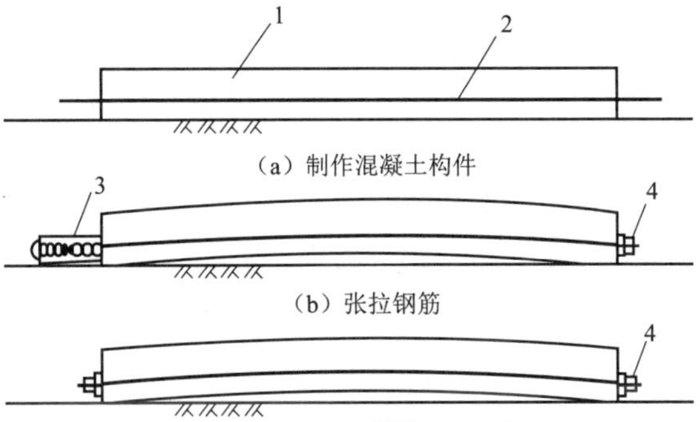

1—混凝土构件；2—无粘结预应力筋；3—张拉千斤顶；4—锚具。

图5.29　无粘结后张法施工工艺

> **知识拓展：**
>
> 2018年，上海市建设了一座无粘结预应力混凝土匝道桥梁。此工程中，无粘结预应力混凝土技术不仅提高了桥梁的稳定性和承载能力，而且减少了钢筋损耗及材料成本。总体而言，该匝道桥梁设计寿命长，具有良好的防震抗灾能力与抗裂能力。

1）无粘结预应力筋的制作

（1）无粘结预应力筋

无粘结预应力筋带有专用防腐油脂涂料层和外包层，在施加预应力后全长与混凝土不粘结，由预应力筋、涂料层和护套层组成（图5.30）。其质量要求应符合《无粘结预应力钢绞线》(JG/T 161—2016)及《无粘结预应力筋用防腐润滑脂》(JG/T 430—2014)标准的规定。需要强调的是，无粘结预应力筋采用的钢绞线、钢丝等不应有死弯，当有死弯时必须截断，且每根钢丝均应通长，严禁有接头。

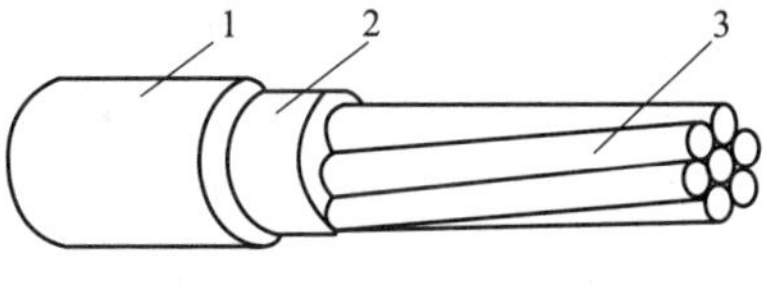

1—保护套；2—涂料层；3—预应力筋。

图5.30　无粘结预应力筋

（2）涂料

涂料的作用是使预应力筋与混凝土隔离，减少张拉时的摩擦损失，并防止预应力筋腐蚀等。无粘结预应力筋涂料层应采用专用防腐油脂，其性能应符合下列要求：①温度在−20～70 ℃范围内，不流淌、不开裂变脆，并有一定韧性；②使用期内化学稳定性好；③对周围材料（如混凝土、钢材和外包材料）无侵蚀作用；④不透水、不吸湿、防水性好；⑤防腐蚀性能好；⑥润滑性能好，摩擦阻力小。

(3)外包层

无粘结预应力筋的外包层材料，应采用聚乙烯或聚丙烯，严禁使用聚氯乙烯。外包层的作用是使无粘结筋在运输、储运、铺设和浇筑混凝土等过程中不会发生不可修复的破坏。其性能应符合下列要求：①温度在－20～70 ℃范围内，低温不脆化，高温化学稳定性好；②必须具有足够的韧性、抗破损性；③对周围材料（如混凝土、钢材和涂料）无侵蚀作用；④防水性好。

要点解析：

制作单根无粘结预应力筋时，宜优先选用防腐油脂作涂料层，涂料层的涂敷和外包层的制作应一次完成，涂料层防腐油脂应完全填充预应力筋与外包层之间的环形空间，外包层宜采用挤塑成型工艺，并由专业化工厂生产。

(4)加工制作

对无粘结预应力筋的加工制作，一般采用挤塑涂层工艺。挤塑涂层工艺设备主要由放线盘、给油装置、塑料挤出机、水冷装置、牵引机、收线装置等组成（图 5.31）。钢绞线（或钢丝束）经给油装置涂油后，通过塑料挤出机的机头出口处，塑料熔融物被挤成管状包覆在钢绞线上，经冷却水槽塑料套管硬化，即形成无粘结预应力筋；牵引机继续将钢绞线牵引至收线装置，自动排列成盘卷。

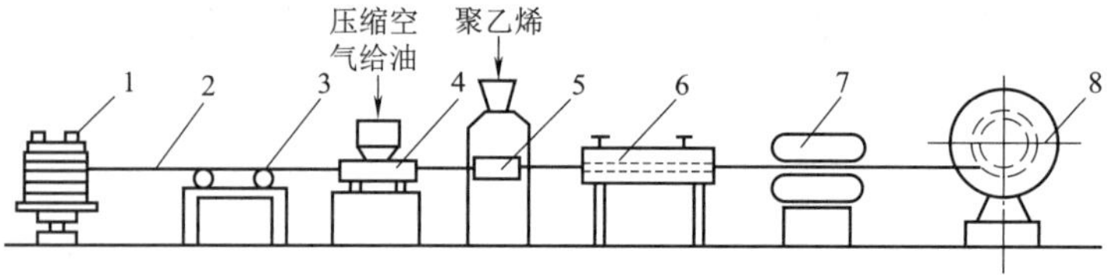

1—放线盘；2—钢绞线；3—滚动支架；4—给油装置；5—塑料挤出机；6—水冷装置；7—牵引机；8—收线装置。

图 5.31　挤塑涂层工艺生产线

挤塑成型后的无粘结预应力筋，应按工程所需的长度和锚固形式进行下料、组装。无粘结预应力筋下料长度，应综合考虑其曲率、锚固端保护层厚度、张拉伸长值及混凝土压缩变形等因素，并根据不同的张拉方法、锚固形式预留张拉长度。

2)无粘结预应力筋的铺设

在无粘结预应力筋铺设前，应仔细检查其外包层。对局部轻微破损处，可用防水胶带缠绕补好；如严重破损应予剔除。

(1)铺设顺序

无粘结预应力筋的铺设应严格按设计要求的曲线形状就位。在单向连续板中，无粘结筋的铺设比较简单，与非预应力筋基本相同。在双向板中，由于无粘结预应力筋需配制成两个方向的悬垂曲线，两个方向的钢筋相互穿插，给施工操作带来困难。因此，必须事先逐根对各交叉点处的穿插标高进行比较，明确后编制无粘结预应力筋的铺设顺序。

铺设时，无粘结预应力筋通常在底部普通钢筋铺设后进行，水电管线宜在无粘结预应力筋铺设后进行，支座处非预应力负弯矩筋最后铺设。

(2)就位固定

无粘结预应力筋的竖向位置宜用支撑钢筋或钢筋马凳控制，间距为 1～2 m，以保证无粘结预应力筋的曲率符合设计要求。板类结构中，控制点的安装偏差，矢高方向为±5 mm，水平方向为±30 mm。无粘结预应力筋的水平位置应保持顺直。在对无粘结预应力筋的竖向、水平位置检查无误后，用铅丝将其与非预应力钢筋及马凳绑扎牢固，避免在混凝土浇筑过程中发生位移和变形。

(3)端部固定

张拉端，无粘结预应力筋应与承压钢板垂直；固定端，挤压锚具应与承压钢板贴紧。

3)无粘结预应力筋的张拉

(1)张拉顺序

对于楼盖结构，宜先张拉楼板、后张拉楼面梁。楼板中的无粘结预应力筋可单根依次张拉，张拉设备宜选用前置内卡式千斤顶，锚具宜选用单孔夹片式锚具。梁构件中的无粘结预应力筋宜对称张拉。

(2)张拉程序和方式

无粘结预应力筋的张拉操作程序与后张法有粘结预应力筋的张拉操作程序基本相同。当无粘结预应力筋的长度小于 35 m 时，可采取一端张拉的方式，张拉端应交错设置在结构的两端；当无粘结预应力筋的长度超过 35 m 时，应采取两端张拉，此时宜先在一端张拉锚固，后在另一端补足张拉锚固。为减小无粘结预应力筋的摩擦损失，张拉中宜先用千斤顶往复抽动 1～2 次，再张拉至所需的张拉力。

(3)张拉伸长值校核

无粘结预应力筋张拉伸长值的校核与有粘结预应力筋相同。

4)无粘结预应力筋的锚固区密封处理

无粘结预应力的保持和对混凝土的传递完全依靠其端部锚具，因此，对端部锚固区的要求比有粘结预应力更高。锚固区密封构造，如图 5.32 所示。

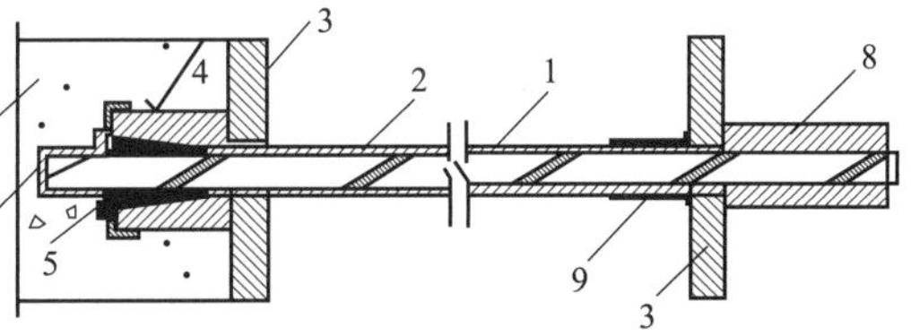

1—外包层；2—钢绞线；3—承压钢板；4—锚环；5—夹片；6—塑料帽；
7—封头混凝土；8—挤压锚具；9—塑料套管或粘胶带。

图 5.32 无粘结预应力筋全密封构造

无粘结预应力筋锚固后的外露长度不小于 30 mm，多余部分宜用手提砂轮锯切割。为使无粘结预应力筋端头全封闭，在锚具与垫板表面应涂以防水涂料，无粘结预应力筋和锚具端头应涂以防腐润滑油脂后，罩上封端塑料盖帽。对凹入式锚固区，经上述处理后，用微膨胀混凝土或低收缩防水砂浆，将锚固处密封。对凸出式锚固区，可采用外包钢筋混凝土圈梁封闭。锚固区混凝土或砂浆净保护层厚度，梁中不小于 25 mm，板中不小于 20 mm。

主要标准规范

《建筑结构荷载规范》GB 50009—2012；

《预应力混凝土结构设计规范》JGJ 369—2016；
《混凝土结构工程施工规范》GB 50666—2011；
《混凝土结构工程施工质量验收规范》GB 50204—2015；
《预应力混凝土用钢丝》GB/T 5223—2014；
《预应力混凝土用钢绞线》GB/T 5224—2023；
《预应力混凝土用螺纹钢筋》GB/T 20065—2016；
《预应力筋用锚具、夹具和连接器》GB/T 14370—2015；
《预应力筋用锚具、夹具和连接器应用技术规程》JGJ 85—2010；
《无粘结预应力钢绞线》JG 161—2016；
《无粘结预应力筋用防腐润滑脂》JG/T 430—2014 等。

思考与练习

1. 试述先张法预应力混凝土的施工工艺过程及适用范围。
2. 试述后张法预应力混凝土的施工工艺过程及适用范围。
3. 锚具和夹具有哪些种类？适用范围如何？
4. 预应力的张拉程序有几种？为什么要超张拉并持荷 2 min？
5. 后张法孔道留设方法有几种？留设孔道时应注意哪些问题？
6. 后张法孔道灌浆有何作用？对灌浆材料有何要求？如何设置灌浆孔和泌水孔？
7. 预应力分项工程与钢筋、模板、混凝土等分项工程有哪些配合要求？
8. 无粘结预应力混凝土施工工艺有何特点？
9. 无粘结预应力筋在铺设和张拉时应注意哪些问题？

6 装配式结构工程

装配式结构是指预制的部品、部件(在工厂或工地现场预制)经吊装装配而成的结构,是我国建筑业发展的重要方向之一。此种结构形式有利于促进建筑工业化,能进一步提升和保证建筑工程质量,可连续高效地完成建设工序,减少进场工程机械的种类和数量,消除工序衔接的停闲时间,实现立体交叉作业、减少施工人员,从而全面提高工效、降低物料消耗、减少环境污染,并在较大程度上减少建筑垃圾。

知识目标

1. 掌握起重机械的类型,以及常见吊装工具的适用范围。
2. 掌握装配式钢筋混凝土结构的施工工艺与流程。
3. 掌握高层钢结构的施工工艺与流程。
4. 了解空间网架结构的施工工艺与流程。

能力目标

1. 熟悉现行装配式结构工程相关法规、标准及规范,具有法律、质量、安全、成本、环保、创新等工程意识,具备沟通协作、组织协调、突发应变等能力。
2. 能识读装配式结构施工图,明确装配式结构工程的重难点。
3. 能够编制结构吊装工程施工方案,结合工程实际选择适用的起重机械,掌握相应的施工要点及措施,并进行技术交底。
4. 能够组织结构吊装工程规范化施工,判识并解决常规施工问题。
5. 能够根据现行相关标准规范,验收装配式结构工程质量,识别和整改隐患问题。

案例导航:

雄安体育中心项目包括体育场、体育馆、游泳馆三个单体建筑,以及附属建筑和配套室外工程(图6.1),预算投资25亿元,总建筑面积18万多平方米。建成后将能够满足承办国际单项赛事与国内综合赛事要求,也是未来雄安新区重要的体育活动配套建筑群。

图6.1 雄安体育中心项目

雄安体育中心项目的主体建筑——雄安体育场，地面以上的结构形式采取装配式钢结构，它的钢结构屋盖，总重量 4 700 t，施工时在地面上组装完成[图 6.2(a)中的红色部分]，然后由 32 台油压千斤顶协同缓缓(历时 56 个小时)提升到 22 m 的就位高度。图 6.2(b)为该屋架正在进行整体提升。这样的高度和重量，在当时国内体育场项目中尚属首例。

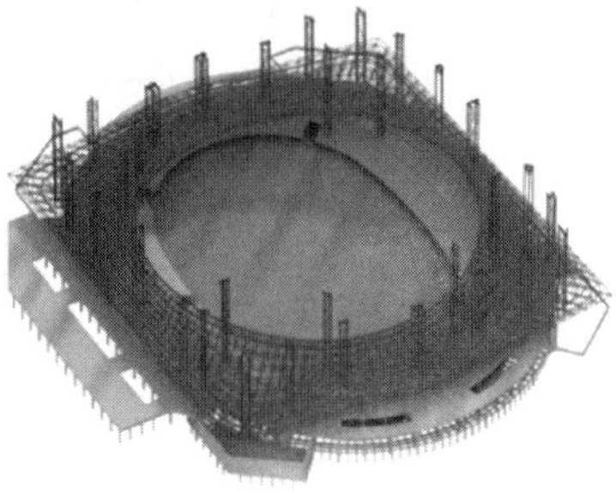

(a) 屋架的地面制作示意

(b) 屋架正在进行整体提升

图 6.2 雄安体育场屋架整体提升示意

问题讨论：

相较现浇钢筋混凝土建筑结构，装配式建筑结构有哪些优点和不足？

6.1 起重机械

构件吊装在装配式结构施工中占很大比重，选择使用的起重机械至关重要。起重机械的种类有桅杆式起重机、自行杆式起重机、塔式起重机三大类。

6.1.1 桅杆式起重机

桅杆式起重机又称拔杆，是一种简单起重机械，在使用中必须与卷扬机配合，具有制作简单、装拆方便、起重量大和对设立点要求不高等优点。但是，由于拔杆的灵活性差、移动比较困难，且需要较多缆风绳，所以适用于安装工程量集中、结构重量大、安装高度大，以及施工现场狭窄的多层装配式或单层工业厂房构件的安装。

桅杆式起重机按其构造不同，可分为独脚拔杆、人字拔杆、悬臂拔杆和牵缆式拔杆起重机。

1)独脚拔杆起重机

独脚拔杆起重机由拉杆、起重滑轮组、卷扬机、缆风绳和锚碇等组成。独脚拔杆按材料分有木独脚拔杆[图 6.3(a)]、钢管独脚拔杆[图 6.3(b)]和格构式独脚拔杆[图 6.3(c)]三种。木独脚拔杆起重高度为 15 m 以内，起重量 10 t 以下；钢管独脚拔起重高度在 30 m 以内，起重量可达 30 t；格构式独脚拔杆起重高度达 70～80 m，起重量可达 100 t 以上。

独脚拔杆使用时，缆风绳一般为 5～8 根，拔杆与地面的倾角应不大于 10°，以便吊装的构件不致碰撞拔杆，底部要设置拖子以便移动。

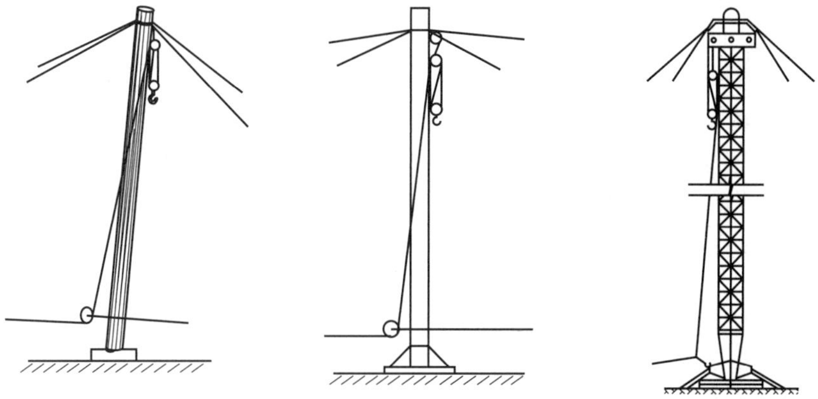

（a）木独脚拔杆　　（b）钢管独脚拔杆　　（c）格构式独脚拔杆

图 6.3　独脚拔杆起重机

2)人字拔杆起重机

人字拔杆起重机是用两根杆件(木或钢)以钢丝绳绑扎或铁件铰接而成,杆件在顶部相交成 20°～30°夹角(图 6.4),下悬起重滑轮组,底部设有拉杆或拉绳,以平衡拔杆本身的水平推力。人字拉杆的优点是侧向稳定性好,缆风绳较少;缺点是构件起吊后活动范围小,一般仅用于安装重型构件或作为辅助设备以吊装厂房屋盖体系上的轻型构件。

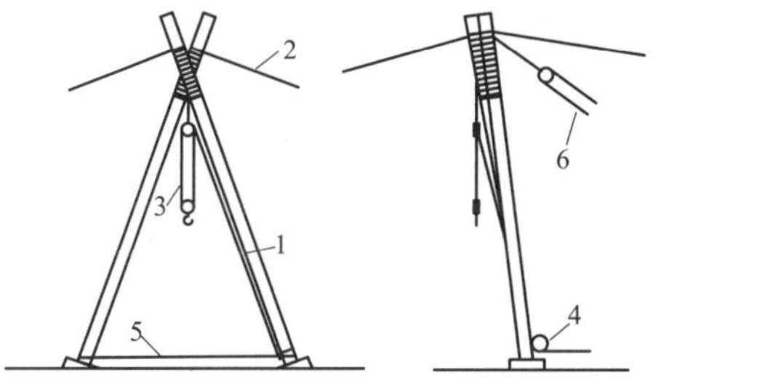

1—拔杆;2—缆风绳;3—起重滑车组;4—导向滑车;5—拉索;6—主缆风。

图 6.4　人字拔杆起重机

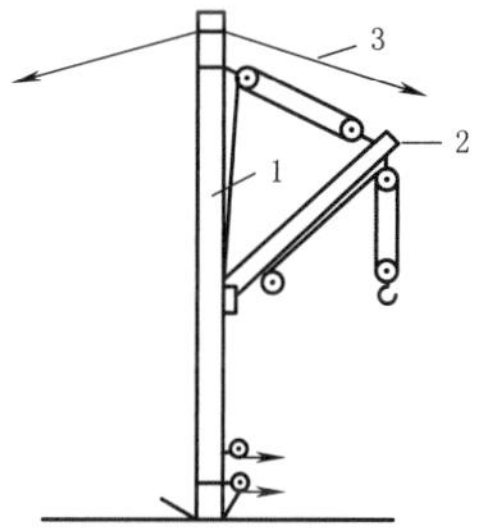

1—拔杆;2—起重臂;3—缆风绳。

图 6.5　悬臂拔杆起重机

3)悬臂拔杆起重机

悬臂拔杆起重机是在独脚拔杆的中部 2/3 高度处装上一根起重臂而组成。起重杆可以回转和起伏,可以固定在某一部位,亦可根据需要沿杆升降(图 6.5)。其特点是有较大的起重高度和相应的起重半径;悬臂起重杆左右摆动角度大(120°～170°)、使用方便;但因起重量较小,故多用于轻型构件的吊装。

4)牵缆式拔杆起重机

牵缆式拔杆起重机是在独脚拔杆的下端装上一根可以回转和起伏的起重臂而组成(图 6.6)。整个机身可作 360°回转,具有较大的起重半径和起重量,并有较好的灵活性,多用于构件多、重量大且较为集中的结构安装工程;缺点是缆风绳用量较多(至少 6 根)。

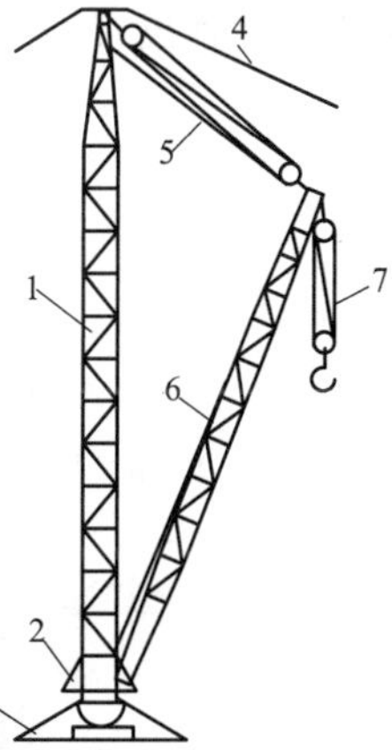

1—拔杆;2—起重臂;3—底座;4—缆风绳;
5—起伏吊杆滑车组;6—吊杆;7—起重滑车组。

图 6.6　牵缆式拔杆起重机

知识拓展：

2023 年，我国自主研制的首台可移动式 1 000 t 级桅杆式起重机顺利完成装载，具有智能化程度高、安装简便、灵活可移动、抗风能力强等特点，可大幅降低大件货物装卸费用，经济、社会效益显著，填补了国内多项技术空白，综合性能达到国际先进水平。

6.1.2 自行杆式起重机

自行杆式起重机是中小型建筑安装工程中用得最多、最广泛的起重机。自行杆式起重机优点是灵活性好、起重高度大、工作速度快；缺点是稳定性小，起吊时必须把起重机支承在随机支腿上，对道路要求较高，起重机的成本比较高。

1)自行杆式起重机的分类

常用的自行杆式起重机有汽车式起重机、履带式起重机、轮胎式起重机三种。

(1)汽车式起重机

汽车式起重机是将起重机构安装在汽车底盘上的起重机械(图 6.7)，具有汽车的行驶性能，机动性、适应性强，被应用广泛。但汽车式起重机吊装时需使用支腿，不能负载行驶，也不适于在松软或泥泞的场地上工作。

图 6.7　汽车式起重机

(2)履带式起重机

履带式起重机由是在行走的履带底盘上装上起重装置的起重机械(图 6.8)。履带式起重机操作灵活，能够自行、全回转，有较大的起重能力，在平坦坚实的道路上还可负载行走。但履带式起重机行走速度慢，对路面破坏性大，在进行长距离转移时，应用平板拖车或铁路平板车运输。

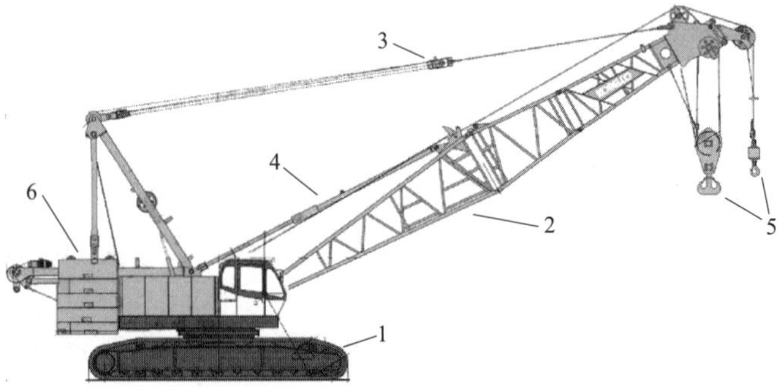

1—履带；2—起重臂；3—起落起重臂钢丝绳；4—起落吊钩钢丝绳；5—吊钩；6—机身。

图 6.8　履带式起重机

(3)轮胎式起重机

轮胎式起重机是一种装在专用轮胎式行走底盘上的起重机(图 6.9)，其底盘系专门设计、制造。其性能特点则与汽车式起重机有许多相同之处，主要差别是轮胎式起重机行驶速度较慢，但可以负荷行驶。因此，轮胎式起重机不宜长距离行驶，适宜作业地点相对固定且作业量较大的场合。

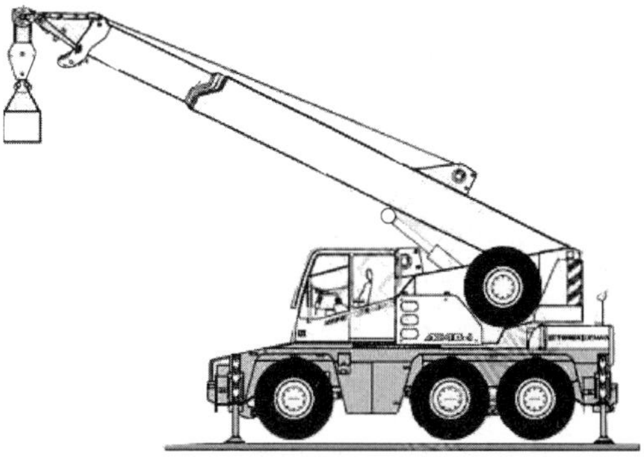

图 6.9 轮胎式起重机

2)自行式起重机选用

对于自行式起重机的选用，除根据施工环境确定行走机构类型外，还需要根据起重量、起重高度、工作幅度(起重半径)三项技术参数综合选择起重机的型号。可明确，起重机的起重量必须大于吊装构件与索具的质量之和；同时，起重高度必须满足所吊构件吊装高度的要求。需要说明的是，起重机的起重量和起重高度随着起重半径的不同而动态变化，当现场存在障碍物导致起重机无法接近起吊物时，则需要考虑起重半径对起重量、起重高度的影响，反之仅考虑最大起重量、最大起重高度即可。对此，起重机厂商会提供起重机的起重性能曲线图[图 6.10(a)]和起重性能表[图 6.10(b)]，技术人员需通过这两个图表查询起重机在不同起重半径下的起重高度和起重量，并预先验算是否符合跨越场地内障碍物的要求。

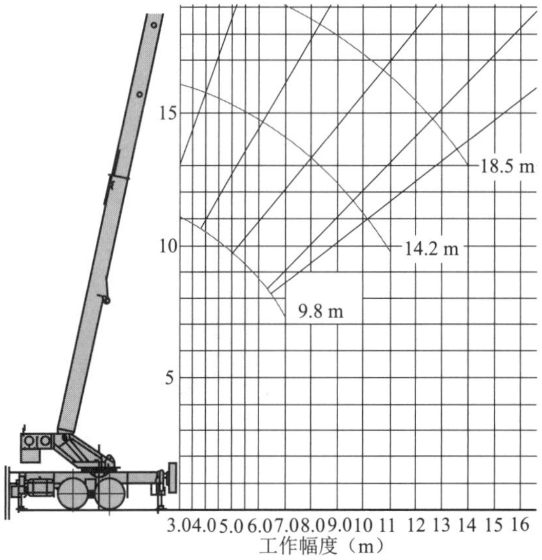

(a) 起重性能曲线图（部分）

工作幅度（m）	起重臂长（m）		
	9.8	14.2	18.5
3.0	12 000	9 500	8 800
3.5	12 000	9 500	8 600
4.0	11 000	9 500	8 400
4.5	10 200	9 500	8 200
5.0	8 000	7 800	8 000
5.5	6 200	6 400	6 500
6.0	5 000	5 200	5 400
6.5	4 200	4 250	4 600
7.0	3 400	3 600	3 900
8.0		2 600	2 900
9.0		2 050	2 300
10.0		1 600	1 800
11.0		1 300	1 400
12.0			1 100
14.0			800

(b) 起重性能表（部分）（单位：kg）

图 6.10 某国产 STC120T 汽车起重机的起重性能曲线和起重性能表示例

典型案例：

某拆除工程，在吊运钢筋混凝土块过程中，发生汽车起重机倾覆事故，造成 2 人受伤、4 户民房受损。经调查，事故原因是：施工单位违反规定，汽车起重机支腿未全部展开，且局部支腿基础位于软土地基上，导致起吊后支腿沉陷、整机失稳发生倾覆。

6.1.3 塔式起重机

塔式起重机是一种具有竖向塔身，起重臂安在塔身顶部并可作 360°回转的臂式起重机。其具有较高的起重高度、工作幅度和起重能力，操作、装拆方便，在大型建筑工程中应用广泛。塔式起重机根据行走机构、变幅方式、回转机构位置及爬升方式的不同可分成若干类型。

1)轨道式塔式起重机

轨道式塔式起重机(图 6.11)是一种在轨道上行驶的起重机，能完成水平运输和垂直运输，并负荷在直线或曲线轨道上运行，但需要铺设轨道，装拆及转移耗费工时，且台班费较高。

图 6.11 轨道式塔式起重机

2)爬升式塔式起重机

爬升式塔式起重机，又称内爬式塔式起重机，其安装在建筑物内部电梯井或特设开间的结构上，可以借助爬升机构随建筑物的升高而向上爬升。一般每隔 1～2 层楼便爬升一次。其特点是塔身短，不需轨道和附着装置，不占施工场地，全部荷载均由建筑物承受，折卸时需在屋面架设辅助起重设备。

塔式起重机的爬升过程如图 6.12 所示，先用起重钩将套架提升到一个塔位处予以固定[图 6.12(a)]，然后松开塔身底座梁与建筑物骨架的连接螺栓，后收回支腿，将塔身提至需要位置[图 6.12(b)]；最后旋出支腿，扭紧连接螺栓，即可再次进行安装作业[图 6.12(c)]。

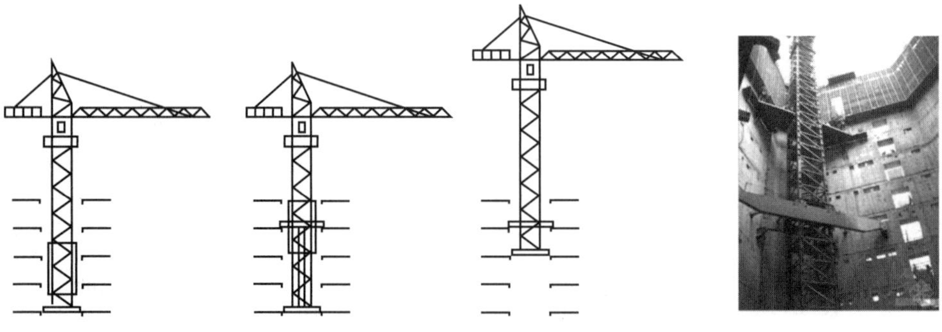

(a) 准备状态　(b) 提升套架　(c) 提升起重机　(d) 爬升塔式起重机现场照片

图 6.12 爬升塔式起重机爬升过程

3)附着式塔式起重机

附着式塔式起重机，又称自升塔式起重机，紧靠在建建筑物布置，塔身可借助顶升系统自行向上接高，随着建筑物和塔身的升高，每隔 20 m 左右采用附着支架装置，将塔身固定在建筑物上，以保持稳定，如图 6.13 所示。

4)塔式起重机械的选择与布置

(1)型号选择

塔式起重机的型号选择也是依据塔式起重机的三个主要参数：起重量、起重高度及起重半径。现以轨道式塔式起重机为例，说明三个参数的确定方法：根据建筑物的结构情况绘制剖面图，如图 6.14 所示；在剖面图上注明最高一层各主要构件的重量及所需的起重半径 R，根据所需

的最大起重力矩 M 及最大起重高度 H 来选择型号。M 与 H 可以通过式(6.1)和式(6.2)计算。

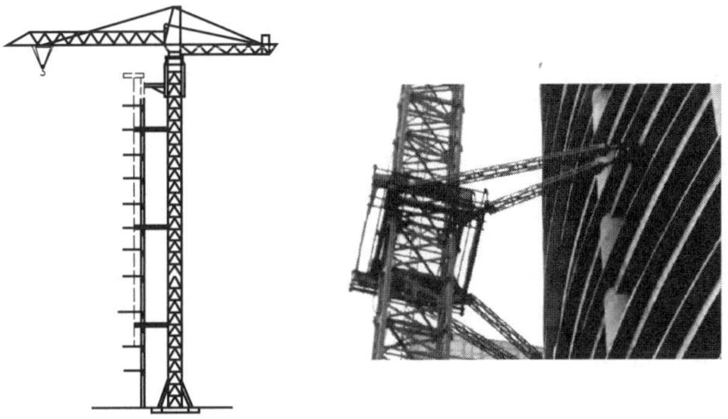

（a）附着式塔式起重机侧面图　（b）附着式塔式起重机附着支架特写

图 6.13　附着式塔式起重机

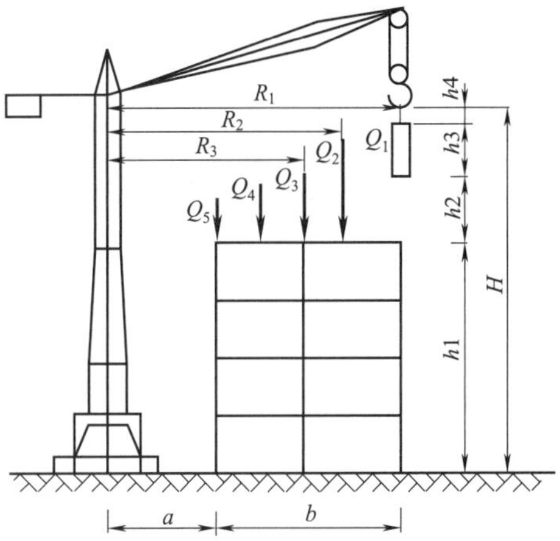

图 6.14　塔式起重机工作参数计算简图

$$M=QR=Q(a+b) \tag{6.1}$$

$$H=h_1+h_2+h_3+h_4 \tag{6.2}$$

式中　M——起重力矩(kN·m)；

Q——起重量(kN)，为构件重量＋吊钩重量＋吊索重量；

R——起重半径(m)；

a——起重机底盘中心至建筑物边缘的距离(m)；

b——建筑物宽度(m)；

H——起重高度(m)；

h_1——结构高度(m)；

h_2——构件与结构的必须距离(m)；

h_3——构件高度(m)；

h_4——吊索长度(m)。

(2)平面布置

起重机的布置方案主要根据建筑物的平面形状、构件重量、起重机性能以及现场地形等条件来确定。以轨道式塔式起重机为例，其布置形式，如图 6.15 所示。

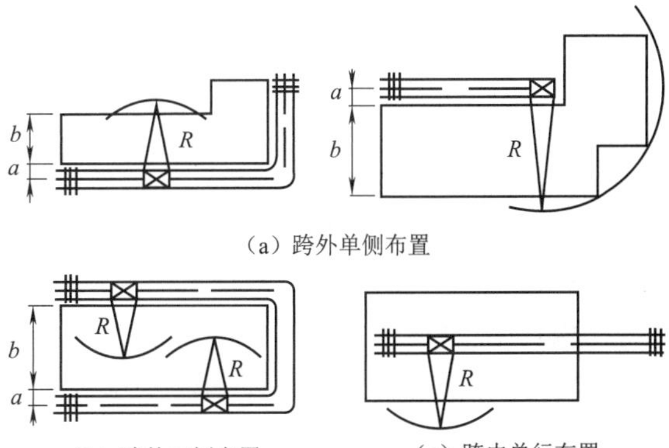

（a）跨外单侧布置

（b）跨外双侧布置　（c）跨内单行布置

图 6.15　塔式起重机布置方案

①跨外单侧布置[图 6.15(a)]

跨外单侧布置适用于房屋宽度较小(15 m 左右)、构件重量较轻(20 kN 左右)的情况，此时起重半径应满足式(6.3)的要求。

$$R \geqslant b+a \tag{6.3}$$

式中　R——塔式起重机吊装最远构件时的起重半径(m)；

b——建筑物宽度(m)；

a——塔式起重机的轨道中心线至建筑物外侧的距离，一般为 3～5 m。

此种布置形式的优点是轨道长度较短，并在起重机的外侧有较宽的构件堆放场地。

②跨外双侧布置[图 6.15(b)]

跨外双侧布置适用于建筑物宽度较大、构件较重、起重机不能满足最远构件的吊装要求，此时双侧布置时起重半径应满足式(6.4)的要求。

$$R \geqslant \frac{b}{2} + a \tag{6.4}$$

在吊装工程量大、工期紧迫时，可在房屋两侧各布置一台起重机；反之，则可用一台起重机环形吊装。

③跨内单行布置[图 6.15(c)]

当建筑场地狭窄、起重机不能布置在建筑物外侧或起重机布置在建筑物外侧而起重机的性能不能满足构件的吊装要求时采用跨内单行布置。其优点是：可减少轨道长度，并节约施工用地；缺点是只能采用竖向综合安装，结构稳定性差；构件多布置在起重半径之外，需增加二次搬运；对房屋外侧围护结构吊装也较困难。此外，房屋的一端还应有 20～30 m 的场地，作为塔吊装拆之用。

④跨内环形布置

当构件较重、起重机跨内单行布置时，起重机的性能不能满足构件的吊装要求，同时，起重机不能跨外环形布置时，采用跨内环形布置。

6.2 常见吊装工具

6.2.1 钢丝绳

结构吊装中，常用的钢丝绳是先由若干根直径为 0.4～2 mm 的高强钢丝捻成股，再由若干股围绕绳芯(一般为麻芯)捻成绳，如图 6.16 所示。钢丝绳按每股钢丝数量的不同可分为6×19＋1(6 股 19 丝，后边的 1 表示一根绳芯)、6×37＋1 和 6×61＋1 三种。6×19＋1 钢丝绳的钢丝较粗，耐磨、较硬、不易弯曲，可作缆风和吊索；6×37＋1 钢丝绳比较柔软，常用来穿滑车组和作吊索用；6×61＋1 钢丝绳主要用于重型起重机械中。

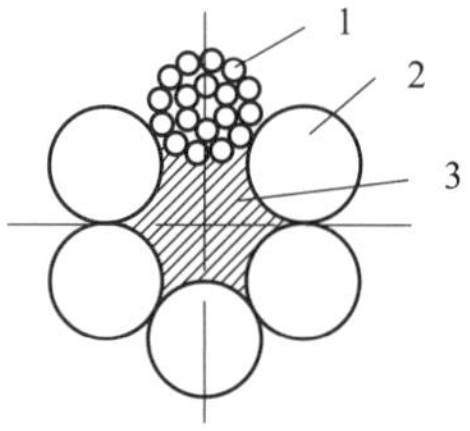

1—高强钢丝；2—钢丝股；3—绳芯。

图 6.16 普通钢丝绳的截面

钢丝绳还可以根据捻制方向的不同，划分为顺捻绳、反捻绳和混合捻绳三种。

1)顺捻绳

顺捻绳[图 6.17(a)]，每股钢丝的捻制方向与钢丝股的搓捻方向相同。这种钢丝绳柔性好，表面较平整、不易磨损；但容易松散、扭结卷曲，吊重物时易使重物旋转。一般多用于拖拉或牵引装置。

2)反捻绳

反捻绳[图 6.17(b)]，每股钢丝的捻制方向与钢丝股的搓捻方向相反。这种钢丝绳较硬，强度较高，不易松散，吊重物时不会扭结旋转，多用于吊装工作。

3)混合捻绳

混合捻绳[图 6.17(c)]，相邻两股的钢丝绕向相反，这种钢丝绳性能介于两者之间，制造复杂，用的较少。

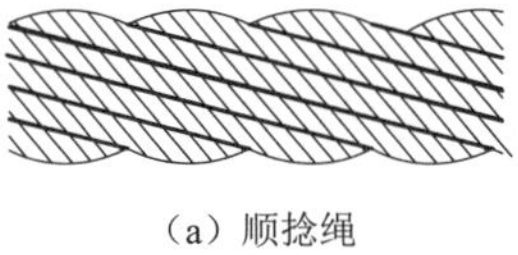

（a）顺捻绳

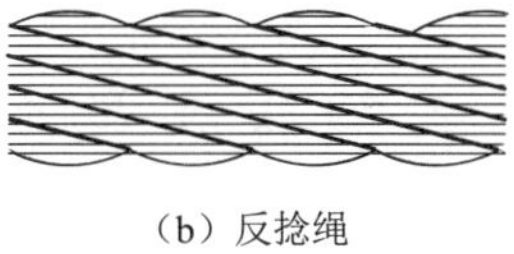

（b）反捻绳

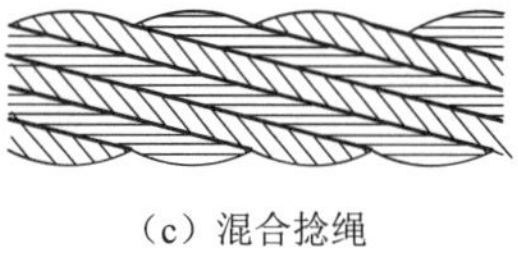

（c）混合捻绳

图 6.17 钢丝绳的捻制方向

6.2.2 吊索

吊索(图 6.18)主由钢丝绳制成,用于绑扎构件以便起吊。有环状吊索(又称万能吊索或闭式吊索)和 8 股吊索(又称轻便吊索或开式吊索)两种。

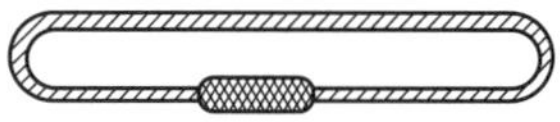

（a）环状吊索

（b）8股吊索

图 6.18 吊索

6.2.3 横吊梁

横吊梁又称铁扁担,在吊装中可减小起吊高度,满足吊索水平夹角的要求,使构件保持垂直、平衡、便于安装。横吊梁的形式有滑轮横吊梁[图 6.19(a)],一般用于吊小于 8 t 重的柱;钢板横吊梁[图 6.19(b)],用于吊 10 t 以下的柱;钢管横吊梁[图 6.19(c)],钢管长 6～12 m,一般用于吊屋架。

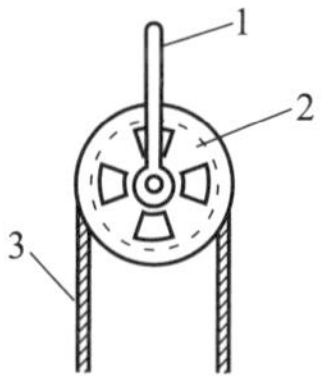

（a）滑轮横吊梁

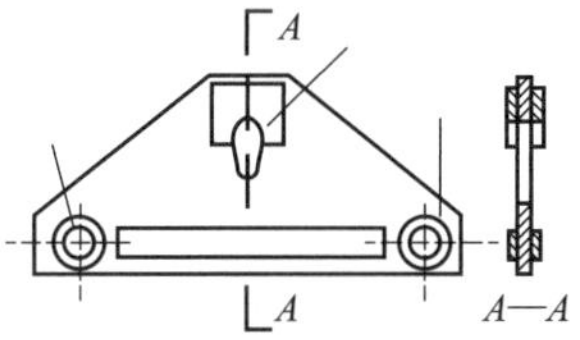

（b）钢板横吊梁

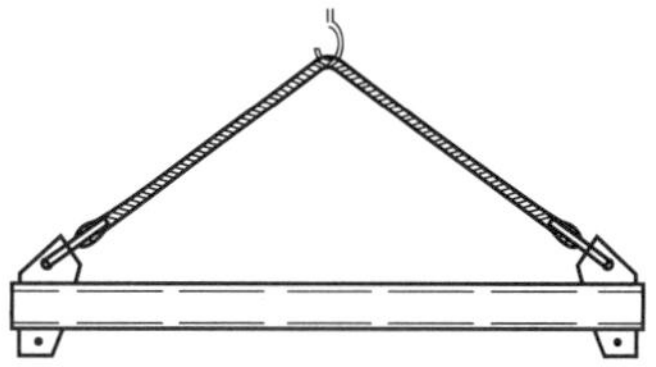

（c）钢管横吊梁

图 6.19 横吊梁

6.2.4 卡环

卡环又名卸甲,用于吊索和吊索或吊索和构件吊环之间的连接,有螺栓式卡环[图 6.20(a)]、活络卡环[6.20(b)]和马蹄形卡环[图 6.20(c)]。活络卡环的使用方法如图 6.21 所示。

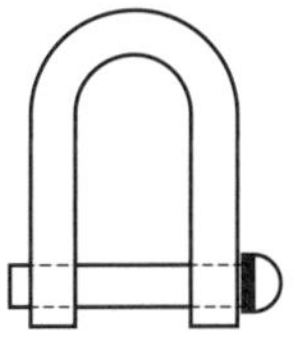

（a）螺栓式卡环

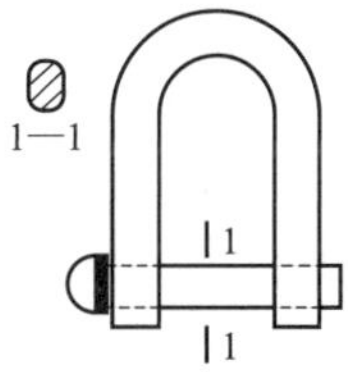

（b）椭圆销活络卡环

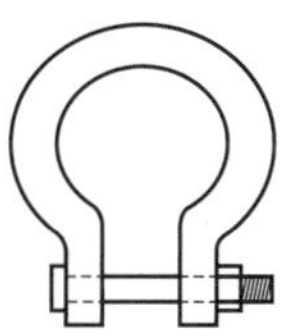

（c）马蹄形卡环

图 6.20 卡环

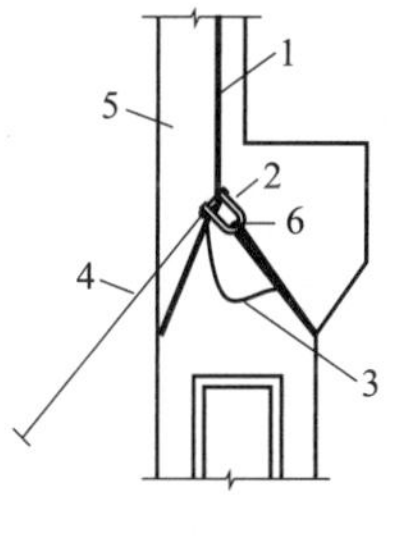

1—吊索;2—活络卡环;3—销子安全绳;4—白棕绳;5—柱;6—铅丝。

图 6.21 用活络卡环绑扎柱

6.3 装配式钢筋混凝土结构施工

装配式钢筋混凝土多层结构，又称 PC 结构(prestressed concrete structure)，是我国建筑业大力推广的装配式建筑结构形式之一，其最大特点是采用工业化生产的方式，对标准化构件进行现场结构安装，施工过程可以划分为非现场环节、运输环节、现场环节三部分(图 6.22)。非现场环节是指在预制构件厂中进行构件制作，完成后通过运输环节运送到施工场地。现场环节则包括在施工地点对构件进行堆放、起吊、锚固等工作。为了加快施工进度、减少仓储成本，三个环节通常动态交织进行。

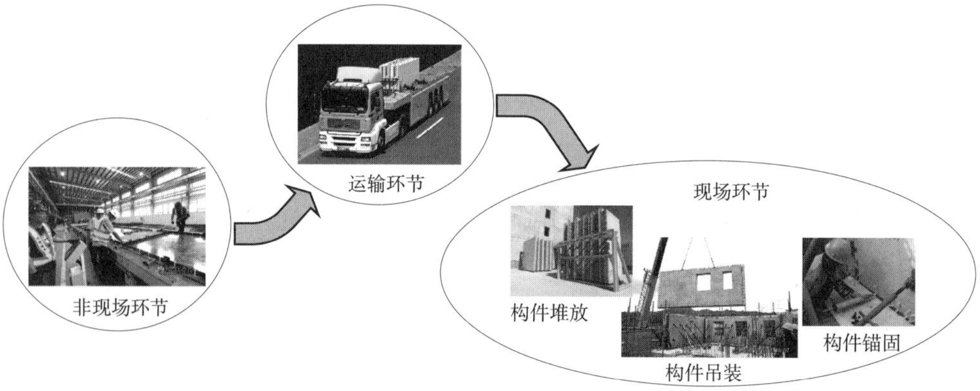

图 6.22 装配式建筑施工全过程

6.3.1 构件制作

装配式建筑构件的设计一般遵循标准化原则，以保证模具可以重复使用。常见的结构预制构件有：预制柱、预制梁、预制楼板、预制墙板、预制楼梯等。预制构件在预制构件工厂通过标准化、流水化、蒸汽养护的方式进行生产。构件厂内包括混凝土搅拌站、钢筋加工车间、构件制作车间、构件堆放场地、材料仓库、试验室、模具车间等设施。

构件生产方式有固定模台式工艺、流动模台工艺两大类。其中，固定模台式工艺是将模具布置在固定的位置，人员通过流动进行生产的方式；流动模台式工艺是人员位置固定，将模具放在流水线上，进行构件流动的生产方式。

1)固定模台式工艺

固定模台是一块平整度较高的钢结构平台(图 6.23)，也可以是高平整度、高强度的水泥基材料平台。以固定模台作为底模，在上面固定构件侧模，则可以作为模具来生产预制构件。

固定模台工艺是在车间里布置一定数量的固定模台，在上面流水进行组模、放置钢筋与预埋件、浇筑振捣混凝土、养护构件和拆模。所有模具均固定不动，作业人员与钢筋、混凝土等材料在各个模台间“流动”。此外，一般情况下，养护蒸汽管道通至各个模台下，采用构件就地养护的方式，构件脱模后再用起重机送到存放区。

立模工艺是另一种固定模台的生产方式。其最大特点是将面积较大的构件“竖向”制作(图 6.24)，可以大幅节约车间场地，且脱模后也不需要翻转，进一步提高了生产效率。其他工艺流程与固定模台工艺相同。

图 6.23 固定模台

图 6.24 预制构件的立模生产工艺

2)流动模台式工艺

流水线工艺是将模台放置在流水线(滚轴或轨道)上(图 6.25),使其移动依次通过不同的工作区后(组模、组装钢筋及预埋件、浇筑、振捣等),移动至养护窑进行养护。养护结束出窑后,移到脱模区脱模,构件或被吊起,或在翻转台翻转后吊起,然后运送到构件存放区。

图 6.25 预制构件的流水线生产工艺

6.3.2 构件运输与堆放

每一批构件养护完毕后,即进行临时堆放以腾出模台,并需要按照进度计划从工厂运输到施工地点,临时堆放等待安装。在此期间,不正确的运输、堆放方式,会导致构件在重力的作用下产生损坏,既耽误工期又易造成经济损失。因此,制定正确的构件运输、堆放方案非常重要,需要根据构件的大小、重量、搬运距离、道路状况等,科学设计搬运路径、使用车型及装车方法等。

1)构件堆放

预制构件运送到施工地点后,堆场应设置在吊车工作范围内,以有效避免起吊盲点,堆垛之间宜设置通道。现场运输道路和堆场应平整坚实,并有排水措施。此外,进入施工现场的道路,应满足预制构件的运输要求。在卸放、吊装工作范围内,不得有障碍物,并应有可满足预制构件周转使用的场地。

预制构件的堆放,应按规格、品种、所用部位、吊装顺序分别设置堆场,如图 6.26 所示。竖向构件应尽可能层叠堆放(叠放层数不应大于 3 层);预制外墙板可采用插放或靠放,堆放架应有足够的刚度,并需用支垫稳固,防止倾倒或下沉;预制叠合楼板可采用叠放方式,层与层之间应垫平、垫实,各层支垫必须在一条垂直线上,叠放层数不应大于 6 层。

（a）预制柱层叠堆放

（b）预制梁单层堆放

（e）预制墙板层堆放

（c）预制楼板层叠堆放

（d）预制楼梯板层叠堆放

图 6.26　不同类型构件的堆放

2)构件运输

预制构件混凝土强度,应在达到设计强度等级时,方可运输。宜选用低平板车(图 6.27),车上应设有专用架,且有可靠的稳定构件措施。

图 6.27　低平板运输车

一般来说,梁、柱宜采用层叠方式运输[图 6.28(a)];预制墙板宜采用竖直立放式运输[图 6.28(b)];预制楼板、预制楼梯可采用平放层叠的方式运输,并正确选择支垫位置[图 6.28(c)]。

（a）预制柱的运输

（b）预制墙板的运输

（c）预制楼板的运输

图 6.28　不同类型构件的运输

6.3.3 构件吊装

吊装前，应准备好吊具，清点临时堆放点内的构件数量，并按吊装流程核对构件编号及标记。施工时按照编号逐一吊装。

1)吊点和吊具

预制构件起吊时，吊点合力应与构件重心重合，宜采用可调式横吊梁均衡起吊就位。预制构件吊具宜采用标准吊具，吊具应经验算有足够安全度。吊具可采用预埋吊环或埋置式接驳器的形式。

2)找平与放线

为保证预制构件安装就位准确，吊装前应按设计要求在构件和相应的支承结构上，标记中心线、标高等控制尺寸，并按设计要求校核预埋件及连接钢筋等，作出相应标记。

3)构件吊装作业

构件吊装作业的基本工序：①在被吊装构件上系好定位牵引绳；②在吊点“挂钩”；③构件缓慢起吊，提升到约半米高度，观察有无异常现象，如吊索平衡，再继续吊起；柱子吊装是从平躺状态变成竖直状态，在翻转时，柱子底部须隔垫硬质聚苯乙烯或橡胶轮胎等软垫；④将构件吊至比安装作业面高出 3 m 以上，且高出作业面最高设施 1 m 以上高度时，再平移构件至安装部位上方，然后缓慢下降高度；⑤构件接近安装部位时，安装人员用牵引绳调整构件位置与方向；⑥构件高度接近安装部位约 1 m 处，安装人员开始用手扶着构件引导就位；⑦构件就位过程中须慢慢下落，柱子和剪力墙板的套筒(或浆锚孔)对准下部构件伸出钢筋；楼板、梁等构件对准放线弹出的位置或其他定位标识；楼梯板安装孔对准预埋螺母等；构件缓慢下降直至平稳就位；⑧检查安装误差是否在允许范围内，如果构件安装位置和标高大于允许误差，需进行调整校正。

6.3.4 构件锚固

构件安装就位并调整校正后，应尽快将构件锚固到结构上。目前，常用的锚固方式为套筒灌浆连接(图 6.29)，施工时将吊装构件的锚固钢筋插入已安装构件的套筒内(图 6.30)，之后高压压入的灌浆材料充满套筒内腔，经凝结硬化后锚固为一个整体。

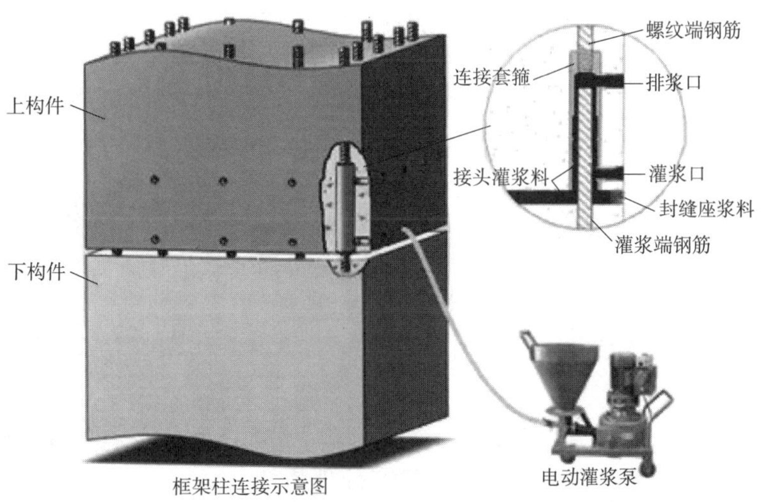

图 6.29 套筒灌浆连接

图 6.30 锚固钢筋孔位对接

灌浆套筒按照灌浆料的不同，可分为灌水泥浆套筒、灌胶套筒等；按照连接方式的不同可以分为全灌浆套筒和半灌浆套筒。

1)全灌浆套筒

全灌浆套筒为两端均采用套筒灌浆料连接的套筒(图 6.31)。

1—排浆口；2—灌浆口；3—钢筋；4—接头灌浆料。

图 6.31 全灌浆套筒

2)半灌浆套筒

半灌浆套筒为一端采用套筒灌浆连接方式，另一端采用机械连接方式(如螺旋方式)连接的套筒(图 6.32)。

1—排浆口；2—灌浆口；3—钢筋；4—接头灌浆料；5—套筒。

图 6.32 半灌浆套筒

3)灌浆作业

灌浆作业应采取压浆法从下口灌注，当灌浆料从上口流出时应及时封堵出浆口(图 6.33)。保持压力 30 s 后，再封堵灌浆口。灌浆后 12 h 内，不得使构件和灌浆层受到振动、碰撞。冬期施工时，环境温度应在 5 ℃以上，并应对连接处采取加热保温措施，保证浆料在 48 h 凝结硬化过程中，连接部位温度不低于 10 ℃。

图 6.33 灌浆作业

6.3.5 吊装方案

装配式钢筋混凝土多层结构的吊装方案有分件吊装法、节间吊装法、综合吊装法三类。

1)分件吊装法

起重机开行一次仅吊装一种构件,如先吊装柱,再吊装梁,最后吊装板。为使已吊装构件尽早形成稳定的结构,分件吊装法又分为分层分段流水吊装法和分层大流水吊装法。

分层分段流水吊装法是以一个楼层为一个施工层(如柱子是两层一节,则以两个楼层为一个施工层),每个施工层又划分成若干个施工段,以便构件吊装、校正、焊接、接头灌浆等工序的流水作业。起重机在每一施工段做数次往返开行,每次开行吊装该段内的一种构件,待一层各施工段构件全部吊装完毕并固定后,再吊装上一层构件。

【例】运用分层分段流水吊装法,通过塔式起重机吊某装配式钢筋混凝土多层结构的实例(图 6.34)。起重机依次吊装第一施工段 1~14 号柱,柱的校正、锚固等工序依次进行。吊完 14 号柱后,回头吊装 15~22 号梁,各梁的校正、锚固等工序依次进行。如此完成第一施工段中柱、梁构件的吊装,形成框架保证结构的稳定性。然后,采用同样的方法,吊装第二施工段中的柱和梁。待第一、二段的柱和梁吊装完毕,再依次吊装这两个施工段 64~75 号楼板。然后,采用同样的方法,吊装第三、四两个施工段。一个施工层完成后,再向上吊装另一施工层。

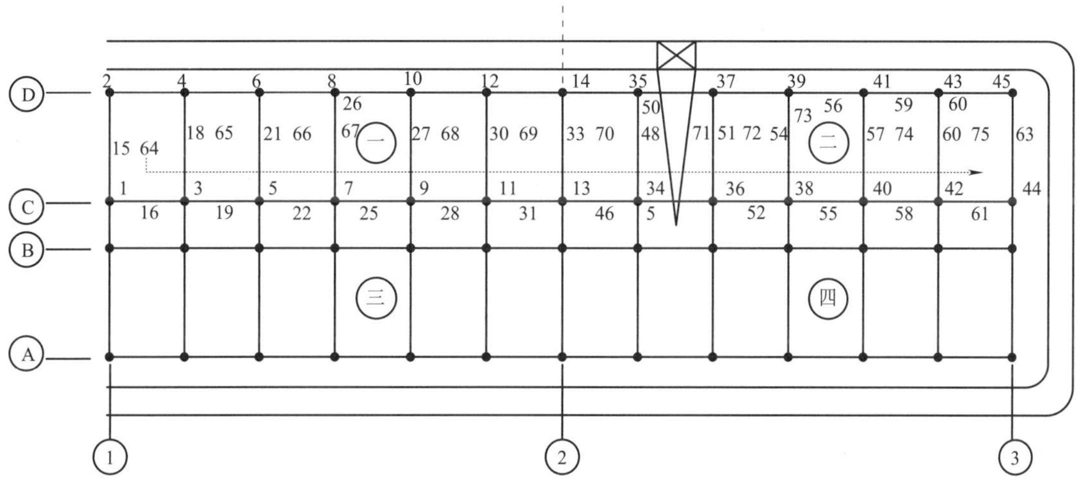

图 6.34　用分层分段流水吊装法吊装一个楼层的构件

分层大流水吊装法是每个施工层不再划分施工段,而按一个楼层组织各工序的流水。因此,所需临时固定支撑较多,仅适于在面积不大的房屋中采用。

2)节间吊装法

节间吊装法是以一个节间或几个节间为一个施工段,以房屋的全高为一个施工层来组织各工序的流水。起重机把一个施工段的构件吊装至房屋的全高,后转移到下一个施工段。

【例】图 6.35 所示为采用履带式起重机跨内开行以综合吊装法吊装两层框架结构的实例。该工程采用两台履带式起重机,其中[1]号起重机吊装 CD 跨的构件,首先吊装第一节间的 1~4 号柱(柱是一节到顶),随即吊装该节间的 5~8 号楼层梁,形成框架后,接着吊该层 9 号楼板;然后吊装 10~13 号屋面梁和 14 号屋面板。这样,起重机退一个停机位置,再用相同的顺序吊装第二节间,余类推,直到吊完 CD 跨全部构件后退场。[2]号起重机则在 AB 跨开行,负责吊装 AB 跨的柱、梁和板,再加 BC 跨的梁和板,吊装方法与[1]号起重机相同。

3)综合吊装法

综合吊装法即一部分构件(如柱子)采用分件吊装法,另一部分构件(如梁、板等)采用节间吊装法。

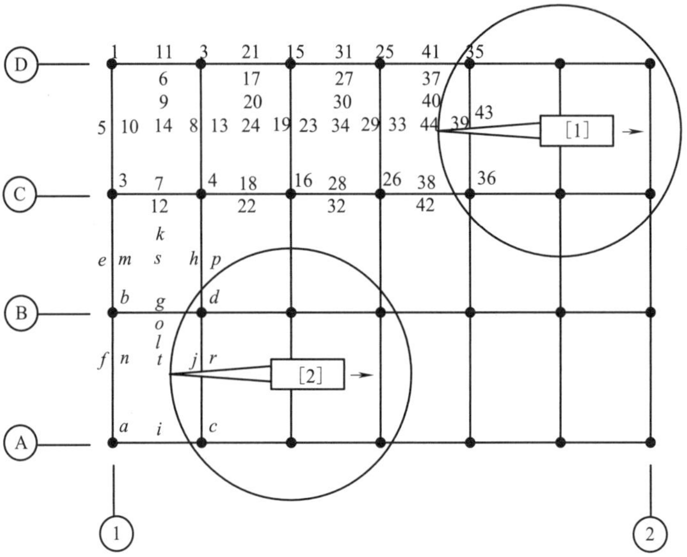

1,2,3,4,…,[1]号起重机吊装顺序;$a,b,c,d,\cdots$,[2]号起重机吊装顺序。

图 6.35　节间吊装法吊装框架结构

6.3.6　构件平面布置

构件平面布置是设计预制构件在施工现场临时堆放的位置,一般取决于建筑物结构特点、起重机的类型、型号及布置方式。构件布置应遵循如下原则:①尽可能布置在起重机的起重半径范围内,以免二次搬运;②重型构件靠近起重机布置,中小型则布置在重型构件外侧;③构件布置地点应与吊装就位的布置相配合,尽量减少吊装时起重机的移动和变幅;④构件迭层预制时,应满足安装顺序要求,先吊装的底层构件在上,后吊装的上层构件在下。

【例】图 6.36 所示为使用塔式起重机跨外吊装多层装配式框架结构的构件平面布置实例。柱布置在靠近起重机轨道外,梁板布置在较远处。

【例】图 6.37 所示为使用爬升式起重机跨内吊装高层框架结构的构件平面布置实例。全部构件集中工厂预制,然后运到工地吊装。除楼板和墙板直接运到现场存放外,其他构件均在现场附近另辟转运站,吊装时再转运一次,由一台履带式起重机在现场卸车。

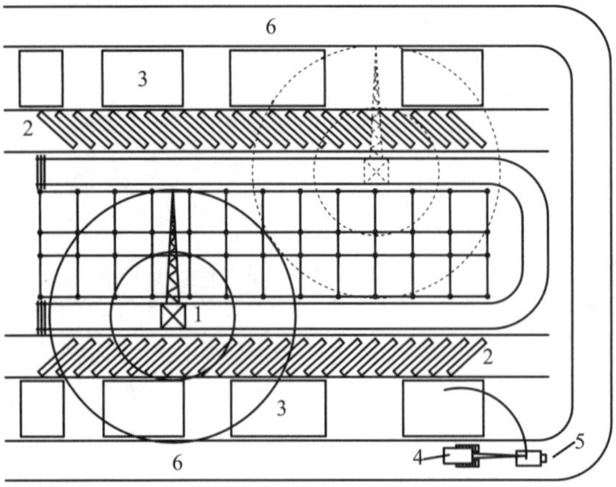

1—塔式起重机;2—预制柱场地;3—梁板堆场;
4—汽车起重机;5—载重汽车;6—道路。

图 6.36　爬升式塔式起重机吊装框架结构

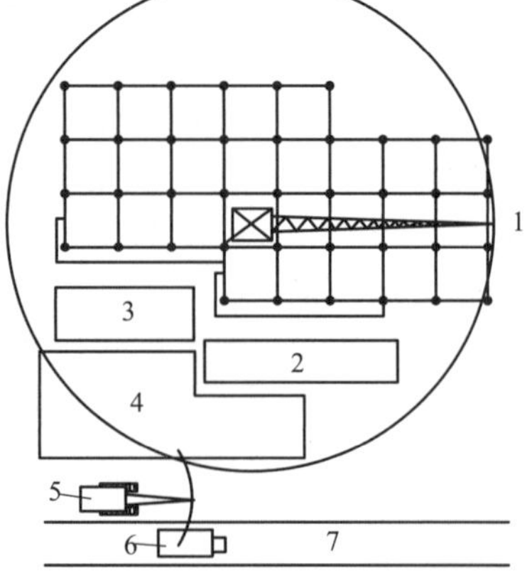

1—爬升式塔式起重机;2—墙板堆放区;3—楼板堆放区;
4—柱梁堆放区;5—履带式起重机;6—载重汽车;7—道路。

图 6.37　爬升式塔式起重机吊装框架结构

6.4 高层钢结构施工

6.4.1 高层钢结构施工的特点

高层钢结构安装工程一般多位于市区，钢结构构件数量多、施工现场占地狭小，需要组织立体交叉施工，受气候、材料、构件制作质量等影响较大，总体安装标准较高。

6.4.2 钢构件的连接

钢结构构件之间的连接部位要有足够的强度，构件之间保持正确的位置，连接方法分为焊接、铆接、普通螺栓连接、高强螺栓连接。各连接方法的特点和适用范围见表 6.1。

表 6.1 钢结构构件连接方法及适用范围

连接方法		特点	适用范围
焊接		1. 构造简单，加工方便，易于自动化操作；2. 不削弱构件截面，可节约钢材；3. 对疲劳较敏感	除少数直接承受动力荷载的结构连接不宜采用，可广泛应用于工业与民用建筑钢结构中
铆接		1. 韧性和塑性较好，传力可靠，质量易于检查；2. 构造复杂，用钢量多，施工麻烦	1. 用于直接承受动力荷载的结构连接 2. 按荷载、计算温度及钢号宜选用铆接的结构
普通螺栓连接	C 级	1. 杆径与孔径间有较大空隙，结构拆装方便；2. 只能承受拉力；3. 费料	1. 适用于安装连接和需要装拆的结构 2. 用以承受拉力的连接
	A 级 B 级	1. 杆径与孔径间隙小，制造和安装较复杂，费料费工；2. 能承受拉力和剪力	用于有较大剪力的安装连接
高强螺栓连接		1. 连接紧密 2. 受力好，耐疲劳 3. 安装简单迅速，施工方便 4. 便于养护和加固	1. 用于直接承受动力荷载的结构连接 2. 钢结构的现场拼装和高空安装连接的重要部位，应优先采用 3. 在铆接结构中，松动的铆钉可用高强螺栓替换 4. 凡不宜用焊接而用铆接的，可用高强螺栓代替

1）焊接连接

焊接是将需要连接的构件在连接部位加热到熔化状态后使构件连接起来的加工方法；有时也在半熔化状态下加压力使其连接，或在其间加入其他熔化状态的金属使构件冷却后连成一体的加工工艺方法。焊接的优点是公构件上不需要钻孔、构造简单、加工简便，且不削弱构件截面。建筑钢结构焊接方法见表 6.2。

表 6.2 焊接形式

焊接类别			特点	适用范围
电弧焊	手工焊	交流焊机	设备简单，操作灵活，可进行各种位置的焊接，是建筑工地应用最广泛的焊接方法	焊接普通钢结构
		直流焊机	焊接技术与交流焊机相同。成本比交流焊机高，但焊接时电弧稳定	焊接要求较高的钢结构
	埋弧自动焊		效率高，质量好，操作技术要求低，劳动条件好，宜于工厂中使用	焊接长度较大的对接、贴角焊缝，一般是有规律的直焊缝
	半自动焊		与埋弧自动焊基本相同，操作较灵活，但使用不够方便	焊接较短的或弯曲的对接、贴角焊缝
	CO_2 气体保护焊		用 CO_2 或惰性气体保护的光焊条焊接，可全位置焊接，质量较好，焊时应避风	薄钢板和其他金属焊接

续上表

焊接类别	特点	适用范围
电渣焊	利用电流通过熔渣产生的电阻热将填充金属熔化,凝固后形成牢固连接,能焊大厚度焊缝钢等焊接	大厚度钢板、粗直径圆钢和铸件
气压焊	利用乙炔、氧气棍合燃烧的火焰熔融金属进行焊接。焊有色金属、不锈钢时需气焊粉保护	薄钢板、铸铁件、连接件和堆焊
接触焊	利用电流通过焊件时产生的电阻热焊接,建筑施工中多用于对焊、点焊件焊接	钢筋对焊,钢筋网点焊、预埋件焊接
高频焊	利用高频电阻产生的热量进行焊接	薄壁钢管的纵向焊缝

限于成本、应用条件等原因,在钢结构制作、安装领域中,电弧焊被广泛采用。此外,在某些特殊应用场合,则必须使用电渣焊和栓焊。

2)普通螺栓连接

常用的普通螺栓有六角螺栓、双头螺栓、地脚螺栓等,如图 6.38 所示。

(a)六角螺栓

(b)双头螺栓

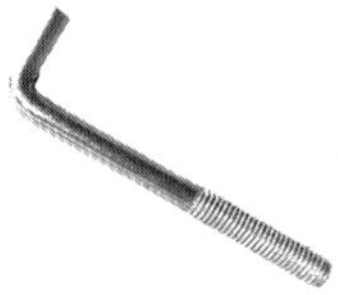
(c)地脚螺栓

图 6.38 普通螺栓

(1)六角螺栓

六角螺栓[图 6.38(a)]按制造质量和产品等级分为 A、B、C 三种。A 级螺栓通称为精制螺栓,B 级螺栓为半精制螺栓。A、B 级螺栓适用于拆装式结构或连接部位需传递较大剪力的重要结构的安装。C 级螺栓通称为粗制螺栓,由未加工的圆杆压制而成,适用于钢结构的临时固定,或只承受钢板间的摩擦阻力。

(2)双头螺栓

双头螺栓[图 6.38(b)],又称为螺柱,多用于连接厚板和不便使用六角螺栓连接的部位,如混凝土屋架、屋面梁悬挂单轨梁吊挂件等。

(3)地脚螺栓

地脚螺栓[图 6.38(c)]是混凝土基础中用以固定钢柱的预埋件。

3)高强度螺栓连接

高强度螺栓是用优质碳素钢或低合金钢材料制成的一种特殊螺栓,现已经成为钢结构连接的主要手段,广泛应用于工业厂房、桥梁、高层钢框架等重要结构中,具有安装简便、迅速、受力性能好、安全可靠等优点。常见的高强度螺栓种类有高强度大六角头螺栓(图 6.39)和扭剪型高强度螺栓(图 6.40)。

图 6.39 高强度大六角头

图 6.40 扭剪型高强度螺栓

4)铆钉连接

将圆钢拉直、切成段、加热(或不加热),放入模子断压,并在一端加工出钉头[图 6.41(a)]。进行结构的铆钉连接时,将半成品铆钉加热,插入构件的装配孔眼,用打铆机具将铆钉镦粗,使之充填孔眼,并将铆钉的另一端加工成钉头[图 6.41(b)]。若空间受到限制,也可以将钉头制成半沉头[图 6.41(c)]或沉头[图 6.41(d)]。

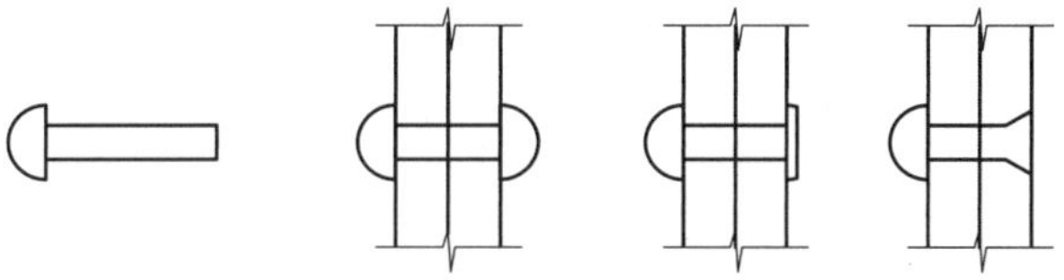

(a) 铆钉　(b) 半圆头　(c) 半沉头　(d) 沉头

图 6.41 铆钉钉头类型

6.4.3 钢构件吊装前准备工作

1)设置构件中转场地

高层钢结构安装根据规定的安装流水顺序进行,钢构件必须按照安装流水顺序的需要配套供应。由于制造厂的钢构件供货往往是分批进行,可能与结构安装流水顺序不一致,需要在现场设置钢构件中转场地用以调节。

钢结构运抵中转堆放场,经过检验后按堆垛分类、配套堆放。堆放钢材时要减少变形和锈蚀,并且应保证钢材提取方便。堆放场地要平整且高于周围地面,要有完善的排水措施,露天堆放时尽量使钢材截面的背面向上或向外,以避免积水(图 6.42),在仓库或顶棚里堆放时可以使钢材大面朝下堆放(图 6.43)。堆放时每隔 5~6 层放置楞木,其间距以不引起钢材明显的弯曲变形为宜。楞木要上下对齐,且在同一垂直平面内。钢板和扁钢的堆放方式如图 6.44 所示。

图 6.42 钢材的露天堆放

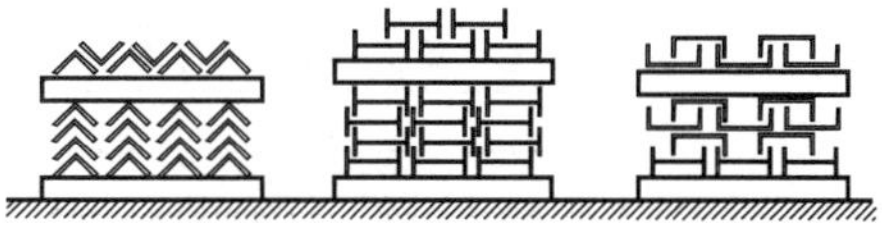

图 6.43 钢材在仓库内的堆放

2)安装前的检查

在安装工作进行前,需要对柱、梁、支撑等主要构件进行检查,检查的项目有外形尺寸、螺栓孔直径及位置、连接件位置及角度、焊缝、栓钉焊、高强度螺栓接头摩擦面加工质量、构件表面油漆等。凡偏差大于规范规定的允许偏差的构件,安装前应在地面进行修理。在符合设计文件或有关标准要求后,方能进行安装。

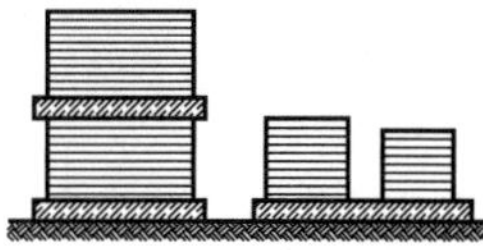

图 6.44 钢板、宽扁钢的堆放

安装前还应对建筑物定位轴线、底层柱的位置线、混凝土基础的标高和强度等级进行复查,合格后方能开始安装。

3)安装流水段的划分

高层钢结构安装需按照建筑物平面形状、结构型式、安装机械数量和位置等划分流水段。平面流水段划分应考虑钢结构安装过程中的整体稳定性和对称性,安装顺序一般由中央向四周扩展,以减少焊接误差。图 6.45 为某钢结构工程的柱子和主梁的安装顺序图,此工程平面上划分为两个流水段，安装原则为从中央向四周扩展。立面流水段划分，以一节钢柱高度内所有构件作为一个流水段。

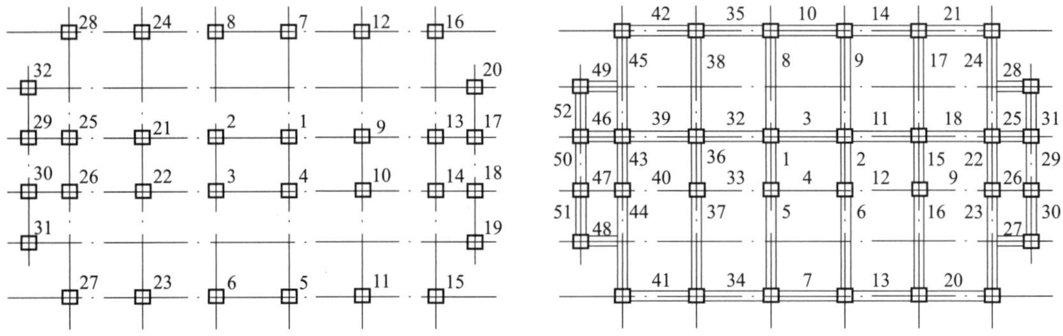

（a）柱子安装顺序图　　（b）主梁安装顺序图

图 6.45　某钢结构工程安装平面流水段划分

6.4.4　钢构件的吊装

1)吊装流程

一个立面流水段内的构件安装流程如图 6.46 所示。

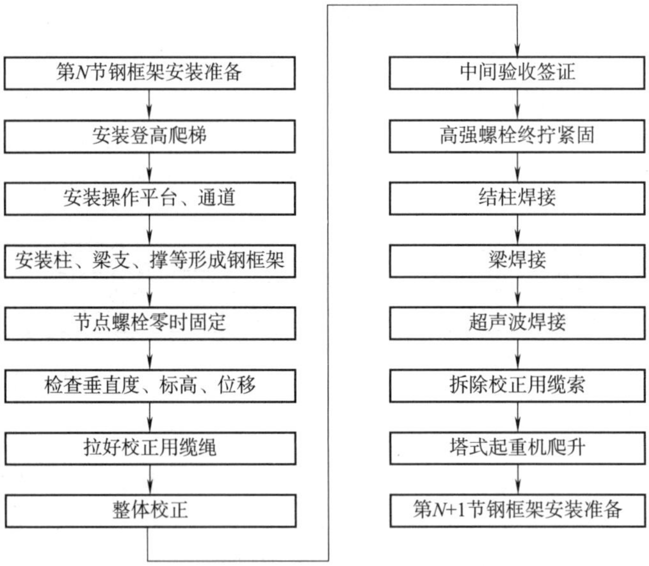

图 6.46　一个立面流水段内构件的安装顺序

2)钢柱的吊装

钢结构高层建筑的柱子，多为 3～4 层一节，节与节之间用坡口焊连接。在吊装第一节钢柱时，应在预埋的地脚螺栓上加设保护套，以免钢柱就位时碰坏地脚螺栓的丝牙。钢柱吊装前，应预先在地面上把挂篮、爬梯等固定在施工需要的柱子部位上。钢柱的吊点在吊耳处(柱子在制作时于吊点部位焊有吊耳，吊装完毕再割去)。当有多个构件在地面组装为扩大单元并进行安装时，吊点应计算确定。根据钢柱的重量和起重机的起重量，钢柱的吊装用单机吊装或双机抬吊，接近安装面时需要操作人员在下面扶正并就位，临时固定后马上进行连接(图 6.47)。

3)钢梁的吊装

钢梁在吊装前,应于柱子牛腿处检查标高和柱子间距。钢梁一般在上冀缘处开孔作为吊点。梁两端均应站人,两边同时完成对位、临时固定、校正以及永久固定等工作(图 6.48)。

图 6.47　钢柱吊装就位

图 6.48　钢梁吊装就位

典型案例:

某配套工程发生一起起重伤害事故,造成 1 名工人死亡,直接经济损失 188 万元,造成了恶劣的社会影响。经调查,该事故原因是:①违反起重吊装"绑扎不牢固"的要求,将短钢管随意插入涂有环氧树脂的钢管中,然后进行捆绑和吊升;②违反《建筑施工安全检查标准》,未能明确指挥起吊作业;③信号工未及时发出正确信号。

阅读

文本6.4.4-27

6.4.5　钢构件的校正

钢柱就位后,柱子要按规范规定的标准进行校正。先调整标高,再调整位移,最后调整垂直度。为了控制安装误差,对高层钢结构先确定标准柱,所谓标准柱即能控制框架平面轮廓的柱子,一般是选择平面转角柱为标准柱。标准柱子的垂直偏差应校正到零,其他柱子以标准柱为依据进行校正。

6.4.6　钢构件的连接

钢结构的现场连接,主要是用高强度螺栓和电焊连接。钢柱多为坡口电焊连接。梁与柱、梁与梁的连接视约束要求而定,有的用高强度螺栓,有的则坡口焊和高强度螺栓共用。

钢结构焊接顺序的正确确定,能减少焊接变形,保证焊接质量。一般情况下应从中心向四周扩展,采用结构对称、节点对称的焊接顺序,如图 6.49 所示。

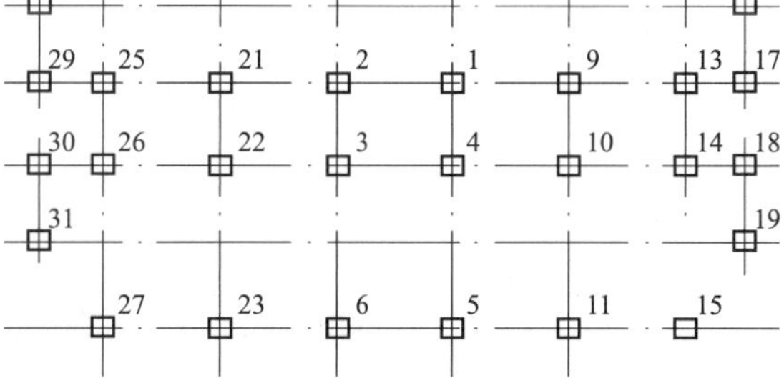

图 6.49　高层钢结构的焊接顺序

6.5 空间网架结构的安装

常见的网架安装方法有:高空散装法、分条或分块安装法、高空滑移拼装法、整体提升法、整体顶升法。

1)高空散装法

高空散装法是将小单元或散件、单根杆件与单个节点直接在设计位置进行总拼的方法,适用于各种类型的螺栓球节点网架的安装。此方法无须用大型的起重设备,适合在起重困难的情况下使用,其施工的重点是确定合理的拼装顺序,控制好标高和轴线位置。根据要求不同搭设脚手架的方法有以下几种常见类型。

(1)搭设满堂脚手架

先在设计位置处搭设拼装支架,然后用起重机把网架构件分件(或分块)吊至空中的设计位置,在支架上进行拼装,如图 6.50 所示。

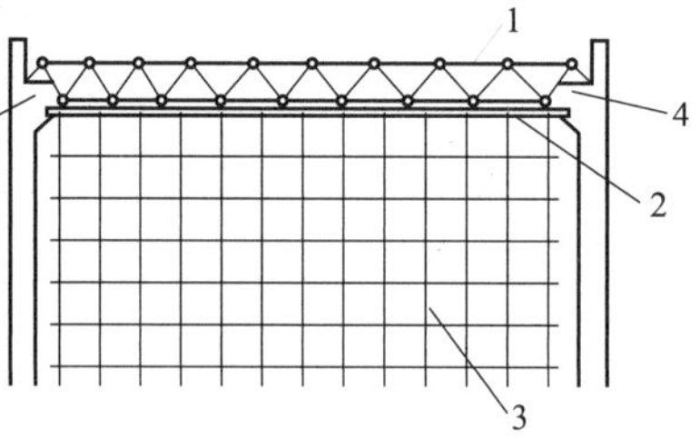

(a)示意

(b)现场照片

1—网架;2—脚手架踏板;3—脚手架;4—支座。

图 6.50 满堂脚手架

(2)分段分块搭设脚手架

搭设一段脚手架,安装一段网架,其间将一段脚手架的一部分拆下接搭到另一段脚手架的一部分,周而复始,达到节约脚手架的目的。

(3)脚手架滑移

随着网架的安装进度,脚手架逐渐向安装方向滑移,亦达到节约脚手架的目的。

(4)悬挑施工

在长跨方向端部搭设一段脚手架,安装一段网架后,以此段为基础,采用吊具、绞车将在地面已装好的成块网架吊起,与已装好的网架对接(图 6.51)。

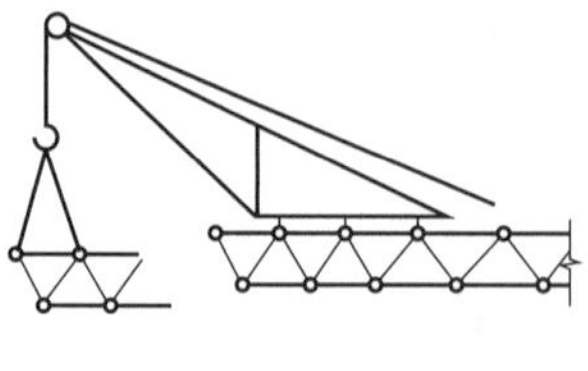

(a)示意

(b)施工现场照片

图 6.51 高空散装—悬挑施工法

2)分条或分块安装法

分条或分块安装法，就是指网架分成条状或块状单元(所谓条状是指网架沿长跨方向分割为若干区段，所谓块状是指网架沿纵横方向分割后的单元形状为矩形或正方形)，分别由起重机吊装至高空设计就位搁置，然后再拼装成整体的安装方法。此法适用于分割后刚度和受力状况改变较小的网架。图 6.52 为分条安装法示意图，图 6.53 为分块安装法示意图。

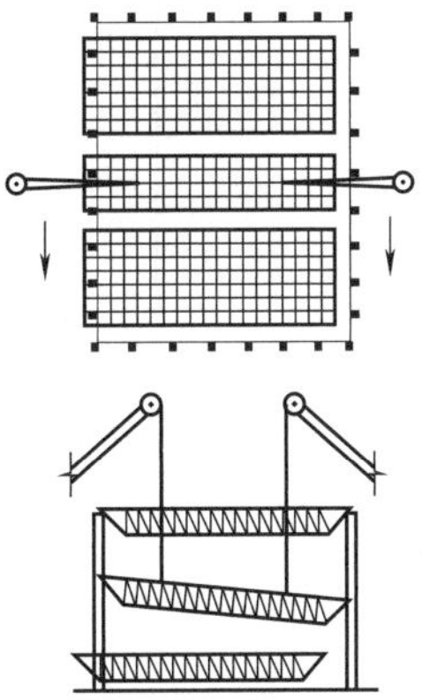

图 6.52　网架分条安装示意

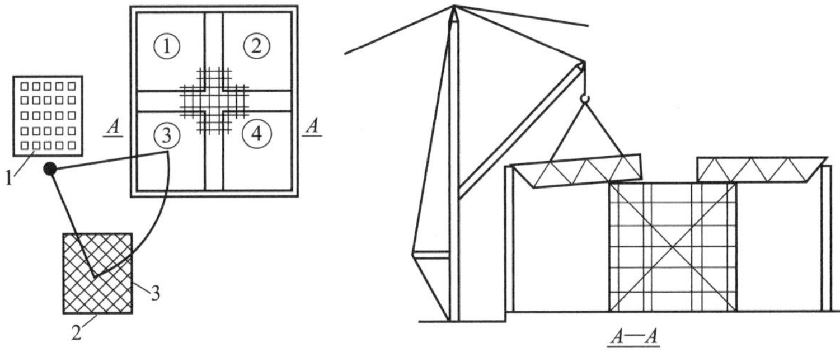

1—中拼用砖堆；2,3—零时封闭杆件。

图 6.53　网架分块安装示意

分条或分块安装法的施工重点是条、块的正确划分(分条或分块的大小应根据起重能力而定)，以及条、块在吊装过程中的安全保证。

3)高空滑移拼装法

高空滑移是指将分条的网架单元在事先设置的滑轨上滑移到设计位置拼接成整体的安装方法。高空滑移法常采用以下两种方法。

(1)单条滑移法

将条状单元一条一条地分别从一端滑移到另一端就位安装，各条之间分别在高空进行连接，即逐条滑移，逐条连成整体，示意图如图 6.54 所示。

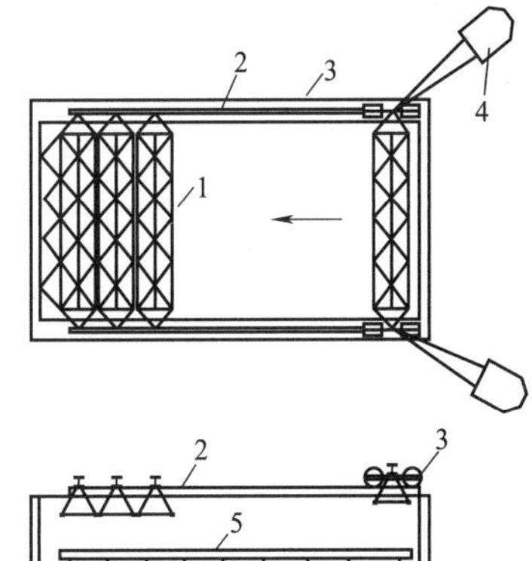

1—网架单元；2—滑轨；3—滑轮；4—起重机；5—满堂脚手架。

图 6.54　单条滑移法示意

(2)逐条积累滑移法

分条的网架单元在滑轨上滑移一段后，连接好下一条一起滑移一段距离，如此循环，逐条积累拼接后滑移到设计位置，如图 6.55 所示。

高空滑移法可利用已建结构物作为高空拼装平台，如无建筑物可供利用时，可在滑移开始端设置宽度约大于两大节间距离的拼装平台。有条件的，可以在地面拼装成条或块单元，用起重机吊至支架上。高空滑移法的施工重点是对滑移单元同步滑移的控制。

4)整体提升法

整体提升法是指网架在地面总拼后，采用单根或多根拔杆，一台或多台起重机进行吊装就位的施工方法，如图 6.56 所示。整个网架的焊接和拼装全部在地面上进行，易保证施工的质量。由于整个网架的就位全靠起重设备来实现，所以起重设备的能力和起重移动的控制尤为重要。本法适用于各种类型的网架。

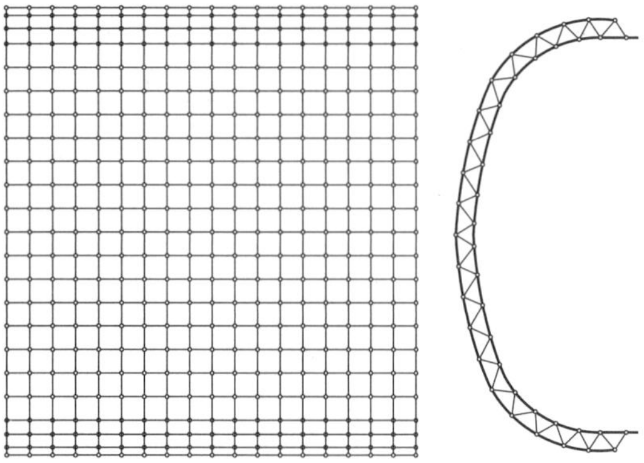

（a）网架外形

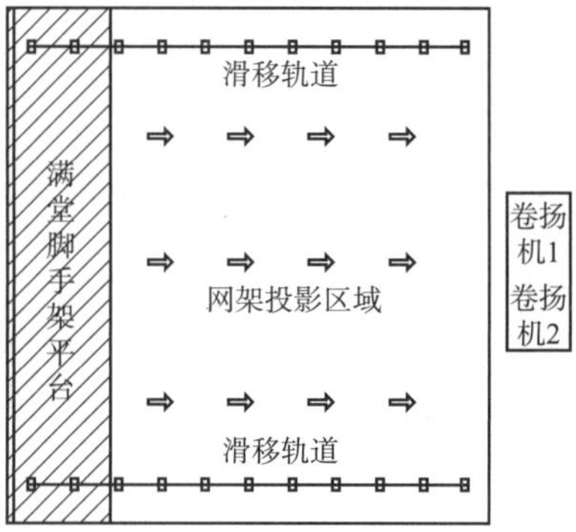

（b）逐条积累滑移法示意

图 6.55　逐条积累滑移法示意

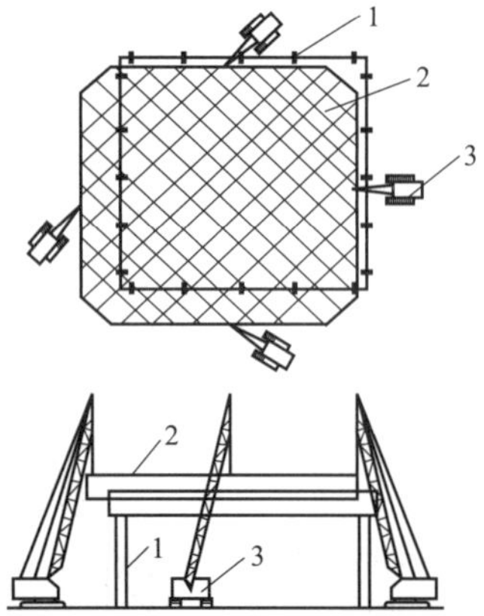

（a）用4台起重机整体提升网架示意

（b）施工现场照片

1—柱；2—网架；3—起重机。

图 6.56　整体提升法

整体吊装法的施工重点是对网架同步上升的控制，以及网架在空中移位的控制。

5）整体顶升法

整体顶升法是在设计位置的地面上将网架拼装成整体，然后利用千斤顶和支承结构（预制混凝土柱块）的轮番支撑，将钢网架逐步顶升到设计标高的施工方法。此种安装方法适用于支点较少的支承钢网架，所需的施工设备简单，顶升能力大，有时还可以将屋面构件放在钢网架上一起顶升。整体顶升法如图 6.57 所示。

整体顶升法的顶升过程如图 6.58 所示。整体顶升法的施工重点是对网架同步顶升的控制和垂直度的控制。当网架顶升到一定高度（不小于 1.8 m）后，要及时用混凝土封闭开口部分，以增加柱子的整体性。网架顶升到位后，将柱块用帮条焊连接起来，即成为支承钢网架结构的柱子。

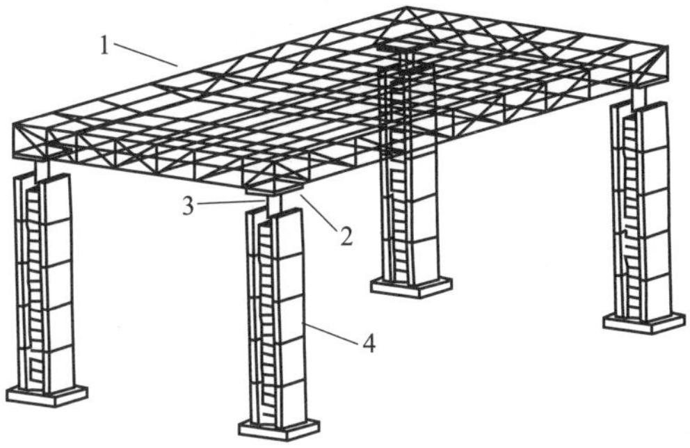

（a）整体顶升法示意

（b）整体顶升法施工现场照片

1—网架；2—柱帽；3—千斤顶；4—柱块。

图 6.57 整体顶升法

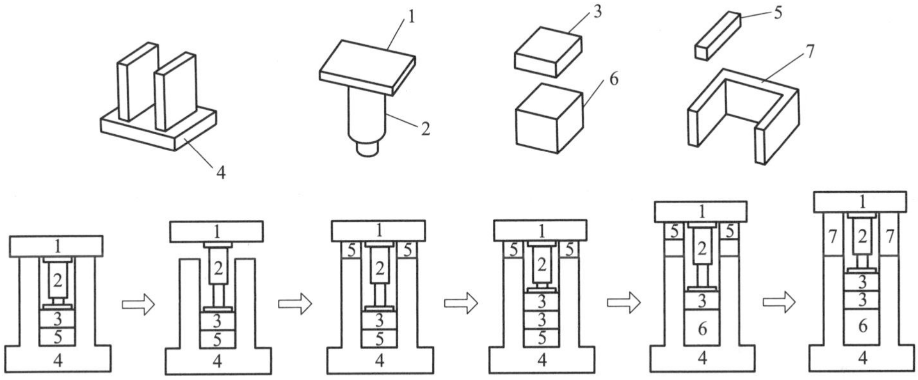

（a）把千斤顶及柱帽搁置在柱基上

（b）千斤顶进油，上升一个工作行程

（c）安装条形临时垫块5

（d）千斤顶回油，活塞回缩，安装方形临时垫块3

（e）重复以上工作循环，换入方形柱块6

（f）重复以上工作循环，换入Π形柱块7

1—柱帽；2—千斤顶；3，5—临时垫块；4—柱基；6—方形柱块；7—Π 形柱块。

图 6.58 顶升法的顶升过程及各种柱块

知识拓展：

1964 年，网架结构首次用于上海师范学院球类馆的屋盖上；之后，逐渐出现了分条制作安装，高空滑移拼装，就地拼装、整体提升等安装方法；20 世纪 80 年代，唐山地震灾后重建时，考虑到网架结构的抗震性能优于一般平面结构，在众多重建工程中被应用。现阶段，网架结构因其在抗震设计、节能减排、绿色环保等方面的优势，在体育场馆、会展中心、大型商场、航站楼、工业厂房等建筑中被广泛应用。

阅读

文本6.5.6-28

主要标准规范

《装配式混凝土结构技术规程》JGJ 1—2014；

《建筑施工起重吊装工程安全技术规范》JGJ 276—2012；

《钢结构工程施工规范》GB 50755—2012；

《钢结构通用规范》GB 55006—2021；

《空间网格结构技术规程》JGJ 7—2010 等。

思考与练习

1. 简述桅杆式起重机和塔式起重机的类型及各自的起吊原理。

2. 起重作业如何选择合适的起重机?

3. 吊装方案包含哪些内容?

4. 装配式结构施工和现浇结构施工有哪些相同与不同之处?

5. 钢结构构件之间如何进行连接?

6. 装配式结构构件之间如何进行连接?

7. 空间网架结构施工能采用哪些施工方法?

8. 装配式结构施工之前都要做好哪些准备工作?

9. 简述多层装配式框架结构的分类与组成。

10. 已知某车间跨度为 21 m,柱距 6 m,吊柱时起重机分别沿两纵轴线的跨内和跨外一侧开行。当起重半径为 7 m,开行路线距柱纵轴线为 5.5 m 时,试对柱作“三点共弧”的布置,并绘出停机点的位置。

11. 单层工业厂房跨度 18 m,柱距 6 m,9 个节间,选用 W1-200 型履带式起重机进行结构吊装,吊装屋架时的起重半径为 9 m,试绘制屋架斜向就位图。

7 防水工程

防水工程是保证工程结构不受水侵蚀的一项重要工程，防水工程质量的优劣，不仅关系到建筑物或构筑物的使用寿命，而且直接关系到它们的使用功能。影响防水工程质量的因素有设计的合理性、防水材料的选择、施工工艺及施工质量、保养与维修管理等。其中，防水工程的施工质量是关键因素。

知识目标

1. 了解卷材防水屋面的构造及各层作用。
2. 掌握卷材防水屋面、涂膜防水屋面、刚性防水屋面施工要点及质量标准。
3. 了解地下工程防水方案。
4. 了解地下工程卷材防水层、水泥砂浆防水层、冷胶料防水层的构造、性能和做法。
5. 掌握沥青胶、冷底子油、冷胶料的配制。

能力目标

1. 熟悉现行防水工程相关法规、标准及规范，具有法律、质量、安全、成本、环保、创新等工程意识，具备沟通协作、组织协调、突发应变等能力。
2. 能识读防水工程施工图，明确防水工程的重难点。
3. 能够明确不同防水材料的性质及工程适用性，编制屋面防水、地下防水、厨卫防水的施工方案，掌握相应的施工要点及措施，并进行施工技术交底。
4. 能够组织防水工程规范化施工，判识并解决常规施工问题。
5. 能够根据现行相关标准规范，验收防水工程质量，识别和整改隐患问题。

案例导航：

近年来，随着我国建筑行业的高速发展，有关建筑工程质量纠纷的案件呈上升趋势。据了解，在我国新建和现有的建（构）筑物中，屋面漏雨、地下工程漏水、卫浴间、外墙以及道桥等工程的渗漏现象仍然比较普遍。例如调查资料显示，2018 年在某市调查的 3 600 套房屋中，有约 3 000 套存在不同程度的漏水，渗漏率达 80%以上，其中近 2 700 套房屋有两个或两个以上的渗漏点，严重的房屋有 10 个以上的渗漏点。渗漏部位主要出现在厨房和卫生间、屋面、地下室的底板和外墙（含门窗）等部位。一个渗漏问题往往影响到开发商与总承包商、开发商与设计、开发商与物业、开发商与业主、业主与业主、业主与物业以及总承包商与分包商、分包商与防水材料供应商之间的权益纠纷，甚至造成国家财产的损失。防水工程是一个系统工程，设计是前提、材料是基础、施工是关键、维修管理是保证，这几个环节中无论哪个出现问题，都会影响到整个防水工程的质量，都会发生渗漏，特别是对现在一些正在修建或启动的大型工程而言，一定要高度重视防水工作，防水做不好，损失更大，导致更为恶劣的后果。

问题讨论：

1. 在生活中有遇到过防水质量不过关的建筑吗？
2. 你认为导致房屋防水质量问题的因素有哪些？

7.1 防水工程概述

防水工程是建筑工程中一个重要组成部分，防水技术则是保证建筑物和构筑物的结构不受水的侵袭，内部空间不受水危害的专门措施。总的来讲，防水工程包括防止外部水向建筑内部渗透、蓄水结构内的水向外渗漏和建筑物、构筑物内部相互止水三大部分。

阅读

文本7.1-29

7.1.1 防水工程分类

依据工程类别、设防部位和设防方法可对防水工程进行分类，见表7.1。

表7.1 防水工程分类

<table>
<tr><th>类别</th><th colspan="3">主要内容</th></tr>
<tr><td rowspan="2">工程类别</td><td>建筑物防水</td><td colspan="2">工业建筑防水、民用建筑防水、农业建筑防水、园林建筑防水</td></tr>
<tr><td>构筑物防水</td><td colspan="2">水塔、烟囱、栈桥、堤坝、蓄水池等处防水</td></tr>
<tr><td rowspan="7">设防部位</td><td rowspan="5">地上工程防水</td><td rowspan="3">屋面防水</td><td>卷材防水屋面、涂膜防水屋面、种植屋面防水</td></tr>
<tr><td>瓦屋面防水、刚性混凝土防水屋面</td></tr>
<tr><td>金属板材屋面防水、蓄水屋面防水</td></tr>
<tr><td>墙体防水</td><td>外墙、坡面、板缝、门窗、柱边等处墙体防水</td></tr>
<tr><td>地面防水</td><td>楼地面、卫浴室、盥洗间、厨房等处地面防水</td></tr>
<tr><td>地下防水工程</td><td colspan="2">地下室、地下管沟、地铁、隧道等处防水</td></tr>
<tr><td>其他防水工程</td><td colspan="2">特种构筑物防水、路桥防水、市政工程防水、水工建筑物防水等</td></tr>
<tr><td rowspan="10">设防方法</td><td rowspan="3">复合防水</td><td colspan="2">整体卷材与局部涂膜或密封防水复合</td></tr>
<tr><td colspan="2">多道设防采用不同防水层复合</td></tr>
<tr><td colspan="2">同一防水层采用多种材料复合</td></tr>
<tr><td rowspan="7">结构自防水</td><td rowspan="3">混凝土防水层</td><td>普通防水混凝土</td></tr>
<tr><td>外加剂防水混凝土</td></tr>
<tr><td>膨胀水泥或膨胀防水剂防水混凝土</td></tr>
<tr><td rowspan="4">水泥砂浆防水层</td><td>钢纤维防水混凝土</td></tr>
<tr><td>刚性多层普通砂浆防水</td></tr>
<tr><td>聚合物水泥砂浆防水</td></tr>
<tr><td>掺外加剂水泥砂浆防水</td></tr>
</table>

在进行防水工程施工时，所采用的材料必须符合国家和行业的材料标准，且应满足设计要求。不同的防水做法，对材料的性能要求也应有所不同。一般来说，防水材料的共性如下：

①具有良好的耐候性，对光、热、臭氧等应具有一定的承受能力。

②具有较高的抗拉强度和较大的断裂伸长率，能适应温度变化和外力作用下引起的基层

伸缩、开裂和变形。

③具有抗渗透和耐酸碱性能。

④整体性能好，既能保持自身的粘合性，又能与基层牢固粘接，同时在外力作用下，有较高的剥离强度，以形成稳定的不透水整体。

防水工程按照设防材料性能可分为刚性防水和柔性防水。刚性防水是指采用防水混凝土和防水砂浆做防水层。防水砂浆防水层是利用抹压均匀、密实的素灰和水泥砂浆分层交替施工，以构成一个整体防水层。由于是交替相间抹压的，各层残留的毛细孔道相互弥补，从而阻塞了渗漏水的通道，因此具有较高的抗渗能力。柔性防水则是依据具有防水作用的柔性材料做防水层，如卷材防水层、涂膜防水层、密封材料防水等。

7.1.2 防水材料

防水工程的整体质量要求是不渗不漏，保证排水畅通，使建筑物具有良好的防水和使用功能。防水工程的质量保证与材料、设计、施工、维护及管理等诸多方面的因素有关，由于“材料是基础、设计是前提、施工是关键、管理是保证”，故必须实施“综合治理”的措施才能保证防水工程的质量。

1）材料是基础

防水工程的质量很大程度上取决于防水材料的性能和质量，各类防水材料性能见表 7.2。

表 7.2 各类防水材料的性能和特点

性能指标	材料类别								
	合成高分子卷材		高聚物改性沥青卷材	沥青卷材	合成高分子涂料	高聚物改性沥青涂料	沥青基涂料	防水混凝土	防水砂浆
	不加筋	加筋							
抗拉强度	○	○	△	×	△	△	×	×	×
延伸性	○	△	△	×	○	△	×	×	×
均质性(厚薄)	○	○	○	△	×	×	×	△	△
搭接性	△	△	△	△	○	○	○	—	△
基层粘结性	△	△	△	△	○	○	○	—	—
背衬效应	△	△	○	△	△	△	△	—	—
耐低温性	○	○	△	×	○	△	×	○	○
耐热性	○	○	△	×	○	△	×	○	○
耐穿刺性	△	×	△	×	×	×	△	○	○
耐老化性	○	○	△	×	○	△	×	○	○
施工性	○	○	○	冷△/热×	×	×	×	△	△
施工气候影响程度	△	△	△	×	×	×	×	○	○
基层含水率要求	△	△	△	△	×	×	×	○	○
质量保证率	○	○	○	△	△	×	×	△	△
复杂基层适应性	△	△	△	×	○	○	○	×	△
环境及人身污染	○	○	△	×	△	×	×	○	○
荷载增加程度	○	○	○	△	○	○	△	×	×

注：○—好；△——般；×—差。

不同部位的防水工程，其防水材料的要求也有侧重点，防水材料的适用条件见表7.3。

表7.3 防水材料适用条件参考表

材料适用情况	材料类别						
	合成高分子卷材	高聚物改性沥青卷材	沥青卷材	合成高分子涂料	高聚物改性沥青涂料	细石混凝土防水	水泥砂浆防水
特别重要建筑屋面	○	⊙	×	⊙	×	⊙	×
重要及高层建筑屋面	○	○	×	○	×	⊙	×
一般建筑屋面	△	○	△	△	※	○	※
有振动车间屋面	○	△	×	△	×	※	×
恒温恒湿屋面	○	△	×	△	×	△	×
蓄水种植屋面	△	△	×	⊙	⊙	○	△
大跨度结构屋面	○	△	※	※	※	×	×
动水压力作用混凝土地下室	○	△	×	△	△	○	△
静水压力作用混凝土地下室	△	○	※	○	△	○	△
静水压力作用砖墙地下室	○	○	×	△	×	○	○
卫生间	※	※	×	○	○	⊙	⊙
水池内防水	※	×	×	×	×	○	○
外墙面防水	×	×	×	○	×	△	○
水池外防水	△	△	△	○	○	⊙	○

注：○—优先采用；⊙—复合采用；※—有一定条件采用；△—可以采用；×—不宜或不可采用。

2)设计是前提

防水工程设计的任务是科学地制定技术先进与经济合理相结合的防水设计方案，采取可靠的措施来保证工程质量，并保证其具有要求的使用年限，设计人员在进行设计时，应掌握以下几点设计原则。

(1)防水工程须进行可靠性设计

防水工程设计必须考虑设计方案的适用性、防水材料的耐久性和合理性以及节点的细部处理，还必须考虑操作工艺和技术的可行性、成品保护和管理等因素。

(2)防水工程需按照防水等级设防

国家相关规范根据建筑物的性质、重要程度、使用功能要求和防水层耐用年限，对防水工程进行了等级划分，并按不同等级进行防水设防。屋面防水等级和设防要求见表7.4，地下工程防水等级标准见表7.5。

表7.4 屋面防水等级和设防要求

项目	屋面防水等级			
	Ⅰ级	Ⅱ级	Ⅲ级	Ⅳ级
建筑物类别	特别重要或对防水有特殊要求的建筑	重要的建筑和高层建筑	一般的建筑	非永久性建筑
防水层合理使用年限	25年	15年	10年	5年

续上表

项目	屋面防水等级			
	Ⅰ级	Ⅱ级	Ⅲ级	Ⅳ级
设防要求	三道或三道以上防水设防	二道防水设防	一道防水设防	一道防水设防
防水层选用材料	宜选用合成高分子防水卷材、高聚物改性沥青防水卷材、金属板材、合成高分子防水涂料、细石防水混凝土等材料	宜选用高聚物改性沥青防水卷材、合成高分子防水卷材、金属板材、合成高分子防水涂料、高聚物改性沥青防水、细石防水混凝土、平瓦、油毡瓦等材料	宜选用高聚物改性沥青防水卷材、合成高分子防水卷材、三毡四油沥青防水卷材，金属板材、高聚物改性沥青防水涂料、合成高分子防水涂料、细石防水混凝土、油毡瓦等材料	可选用二毡三油沥青防水卷材、高聚物改性沥青防水涂料等材料

表 7.5　地下防水工程等级标准

防水等级	标　　准
一级	不允许漏水，维护结构表面无湿渍
二级	不允许漏水，结构表面可有少量湿渍 工业与民用建筑：总湿渍面积不应大于总防水面积(包括顶板、墙面、地面)的 1‰；任意 100 m^2 防水面积上的湿渍不超过 1 处，单个湿渍的最大面积不大于 0.1 m^2 其他地下工程：总湿渍面积不应大于总防水面积的 6‰；任意 100 m^2 防水面积上的湿渍不超过 4 处，单个湿渍的最大面积不大于 0.2 m^2
三级	有少量漏水点，不得有线流和漏泥沙；任意 100 m^2 防水面积上的漏水点数不超过 7 处，单个漏水点的最大漏水不大于 2.5 L/d，单个湿渍的最大面积不大于 0.3 m^2
四级	有漏水点，不得有线流和漏泥沙；整个工程平均漏水量不大于 2 L/(m^2 · d)；任意 100 m^2 防水面积的平均漏水量不大于 4 L/(m^2 · d)

(3)遵循“以防为主、防排结合、复合防水、多道防线”的设计原则

防水应以防为主，还应将水快速排走，以减轻防水层的负担。同时设计时需考虑采用多种材料复合使用，提高整体防水性能。在易出现渗漏的节点部位采用防水卷材、防水涂料、密封材料、刚性防水材料等互补并用的多道防水设防方式。

3)施工是关键

防水工程最终是通过施工来实现的，稍一疏忽便可能出现渗漏。做好防水工程施工的关键，主要应按照《建筑行业职业技能标准》要求防水工技术素质，严禁非防水专业队伍进行防水施工，还需做好施工技术的监理工作，严格检查原材料、半成品，严格执行分项工程验收制度，同时应重视施工图纸会审工作，按照设计要求编制施工方案。

4)管理是保证

防水工程竣工验收、交付使用后，还应加强工程维护保养管理，如定期检查、清扫屋面、疏通天沟和修补防水节点等。这些工作均应设有专人管理，形成制度并认真实施。

问题讨论：

请思考沥青基防水材料起火时应如何扑救？

7.2　屋面防水工程

建筑屋面防水工程是房屋建筑工程中的一项重要内容，其质量的优劣，不仅关系到建筑物

的使用寿命，而且还直接影响到生产和生活的正常进行。

屋面防水工程根据建筑物的性质、重要程度、使用功能要求以及防水层合理使用年限，按不同等级进行设防。国家标准《屋面工程技术规范》(GB 50345—2012)中，将屋面防水划分为四个等级(表7.4)，并规定了不同等级的设防要求及防水层厚度，见表7.6。

表7.6　防水层厚度选用规定

屋面防水等级	Ⅰ	Ⅱ	Ⅲ	Ⅳ
合成高分子防水卷材	≥1.5 mm	≥1.2 mm	≥1.2 mm	—
高聚物改性沥青防水卷材	≥3 mm	≥3 mm	≥4 mm	—
沥青防水卷材	—	—	三毡四油	二毡三油
高聚物改性沥青防水涂料	—	≥3 mm	≥3 mm	≥2 mm
合成高分子防水涂料	≥1.5 mm	≥1.5 mm	≥2 mm	—
细石混凝土	≥40 mm	≥40 mm	≥40 mm	—

7.2.1　卷材防水屋面

1)卷材防水屋面的构造

卷材防水屋面是指采用胶粘材料将柔性卷材粘贴于屋面基层，形成一整片不透水的覆盖层，属柔性防水屋面，它具有重量轻、防水性能好、对结构振动和微小变形有一定的适应性等优点，但同时也具有卷材易老化、易起鼓、耐久性差、渗漏时修补找漏困难等缺点。卷材防水屋面的一般构造如图7.1所示。

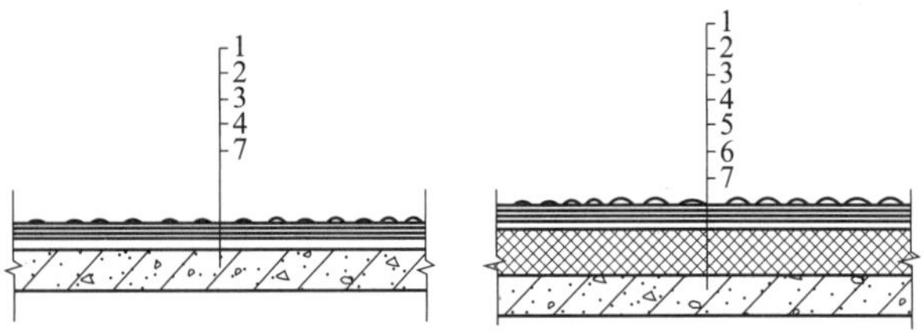

(a)不保温卷材防水屋面　(b)保温卷材防水屋面

1—保护层；2—卷材防水层；3—结合层；4—找平层；5—保温层；6—隔气层；7—结构层。

图7.1　卷材防水屋面构造示意

对于卷材屋面的防水功能要求主要是：

(1)耐久性，又称大气稳定性，在日光、温度、臭氧影响下，卷材有较好的抗老化性。

(2)耐热性，又称温度稳定性，卷材应具有防止高温软化、低温硬化的稳定性。

(3)耐重复伸缩，在温差作用下，屋面基层会反复伸缩与龟裂，卷材应有足够的抗拉强度和极限延伸率。

(4)保持卷材防水层的整体性，还应注意卷材接缝的粘结，使一层层的卷材粘结成整体防水层。

(5)保持卷材与基层的粘结，防止卷材防水层起鼓或剥离。

2)卷材防水常用的材料

(1)基层处理剂

基层处理剂是为了增强防水材料与基层之间的黏结力，在防水层施工之前，预先涂刷在基层上的稀质防水涂料。常用的基层处理剂有冷底子油及与高聚物改性沥青卷材和合成高分子卷材配套的底胶，冷底子油具有较高的渗透性和憎水性。

(2)胶黏剂

用于粘贴卷材的胶黏剂，可分为基层与卷材粘贴剂、卷材与卷材搭接的胶黏剂、黏结密封胶等三种。按组成材料又可分为沥青胶黏剂和合成高分子胶黏剂。

(3)防水卷材

①石油沥青卷材

石油沥青卷材又称油毡，是用高软化的石油沥青涂盖玻璃纤维等胎体两面，再撒上滑石粉（称粉毡）或云母片（称片毡）而形成的防水材料。屋面防水中常用的为石油沥青粉毡，标号有350 号、500 号，宽度为 915 mm，每卷长 20±0.3 m。（注：石油沥青纸胎油毡已禁用）

②高聚物改性沥青卷材

高聚物改性沥青卷材是以合成高分子聚合物改性沥青为涂盖层，纤维织物或纤维毡为胎体，粉状、粒状、片状或薄膜材料为覆盖材料制成可卷曲的片状防水材料。目前所使用的有 SBS 改性沥青柔性卷材、APP 改性沥青卷材、化纤胎改性沥青卷材、废胶粉改性沥青耐低温卷材等。

③合成高分子卷材

合成高分子卷材是以合成橡胶、合成树脂或二者的共混体为基料，加入适量的化学助剂和填充料等，经不同工序加工成可卷曲的片状防水材料，或把上述材料与合成纤维复合形成两层或两层以上可卷曲的片状防水材料。目前，常用的有三元乙丙橡胶防水卷材、氯化聚乙烯防水卷材、氯化聚乙烯—橡胶共混防水卷材、氯硫化聚乙烯防水卷材等。

常用防水卷材的主要品种及物理性能见表 7.7。

表 7.7 防水卷材的主要品种及物理性能

材料分类		品种	性能指标					特点
			拉伸强度	延伸率（%）	耐高温性（℃）	低温柔性（℃）	不透水性	
合成高分子防水卷材	硫化橡胶类	三元乙丙橡胶卷材（EPDM）、氯化聚乙烯橡胶共混卷材（CPE）、再生类橡胶卷材	≥6 MPa	≥400	—	−30	≥0.3 MPa ≥6 min	强度高、延伸率大、耐低温好、耐老化
合成高分子防水卷材	树脂类	聚氯乙烯卷材（PVC）、氯化聚乙烯卷材（CPE）、聚乙烯卷（HDPE LDPE）	≥10 MPa	≥200	—	−20	≥0.3 MPa ≥30 min	强度高、延伸率大、耐低温好、耐老化
合成高分子防水卷材	橡胶共混类	乙丙橡胶—聚丙烯共混卷材（TPO）	≥6 MPa	≥400	—	−40	≥0.3 MPa ≥30 min	强度高、延伸率大、耐低温好、施工方便
合成高分子防水卷材	橡胶共混类	自黏卷材（无胎）	≥100 N/5 cm	≥200	≥80	−20	≥0.2 MPa ≥30 min	延伸率大、施工方便
合成高分子防水卷材	橡胶共混类	自黏卷材（有胎）	≥250 N/5 cm	≥30	≥80	−20	≥0.2 MPa ≥30 min	强度高、耐低温好、施工方便
高聚物改性沥青防水卷材		弹性体改性沥青卷材（SBS）	≥450 N/5 cm	≥30	≥90	−18	≥0.3 MPa ≥30 min	强度高、耐低温好、耐老化好
高聚物改性沥青防水卷材		塑性体改性沥青卷材（APP）	≥450 N/5 cm	≥30	≥110	−5	≥0.3 MPa ≥30 min	强度高、适合高温地区
高聚物改性沥青防水卷材		自黏改性沥青卷材	≥350 N/5 cm	≥30	≥70	−20	≥0.3 MPa ≥30 min	强度高、耐低温好、施工方便
沥青防水卷材		350 号沥青卷材	≥340 N/5 cm	—	≥85	—	≥0.1 MPa ≥30 min	强度较高、施工方便
沥青防水卷材		350 号沥青卷材	≥440 N/5 cm	—	≥85	—	≥0.15 MPa ≥30 min	强度较高、施工方便
金属卷材		铅锡合金卷材	≥20 MPa	≥30	—	−30	—	耐老化优越、耐腐蚀能力强

科技前沿：

液体防水卷材是一种以水代替有机溶剂、绿色环保、高弹橡胶防水材料，具有使用寿命长、使用温度范围宽、防水防腐性能优、收缩和开裂变形适应性强等优点，与普通卷材相比施工更为简便。该材料被广泛使用在建筑屋面、天沟、阳台、地下室外墙面及大型仓库、粮库等区域。

阅读

文本7.2.1-30

3)卷材防水施工工艺和方法

卷材防水层施工的一般工艺流程为：清理、修补基层（找平层）表面→喷、涂基层处理剂→节点附加层增强处理→定位、弹线、试铺→铺贴卷材→收头处理、节点密封→清理、检查、调整→保护层施工。其施工要点如下。

(1)基层施工

基层处理的好坏，直接影响到屋面的施工质量。要求基层要有足够的强度和刚度，承受荷载时不产生显著变形，一般采用水泥砂浆、沥青砂浆和细石混凝土找平层作基层。可采用1∶2.5～1∶3水泥砂浆，水泥强度等级不低于32.5级，找平层厚15～30 mm；沥青砂浆配合比（质量比）为1∶8，找平层厚15～25 mm；细石混凝土强度等级不低于C20，找平层厚度为30～35 mm。为防止由于温差及混凝土构件收缩而使卷材防水层开裂，找平层应留分格缝，缝宽为20 mm，其留设位置应在预制板支承端的拼缝处。当找平层为水泥砂浆或细石混凝土时，其纵横向最大间距不宜大于6 m；当采用沥青砂浆时，则不宜大于4 m。并于缝口上加铺200～300 mm宽的油毡条，用沥青胶结材料单边点贴，以防结构变形将防水层拉裂。在突出屋面结构的连接处以及基层转角处，均应做成边长为100 mm的钝角或半径为100～150 mm的圆弧。采用水泥砂浆找平层时，水泥砂浆抹平收水后应二次压光并充分养护，不得有松动、起砂、起皮现象。

(2)基层处理剂的喷涂

喷、涂基层处理剂前应首先检查找平层的质量和干燥程度，并清扫干净，符合要求后才可施工。节点、周边、拐角处若与大面同时喷、涂基层处理剂，边角处就很难均匀，并常常出现漏涂和堆积现象，为保证这些部位更好地黏结，对节点、周边、拐角等处应先用毛刷或其他小工具进行涂刷。基层处理剂可采取喷涂法或涂刷法施工，喷、涂应厚薄均匀，不得有空白、麻点或气泡，待其干燥后应及时铺贴卷材。

(3)卷材防水层的铺贴

①卷材铺贴的一般要求

铺贴顺序：卷材铺贴在整个工程中应采取“先高后低、先远后近”的施工顺序，即高低跨屋面，先铺高跨后铺低跨；等高的大面积屋面，先铺离上料地点较远的部位，后铺较近部位。这样可以避免已铺屋面因材料运输遭人员踩踏和破坏（成品保护）。

细部节点附加增强处理：屋面卷材在大面铺贴之前，应先按防水节点设计要求在檐口、檐沟、泛水、水落口、伸出屋面管道等屋面节点和排水比较集中的部位做好附加增强处理。各节点增强处理如图7.2所示。

铺贴方向：卷材的铺贴方向应根据屋面坡度和屋面是否有振动来确定。当屋面坡度≤3%时，卷材宜平行于屋脊铺贴；屋面坡度在3%～15%时，卷材可平行或垂直于屋脊铺贴；屋面坡度>15%或屋面受振动时，沥青防水卷材应垂直于屋脊铺贴，高聚物改性沥青防水卷材和合成高分子防水卷材可平行或垂直于屋脊铺贴;屋面坡度>25%时,卷材应垂直于屋脊铺贴,并应采取固定措施,固定点还应密封。上下层卷材不得相互垂直铺贴。

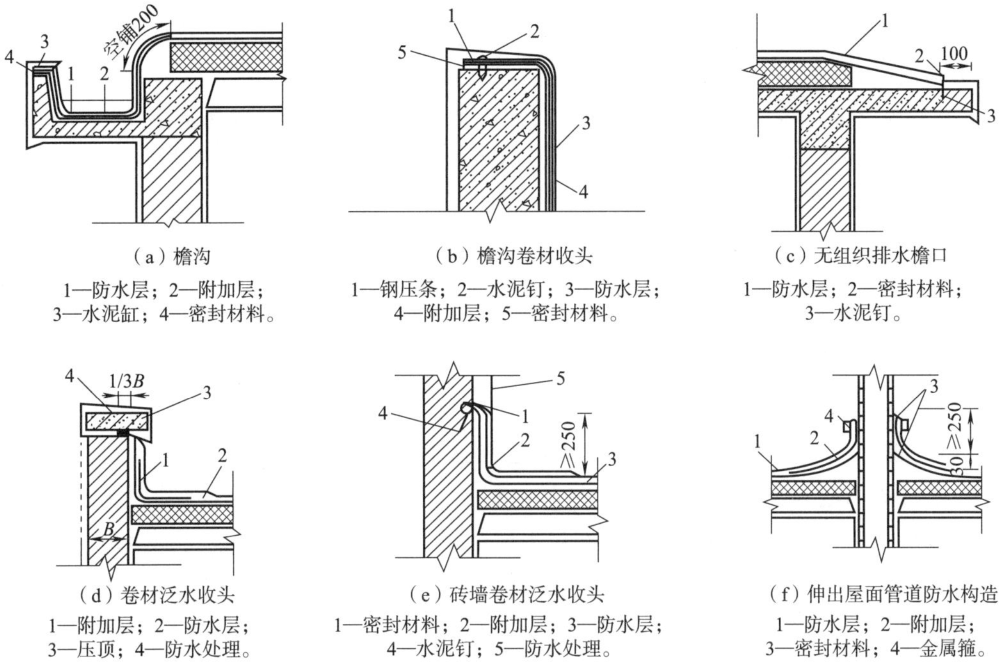

(a)檐沟
1—防水层;2—附加层;3—水泥缸;4—密封材料。

(b)檐沟卷材收头
1—钢压条;2—水泥钉;3—防水层;4—附加层;5—密封材料。

(c)无组织排水檐口
1—防水层;2—密封材料;3—水泥钉。

(d)卷材泛水收头
1—附加层;2—防水层;3—压顶;4—防水处理。

(e)砖墙卷材泛水收头
1—密封材料;2—附加层;3—防水层;4—水泥钉;5—防水处理。

(f)伸出屋面管道防水构造
1—防水层;2—附加层;3—密封材料;4—金属箍。

图 7.2 卷材防水屋面细部构造示意(单位:mm)

搭接方法及宽度要求:各幅卷材之间应互相搭接。平行于屋脊的搭接缝应顺流水方向搭接;垂直于屋脊的搭接缝应顺年主导风向搭接。屋脊处不能留设搭接缝,必须使卷材相互跨越屋脊交错搭接,以增强屋脊的防水性和耐久性。上下层及相邻两幅卷材的搭接缝应错开。各种卷材的搭接宽度应符合表 7.8 的要求。

表 7.8 卷材搭接宽度

搭接方向		短边搭接宽度(mm)		长边搭接宽度(mm)	
卷材种类		铺贴方法			
		满粘法	空铺、点粘、条粘法	满粘法	空铺、点粘、条粘法
沥青防水卷材		100	150	70	100
高聚物改性沥青防水卷材		80	100	80	100
自黏聚合物改性沥青防水卷材		60	—	60	—
合成高分子防水卷材	胶粘剂	80	100	80	100
	胶粘带	50	60	50	60
	单焊缝	60,有效焊接宽度不小于 25			
	双焊缝	80,有效焊接宽度 10×2+空腔宽			

卷材与基层的粘贴方法:卷材与基层的粘贴方法可分为空铺法、条粘法、点粘法和满粘法等形式。施工中应按设计要求选择适用的工艺方法。当卷材防水层上有重物覆盖或基层变形较大时,应优先采用前三种形式。

在距屋面周边 800 mm 范围内卷材与基层、卷材与卷材间都应满粘。空铺法是指卷材与基层仅在四周一定宽度内黏结，其余部分不黏结的施工方法。条粘法是指铺贴防水卷材时，卷材与基层采用条状黏结的施工方法。点粘法是指铺贴防水卷材时，卷材与基层采用点状黏结的施工方法，亦称花铺法。另外，按不同的施工工艺，卷材与基层、卷材与卷材之间还可采用冷粘法、热熔法、自粘法、热风焊接法等。

无论采用空铺、条粘还是点粘法，施工时都必须注意：在檐口、屋脊和屋面的转角处及突出屋面的交接处，防水层与基层应满粘，其宽度不得小于 800 mm，保证防水层四周与基层黏结牢固。叠层铺贴的各层卷材之间也应满粘，并保证搭接严密。

典型案例：

某幢别墅发生火灾，屋面被烧损。经调查，主要原因是：装修施工人员在防水施工过程中，使用喷枪加热防水材料，溅出的火花引燃周围可燃物质，进而引发火灾。

②卷材铺贴的工艺

卷材的铺贴方法有浇油法、刷油法、刮油法和撒油法四种。其中，浇油法是将沥青胶浇到基层上，然后推着卷材向前滚动使卷材与基层粘结紧密；刷油法是用毛刷将沥青胶在基层刷开，刷油长度以 300～500 mm 为宜，出油边不应大于 50 mm，然后快速铺压卷材；刮油法是将沥青胶浇到基层上后，用 5～10 mm 的胶皮刮板刮开沥青胶铺贴；撒油法是在铺第一层卷材时，先在卷材周边涂满沥青，中间撒上蛇形花的方法撒油铺贴，其余各层则仍按浇油、刮油、刷油方法进行铺贴，此方法多用于基层不太干燥需做排气屋面的情况。待各层卷材铺贴完后，再在上层表面浇一层 2～4 mm 厚的沥青胶，趁热撒上一层粒径为 3～5 mm 的小豆石（绿豆砂），并加以压实，使豆石与沥青胶粘结牢固，未粘结的豆石随即扫干净。

（4）卷材防水施工注意事项

①各种防水卷材严禁在雨天、雪天施工，五级风及以上时不得施工，环境气温低于 5 ℃时不宜施工。若施工中途下雨、下雪，应做好已铺卷材周边的防护工作。

②夏季施工时，屋面如有潮湿露水，应待其干燥后方可铺贴卷材，并避免在高温烈日下施工。

③应采取措施保证沥青胶结料的使用温度和各种胶粘剂配料称量的准确性。

④卷材防水层的找平层符合质量要求，铺设卷材前，找平层必须干净、干燥。

⑤卷材铺贴时应排除卷材与基层间的空气，并辊压粘贴牢固。卷材铺贴应平整顺直，搭接尺寸准确，不得扭曲、皱折。

⑥水落口、天沟、檐沟、檐口及立面卷材收头等节点部位，必须仔细铺平、贴紧、压实、收头牢靠，并加铺附加增强层，应符合设计要求和屋面工程技术规范的有关规定。

科技前沿：

TPO 柔性屋面采用热塑性聚烯烃类防水卷材制成，具有低温柔性、耐候性及出色的抗穿刺性能等优点，拥有长达 25 年以上的使用寿命。与其他材料相比，TPO 柔性防水屋面焊缝的粘接强度更高，并可实现 TPO 屋面基座与 TPO 屋顶的无缝衔接。各行各业通过使用 TPO 柔性屋面，获得清洁、可持续的解决方案，促进能源的可持续发展并提高项目的投资回报率。

7.2.2　涂膜防水屋面

1)涂膜防水屋面的构造

涂膜防水屋面的构造如图7.3所示，是将以高分子合成材料为主体的涂料，涂布在经嵌缝处理的屋面板或找平层上，形成具有防水效能的坚韧涂膜。它主要适用于防水等级为Ⅲ、Ⅳ级的屋面防水，也可作为Ⅰ、Ⅱ级屋面多道防水设防中的一道防水。

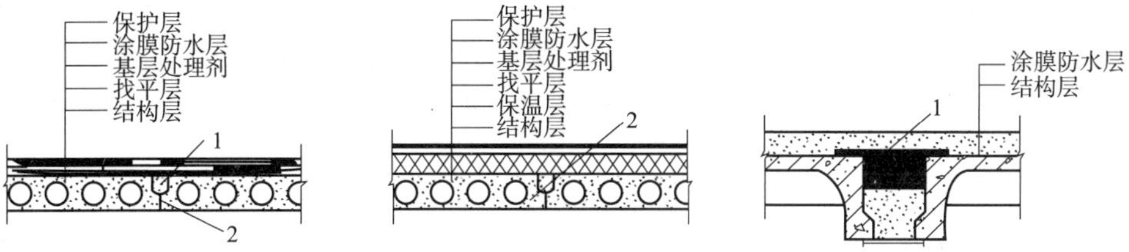

(a)无保温涂膜防水屋面　(b)有保温涂膜防水屋面　(c)槽形板涂膜防水屋面

1—嵌缝油膏;2—细石混凝土。

图7.3　涂膜防水屋面构造图

2)涂膜防水材料

为满足屋面防水工程的需要，防水涂料及其形成的结膜防水层应满足以下要求:(1)有一定的固体含量;(2)优良的防水能力;(3)耐久性好;(4)耐高低温性能好;(5)有较高的强度和延伸率;(6)施工性能好;(7)对环境污染小。

按成膜物质的主要成分，可将防水涂料分成沥青基防水涂料、高聚物改性沥青防水涂料和合成高分子防水涂料三种。常用防水涂料的主要品种及性能见表7.9。

表7.9　常用防水涂料的主要品种及性能

类别	名称	主要性能	类别	名称	主要性能
高聚物改性沥青防水涂料	丁基橡胶改性沥青防水涂料	固体含量:≥43% 耐热度:80 ℃ 低温柔性:−20 ℃ 不透水性:不透水 拉伸延伸率:≥100%	高聚物改性沥青防水涂料	溶剂型氧丁橡胶沥青防水涂料	固体含量:≥43% 耐热度:80 ℃ 低温柔性:−10 ℃ 不透水性:不透水 延伸性:≥4.5 mm(无处理)
	丁苯橡胶改性沥青防水涂料	固体含量:≥45% 耐热度:85 ℃ 低温柔性:−10 ℃ 不透水性:不透水 延伸性:≥10 mm		热熔型改性沥青防水涂料	固体含量:≥98% 耐热度:65 ℃ 低温柔性:−20 ℃ 不透水性:不透水 延伸率:≥300%
	APP改性沥青防水涂料	固体含量:≥60% 耐热度:90 ℃ 低温柔性:−10 ℃ 不透水性:不透水 抗裂性:≥0.4 mm	合成高分子防水涂料	丙烯酸防水涂料	固体含量:≥65% 拉伸强度:≥1.5 MPa 断裂延伸率:≥300% 低温柔性:−20 ℃ 不透水性:不透水
	溶剂型SBS改性沥青防水涂料	固体含量:≥43% 耐热度:80 ℃ 低温柔性:−10 ℃ 不透水性:不透水 延伸性:≥4.5 mm		硅橡胶防水涂料	固体含量:≥60% 拉伸强度:≥1.5 MPa 断裂延伸率:≥300% 低温柔性:−30 ℃ 不透水性:不透水
	水乳型SBS改性沥青防水涂料	固体含量:≥48% 耐热度:80 ℃ 低温柔性:−10 ℃ 不透水性:不透水 延伸性:≥20 mm		聚氢酯防水材料	固体含量:≥94% 拉伸强度:≥1.65 MPa 断裂延伸率:≥350% 低温柔性:−30 ℃ 不透水性:不透水

施工时根据涂料的品种和屋面构造形式的需要，可在涂膜防水层中增设胎体增强材料。胎体增强材料可选用聚酯无纺布、化纤无纺布或玻纤网格布。

3）涂膜防水层施工工艺和方法

涂膜防水层施工的工艺流程为：清理、修理基层表面→喷涂基层处理剂（底涂料）→特殊部位附加增强处理→涂布防水涂料及铺贴胎体增强材料→清理与检查修整→保护层施工。

（1）涂膜防水层施工的一般要求

①涂膜防水层的施工应按“先高后低，先远后近”的原则进行。遇高低跨屋面时，一般先涂布高跨屋面，后涂布低跨屋面；对相同高度屋面，要合理安排施工段，先涂布距离上料点远的部位，后涂布近处；对同一屋面上，先涂布排水较集中的水落口、天沟、檐沟、檐口等节点部位，再进行大面积的涂布。

②涂膜防水层施工前，应先对水落口、天沟、檐沟、泛水、伸出屋面管道根部等节点部位进行增强处理，铺设带有胎体增强材料的附加层，然后再进行大面积涂布。

③防水涂膜应分遍涂布，待先涂布的涂料干燥成膜后，方可涂布后一遍涂料，且前后两遍涂料的涂布方向应相互垂直。

④需铺设胎体增强材料时，当屋面坡度小于15%时，可平行屋脊铺设；当坡度大于15%时，应垂直于屋脊铺设，并由屋面最低处开始向上铺设。胎体增强材料长边搭接宽度不得小于50 mm，短边搭接宽度不得小于70 mm。采用二层胎体增强材料时，上下层不得相互垂直铺设，搭接缝应错开，其间距不应小于幅宽的1/3。

⑤涂膜防水层的收头，应用防水涂料多遍涂刷或用密封材料封严。

⑥涂膜防水层在未做保护层前。不得在其上进行其他施工作业或直接堆放物品。

（2）涂膜防水层施工方法

①涂刷基层处理剂

基层处理剂有水乳型防水涂料、溶剂型防水涂料和高聚物改性沥青三种。水乳型防水涂料可用掺0.2%～0.5%乳化剂的水溶液或软化水将涂料稀释；溶剂型防水涂料，由于其渗透能力较强，可直接薄涂一层涂料作为基层处理，如涂料较稠，可用相应的溶剂稀释后使用；高聚物改性沥青或沥青基防水涂料也可用沥青溶液（即冷底子油）作为基层处理剂。

基层处理剂应配比准确，充分搅拌；涂刷时应用刷子用力薄涂，使其尽量刷进基层表面的毛细孔中，并涂刷均匀，覆盖完全；基层处理剂干燥后方可进行涂膜施工。

②涂布防水涂料

涂布防水涂料时，厚质涂料宜采用铁抹子或胶皮板涂刮施工；薄质涂料可采用棕刷、长柄刷、圆滚刷等进行人工涂布，也可采用机械喷涂，用刷子涂刷一般采用蘸刷法，也可边倒涂料边用刷子刷匀。

涂料涂布时应先涂立面，后涂平面，涂立面最好采用蘸刷法。屋面转角及立面的涂膜应薄涂多遍，不得有流淌和堆积现象。平面涂布应分条或按顺序进行，分条进行时，每条宽度应与胎体增强材料宽度相一致。

涂膜层致密是保证屋面防水质量的关键。涂布涂料时应按规定的涂层厚度（控制涂料的单方用量）分遍涂刷。每涂层的厚薄应均匀、不露底、无气泡、表面平整，然后待其干燥。涂布后遍涂料前应检查前遍涂层是否有缺陷，如有缺陷应先进行修补。各道涂层之间的涂刷方向应相互垂直，以提高防水层的整体性和均匀性。涂层之间的接槎，在每遍涂刷时应退槎50～100 mm，接槎时应超过50～100 mm，避免在搭接处发生渗漏。

③铺设胎体增强材料

在第二遍涂料涂刷时或第三遍涂料涂刷前，即可加铺胎体增强材料。胎体增强材料可采用干铺法或湿铺法铺贴。湿铺法施工时，先在已干燥的涂层上，用刷子或刮板将涂料仔细涂布均匀，然后将成卷的胎体增强材料平放在屋面上，逐渐推滚铺贴并用滚刷滚压一遍，使全部布眼浸满涂料，以保证上下两层涂料能良好结合。干铺法施工是在上道涂层干燥后，边干铺胎体增强材料。边在已展平的表面上用刮板均匀满刮一道涂料，应使涂料浸透胎体到已固化的涂膜上并覆盖完全，不得有胎体外露现象。

胎体增强材料铺设后，应严格检查其质量，胎体应铺贴平整，排除气泡，并与涂料黏接牢固。最上面的涂层厚度：高聚物改性沥青涂料不应小于 1.0 mm，合成高分子涂料不应小于 0.5 mm。

④收头处理

为了防止收头部位出现翘边现象，所有收头均应用密封材料压边，压边宽度不小于 10 mm。收头处的胎体增强材料应裁剪整齐，如有凹槽时应压入凹槽内，不得出现翘边、皱折、露白等现象。

⑤涂膜保护层施工

涂膜防水层施工完毕经质量检查合格后，应进行保护层的施工。常用的涂膜保护层材料有细砂、云母或蛭石保护层、浅色反射涂料保护层、预制块体材料保护层、水泥砂浆保护层、细石混凝土保护层等。

当采用细砂、云母或蛭石等撒布材料做保护层时，应先筛去粉料，在涂布最后一遍涂料时，应边涂布边撒布均匀，不得露底，然后进行辊压粘牢，待干燥后将多余的撒布材料清除。当采用浅色反射涂料做保护层时，应在涂膜固化后进行。当采用预制块体材料、水泥砂浆、细石混凝土做保护层时，其施工方法与卷材防水保护层相同。

典型案例：

某学校主楼屋面（面积约 2 200 m^2），长期使用后屋面存在开裂、漏水等问题。对此，采用聚氨酯涂膜防水工法进行改造，施工操作简便、防水效果好，能够长期保持稳定的防水效果。经后续监测，屋面未再发生漏雨现象。

阅读

文本7.2.2-31

7.2.3 刚性防水屋面

刚性防水屋面是指利用刚性防水材料作为防水层的屋面，主要适用于防水等级为Ⅲ级的屋面防水，也可作为Ⅰ、Ⅱ级屋面多道防水设防中的一道防水层，不适用于设有松散材料保温层的屋面以及受较大冲击或振动的建筑屋面。刚性防水屋面根据防水层所用材料不同，可分为普通细石混凝土防水屋面、补偿收缩混凝土防水屋面及块体刚性防水屋面。现重点介绍细石混凝土刚性防水屋面。

1)刚性防水屋面的构造

刚性防水层一般是在屋面上现浇一层厚度不小于 40 mm 的细石混凝土，作为屋面防水层，内配双向钢筋网片（在分格缝处应断开），其构造如图 7.4 所示。

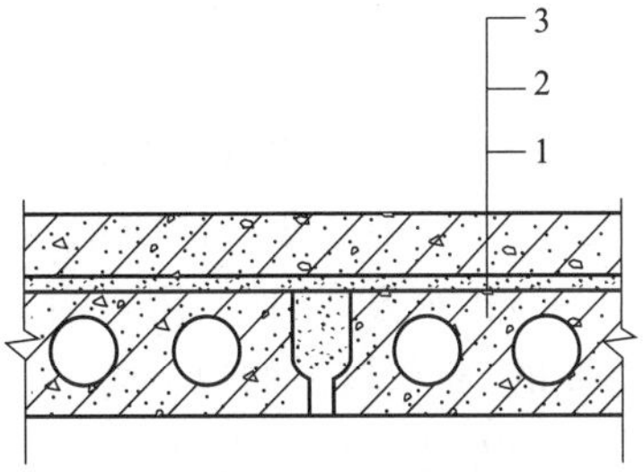

1—预制板；2—隔离层；
3—细石混凝土防水层。

图 7.4 细石混凝土刚性防水屋面

2)刚性防水屋面的施工工艺

(1)隔离层的设置

刚性防水层和结构层之间应脱离,即在结构层与刚性防水层之间应设置隔离层,使两者的变形互不受约束,以免因结构变形造成刚性防水层的开裂。常用的隔离层有:黏土砂浆隔离层、石灰砂浆隔离层、水泥砂浆找平层上干铺卷材或塑料薄膜隔离层。

(2)分格缝留置

为了减少由于温差、混凝土干缩、徐变、荷载和振动、地基沉陷等变形造成刚性防水层的开裂,应按设计要求设置分格缝。如设计无要求时应按下述原则留置:分格缝应设在屋面板的支撑端、屋面转折处、防水层与突出屋面结构的交接处,并应与板缝对齐;分格缝的纵横间距不宜大于 6 m,或“一间一分格”,其面积不超过 36 m^2。

分隔缝的宽度宜为 5～30 mm,在浇筑混凝土之前用木板支设,混凝土初凝后取出,起条时不得损坏分隔缝处的混凝土;当采用切割法施工时,其切割深度宜为防水层厚度的 3/4。分隔缝内应嵌填密封材料,上部应设置保护层。

(3)钢筋网片铺设

防水层内应按设计要求配置钢筋网片,一般配置直径为 4～6 mm、间距为 100～200 mm 的双向钢筋网片,网片采用绑扎和焊接均可。钢筋网片在分隔缝处应断开,其保护层厚度不小于 10 mm,施工时应放置在混凝土的上部。

(4)细石混凝土防水层施工

①材料要求:防水层的细石混凝土宜采用普通硅酸盐水泥或硅酸盐水泥,不得使用火山灰质硅酸盐水泥;当采用矿渣硅酸盐水泥时,应采取减少泌水性的措施。混凝土水灰比不应大于 0.55,每立方米混凝土的水泥和掺和料用量不应小于 330 kg,砂率宜为 35%～40%,灰砂比宜为 1∶2～1∶2.5。混凝土宜掺外加剂(膨胀剂、减水剂、防水剂)以及掺和料。

②混凝土防水层,施工气温宜为 5～35 ℃,不得在负温和烈日暴晒下施工。

③每个分隔缝范围内的混凝土应一次浇筑完成,不得留施工缝。

④防水层混凝土浇筑后应及时养护,养护时间不得少于 14 d;养护初期屋面不得上人。

7.3 地下防水工程

地下工程由于受地形条件的限制,地下水很难降到地下工程底部标高以下。因而,地下工程防水质量的好坏将直接影响到地下工程的寿命。故必须认真对待,确保良好防水效果,满足使用要求。在地下工程施工前,一般应事先确定工程的防水方案,地下工程的防水方案,大致可分为以下 3 类:

1)采用防水混凝土结构,即利用提高混凝土结构本身的密实性来达到防水要求。防水混凝土结构既能承重又能防水,应用较广泛。

2)排水方案,即利用盲沟、渗排水层等措施,把地下水排走,以达到防水要求,此法多用于重要的、面积较大的地下防水工程。

3)在地下结构表面设防水层,如抹水泥砂浆防水层或贴卷材防水层等。为增强防水效果,必要时采取“防”“排”结合的多道防水方案。

现行规范规定了地下工程防水等级及其相应的适用范围,见本章表 7.5。

7.3.1 卷材防水层

卷材防水层属柔性防水层，具有较好的韧性和延展性，防水效果较好。其基本要求与屋面卷材防水层相同。

将卷材防水层铺贴在地下结构的外侧(迎水面)称为外防水，外防水卷材防水层的铺贴方法，按其与地下结构施工的先后顺序分为外防外贴法和外防内贴法两种。

1)外防外贴法施工

施工时，先铺贴底板卷材，四周留出卷材接头，然后浇筑防水结构的底板和墙身混凝土，待侧模拆除后，再铺四周防水层，最后砌筑保护墙。卷材铺贴如图 7.5 所示。

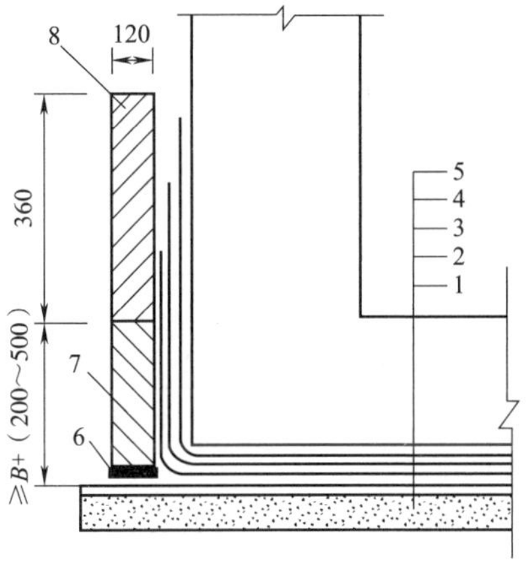

1—垫层；2—找平层；3—卷材防水层；4—保护层；
5—构筑物；6—卷材；7—永久保护墙；8—临时性保护墙。

图 7.5 外贴法(单位：mm)

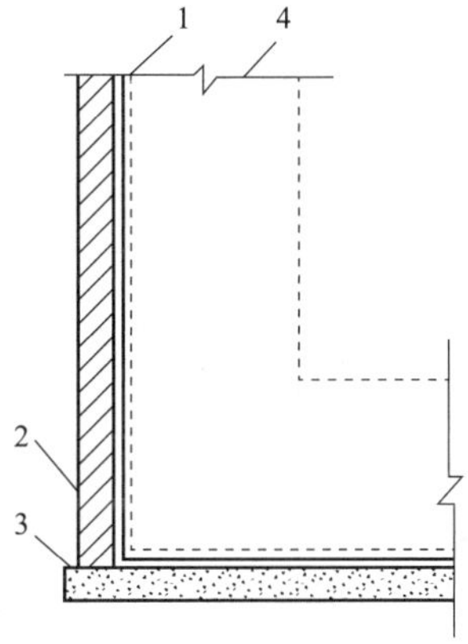

1—卷材防水层；2—保护墙
3—垫层；4—构筑物(未施工)。

图 7.6 内贴法

外防外贴法，待底板垫层上的水泥砂浆找平层干燥后，铺贴底板卷材防水层并伸出与立面卷材搭接接头。先在垫层周围砌保护墙，其下部为永久性的[高度$\geqslant B+(200\sim500)$mm，B 为底板厚]，上部为临时性的(高度为 360 mm)，在墙上抹石灰砂浆或细石混凝土，在立面卷材上抹 M5 砂浆保护层。然后进行底板和墙身施工，在做墙身防水层前，拆临时保护墙，在墙面上抹找平层、刷基层处理剂，将接头处理干净后逐层铺贴墙面防水层，最后砌永久保护墙。

外贴法的优点是构筑物与保护墙不均匀沉陷时，对防水层影响较小，防水层做好后即可进行漏水试验，修补方便。缺点是工期较长，占地面积大；底板与墙身接头处卷材易受损。在施工条件允许时，一般应采用此方法进行施工。

2)外防内贴法施工

外防内贴法是先在地下构筑物四周砌好保护墙，然后在墙面与垫层铺贴防水层，再浇筑地下构筑物的混凝土。卷材铺贴如图 7.6 所示。施工顺序如下：

(1)先做底板垫层，砌永久保护墙，然后在垫层和保护墙上抹 1∶3 水泥砂浆找平层，干燥后涂刷基层处理剂，再贴卷材防水层。

(2)先贴立面，后贴水平面；先贴转角，后贴大面，铺贴完毕后做保护层(粘贴干净的热砂或散麻丝，冷却后抹一层 10～20 mm 厚的 1∶3 水泥砂浆保护层)，最后进行构筑物底板和墙体施工。

内贴法的优点是防水层的施工比较方便，不必留接头；施工占地面积小。缺点是构筑物与保护墙发生不均匀沉降时，对防水层影响较大；保护墙稳定性差；竣工后发现漏水较难修补。这种方法只有当施工场地受限制，无法采用外贴法时才不得不采用。

7.3.2 水泥砂浆防水层

水泥砂浆防水层是一种刚性防水层，主要依靠特定的施工工艺要求或掺加防水剂来提高水泥砂浆的密实性和改善其抗裂性，从而达到防水抗渗的目的。

1)分类及适用范围

(1)刚性多层抹面的水泥砂浆防水层。它是利用不同配合比的水泥浆(素灰)和水泥砂浆分层交叉抹压密实而形成具有多层防线的整体防水层，本身具有较高的抗渗能力。

(2)含无机盐防水剂的水泥砂浆防水层。在水泥砂浆中掺入占水泥质量3%～5%的防水剂(如氯化铁等)，其抗渗性较低(≤0.4 MPa)。

(3)聚合物水泥砂浆防水层。掺入各种树脂乳液(如有机硅、氯丁胶乳、丙烯酸酯乳液等)的防水砂浆，其抗渗能力较强，可单独用于防水工程。

水泥砂浆防水层适用于埋深不大，环境不受侵蚀，不会因结构沉降，温度和湿度变化及持续振动等产生有害裂缝的地下防水工程。

2)刚性多层抹面水泥砂浆防水层施工

五层抹面做法(图7.7)主要用于防水工程的迎水面，背面用四层抹面做法(少一道水泥砂浆)。

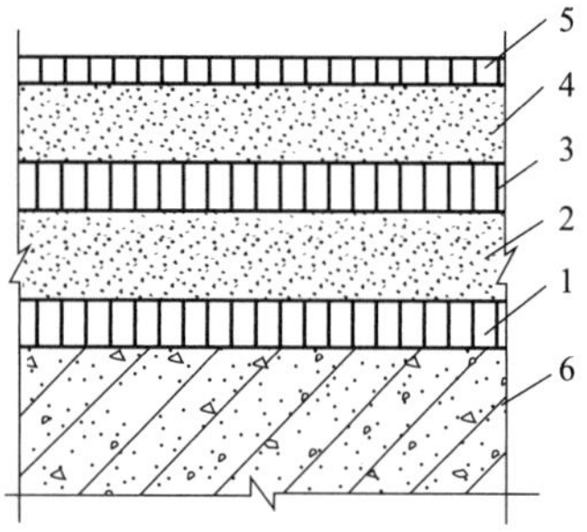

1、3—素灰层2 mm；
2、4—砂浆层4～5 mm；
5—素灰层2 mm；6—结构层。
图7.7 五层抹面做法构造

施工前，必须对基层表面进行严格而细致的处理，包括清理、浇水、凿槽和补平等工作，保证基层表面潮湿、清洁、坚实、大面积平整而表面粗糙，可增强防水层与结构层表面的粘结力。

防水层施工操作如下：

第一层：素灰层，厚2 mm，起着与基层黏结和防水的作用。先抹一道1 mm厚素灰，用铁抹子往返用力刮抹，使素灰填实基层表面孔隙。随即在已刮抹过素灰的基层面再抹一道厚1 mm的素灰找平层，找平后还要求用沾水毛刷按顺序刷均匀，以增加不透水性。

第二层：水泥砂浆层，厚4～5 mm，起保护、养护、加固素灰层作用。在第一层素灰初凝前随即抹1∶2.5水泥砂浆。为使两层牢固黏结在一起，形成一个整体，水泥砂浆层应稍压入素灰层厚度1/4左右，水泥砂浆初凝前，应将砂浆面扫出横向条纹，以利于第三层结合。

第三层：素灰层，厚2 mm，主要起防水作用。在第二层水泥砂浆终凝后，随即做第三层，操作方法同第一层。

第四层：水泥砂浆层，厚4～5 mm，起防水和保护作用。操作方法同第二层，并在水泥砂浆凝固前将其压光。

第五层抹面做法的前四层和上述做法相同，第五层在第四层水泥砂浆抹压两遍后，用毛刷均匀地将水泥浆刷在第四层表面，随第四层一起抹实压光。

采用水泥砂浆防水层时，结构物阴阳角、转角均应做成圆角。防水层的施工缝需留斜坡阶梯形，层次要清晰，可留在地面或墙面上，离开阴阳角200 mm左右，接头方法如图7.8所示。接缝时，先在施工缝阶梯处均匀涂刷水泥浆一层，然后依次层层搭接。

防水层的水泥砂浆终凝后应及时洒水进行养护，养护温度不宜低于5 ℃，养护时间不得少于14 d。

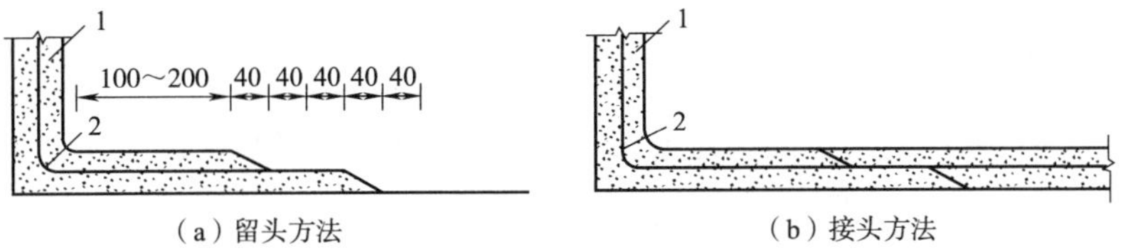

1—砂浆层;2—素灰层。

图 7.8 刚性防水层施工缝处理

7.3.3 冷胶料防水层

防水冷胶料是指在常温下冷施工具有很好的防水性能的胶结材料。其品种主要有 JG 系列防水冷胶料、JQ 型防水冷胶料和 DM-1 型冷胶防水涂料等。

1)JG-2 防水冷胶料

JG-2 防水冷胶料即水乳型橡胶沥青冷胶料,是选用废帘子布胶粉作为沥青的改性材料,用高速分散的方法加工成的水乳型冷胶结料。废帘子布胶粉是轮胎里层带线部分,也是橡胶行业不能大量回收利用的废料,价格低廉、来源丰富。这种新材料适用于建筑屋面的防水,也适用于墙体、地面、地下工程、冷库、罐体、管道等的防潮和防水。

水乳型冷胶结料是一种具有较好粘结性、不透水性、耐高低温性、抗裂性和耐老化性的冷施工(0 ℃以上)防水粘结料。水乳型冷胶结料粘贴玻璃布做防水层,可以克服沥青热淌冷脆和油毡易折等缺点,便于冷施工、改善工作条件、提高工作效率。同时,价格比二毡三油做法低 30%左右。

2)JG-2 防水冷胶料施工

(1)配制

JG-2 冷胶料由水乳性 A 液和 B 液组成,A 液为再生胶乳液,B 液为乳化沥青。因此,要求使用单位自行配制冷胶料。其配合比要求:若混合料中沥青成分居多时,其粘结性、涂刷性和浸透性良好,此时施工配合比可按 A 液∶B 液=0.5∶1;若混合液中的橡胶成分增多时,则具有较高的抗裂性和抗老化能力,此时施工配合比可按 A 液∶B 液=1∶1。配制时必须严格掌握配合比,以免影响质量。

(2)施工要点

配制好的 JG-2 防水冷胶料应当天用完,并随时注意密封贮存,以免表面结膜。

冷胶料可单独作为防水涂料,也可以衬贴玻璃丝布,当地下水压不大时做防水层或地下水压较大时做加强层,可采用二布三油一砂做法;当在地下水位以下做防水层或防潮层,可采用一布二油一砂做法。

铺贴顺序为先铺附加层及立面,再铺平面;先铺贴细部,再铺贴大面。

科技前沿:

JG-2 防水冷胶料具有质量轻、无毒无味、不易燃烧、冷施工便捷、成本经济等优点,其粘性、柔性、耐寒、耐热、防水、抗老化等性能均优于纯沥青和沥青胶,从根本上改变了传统大锅熬沥青的“热作业”,并有效避免烫伤事故、环境污染的发生,体现出“精益求精、进无止境”的创新理念。

7.3.4 防水混凝土

防水混凝土是以调整混凝土配合比或掺外加剂等方法，来提高混凝土本身的密实性和抗渗性，使其具有一定防水能力的特殊混凝土。它具有施工简便、工期较短、防水可靠、耐久性好、工程造价较低等优点，因而在地下工程中应用广泛。

1)防水混凝土的配制

防水混凝土主要有普通防水混凝土和外加剂防水混凝土(如掺三乙醇胺、氯化铁、引气剂或减水剂的防水混凝土)。

(1)普通防水混凝土

配制普通防水混凝土通常以控制水灰比，适当增加砂率和水泥用量的方法，来提高混凝土的密实性和抗渗性。水灰比一般不大于 0.55，水泥用量不少于 320 kg/m^3，砂率宜为 35%～40%，灰砂比宜为 1∶2～1∶2.5，坍落度不宜大于 50 mm(采用泵送工艺时坍落度宜为 100～140 mm)。防水混凝土的配合比不仅要满足结构的强度要求，还要满足结构的抗渗要求，需通过试验确定。在普通防水混凝土中，水泥砂浆除满足填充、粘结作用外，还要求在石子周围形成一定数量和质量良好的砂浆包裹层，减少混凝土内部毛细管、缝隙的形成，切断石子间相互连通的渗水通路，满足结构抗渗防水的要求。

(2)外加剂防水混凝土

①引气剂防水混凝土：在混凝土拌和物中掺入引气剂后，会产生大量微小、密闭、稳定而均匀的气泡，使其黏滞性增大，不易松散和离析，可显著改善混凝土的和易性，并抑制了沉降离析和泌水，减少混凝土的结构缺陷。同时，由于大量气泡的存在，使得毛细管的形状及分布发生改变，切断了渗水通路，从而提高了混凝土的密实性和抗渗性。

②减水剂防水混凝土：减水剂具有强烈的分散作用，能使水泥成为细小的单个粒子，均匀分散于水中。因此，混凝土中掺入减水剂后，在满足和易性的条件下，可大大减少拌和用水量，使其硬化后的毛细孔减少，即可提高混凝土的抗渗性。此外，由于高度分散的水泥颗粒能更加充分地水化，使得水泥石结构更加密实，从而提高了混凝土的密实性和抗渗性。

③三乙醇胺防水混凝土：混凝土拌和物中掺入三乙醇胺防水剂后，能增强水泥颗粒的吸附分散与化学分散作用，加速水泥的水化，水化生成物增多，水泥石结晶变细，结构密实，因此提高了混凝土的抗渗性，抗渗压力可提高 3 倍以上。

④氯化铁防水混凝土：由于氯化铁防水剂可与水泥水化析出物产生化学反应，其生成物能填充混凝土内部孔隙，堵塞和切断贯通的毛细孔道，因而增加了混凝土的密实性，使其具有良好的抗渗性。

2)防水混凝土施工

防水混凝土工程质量的优劣，除了精心设计、合理选材外，关键还要保证施工质量。因此，对施工中的各个环节，如混凝土的搅拌、运输、浇筑振捣、养护等均应严格遵守施工操作规程和验收规范的规定，精心地组织施工，以保证防水混凝土工程的质量。

(1)模板工程

防水混凝土工程的模板应表面平整，吸水性小，拼缝严密不漏浆，并应牢固稳定。采用对拉螺栓固定模板时，为防止水沿螺栓渗入，须采取一定措施，其做法如下。

①螺栓加焊止水环做法：在对拉螺栓中部加焊止水环，止水环与螺栓必须满焊严密。拆模后应沿混凝土结构边缘将螺栓割断(图 7.9)。

②螺栓加堵头做法：在结构两侧螺栓的周围做凹槽，拆模后将螺栓沿平凹底割去，再用膨胀水泥砂浆将凹槽封堵(图 7.10)。

③预埋套管加焊止水环做法：套管采用钢管，其长度等于墙厚(或其长度加上两端垫木的厚度之和等于墙厚)，兼具有撑头的作用，以保证模板之间的设计尺寸。止水环与套管必须满焊严密。支模时在预埋套管内穿入对拉螺栓固定模板，拆模后将螺栓抽出，套管内用膨胀水泥砂浆封堵密实。套管两端有垫木的，拆模时连同垫木一并拆除，垫木留下的凹槽同套管一起用膨胀水泥砂浆封实。此法螺栓可周转使用，用于抗渗要求一般的结构(图 7.11)。

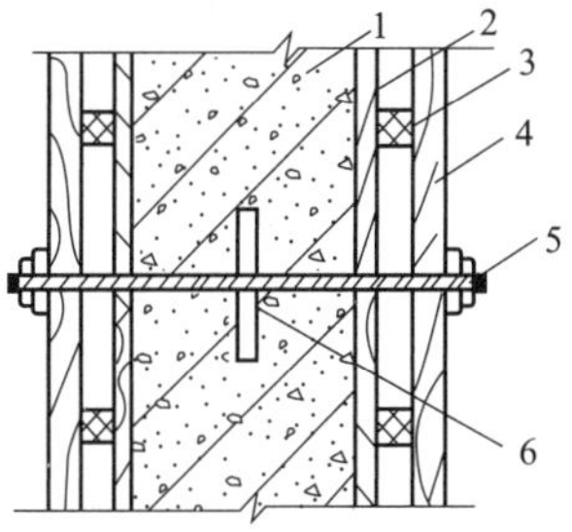

1—防水结构；2—模板；
3—小龙骨；4—大龙骨；
5—螺栓；6—止水环。

图 7.9 螺栓加焊止水环示意

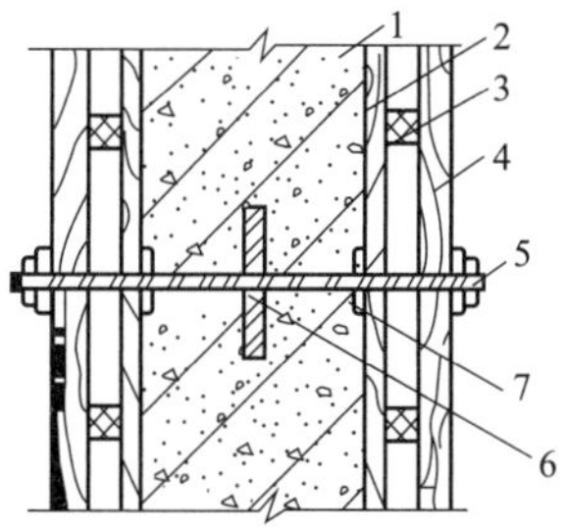

1—防水结构；2—模板；
3—小龙骨；4—大龙骨；5—螺栓；
6—止水环；7—堵头。

图 7.10 螺栓加堵头示意

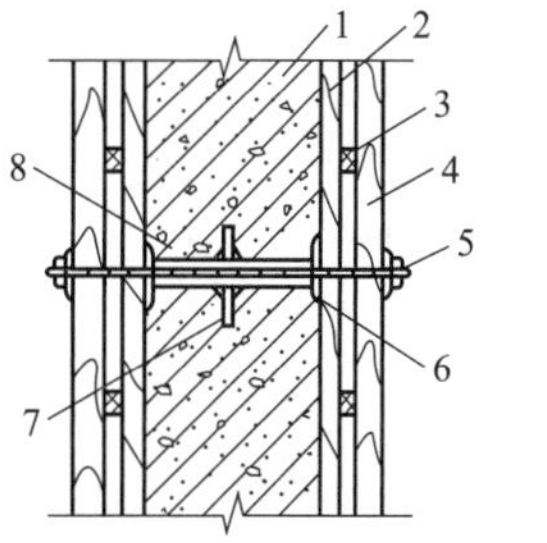

1—防水结构；2—模板；3—小龙骨；
4—大龙骨；5—螺栓；6—垫木；
7—止水环；8—预埋套管。

图 7.11 预埋套管支撑示意

(2)施工缝

施工缝是防水薄弱部位之一，施工中应尽量不留或少留。底板的混凝土应连续浇筑，墙体不得留垂直施工缝。墙体水平施工缝不应留在剪力与弯矩最大处或底板与墙体交接处，最低水平施工缝距底板面不少于 200 mm，距穿墙孔洞边缘不少于 300 mm。施工缝的形式有平口缝、凸缝、高低缝、金属止水缝等，如图 7.12 所示。

在施工缝上继续浇筑混凝土前，应将施工缝处松散的混凝土凿除，清除浮粒和杂物，用水清洗干净，保持润湿，铺上 10～20 mm 厚水泥砂浆，再浇筑上层混凝土。

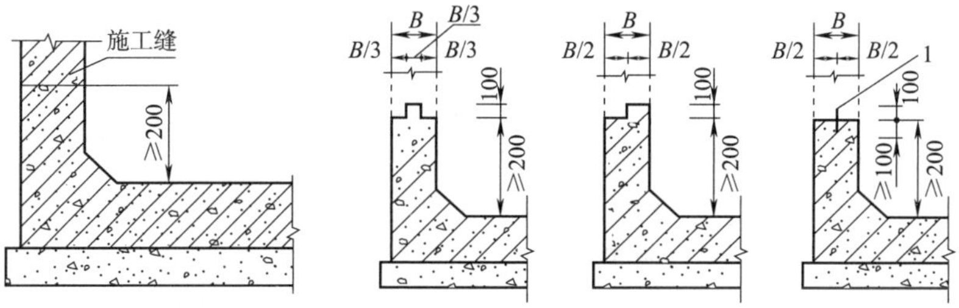

(a) 平口缝　(b) 凸缝　(c) 高低缝　(d) 金属止水缝

1—金属止水片；B—墙体厚度。

图 7.12 施工缝接缝形式(单位：mm)

(3)施工注意事项

①防水混凝土必须采用机械搅拌。搅拌时间不应小于 120 s。掺外加剂时，应根据外加剂的技术要求确定搅拌时间。

②混凝土运输过程中应采取措施防止混凝土拌和物产生离析以及坍落度和含气量的损

失，同时要防止漏浆。

③浇筑混凝土时的自由下落高度不得超过 1.5 m，否则应使用溜槽、串筒等工具进行浇筑。

④混凝土应分层浇筑，每层厚度不宜超过 300～400 mm，相邻两层浇筑的时间间隔不应超过 2 h，夏季应适当缩短。

⑤防水混凝土必须采用高频机械振捣，振捣时间宜为 20～30 s，以混凝土泛浆和不冒气泡为准。

⑥防水混凝土的养护对其抗渗性能影响极大，特别是早期湿润养护更为重要，一般在混凝土进入终凝后(浇筑后 4～6 h)即应覆盖浇水，浇水湿润养护的时间不少于 14 d。

⑦完工后的混凝土自防水结构，严禁在其上打洞。

主要标准规范

《防水沥青与防水卷材术语》GB/T 18378—2008；

《地下工程防水技术规范》GB 50108—2008；

《屋面工程技术规范》GB 50345—2012；

《建筑工程施工质量验收统一标准》GB 50300—2013；

《地下防水工程质量验收规范》GB 50208—2011；

《屋面工程质量验收规范》GB 50207—2012；

《地下防水工程质量验收规范》GB 50208—2011 等。

思考与练习

1. 简述地下工程防水等级及标准。
2. 试述地下卷材防水工程的外贴法和内贴法施工的工艺过程，二者有何区别？
3. 防水混凝土墙体施工时，留设施工缝的形式有哪几种？
4. 试述卷材屋面的组成及对材料的要求。
5. 在沥青胶结材料中加入填充料的作用是什么？
6. 什么是冷底子油？作用有哪些？试述冷底子油的涂刷方法。
7. 卷材防水屋面找平层为何要留分格缝？如何留设？
8. 如何进行屋面卷材铺贴？有哪些铺贴方法？
9. 屋面卷材防水层最容易产生的质量问题有哪些？如何防治？
10. 简述刚性防水屋面的施工步骤。
11. 细石混凝土防水层的施工有何特点？如何预防裂缝和渗漏？
12. 试述地下卷材防水层的构造及铺贴方法。各有何特点？
13. 水泥砂浆防水层的施工特点是什么？
14. 试述 JG-2 冷胶料防水层的施工工艺。
15. 试述防水混凝土的防水原理、配制方法及其适用范围。

8 装饰工程

装饰工程是主体结构工程完工后，在建筑艺术与工程技术的结合下，采用装饰材料对建筑物内外表面及空间进行装潢和修饰，以满足人们对建筑产品的物质需要与精神需要。建筑装饰的作用是保护建筑结构构件、改善使用功能及美化建筑物。

知识目标

1. 了解抹灰的组成、作用和做法，掌握抹灰质量标准及检验方法。

2. 掌握装饰抹灰面层的常用做法。

3. 了解喷涂机械的工作原理及操作要求，掌握喷涂、滚涂、弹涂、板块饰面、壁纸裱糊的施工工艺和质量要求。

4. 了解油漆和涂料的种类及性能。

5. 了解外墙外保温装饰工程施工技术。

6. 了解装饰工程的新材料、新技术及发展方向。

能力目标

1. 熟悉现行装饰工程相关法规、标准及规范，具有法律、质量、安全、成本、环保、创新等工程意识，具备沟通协作、组织协调、突发应变等能力。

2. 能识读装饰工程施工图，明确装饰工程的重难点。

3. 能够明确不同装饰材料的性质、装饰效果及工程适用性，编制抹灰、饰面、外墙、幕墙等施工方案，掌握相应的施工要点及措施，并进行技术交底。

4. 能够组织装饰工程规范化施工，判识并解决常规施工问题。

5. 能够根据现行相关标准规范，验收装饰工程质量，识别和整改隐患问题。

案例导航：

某装饰公司承接了寒冷地区某商场的室内、外装饰工程。其中，室内地面采用地面砖镶贴，吊顶工程部分采用木龙骨，室外部分墙面为铝板幕墙，采用进口硅酮结构密封胶。铝塑复合板，其余外墙为加气混凝土外镶贴陶瓷砖。施工过程中，发生如下事件：

事件一：因木龙骨为甲供材料，施工单位未对木龙骨进行检验和处理直接应用到了工程上。施工单位对新进场外墙陶瓷砖和内墙砖的吸水率进行了复验，对铝塑复合板核对了产品质量证明文件。

事件二：在送检等待检验结果时，为赶工期，施工单位未经监理许可就进行了外墙饰面砖镶贴施工，待复验报告出来，部分指标未能达到要求。

事件三：外墙面砖施工前，工长安排工人在陶粒空心砖墙面上做了外墙饰面砖样板件，并对其质量验收进行了允许偏差的检验。

问题讨论：

1. 事件一中，施工单位对甲供的木龙骨是否需要检查验收？木龙骨使用前应进行什么技术处理？

2. 事件一中，外墙陶瓷砖复验还应包括哪些项目？是否需要进行内墙砖吸水率复验？铝塑复合板应进行什么项目的复验？

3. 事件二中，施工单位的做法是否妥当？为什么？

4. 指出事件三中外墙饰面砖样板件施工中存在的问题，写出正确做法，补充外墙饰面砖质量验收的其他检验项目。

8.1 装饰工程的分类与特点

8.1.1 装饰工程的分类

按装饰部位的不同，装饰工程可分为室内装饰、室外装饰和环境装饰等。

按装饰等级的不同，装饰工程可分为高级装饰工程、中级装饰工程和普通装饰工程。

按施工工艺和建筑部位的不同，装饰工程可分为抹灰工程、饰面工程、裱糊工程、涂料工程、吊顶工程、隔墙和隔断工程、门窗工程、幕墙工程、地面工程等。

8.1.2 装饰工程的特点

1)装饰工程具有综合性

装饰工程不仅涉及建筑科学、民族文化、地域文化和环境艺术方面的知识，还与其他行业有着密切的关系，如建筑装饰材料涉及五金、化工、轻纺等多行业、多学科。

2)装饰工程是科学技术与艺术的结合

装饰材料随着科学技术的更新变得更舒适、环保，质量和档次也不断提高。装饰施工技术和方法也随着材料的改善和科技的进步不断改进，使得现代装饰工程的施工更趋合理，效率更高。不仅如此，很多科学技术也隐含在装饰过程中通过合理的艺术手段展现。

3)装饰材料品种繁多、施工工艺多样

不同的材料，施工方法各不相同。不断有新材料问世，就不断有新的施工方法。所以，装饰施工年年都有新花样、新潮流。

4)装饰工程机械化程度高、装配程度高

由于各种轻便手提式工具普及，不少工种已基本被电动工具所代替，不仅节省劳动力，减轻劳动强度，而且工程质量也相应提高。目前大部分装饰材料为装配和半装配材料，使得装饰施工的装配化程度高，施工速度较快。另外，将一些难度大的工序和部件通过工厂机械化生产，精细化程度更高，产品质量和施工质量也有保证。

5)要求装饰施工人员一工多能

一般的装饰工程工期很短，赶工期的工程比较普遍，工作琐碎复杂，难以把工人的工种划分细致，所以要求施工人员有一工多能的本领。

知识拓展：

我国在春秋战国时期，已有专门用于铺地的花纹砖(双龙、回纹、蝉纹等纹饰)；同时，贵族宫室的“丹楹刻桷”“山节藻棁”等体现了木柱彩绘雕刻的精湛水平。

阅读

文本8.1.2-32

8.2 抹灰工程

将灰浆涂抹在地面、外墙、内墙、顶棚等的饰面工程称为抹灰工程。抹灰工程按使用材料和装饰效果分为一般抹灰和装饰抹灰。

8.2.1 一般抹灰

一般抹灰按使用要求、质量标准和操作工序不同，分为普通抹灰和高级抹灰。普通抹灰为一底层、一面层，两遍成活(或一底层、一中层、一面层，三遍成活)，需做标筋，分层赶平、修整，表面压光；高级抹灰为一底层、数中层、一面层，多遍成活，需做标筋，棱角找方，分层赶平、修整，表面压光。

1)抹灰层的组成(图 8.1)

(1)基层

抹灰前必须对基层予以处理，如砖墙灰缝剔成凹槽，混凝土墙面凿毛或刮 107 胶水泥腻子，板条墙的板条间应有 8～10 mm 间隙；并应清除基层表面的灰尘、污垢；填平脚手孔洞、管线沟槽、门窗框缝隙，并洒水润湿。在不同结构基层的交接处(如砖墙、板条墙与混凝土墙的连接)，应先铺钉一层金属网或纤维布(图 8.2)，且与相交基层搭接宽度应各不小于 100 mm，以防抹灰层因基层温度变化而胀缩不一产生裂缝。在门口、墙、柱易受碰撞的阳角处，宜用 1∶2 的水泥砂浆抹出不低于 1.5 m 高的护角，每边宽度不应小于 50 mm(图 8.3)。对于砖砌体的基层，应待砌体充分沉降后，方能进行底层抹灰，以防砌体沉降拉裂抹灰层。

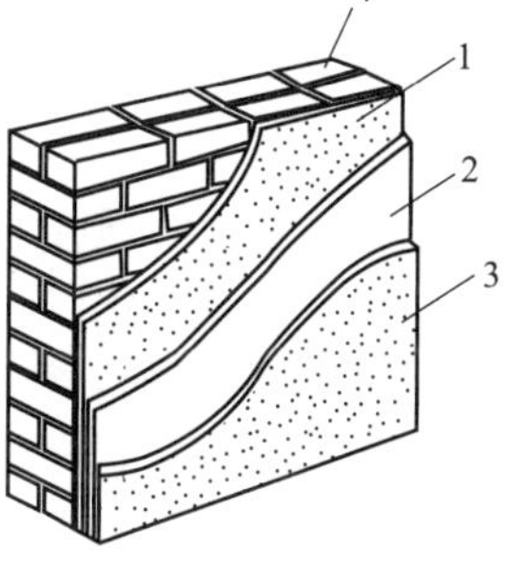

1—底层；2—中层；3—面层；4—基层。

图 8.1 抹灰层的组成

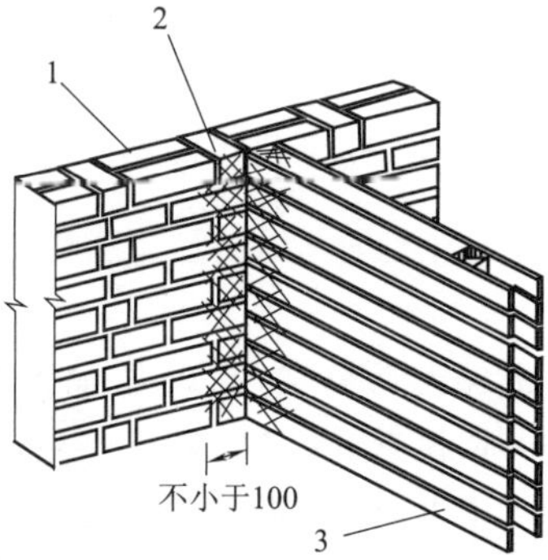

1—砖墙；2—钢丝网；3—板条墙。

图 8.2 不同基层接缝处理(单位：mm)

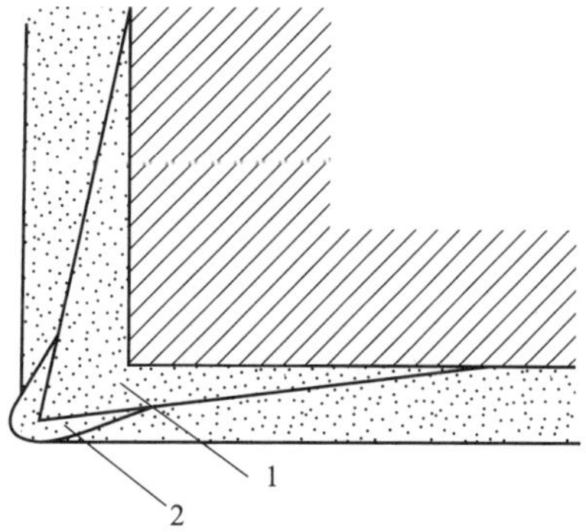

1—1∶1.4 水泥石灰砂浆；2—1∶2 水泥砂浆。

图 8.3 墙、柱阳角包角抹灰

(2)底层

底层主要起与基层粘结和初步找平的作用,厚度为 5～9 mm。其所用材料与基层有关,对于砖墙基层,室内墙面一般用石灰砂浆或水泥混合砂浆打底,室外墙面宜用水泥砂浆或水泥混合砂浆打底;对于混凝土基层,宜先刷一道素水泥浆,再用水泥砂浆或混合砂浆打底,高级装修的顶棚宜用乳胶水泥浆打底;对于加气混凝土基层,打底前先刷一遍胶水溶液,宜用水泥混合砂浆、聚合物水泥砂浆或掺增稠粉的水泥砂浆打底;对于硅酸盐砌块基层,宜用水泥混合砂浆或掺增稠粉的水泥砂浆打底。

(3)中层

中层主要起找平作用,厚度为 5～9 mm。其所用材料与底层基本相同,砖墙采用麻刀灰、纸筋灰或粉刷石膏。一般可一次抹成,亦可分遍进行。

(4)面层

面层亦称罩面,主要起装饰作用,厚度为 2～5 mm。室内一般用麻刀灰、纸筋灰或粉刷石膏,高级墙面用石膏灰。对于平整光滑的混凝土基层,如顶棚、墙体基层,可不抹灰,采用刮粉刷石膏或刮腻子处理。室外墙面的面层常用水泥砂浆。面层须仔细操作,确保表面平整、光滑、无裂痕。

各抹灰层厚度应根据基层材料、砂浆种类、墙面平整度、抹灰质量要求以及气候、温度条件而定。抹灰层平均总厚度,一般为 15～20 mm,最厚不超过 25 mm,均应符合规范要求。

2)抹灰施工按部位可分为墙面抹灰和顶棚抹灰

(1)墙面抹灰

①普通和中级抹灰。为了保证墙面垂直平整,应先在墙面上做灰饼标筋,然后抹底层灰。其施工方法是先用托线板检查墙面平整垂直程度,在墙的上角各做一个标准灰饼,其大小约 50 mm 见方,厚度即抹灰厚度,以墙面平整垂直决定,最薄不小于 7 mm。然后根据这两个灰饼用托线板或线锤挂垂直做墙面下角两个标准灰饼,再用钉子钉在左右灰饼附近墙缝里,系好小线后根据小线位置每隔 1.2～1.5 mm 作若干标准灰饼。待灰饼稍干后即可沿砂浆条用木杠刮平,即为标筋。标筋稍干后可抹底层灰。

②高级抹灰。先将房间规方,小房间可以一面墙做基线,用方尺规方。如房间面积较大,要在地面上先弹出十字线,距此十字线至离墙角 100 mm 处,弹出墙角抹灰准线,并在准线上下两端排好通线后做标准灰饼及标筋。最后抹底层灰。

(2)室内墙面、柱面和门洞口的阳角,应用 1∶2 水泥砂浆抹出护角,其高度不低于 2 m,每侧宽度不小于 50 mm。

(3)面层应在底层灰 6～7 成干时涂抹,底层灰过干应先浇水润湿。如为水泥砂浆面层,需将底层灰表面扫毛或划出纹道,面层涂抹后应经两遍压光。

(4)顶棚抹灰。顶棚抹灰前应在墙顶四周适当位置弹出水平线,据此定出抹灰层厚度;即可沿顶棚四周抹灰并圈边找平。在底层灰 6～7 成干时,涂抹罩面灰,分两遍抹平压实,其厚度不大于 2 mm。顶棚面要求表面顺平,并压实压光,不应有抹纹、气泡和接槎不平等现象,顶棚与墙面相交的阴角应成一条直线。

典型案例:

某六层商用综合楼,施工后不到 1 个月,顶棚抹灰出现大面积空鼓、脱落。经调查,事故原因为:①抹灰前对基层处理不充分,脱模剂、油污清理不干净;②抹灰前浇水不充分;③砂浆分层涂抹间隔时间不足;④水泥选用不合理,硬化快,早期强度高,收缩大;⑤顶棚抹灰完成后即开始进行楼面水磨石施工,施工过程中的振动促进了板底裂缝或空鼓,并导致脱落。

阅读

文本8.2.1-33

8.2.2 装饰抹灰

装饰抹灰的种类有水刷石、干粘石、斩假石、假面砖、喷涂饰面、弹涂饰面等。前三种装饰抹灰现已很少采用，本节仅介绍后三种装饰抹灰的施工。装饰抹灰底层和中层的做法与一般抹灰基本相同，均为 1∶3 水泥砂浆打底，仅面层的材料和做法不同。

1）假面砖饰面施工

假面砖抹灰是用水泥、石灰膏配合一定量的矿物颜料制成彩色砂浆涂抹面层而成。假面砖的施工过程是：①面层砂浆涂抹前，要浇水湿润中层，并弹出水平线；②然后在中层上抹厚度为 3 mm 的 1∶1 水泥砂浆垫层，随即抹 3～4 mm 厚的砂浆面层；③面层稍收水后，用铁梳子沿靠尺板由上向下竖向划纹，深度不超过 1 mm；④再根据设计假面砖的宽度，用铁钩子沿靠尺板横向划沟，深度以露出垫层砂浆为准，最后清扫墙面。

假面砖的质量要求是：表面应平整、沟纹清晰、留缝整齐、色泽一致，应无掉角、脱皮、起砂等缺陷。

2）喷涂饰面施工

喷涂饰面是用喷枪将聚合物水泥砂浆均匀喷涂在底层上形成面层装饰效果。施工时通过调整砂浆的稠度和喷射压力的大小，可喷成砂浆饱满、波纹起伏的“波面”，或表面不出浆而布满细碎颗粒的“粒状”，也可在表面涂层上再喷以不同色调的砂浆点，形成“花点套色”。

喷涂饰面的施工过程是：①首先用 1∶3 水泥砂浆打底 10～13 mm 厚；②在喷涂前，先喷或刷一道胶水溶液（108 胶∶水＝1∶3），以保证喷涂层粘结牢固；③然后喷涂 3～4 mm 厚饰面层，饰面喷涂必须连续操作，粒状喷涂应连续三遍成活；待饰面层收水后，按分格位置用铁皮刮子沿靠尺板刮出分格缝，缝内可涂刷聚合物水泥浆；④面层干燥后，再喷罩一层有机硅憎水剂，提高涂层的耐久性，减少对饰面的污染。

喷涂饰面的质量要求是：表面应平整，颜色一致、花纹均匀，无接槎痕迹。

3）弹涂饰面施工

弹涂饰面是用电动弹涂机分几遍将聚合物水泥色浆弹到墙面上，形成 1～3 mm 大小的扁圆状色点。由于色浆一般由 2～3 种颜色组成，不同色点在墙面上相互交错、相互衬托，犹如水刷石、干粘石的效果；也可做成单色光面、细麻面、小拉毛拍平等多种形式。

弹涂饰面施工可在墙面上抹底灰，再做弹涂饰面；也可直接弹涂在基层较平整的混凝土板、加气混凝土板、石膏板、水泥石棉板等板材上。其施工程序为：基层找平修整或抹水泥砂浆底灰→喷刷底色浆一道（掺 108 胶）→弹涂第一道色点→弹涂第二道色点→局部补弹找均匀→喷涂树脂罩面防护层。

科技前沿：

新型抗裂纤维抹灰砂浆，是在确定水泥、砂、滑石粉、胶水等配合比的基础上，掺入抗裂纤维（1 kg/m^3）拌和而成的砂浆。其密实度高、收缩性小、抗裂能力强，并具有较好的和易性、粘贴性，有利于大幅降低抹灰空鼓开裂的质量问题。

阅读

文本8.2.2-34

8.3 饰面板(砖)工程

饰面板(砖)工程是将块料面层镶在基层上的装饰方法。块料面层主要有石材饰面板、金属饰面板和饰面砖等。

8.3.1 石材饰面板施工

石材饰面板,包括天然石材(花岗石、大理石、青石板等)饰面板、人造石材饰面板、预制水磨石饰面板等。采用湿作业法施工的天然石材饰面板,应进行防碱背涂处理,否则会产生泛碱现象,严重影响石材饰面板的装饰效果。

1)饰面板湿法安装

饰面板湿法安装是一种传统的安装方法,适用于普通大规格板材,按设计要求在饰面板四周侧面钻好绑扎钢丝或铅丝用的圆孔,以便将板材与基层表面的钢筋骨架绑扎固定,如图 8.4 所示。安装前墙面应先抄好水平,进行预排。安装时从中间开始向左右两边进行,或从一边依次拼贴,离墙面留 20~50 mm 的空隙,上下口的四角用石膏临时固定,确保板面平整。然后用 1∶2 的水泥砂浆(稠度 80~120 mm)分层灌缝,每层为 100~200 mm,待下层终凝后再灌上层,直到离板材水平接缝以下 5.0~10 mm 为止。待安装好上一行板材后再继续灌缝处理,依次逐行往上操作。安装后的饰面板,接缝处应采用与饰面相同颜色的水泥浆或油腻子填抹,并将饰面清理干净,如饰面层光泽度受到影响,可以重新打蜡出光。

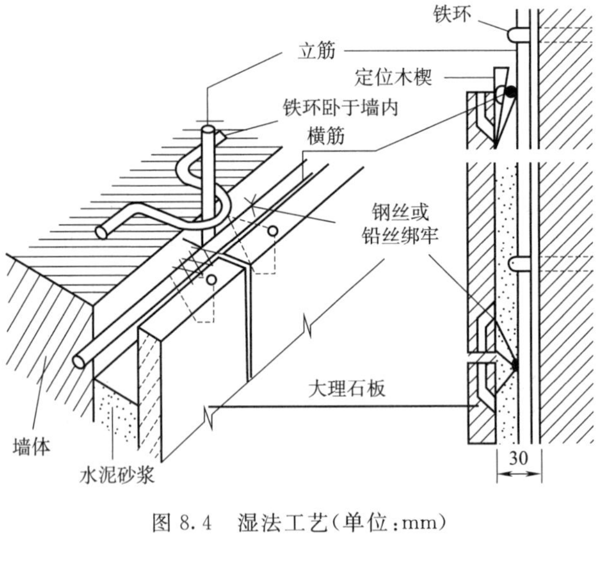

图 8.4 湿法工艺(单位:mm)

2)干法工艺

板上打孔后,用不锈钢连接器与埋在混凝土墙体内的膨胀螺栓相连,板与墙体间形成80~90 mm 空气层,如图 8.5 所示。此种工艺多用于 30 m 以下的钢筋混凝土结构,不适用砖墙或加气混凝土基层。

3)G·P·C 工艺

该工艺是干法工艺的发展,是以钢筋混凝土作衬板,用不锈钢连接环与饰面板连接后而浇筑成整体的复合板,再通过连接器悬挂到钢筋混凝土结构或钢结构上的做法,如图 8.6 所示。

衬板与结构连接的部位厚度加大。这种柔性节点可用于超高层建筑,以满足抗震要求。

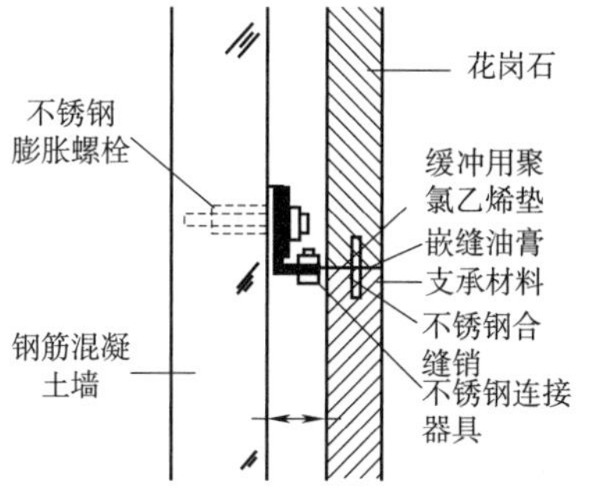

图 8.5 干法工艺

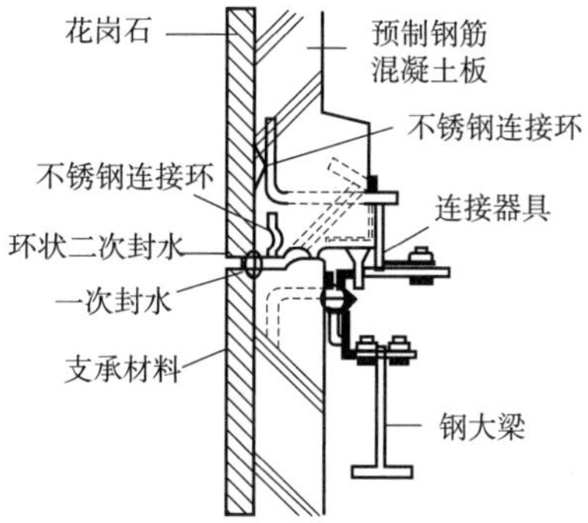

图 8.6 G·P·C工艺

8.3.2 金属饰面板施工

金属饰面板,常用的有铝合金板、彩色涂层钢板、彩色不锈钢板、镜面不锈钢饰面板、塑铝板等多种,其安装方法主要有木衬板粘贴薄金属面板和龙骨固定面板两种方法。

1)木衬板粘贴薄金属面板

木衬板粘贴法是利用大芯板作为衬板,在其表面用胶黏剂粘贴薄金属板,一般用于室内墙面的装饰。该方法施工的要点是:控制衬板安装的牢固性、衬板本身表面的质量、衬板安装的平整度和垂直度,以及控制表面金属板胶黏剂涂刷的均匀性和掌握好金属板粘贴时间。

2)龙骨安装金属饰面板

安装金属饰面板的龙骨一般采用型钢或铝合金型材做支撑骨架,目前采用型钢骨架较多。横、竖骨架与结构的固定,可与结构的预埋件焊接,也可在结构上打入膨胀螺栓连接。

3)铝合金饰面板的施工

铝合金饰面板常用的固定方法有两大类:一类是将饰面板用螺钉固定在型钢或木骨架;另一类是将饰面板固定在特制的龙骨上。其施工工艺为:放线→固定骨架的连接件→固定骨架→安装铝合金板→收口构造处理。

(1)放线

将骨架的位置弹到基层上,以保证骨架施工的准确性。放线最好一次放完,如有差错,可随时进行调整。

(2)固定骨架的连接件

骨架的横竖杆件是通过连接件与基层固定,而连接件可与基层结构的预埋件焊接,亦可打设膨胀螺栓。要求连接件固定牢固,位置准确,不易锈蚀。

(3)固定骨架

骨架应预先进行防腐处理,安装位置要准确,结合要牢固,横杆标高一致,骨架表面要平整。

(4)安装铝合金饰面板

板的安装要牢固、平整、无翘起、卷边等现象。板与板之间的间隙一般为 10~20 mm,用橡胶条或密封胶等弹性材料处理。安装完毕后,在易于被污染的部位,要用塑料薄膜覆盖保护;易被碰撞的部位,应设安全栏杆保护。

(5)收口构造处理

收口构造处理是饰面板安装后对水平部位的压顶,端部的收口,伸缩缝、沉降缝的处理,以及两种不同材料交接处的处理。因这些部位往往是饰面施工的重点，直接影响美观和功能，所以必须用特制的铝合金成型板进行妥善处理。

8.3.3 饰面砖施工

饰面砖粘贴工艺适用于内墙饰面砖的粘贴，当外墙高度不大于 100 m、抗震设防烈度不大于 8 度、采用满粘法施工时也可以使用此种工艺。目前常用于内墙饰面的为釉面内墙砖；用于外墙饰面的为陶瓷外墙面砖。按其表面处理又分为彩色釉面陶瓷砖和无釉陶瓷砖；此外，还有一些新品种面砖，如劈离砖、麻面砖、玻化砖、渗花砖等。

1)饰面砖抹浆粘贴法施工

饰面砖抹浆（水泥砂浆、水泥浆）粘贴法为传统施工方法，主要工序为：基层处理、湿润基层表面→水泥砂浆打底→选砖、浸砖→放线和预排→粘贴面砖→勾缝→清洁面层。其施工要点如下。

(1)基层处理和打底：基层表面应平整而粗糙，粘贴面砖前应清理干净并洒水湿润。然后用 1∶3 水泥砂浆打底，厚 7～10 mm，表面需找平划毛。底灰抹完后一般养护 1～2 d 方可粘贴面砖。

(2)选砖和浸砖：铺贴的面砖应进行挑选，即挑选规格一致、形状平整方正、无缺陷的面砖。饰面砖应在清水中浸泡，釉面内墙砖需浸泡 2 h 以上，陶瓷外墙面砖则要隔夜浸泡，然后取出阴干备用。

(3)放线和预排：铺贴面砖前应进行放线定位和预排，接缝宽一般为 1～1.5 mm，非整砖应排在次要部位或墙的阴角处。常见内墙面砖的排列方法如图 8.7 所示，外墙面砖排缝方法如图 8.8 所示。预排后，废面砖按粘结层厚度用混合砂浆粘贴作为标志块，其间距一般为 1.5 m 左右。

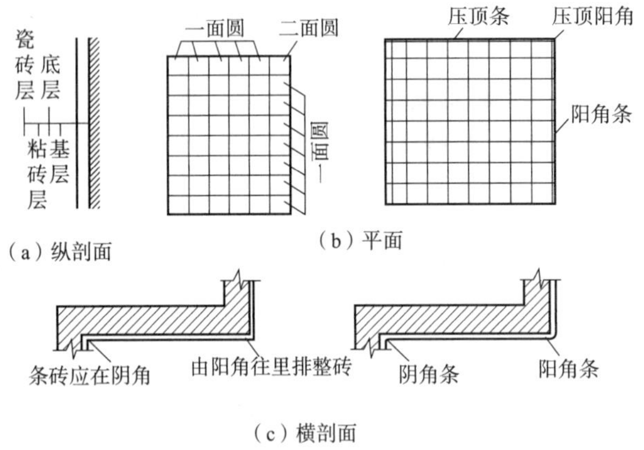

图 8.7 内墙面砖排列示意

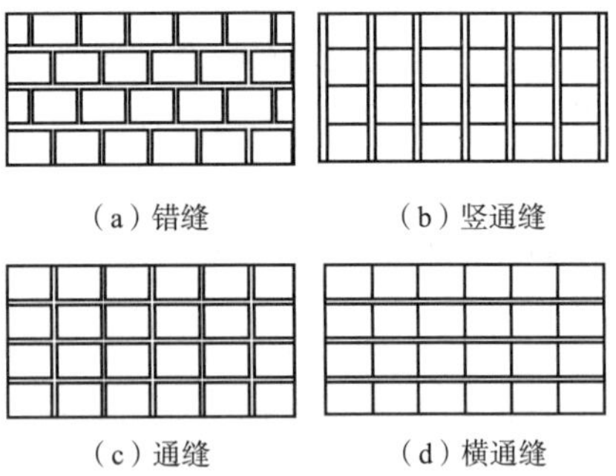

图 8.8 外墙面砖排缝示意

(4)粘贴面砖：粘贴面砖宜采用 1∶2 水泥砂浆，厚度宜为 6～10 mm，或采用聚合物水泥浆（水泥∶108 胶∶水=10∶0.5∶2.6）。粘贴面砖时，浇水湿润墙面后根据已弹好的水平线，在最下面一皮面砖的下口放好垫尺板（平尺板），作为贴第一皮砖的依据，由下往上逐层粘贴。粘贴时应将砂浆满铺在面砖背面，逐块进行粘贴，一般从阳角开始，非整砖留在阴角，即先贴阳角大面，后贴阴角、凹槽等部位。粘贴的砖面应平整，砖缝需横平竖直，随时检查并进行修整，使其与基层粘结密实牢固。遇粘结不密实、缺灰情况时，应取下重新粘贴，不得在砖缝处塞灰，以防空鼓，要随时将缝中挤出的浆液擦净。

(5)勾缝和清洁面层:面砖粘贴完毕后应进行质量检查,然后用清水将面砖表面擦洗干净,接缝处用与面砖同色的白水泥浆擦嵌密实。全部工作完成后要根据污染情况,用棉纱清理或用稀盐酸刷洗,随即用清水冲刷干净。

2)饰面砖胶粘法施工

饰面砖胶粘法施工即利用胶黏剂将饰面砖直接粘贴于基层上。这种施工方法具有工艺简单、操作方便、黏结力强、耐久性好、施工速度快等特点,是实现装饰工程干法施工的有效措施。

施工时要求基层坚实、平整、无浮灰及污物,饰面材料亦应干净、无灰尘及污垢。粘贴时先在基层上涂胶黏剂,厚度不宜大于 3 mm,然后铺贴饰面砖,揉挤定位。定位后用橡皮锤敲实,使气泡排出。施工时应由下往上逐层粘贴,随即清除板面上的余胶。粘贴完毕 3～4 d 后便可用白水泥浆进行灌浆擦缝,并用湿布将饰面砖表面擦拭干净。

饰面砖粘贴工程的质量要求是:饰面砖粘贴必须牢固。满粘法施工的饰面工程应无空鼓、裂缝。饰面砖表面应平整、洁净、色泽一致,无裂痕和缺损。饰面砖接缝应平直、光滑,填嵌应连续、密实;宽度和深度应符合设计要求。

思维拓展:

饰面板(砖)施工时,应预先规划排砖,并在镶贴时先贴阳角大面,再贴阴角、凹槽等部位,引申"以结果为导向、全局与局部相协调"的系统性实践思维。

8.4 裱糊、涂饰、刷浆工程

根据施工材料和施工部位的不同可采用裱糊工程、涂饰工程、刷浆工程来保护建筑结构,满足人们使用功能、审美功能的要求。

8.4.1 裱糊施工

裱糊工程是将壁纸或墙布用胶黏剂裱糊在室内墙面、柱面及顶棚的一种装饰。裱糊工程中常用的材料有普通壁纸、塑料壁纸、玻璃纤维墙布、无纺墙布及胶黏剂。此种装饰具有色彩丰富、质感性强、既耐用又易清洗的特点,且施工速度快、湿作业少,多用于高级室内装饰。

1)裱糊工程的一般工序

裱糊施工的一般工序为:基层处理→弹线和裁料→湿润和刷胶黏剂→裱糊→赶压胶黏剂、气泡→擦净挤出的胶液→清理修整。

(1)基层处理

各种基层,只要具有一定强度、表面平整光洁、不疏松掉面都可粘贴裱糊材料,如水泥石灰砂浆、石灰砂浆、石膏灰、纸筋灰等抹灰面层以及石膏板、石棉水泥板等板材表面均可。

对基层的要求:坚固密实,表面平整光洁、无粉化和剥落;无孔洞、大裂缝、毛刺和起鼓;表面颜色应一致,否则应进行基层处理。为防止基层吸水过快,引起胶黏剂脱水而影响粘结,可在基层表面刷一道用水稀释的 108 胶作为底胶进行封闭处理。

(2)弹线和裁料

为使裱糊的壁纸或墙布粘贴的花纹、图案、线条纵横连贯,应先弹好分格线。裱糊墙面时应从墙的阳角开始,按裱糊材料宽度弹垂直线,作为裱糊时的操作准线;裱糊顶棚时,也应弹出能起到准线作用的直线。

裁料时，应根据实际弹线尺寸统筹规划并进行编号，以便按顺序粘贴。

(3)湿润和刷胶黏剂

以纸为底层的壁纸遇水会受潮膨胀，干燥后又会收缩，因此壁纸施工前应浸水湿润几分钟，再粘贴上墙，可以使壁纸粘贴平整。裱糊墙面时，应在基层表面涂刷胶黏剂；裱糊顶棚时，基层和壁纸背面均应涂刷胶黏剂。

裱糊墙布时，应先将墙布背面清理干净。由于墙布无吸水膨胀的特点，故不需用水湿润。除纯棉墙布应在其背面和基层同时刷胶黏剂外，玻璃纤维、化纤墙布和无纺墙布只需在基层刷胶黏剂即可。

涂刷胶黏剂要求薄而均匀、不漏刷。在基层表面的涂刷宽度应比裱糊材料宽出 20～30 mm，涂刷一段，裱糊一张。

(4)裱糊

裱糊的方法有搭接法、拼接法和推贴法。

搭接法多用于壁纸的裱糊，此方法是在壁纸上墙后，先对花拼缝并使相邻的两幅重叠，然后在搭接处的中间将双层壁纸切透，再分别撕掉切断的两幅壁纸边条。

拼接法可用于壁纸和墙布的裱糊，此方法是在裱糊材料上墙前先按对花拼缝裁料，上墙后，相邻的两幅裱糊材料直接拼缝、对花。

推贴法多用于顶棚的裱糊，先将裱糊材料卷成一卷，裱糊时一人推着前进，另一人将其赶平、赶密实。采用推贴法时胶黏剂宜刷在基层上，不宜刷在材料背面。

裱糊后各幅壁纸拼接应横平竖直。每次裱糊 2～3 幅后，要吊线检查垂直度，以防造成累积误差。

(5)赶压胶黏剂、气泡

裱糊材料拼缝对齐后，要将胶黏剂赶平压实，挤出气泡。一般可用刮板刮平，但发泡和复合壁纸则不得使用刮板，只能用毛巾、海绵或毛刷赶平。

(6)擦净挤出的胶液

裱糊好的壁纸、墙布压实后，应将挤出的多余胶黏剂用湿棉丝及时揩擦干净，表面不得有气泡、斑污，斜视时应无胶痕。

(7)清理修整

整个房间裱糊完成后，应进行全面细致的检查。对未贴好的局部应进行清理修整，并要求修整后不留痕迹。

2)裱糊工程的质量要求

裱糊工程的质量应满足以下要求：

(1)壁纸、墙布的种类、规格、图案、颜色和燃烧性能等级必须符合设计要求及国家现行标准的有关规定。

(2)裱糊后各幅拼接应横平竖直，拼接处花纹、图案应吻合，不离缝，不搭接，不显拼缝。

(3)壁纸、墙布应粘结牢固，不得漏贴、补贴、脱层、空鼓和翘边，纹理无压平起光。

(4)裱糊后的壁纸、墙布表面应平整，色彩应一致，不得有波纹起伏、气泡、裂缝、褶皱及斑污，斜视无胶痕。

(5)壁纸、墙布与各种装饰线、设备线盒应交接严密。

(6)壁纸、墙布边缘应平直整齐，不得有纸毛、飞刺。

(7)壁纸、墙布阴角处搭接应顺光，阳角处应无接缝。

要点解析：

为防止因基层吸水过快导致胶黏剂脱水，可在基层表面刷一道用水稀释的胶液作为底胶进行封闭处理；同时，还应根据实际弹线尺寸规划编号，以便按顺序粘贴。

8.4.2 涂饰施工

涂饰工程包括油漆涂饰和涂料涂饰。将胶体的溶液涂敷在物体表面，使之与基层粘结，形成一层完整而坚韧的保护薄膜，以达到装饰、美化和保护基层免受外界侵蚀的目的。

1)油漆涂饰施工

油漆涂饰可用于木材、金属、抹灰层和混凝土等基层表面。油漆涂饰施工的工序为：基层处理→打底子→抹腻子→涂饰油漆。

(1)基层处理

为使油漆和基层表面粘结牢固，节约材料，必须对需涂饰的基层表面进行处理。对木材基层表面，应将表面的灰尘、污垢清除干净，表面上的缝隙、毛刺、节疤和凹陷处修整后，需用腻子补平。对金属基层表面，应清除表面的锈斑、尘土、油渍、焊渣等杂物。对抹灰层和混凝土基层表面，要求表面干燥、洁净，不得有起皮和松散等缺陷，粗糙的表面应磨光，缝隙和小孔应用腻子刮平。

(2)打底子

在处理好的基层表面上刷一遍底子油(可适当加色)，并使其厚薄均匀一致，以保证整个油漆面色泽均匀。

(3)抹腻子

腻子是由油料加上填料(石膏粉、大白粉)、水或松香水拌制成的膏状物。抹腻子的目的是使表面平整，待其干燥后用砂纸打磨。对于高级油漆施工，需在基层上全部抹一层腻子，打磨后再抹腻子，再打磨，直至表面平整光滑为止。有时，还要和涂饰油漆交替进行。

(4)涂饰油漆

油漆施工按质量要求不同分为普通、中级和高级三个等级。一般松软木材面、金属面多采用普通或中级油漆；硬质木材面、抹灰面则采用中级或高级油漆。涂饰的方法有刷涂、喷涂、擦涂、揩涂及滚涂等多种。

刷涂法是用棕刷蘸油漆涂刷在物体的表面上。此方法设备简单、操作方便、节省油漆、不受物体形状大小的限制，但工效低，不适宜快干性和扩散性不良的油漆施工。

喷涂法是用喷雾器或喷浆机将油漆均匀喷射在物体表面上，一次不能喷得过厚，需分几次喷涂，以达到厚而不流的效果。此方法优点是工效高、漆膜分散均匀、平整光滑、干燥快，但油漆消耗量大，施工时还应采取通风、防火、防爆等安全措施。

擦涂法是用棉花团外包纱布蘸取油漆在物体表面上擦涂几遍，待漆膜稍干后再连续揩擦多遍，直到均匀擦亮为止。此方法漆膜光亮、质量好，但工效低。

揩涂法仅用于生漆的施工，使用布或丝团浸油漆后在物体表面上来回左右滚动，反复搓揩，以达到漆膜均匀一致。

滚涂法是用羊皮、橡皮或其他吸附材料制成的滚筒滚上油漆后，再滚涂于物体表面上。此方法漆膜均匀．可使用较稠的油料，适用于墙面滚花涂饰。

在整个涂刷油漆的过程中，油漆不得任意稀释，最后一遍油漆不宜加催干剂。涂刷施工中，应待前一遍油漆干燥后方可涂刷后一遍油漆。

知识拓展：

我国在原始社会时期，已出现无机化合物和有机颜料混合的油漆技艺；至18世纪，在亚麻仁油、氧化锌等开发的基础上，油漆工艺得到迅速发展；至20世纪，油漆颜色种类极大丰富，且黏着力大、光泽度高，阻燃、抗腐蚀、热稳定等性能良好。

阅读

文本8.4.2-35

2)涂料涂饰施工

涂料涂饰适用于抹灰层、混凝土、加气混凝土板材和纸面石膏板等基层表面。涂料涂饰施工的工序为：基层处理→刮腻子→涂饰涂料。

(1)基层处理

基层应先进行养护，常温下砂浆抹面需养护7 d以上，现浇混凝土需养护28 d以上，方可涂饰涂料，否则会出现粉化或色泽不均匀等现象；基层要求平整，但又不应太光滑，太光滑的表面对涂料粘结性能有影响，太粗糙的表面涂料消耗量大；基层上的孔洞和不必要的沟槽应提前进行修补，修补材料可采用108胶加水泥和适量水调制而成；新建筑物的混凝土或抹灰基层应涂刷抗碱封闭底漆，旧墙面应清除疏松的旧装修层，并涂刷界面剂。

(2)刮腻子

刮腻子的目的是将表面气孔、裂缝及凹凸不平之处嵌平。腻子材料通常由涂料制造厂配套生产供应，应尽量选用现成的配套腻子。对于普通涂装，应满刮一遍腻子并磨平；中级涂装，除满刮一遍腻子并磨平外，在涂饰第一遍涂料后需再复补腻子并磨平；高级涂装，则应满刮腻子和磨平两遍后涂饰第一遍涂料，再复补腻子并磨平。基层腻子应平整、坚实、牢固，无粉化、起皮和裂缝。

(3)涂饰涂料

在涂饰涂料前，一般要先喷、刷一道与涂料体系相适应的稀释乳液，稀释乳液渗透能力强，可使基层坚实、干净，粘结性能好并节省涂料。外墙面涂饰时，一般均应由上而下、分段分步进行涂饰，风雨天不宜施工．以免涂料被风吹跑或被雨水冲淋掉。内墙面涂饰时，应在顶棚涂饰完毕后进行，由上而下分段涂饰。涂饰的方法有刷涂、喷涂、滚涂、弹涂等。

刷涂法施工时，其涂刷方向和行程长短均应一致，接槎最好在分格缝处。涂刷层次，一般不少于两度，在前一度涂层表面干燥后才能进行后一度涂刷。

喷涂法施工时，对涂料稠度、空气压力、喷射距离、喷枪运行的角度和速度等方面均有一定要求，应按操作规程进行。室内喷涂一般两遍成活，间隔时间约为2 h；外墙喷涂一般亦为两遍，较好的饰面为三遍。

滚涂法施工时，在滚辊上蘸少量涂料后，再在被滚的墙面上轻缓平稳地上下来回滚动，应保证涂层厚度一致、色泽一致、质感一致。

弹涂法施工时，应在基层表面先刷1～2度涂料，作为底色涂层。待底色涂层干燥后，才能进行弹涂。弹涂是用电动弹涂机的弹力器分几遍将不同色彩的涂料弹在底色涂层上，形成1～3 mm大小的扁圆形花点。对于压花型彩弹，在弹涂以后，还应进行批刮压花。

3)涂饰工程的质量要求

(1)涂饰的颜色、光泽、图案应符合设计要求。

(2)涂饰的颜色、光泽应均匀一致、粘结牢固，不得漏涂、透底、起皮、反锈、掉粉。

8.4.3 刷浆工程

刷浆工程是将石灰浆、大白粉浆、可赛银浆、聚合物水泥浆等刷涂或喷涂在抹灰层物体的表面，以起到保护和美化装饰的效果。

1)常用刷浆材料及配制

(1)大白粉浆

大白粉浆是由滑石、矾石或青石等精研成粉，加水过淋而成的碳酸钙粉末。大白粉加水再加胶合料即调制成大白粉浆，掺入颜料则成各种色浆。火碱面胶大白粉浆配合比为：大白粉：面粉：火碱：清水＝100：2.5：1：(150～180)；龙须菜胶大白粉浆配合比为：大白粉：龙须菜：皮胶(动物胶)：清水＝100：(3～4)：(1～2)：(150～180)；亦可用聚醋酸乙烯乳胶(白乳胶)和羧甲基纤维素作胶合料，附着力更强，其配合比为：大白粉：白乳胶：六偏磷酸钠：羧甲基纤维素＝100：12：0.5：0.1。大白粉浆随配随用，适用于标准较高的室内墙面及顶棚刷浆。

(2)石灰浆

石灰浆是用石灰或石灰膏加水搅拌过滤而成，在其中加入石灰用量5%的食盐或明矾可防止脱粉，在其中加入耐碱性颜料即配成色浆。石灰浆属低档饰面材料，适用于室内普通墙面及顶棚刷浆工程。

(3)可赛银浆

可赛银浆粉由碳酸钙、滑石粉颜料研磨后加入胶而成。颜色有粉红、中青、杏黄、米黄、浅蓝、深绿、蛋青、天蓝、深黄等。配制时先掺可赛银重量70%的温水，拌成奶浆，待胶溶化后，再加入30%～40%的水拌成稀浆，过筛后再注入水调成适用浓度使用。可赛银浆膜的附着力、耐水性、耐磨性均比大白粉浆强。适用于墙面及顶棚刷浆。

(4)干墙粉

干墙粉是一种含有胶料的高级刷墙粉，具有颜色丰富，色彩鲜明，黏性好，不脱皮褪色等优点。配制时，按1：1加温水拌成奶浆，待胶溶化后再加适量水调成适当浓度，过筛1～2次即可使用。适用于墙面及顶棚粉刷。

(5)白水泥石灰浆

白水泥石灰浆是在石灰中掺入白水泥、食盐和光油，加水调制而成。配制按水泥：石灰：食盐：光油＝100：250：25：25。适用于室外墙面粉刷。

(6)聚合物水泥浆

在水泥中掺入有机聚合物(如108胶、白乳胶、二元乳液)和水调制而成。可提高水泥浆的弹性、塑性和粘结性，一般刷后再罩一遍有机硅防水剂，以增强浆面防水、防污染和防风化的效果，适用于外墙刷浆。

2)刷浆施工

刷浆之前，基层表面必须干净、平整，所有污垢、油渍、砂浆流痕以及其他杂物等均应清除干净。表面缝隙、孔眼应用腻子填平，并用砂纸磨平磨光。刷浆前的基层表面应当干燥，局部湿度过大部位，应采取措施烘干。浆液的稠度，刷涂时宜小些，采用喷涂时宜大些。

小面积刷浆采用扁刷、圆刷或排笔工具刷涂。大面积刷浆宜用手压或电动喷浆机进行喷涂。刷浆次序先顶棚，后由上而下刷(喷)四面墙壁，每间房屋要一次做完，刷色浆应一次配足，以保证颜色一致。室外刷浆，如分段进行时，应以分格缝、墙面的阳角处或水落管处等为分界线。同一墙面应用相同的材料和配合比，涂料必须搅拌均匀，要做到颜色均匀、分色整齐、不漏刷、不透底，最后一遍刷浆或喷浆完毕后，应加以保护，不得损伤。

8.5 幕墙施工

建筑幕墙是由各种面板和支撑结构组成，不承担主体结构所受作用的建筑围护结构或装饰性结构。具有自重轻、施工速度快、装饰效果好等特点，在现代建筑中应用的越来越广泛。幕墙按照面板材料可分为玻璃幕墙、金属幕墙等。

8.5.1 玻璃幕墙施工

玻璃幕墙是由玻璃板与金属骨架(立柱、横梁)组成的建筑外围护结构，其构造如图 8.9 所示。玻璃板构件固定在横梁，横梁与立柱连接，立柱悬挂在主体结构上。为了使立柱在温度变化和主体结构侧移时有变形的余地，立柱上下由活动接头连接，使立柱各段可以上下相对移动。玻璃幕墙不承受结构荷载，能增强建筑物的艺术造型，改善其使用功能。

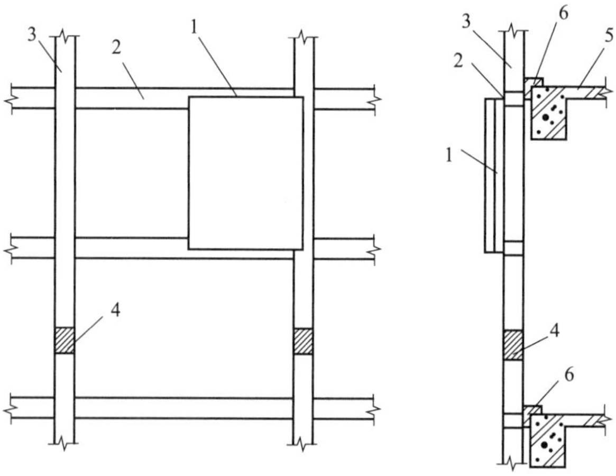

1—玻璃板构件；2—横梁；3—柱；4—立柱活动接头；
5—主体结构；6—立柱悬挂点。

图 8.9 幕墙组成示意

1)玻璃幕墙的类型

玻璃幕墙按构造不同，可以分为明框玻璃幕墙、半隐框玻璃幕墙、全隐框玻璃幕墙、全玻璃幕墙和点支承玻璃幕墙。

(1)明框玻璃幕墙

明框玻璃幕墙是最传统的形式，其骨架有型钢骨架和铝合金型材骨架。采用型钢骨架时，玻璃镶嵌在铝合金的框内，然后再将铝合金框与骨架固定。采用铝合金型材骨架时，玻璃镶嵌在铝合金骨架的凹槽内。

(2)半隐框玻璃幕墙

半隐框玻璃幕墙可分为竖隐横不隐玻璃幕墙和横隐竖不隐玻璃幕墙。

竖隐横不隐玻璃幕墙的立柱隐在玻璃后面，玻璃安放在横梁的镶嵌槽内，镶嵌槽外加盖铝合金压板，盖在玻璃外面。该类幕墙一般设置在车间，将玻璃粘贴在两竖边有安装沟槽的铝合金玻璃框上，将玻璃框竖边再固定在铝合金框格体系的立柱上。玻璃上、下两横边则固定在铝合金框格体系横梁的镶嵌槽中。

横隐竖不隐玻璃幕墙的横向采用结构胶粘贴式玻璃装配方法，竖向玻璃固定在嵌槽内。竖边用铝合金压板固定在立柱的玻璃镶嵌槽内，形成从上至下整片玻璃被立柱压板分割成长条形。

(3)全隐框玻璃幕墙

全隐框玻璃幕墙是在铝合金构件组成的框格上固定玻璃框，玻璃框的上框挂在铝合金整个框格体系的横梁上，其余三边分别用不同的方法固定在立柱和横梁上。玻璃用结构胶预先粘贴在玻璃框上。该类幕墙的全部荷载均由玻璃通过结构胶传递给铝合金框架。因此，结构胶应能保证承受玻璃自重、玻璃面板承受的风荷载、地震荷载，以及温度变化等的作用。

(4)全玻璃幕墙

全玻璃幕墙多用于建筑物的首层，次骨架采用玻璃制成的玻璃肋，上、下、左、右用胶固定，且下端采用支点。该类幕墙的玻璃本身既是饰面材料，又是承受自重、风荷载、地震荷载的结构构件。

(5)点支承玻璃幕墙

点支承玻璃幕墙又称为挂架式玻璃幕墙，采用四爪式不锈钢挂件与立柱焊接，每块玻璃的四个角在车间各钻一个 ϕ20 mm 孔，挂件的每个爪与 1 块玻璃 1 个孔相连接，即 1 个挂件同时与 4 块玻璃相连接。

2)玻璃幕墙安装施工

玻璃幕墙现场安装施工有单元式和分件式两种方式。单元式施工是将立柱、横梁和玻璃板材在工厂拼装为一个安装单元(一般为一层楼高度)，然后在现场整体吊装就位。分件式施工是最一般的方法，将立柱、横梁和玻璃板材等材料分别运到工地、现场逐件进行安装，其主要工序如下：

(1)放线定位

将骨架的位置弹到主体结构上。放线工作应根据土建单位提供的中心线及标高控制点进行。对于由横梁、立柱组成的幕墙骨架，一般先弹出立柱的位置，然后再将立柱的锚固点确定。待立柱通长布置完毕，再将横梁弹到立柱上。如果是全玻璃安装，则应首先将玻璃的位置弹到地面上，再根据外缘尺寸确定锚固点。放线是玻璃幕墙施工中技术难度较大的一项工作，要求充分掌握设计意图，并具备丰富的工作经验。

(2)预埋件检查

为了保证幕墙与主体结构连接可靠，幕墙与主体结构连接的预埋件应在主体结构施工时，按设计要求的数量、位置和方法进行埋设。施工安装前，应检查各连接位置的预埋件是否齐全，位置是否符合设计要求。预埋件遗漏、偏差过大、倾斜时，要会同设计单位采取补救措施。

(3)骨架安装施工

依据放线位置进行骨架安装。常用连接件将骨架与主体结构相连。连接件与主体结构可以通过预埋件或后埋锚栓固定，但当采用后埋锚栓固定时，应通过试验确定其承载力。骨架安装一般先安装立柱(因为立柱与主体结构相连)，再安装横梁。横梁与立柱的连接依据其材料不同，可以采用焊接、螺栓连接、穿插件连接或角铝连接等方法。

(4)玻璃安装

玻璃的安装,因玻璃幕墙类型不同,固定玻璃的方法也不相同。钢骨架玻璃幕墙没有镶嵌玻璃的凹槽,多用窗框过渡,将玻璃安装在铝合金窗框上,再将窗框与骨架相连。铝合金型材的玻璃框架,在成型时,已经将固定玻璃的凹槽随同整个断面一次挤压成型,可以直接安装玻璃。玻璃与硬性金属之间应避免直接接触,要用封缝材料过渡。对隐框玻璃幕墙,在玻璃框安装前应对玻璃及四周的铝框进行必要的清洁,保证嵌缝耐候胶能可靠粘结。安装前玻璃的镀膜面应粘贴保护膜加以保护,交工前再全部揭去。

(5)密缝处理

玻璃和玻璃组件安装完毕后,必须及时用耐候密封胶嵌缝,予以密封,以保证玻璃幕墙的气密性、水密性和整体性。

(6)清洁维护

玻璃幕墙安装完后,应从上至下用中性清洁剂对幕墙表面及外露构件进行清洗。

玻璃幕墙在安装施工中,必须严格控制工程质量,确保幕墙坚固、可靠、使用安全,防水、防火、隔热、保温、抗震等性能良好,符合设计要求,满足有关技术规范、标准的规定。

科技前沿:

1. 超高层玻璃幕墙施工技术:系统性开发了幕墙板块储存、板块垂直运输、硬质隔离与环状双轨吊同步安装等新型关键技术,有效解决了场地狭小、板块储存及周转困难、高空运输高危低效、交叉作业隐患重重等问题。

2. 无横梁折线幕墙施工技术:通过对龙骨体系的优化,能有效减少现场焊接工作量,在有效降低施工难度的同时,大幅降低了施工产生的振动、噪声、粉尘等危害,具有良好的经济、社会效益。

阅读 文本8.5.1-36

阅读 文本8.5.1-37

8.5.2 金属幕墙施工

金属幕墙质量轻、抗震好、易加工、防火防腐性能好、色彩丰富、安装维修方便,是一种高档次的建筑外墙装饰。金属板材能完全适应各种复杂造型的设计,可任意增加凹进或凸出的线条,而且可加工各种形式的曲线线条,因此近些年来备受建筑师的青睐。

1)金属幕墙的分类

金属幕墙按面板的材质不同可分为铝复合板、单层铝板、蜂窝铝板、夹芯保温铝板、不锈钢板、彩涂钢板、珐琅钢板等。按照表面处理不同,金属幕墙又可分为光面板、亚光板、压型板、波纹板等。

2)金属幕墙的施工工艺

金属幕墙的施工工艺为:测量放线→预埋件检查→金属骨架安装→金属板安装→注密封胶→幕墙表面清理。

测量放线和预埋件检查及金属骨架安装的施工方法同玻璃幕墙,金属骨架安装前应刷防锈漆,两种金属材料接触处应垫好隔离片,防止接触腐蚀,不锈钢材料除外。

金属板通常通过铆钉、自攻螺钉与横竖骨架连接，具体的安装固定方法按设计要求决定。金属板安装前，应检查对角线及平整度，并用清洁剂将金属板靠室内一侧及框表面清洁干净。板与板之间的间隙一般为10～20 mm，用橡胶条或密封胶等弹性材料封堵。密封胶需注满，不能有空隙或气泡。

金属幕墙水平部位的压顶、端部的收口、伸缩缝的处理、两种不同材料的交接处理等不仅关系到装饰效果，而且对使用功能也影响较大。因此一般采用特制的铝合金成型板进行处理。转角处可用螺栓将1.5 mm或2 mm的直角铝合金板与幕墙金属外墙板固定。窗台、女儿墙的上部处理，都属于水平部位的压顶处理，可用铝合金板盖住，使之能阻挡风雨侵蚀。水平盖板的固定，一般先在基层焊接一个钢骨架，然后用螺栓将盖板固定在骨架上。墙面边缘部位的收口处理是用铝合金成型板将幕墙端部及立柱、横梁部位封闭。伸缩缝、沉降缝的处理，一般使用弹性较好的氯丁胶成型带压入缝边锚固件上，起连接、密封作用。幕墙下端收口使用一条特制的披水板，将幕墙下端封闭，同时将幕墙与结构墙体间的缝隙盖住，以免雨水渗入室内。

幕墙安装后撕下金属板表面的保护膜，将整片幕墙用清水清洗干净，个别污染严重的地方可采用有机溶剂清洗，但严禁用尖锐物体刮，以免损坏饰面板表面涂膜。金属幕墙表面应平整、洁净、色泽一致；压条应平直、洁净、接口严密、安装牢固；密封胶缝应横平竖直、深浅一致、宽窄均匀、光滑顺直；上滴水线、流水坡向应正确、顺直。

知识拓展：

为满足玻璃幕墙防火能力，玻璃幕墙与楼板、墙、柱之间的缝隙，楼层间水平防烟带，承托板与主体结构、幕墙结构及承托板之间的缝隙等均需用适宜的防火材料填充密封；同时玻璃幕墙应设置防雷装置，需和整幢建筑物的防雷系统连接，一般采用均压环做法，即梁的主筋采用焊接连接、再与柱筋焊接连通、幕墙的骨架与均压环连通，从而形成导电通路。

阅读

文本8.5.2-38

8.6 外墙外保温装饰一体化施工技术

保温装饰板是由装饰面板同保温材料经胶粘等工艺加工复合而成的一种预制板材。保温装饰板外墙外保温系统是指固定于建筑物外墙外侧的保温装饰一体化产品，由保温装饰板、胶黏剂、密封胶、锚固件、填缝材料等组成。外墙外保温装饰一体化施工是将保温装饰板及各种组成材料通过工程现场组合、拼装及施工安装而固定在外墙外表面上的施工过程。一次施工就可完成保温和装饰两个工序，既满足了墙体节能要求，又确保了外墙立面装饰效果。

1)外墙外保温装饰施工工法特点

(1)现场施工工序简便，工程施工质量有保障。由于保温装饰板是集中在工厂加工，在施工现场安装，把传统的现场人为不确定、不可控的因素都集中在工厂采用机械化予以解决，避免了外墙饰面层、保温层的空鼓、开裂、渗漏等质量通病，大大提高了施工质量。

(2)施工工艺简便，工期短，成本低。与传统工艺相比较，该工法将保温和装饰两个施工过程合二为一，现场一次安装即可完成保温和装饰两个工序，从而大大简化了保温层施工工序，缩短了工序间隔的时间，有效缩短了施工工期、降低了施工成本。同时，由于施工质量有保障，可大大降低后期使用阶段维修费用。

(3)绿色环保,节约能耗。该工法的产品是在工厂集中加工生产,简化了现场施工工序,大大降低了现场建筑垃圾的产生,一体化板材的边角余料可回收二次利用,符合绿色环保施工要求。

保温装饰板施工方法根据保温装饰板的类别和工程需求确定。按照保温装饰板与基层墙体的连接方式可划分为以粘结为主的粘锚法和以机械锚固为主的机械锚固法。

2)材料

保温装饰板按面层材料可分为金属保温装饰板(铝及铝合金板、彩涂钢板、喷塑铝板等)及非金属保温装饰板(陶瓷面板、薄大理石板、薄花岗岩板、陶瓷板、玻纤网水泥平板涂料装饰板、水泥压力板涂料装饰板和硅酸钙板涂料装饰板等),与之复合的保温板包括阻燃型聚苯乙烯泡沫板、阻燃型聚氨酯泡沫板、阻燃型酚醛树脂泡沫板等难燃材料以及不燃的岩(矿)棉板等。无论金属保温装饰板还是非金属保温装饰板,均要求达到防水、抗开裂效果,需满足以下要求:①预制板要做好防水处理,包括工地现场板材切割后的防水处理;②面板不开裂;③板缝不开裂;④吸水率要低。

保温装饰板应采用胶黏剂与基层粘贴,胶黏剂一般采用聚合物砂浆,即用无机和有机胶结材料、砂及其他外加剂配置而成的黏结剂。聚合物砂浆应由专人配制,应严格按照产品使用说明书的要求配置,计量准确,配置好的材料应在规定时间内用完,严禁过时使用。

保温装饰板外墙外保温工程采用的材料在施工过程中应采取防潮、防水、防火等保护措施。材料进入施工现场后,应进行进场验收,并按规定取样复验;各类材料应分类贮存,贮存期及条件应符合产品使用说明书的规定,应防雨、防暴晒、防火,且不宜露天存放,对在露天存放的材料,应采用搭帐篷或防雨帆布遮盖。保温装饰板堆放应平置,场地应平整。砂浆类材料应防潮、防雨且在保质期内使用。

3)施工机具

外墙外保温装饰一体化施工常用的施工机具包括:垂直运输机械、手推车、电动吊篮或脚手架、外接电源设备、电动搅拌器、开槽器、角磨机、电锤、手锤、称量衡器、密齿手锯、壁纸刀、剪刀、螺丝刀、钢丝刷、腻子刀、抹子、阴阳角抿子、托线板、2 m靠尺以及墨斗等。

施工用的各种机具应有专人管理和使用,定期维护。施工单位应根据设备的特点,制定机具的清洁保养计划,以确保施工质量和进度。施工中应采用电动搅拌器进行粘结砂浆的混合调配;应采用台式切割机进行保温装饰板的裁切。弹线及安装施工宜选用脚手架作为支撑保护机具,在无法采用脚手架时可采用吊篮。

4)施工条件与准备

保温装饰板外墙外保温工程施工前应具备下列条件:

(1)施工前应在现场采用相同材料和工艺制作样板墙或样板件,经有关各方确认后方可进行施工。

(2)基层墙体施工质量验收合格。基层墙体表面质量影响到粘结牢固程度,对安全和节能效果很重要,其可黏结性受表面清洁状况、所用材料、施工工艺等影响很大,保温层施工前应进行基层处理,因此墙体基层要按设计和施工方案的要求认真处理,不得有浮灰、空鼓、开裂等现象,其附着力和墙体自身强度应满足设计要求。基层表面处理属于隐蔽工程,施工中容易被忽略,事后无法检查,因此施工过程中应全数检查,验收时则应核查隐蔽工程验收记录。基层的尺寸偏差可参考表8.1的要求。

表 8.1 外墙基面的允许尺寸偏差表

工程做法	项目			允许偏差(mm)	
砌体工程	墙面垂直度	每层		5	2 m托线板检查
		全高	≤10 m	10	经纬仪或吊线检查
			>10 m	20	
	表面平整度			5	2 m直尺和楔形塞尺检查
混凝土工程	墙面垂直度	层间	≤5 m	8	经纬仪或吊线检查
			>5 m	10	
		全高		H/1 000且≤30	
	表面平整	2 m长度		5	2 m直尺和楔形塞尺检查

当基层墙体不满足表 8.1 的要求时,应按照以下方法进行处理:

①对新建工程,墙面的混凝土残渣和脱模剂必须清理干净,墙面平整度超过允许偏差部分应剔凿或修补。

②旧房进行外保温施工时应彻底清理不能保证粘结强度的原外墙面层(爆皮、粉化、松动的原外装饰面层,出现裂缝空鼓的抹灰面层),修补缺陷,加固找平。

③外门窗洞口应通过验收,洞口尺寸、位置应符合设计要求和质量要求。门窗框或辅框应安装完毕。

(3)伸出墙面的消防梯、落水管、各种进户管线和空调器等的预埋件、连接件应安装完毕,并应考虑保温装饰板厚度对构件的影响,按外墙外保温系统厚度留出间隙。

(4)施工前弹出分格线、门窗洞口控制线和楼层水平线,外墙大角挂垂直基准线。

(5)保温装饰板外墙外保温工程施工期间以及完工后 24 h 内,基层及环境空气温度应不低于 5 ℃。夏季应避免阳光暴晒。在 4 级以上大风天气和雨天不得施工。对粘结为主、锚固为辅的保温装饰板外墙外保温系统,5 ℃以下的气温会使水泥基粘结砂浆强度增长缓慢,聚合物成膜困难;夏季暴晒会使水泥砂浆找平层和水泥基粘结砂浆失水过快,不利于砂浆养护,导致最终强度降低。5 级以上的大风或雨、雪天气也会对施工造成不利影响,均不得施工。

5)粘锚法施工工艺

粘锚法是采用建筑胶黏剂和锚固件将保温装饰板牢固地固定在建筑外墙上的一种施工方法,保温装饰板与建筑外墙的连接以胶黏剂粘结为主,以锚固件锚固为辅,其结构形式分为保温装饰板和锚固件一体式(图 8.10)和分体式(图 8.11)两种。

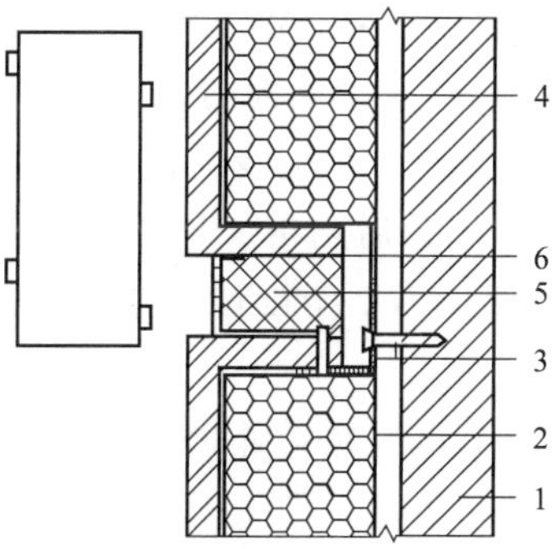

1—基层墙体;2—粘结层;3—锚固件;
4—保温装饰板;5—嵌缝胶水;6—嵌缝胶。

图 8.10 保温装饰板与锚固一体式

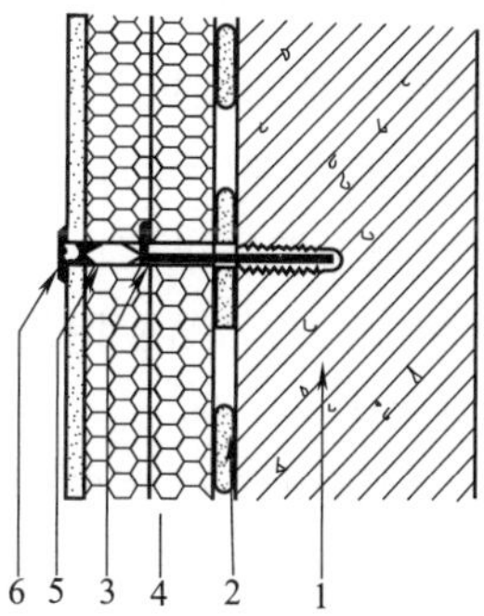

1—基层墙体;2—粘结层;3—锚固件;
4—保温装饰板;5—嵌缝泡沫材料;6—嵌缝。

图 8.11 保温装饰板与锚固件分体式

根据工程进度及现场情况，安装外墙外保温板应由下到上施工，进行流水作业。粘锚法施工工艺如图 8.12 所示。

粘锚法主要包括以下施工过程：

(1)基层处理

基层表面处理对保证安全和节能效果很重要，由于基层表面处理属于隐蔽工程，施工中容易被忽略，事后无法检查，因此对基层表面进行处理应按设计和施工方案的要求进行，以满足保温层施工工艺的需要。基层墙体的可粘结性受表面清洁状况、所用材料、施工工艺等影响很大，保温层施工前应进行基层处理，施工过程中应全数检查，验收时则应核查所有隐蔽工程验收记录。

在保温层施工前，应将门窗框、雨水管卡、预埋铁件、设备穿墙管道等提前安装好，并考虑到保温装饰板厚度对构件的影响，预留出保温装饰板的厚度。

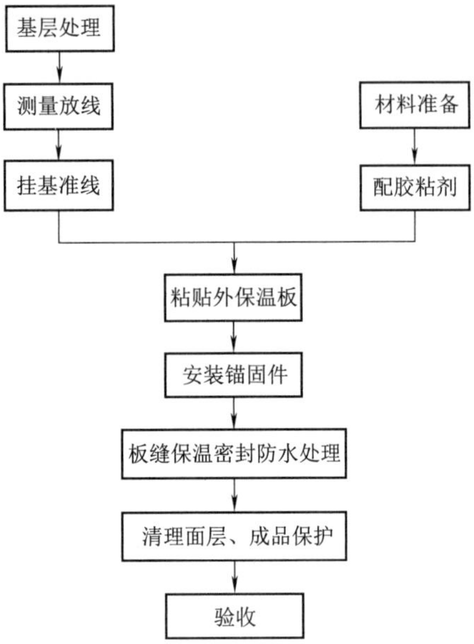

图 8.12 粘锚法施工工艺

基层墙体结构应符合现行国家标准《混凝土结构工程施工质量验收规范》(GB 50204—2015)和《砌体结构工程施工质量验收规范》(GB 50203—2011)的要求。墙体偏差以及存在凸起、空鼓、疏松和有碍粘贴的污物应剔除，并用砂浆找平。

(2)测量放线

在处理完毕、符合要求的基层墙体上，根据建筑立面设计和外墙外保温技术要求，在墙面弹出外门窗口水平、垂直控制线及膨胀缝线、装饰缝线等。

(3)挂基准线

在建筑外墙大角(阳角、阴角)及其他必要处挂垂直基准线，每个楼层适当位置挂水平线，以控制外保温板的垂直度和平整度。

(4)配制胶黏剂

根据生产厂家使用说明书提供的配合比配制，专人负责，严格计量，机械搅拌，确保搅拌均匀。配好的料注意防晒避风，一次配制量应在可操作时间内用完。

(5)按产品供应商和设计要求的尺寸，在工程进行前应将保温装饰板进行预排列并编号、标记。阴阳角等异型部位可现场裁切或采用预制异型板，在整个墙面的边角处安装板时，应采用大于 300 mm 的板，但板的拼缝不宜留在门窗口的边缝处。保温装饰板的板缝应采用弹性的密封胶处理，施工顺序纵向由下而上，横向施工应是先阳角后阴角。

(6)保温装饰板的粘贴应四边密封，粘结面积率应保证不小于设计和施工方案的要求，不得在板的侧面涂抹胶黏剂。

(7)粘板时应按水平顺序操作，上下应错缝粘贴，阴阳角应错茬处理，粘板应轻柔、均匀挤压保温装饰板，随时用 2 m 靠尺和拖线板检查平整度和垂直度。粘板时注意清除板边溢出的粘结剂，使板与板之间板缝控制在 10～15 mm。

(8)外门窗口的保温装饰板做法应按设计要求预制特殊尺寸的保温装饰板进行粘贴锚固，上沿线必须做出外斜度流水坡度，下沿线必须做出内斜度滴水坡度，如图 8.13 所示。

(9)锚固件安装

锚固件安装应用电锤(冲击钻)打孔,孔径视锚固件插孔直径而定,锚固深度应大于 50 mm,拧入或敲入锚钉,锚钉头不得超过板面。

(10)增强层做法

在建筑物首层和其他需要加强的部位如女儿墙,应按照防冲撞和防水的设计要求进行处理,应采用抗冲击面层保温装饰板。女儿墙部位要做好外侧、顶端和内侧的保温防水密封工作,与屋面防水工程接口处要处理好,不得渗漏,如图 8.14 所示。

(11)板缝的处理

在保温装饰板系统中,板缝均需密封处理。在处理板缝时,缝间填塞泡沫塑料保温棒(PE、PVC 等)或聚苯乙烯板片,直径或宽度为缝宽的 1.3 倍,保温棒填入的厚度与保温装饰板中保温层的厚度相同;缝间也可用聚氨酯泡沫填缝剂填满。而后采用硅酮或聚硫密封剂进行建筑密封勾填,做面层防水处理,深度为缝宽的 50%左右。对工程中设置的沉降缝处理应按设计要求进行,最后采用金属盖板,并用射钉固定,如图 8.15 所示。

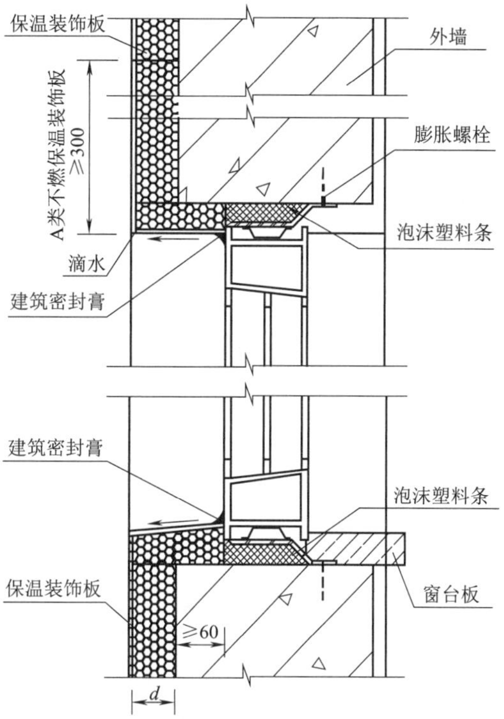

d—保温装饰板厚度。

图 8.13　窗台处理节点图(单位:mm)

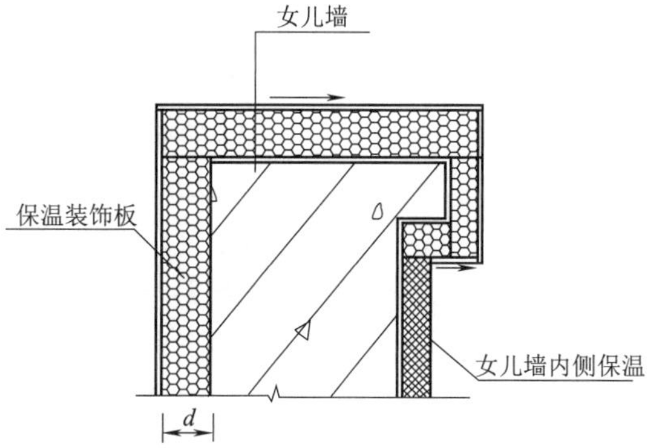

图 8.14　女儿墙处理节点图

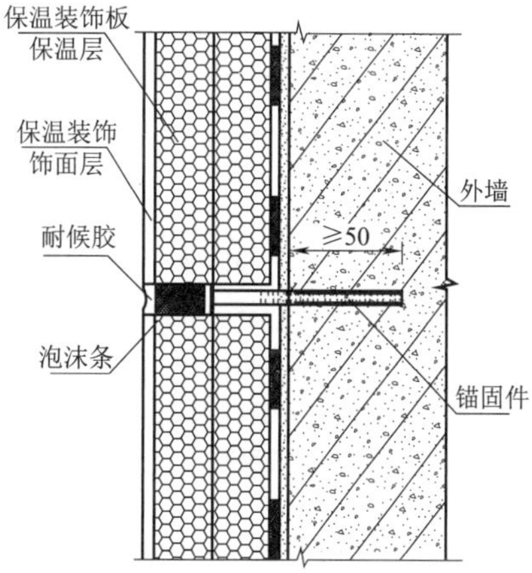

图 8.15　板缝处理节点图(单位:mm)

(12)清理面层,成品保护

保温装饰板施工完成后,后续工序与其他正在进行工序应注意对成品进行保护,同时对板面进行清理、擦拭干净,显露出装饰效果。

(13)质量检查与验收

保温装饰板粘贴的平整度、垂直度应符合要求。每贴完一块,应及时清除挤出的砂浆;板与板之间的缝隙要一致且达到设计要求。保温饰面板安装后,墙面层的尺寸偏差应符合

表 8.2 的要求。

表 8.2　保温装饰安装后面层尺寸偏差

项　目			允许偏差(mm)	检查方法
墙面垂直高度	墙体高度 H	$H\leqslant 30$ m	≤5	经纬仪测量
		30 m$<H\leqslant$60 m	≤10	
		60 m$<H\leqslant$90 m	≤15	
		$H>90$ m	≤20	
横向顺直度			≤5 mm/5 m 或 ≤3 mm/2 m	5 m 拉线检查 2 m 靠尺
阴阳角方正			≤4	用直角尺检查
墙面平整度			≤3	2 m 靠尺检查
相邻两块板高低差			≤1.5	2 m 靠尺检查
膨胀缝(装饰缝)平直度			≤3	用 5 m 线,不足 5 m 用钢直尺检查

6)机械锚固法施工工艺

机械锚固法是采用金属固定连接件或龙骨以及密封粘结剂将保温装饰板固定并密封在建筑外墙上的一种施工方法,其基本构造如图 8.16 所示。

相对于干挂幕墙和石材,保温装饰板每平方米的质量是比较小的,最大不超过 20 kg/m^2,一般在 10 kg/m^2～15 kg/m^2。目前工程上常用的机械锚固法分为自搭扣式和机械紧固法两种,如图 8.17 和图 8.18 所示。机械锚固法施工工艺如图 8.19 所示。

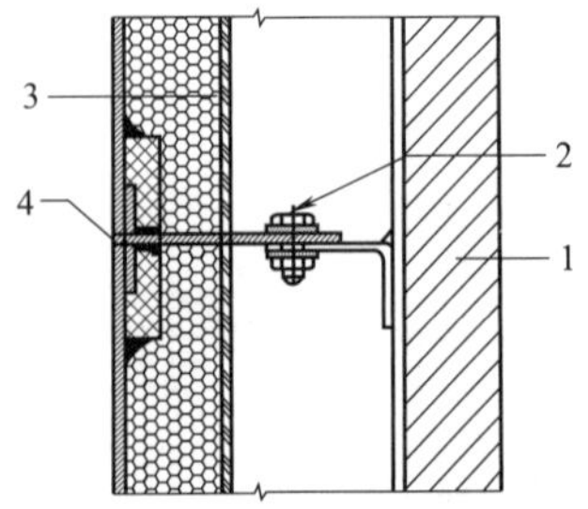

1—基层墙体;2—锚固件(镀锌螺栓、L 形镀锌角钢、T 形不锈钢挂件);3—保温装饰板;4—嵌缝胶。

图 8.16　机械锚固系统基本构造

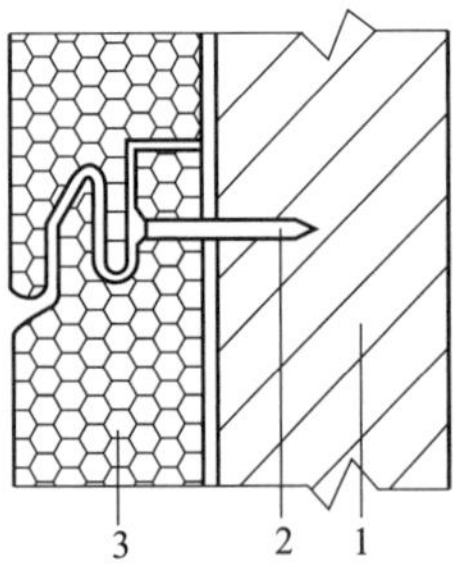

1—基层墙体;2—锚固件;3—保温装饰板。

图 8.17　自搭扣式构造

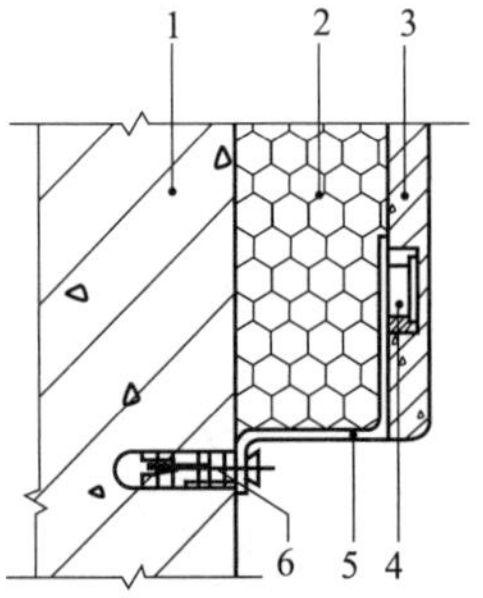

1—基层墙体;2—保温层;3—装饰层;4—连接件;5—锚固连接件 1;6—锚固连接件 2。

图 8.18　机械紧固式构造

(1)基层处理

基层墙体经过工程验收达到质量标准后,即可进行外墙外保温施工;达不到要求的,应进行处理,处理方法有机械法处理、化学处理和火焰灼烧处理,后两种方法主要用于墙面油污等污垢处理。

对既有建筑墙体进行保温改造时,须对外墙原有饰面进行检查,空鼓处要彻底清除,开裂处应认真修补。

(2)锚固件试验

基层墙体上应进行机械锚固件的现场拉拔试验,进而根据设计要求确定所用锚固件的数量。当机械锚固件在基层墙体上的拉拔力不符合规范要求时，也应进行加强处理。

(3)测量放线

根据建筑立面设计和《保温装饰板外墙外保温工程技术规程》(DB21/T 1844—2022)的技术要求，在墙面弹出外门窗水平、垂直控制线及膨胀缝线、装饰缝线、后置预埋件控制线和墙面保温装饰板位置线等，在门窗洞口上方要标出防火隔离带位置线。在建筑外墙大角(阳角/阴角)及其他必要处挂垂直基准线，每个楼层适当位置挂水平线，以控制外保温板的垂直度和平整度。

(4)绘排板图、出备料单

根据测量数据绘制建筑外立面草图并确定优化排板分格方案，分格方案要做到省材、美观、安全。根据实际弹线情况，结合设计排板图，出具相对应每块板的实际尺寸和详细构造图清单。

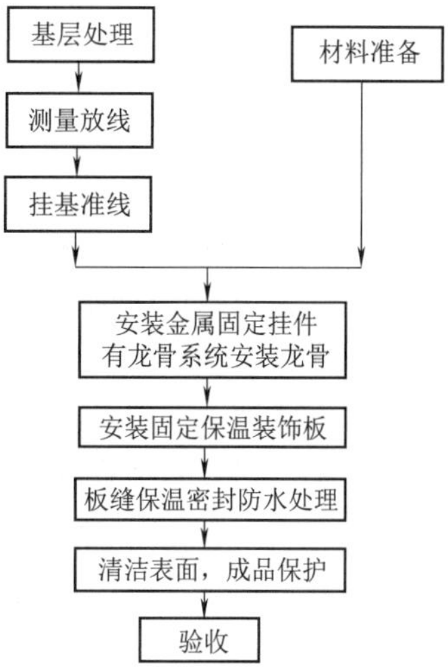

图 8.19　机械锚固法施工工艺流程

(5)安装挂件、龙骨

安装金属固定挂件按照墙面竖向和水平分格控制线，将金属固定预埋挂件按照设计和产品说明书的要求安装于墙面相应位置，安装时采用电锤(冲击钻)在安装点上钻孔，然后用膨胀螺栓将金属固定挂件牢固锚定在墙体上。膨胀螺栓每平方米不少于5个，高度20 m以上不少于7个。

龙骨按照墙面上纵横向位置线进行安装，安装时应用电锤(冲击钻)在安装点上钻孔，然后用膨胀螺栓将龙骨固定，锚固深度不小于50 mm，保证安装牢固。

将保温装饰板按照设计和产品说明书的预先编号要求进行安装。若系统采用专用金属挂件固定时，则按照相应系统的安装方式进行固定；若系统采用膨胀螺栓固定时，先用电锤(冲击钻)在相应位置钻孔，然后用膨胀螺栓固定。

(6)安装保温装饰板

保温装饰板安装时，左右、上下的偏差不应大于1.5 mm；安装时应注意板面的垂直度、平整度及纵横缝的平直度。安装时应注意对整体墙面的保温密封，对于不同类型的板材，可采用特制的保温装饰板和密封剂对墙面四周进行处理。安装小规格板时，宜在板背面、边框四周涂抹胶黏剂，胶粘面积在15%～20%。胶黏剂的作用除了增加板与基层的粘结强度外，还隔断了板与基层墙体之间的空腔，起到防风和增加保温效果的作用。

外门窗洞口的保温装饰板做法应按设计要求预制特殊尺寸的保温装饰板进行锚固安装，上沿线必须做出外斜度流水坡度，下沿线必须做出内斜度滴水坡度。

(7)板缝处理

板缝处理可以填勾缝密封胶或勾缝腻子，嵌缝时先用保温泡沫材料填缝，再用填缝剂塞填，然后用建筑耐候硅酮密封胶或嵌缝腻子勾缝。建筑耐候密封胶或嵌缝腻子最薄处不应小于3 mm，胶缝应勾成饱满、密实、连续、均匀、无气泡的凹形沟槽。

(8)清洁表面，成品保护

密封胶或勾缝腻子干燥后揿掉保护膜，检查板面平整、垂直和阴阳角方正。对不符合要求的部位，及时更换。同时，对板面进行清洗，对成品要进行保护，尤其在后续其他作业时注意不要污损、碰撞板面。

7)施工管理

保温装饰板外墙外保温工程应按照审查合格的设计文件和经审查批准的施工方案施工，在施工过程中不得随意更改墙体节能设计，如确需变更时应有设计变更文件，并经原施工图设计审查机构审查通过，且获得监理和建设单位的确认。

保温装饰板外墙外保温工程的施工应编制专项施工方案，并组织施工人员进行培训和技术交底。施工队伍必须具有外墙外保温工程施工资质。应先在现场采用与工程相同的材料和工艺做样板墙，经建设、设计、施工、监理各方确认后，方可进行大面积施工。

保温装饰板外墙外保温工程施工现场应按有关规定，采取可靠的防火安全措施，实现安全文明施工。保温装饰板外墙外保温工程施工各道工序之间应进行交接检验，上道工序合格后方可进行下道工序，并做隐蔽工程记录，必要时应保留影像资料。

保温装饰板外墙外保温工程采用的材料在施工过程中应采取防潮、防水、防火等保护措施。材料进入施工现场后，应在监理工程师监督下进场验收，并按规定取样复验；各种材料应分类贮存，贮存期及条件应符合产品使用说明书的规定，应防雨、防暴晒、防火，且不宜露天存放，不得不露天存放的材料，应用苫布覆盖。

保温装饰板外墙外保温工程完工后应做好成品保护。

知识拓展：

清水混凝土具有良好的装饰效果，在浇筑成型后不需要任何二次装饰，可直接呈现其独特的水泥质感和光泽性。需要注意的是，清水混凝土对配合比、原材料颜色、模板工艺等控制较为严格，施工工艺也较为复杂。近年来，随着绿色建造理念的倡导与推行，清水混凝土在施工技术、环境保护、艺术效果等方面不断完善，得到进一步的推广和应用。

阅读

文本8.6-39

主要标准规范

《住宅装饰装修工程施工规范》GB 50327—2001；

《建筑幕墙》GB/T 21086—2007；

《玻璃幕墙工程技术规范》JGJ 102—2003；

《机械喷涂抹灰施工规程》JGJ/T 105—2011；

《金属和石材幕墙工程技术规范》JGJ 133—2001；

《保温装饰板外墙外保温工程技术规程》DB21/T 1844—2022；

《建筑装饰装修工程质量验收标准》GB 50210—2018 等。

思考与练习

1. 试述抹灰工程的分类及组成。
2. 试述一般抹灰的分层做法、操作要点及质量标准。
3. 装饰抹灰有哪些种类？简述其做法和质量要求。
4. 喷涂饰面具有哪些特点？施工有何要求？
5. 常用的饰面板(砖)有哪些？如何选用？

6. 简述饰面板块的安装要点和饰面砖的镶贴方法。
7. 试述壁纸的裱糊工艺及质量要求。
8. 玻璃幕墙按构造分为几类？分别是什么？
9. 外墙外保温装饰施工工法具有哪些优点？
10. 保温装饰板外墙外保温工程不得在哪些自然条件下施工？请简要说明。

9 施工组织概况

施工组织是在充分理解建设意图和要求的基础上，通过对施工基本条件的深入调查研究(包括合同条件、法规条件和现场条件等)，编制施工组织设计文件，用于指导现场施工和项目管理。因此，在工程建设中，应强化施工组织工作，充分作好施工准备，编好施工组织设计，拟定有效的施工方案，合理地规划、部署，确保施工能正常连续进行。

知识目标

1. 了解施工组织设计的概念及作用，掌握工程项目施工组织原则。
2. 了解施工准备工作的分类，掌握一般工程项目的施工准备工作内容。
3. 了解施工组织设计的分类，掌握施工组织设计编制的原则、内容及调整方法。

能力目标

1. 熟悉现行施工组织概况相关法规、标准及规范，具有法律、质量、安全、成本、环保、创新等工程意识，具备对拟建工程的施工做出全面规划、部署、组织、计划的能力。
2. 能够开展技术资料准备、施工现场准备、物资准备、施工人员准备、冬雨期施工等施工准备工作。
3. 掌握施工组织设计的主要内容，能够结合建筑工程项目实际，进行施工总设计、单位工程施工组织设计、分部(分项)工程作业设计的编制与优化。

案例导航：

2008 年 11 月 15 日下午 3 点 20 分，某市地铁 1 号线一座车站工段施工工地突发地面塌陷，一个长达 100 m、宽约 50 m 的深坑被瞬间撕开，现场路基下陷 6 m。路段下正在进行施工的工人瞬间被埋压，此事故造成 21 人死亡，24 人受伤，直接经济损失 4 961 万元。

事故原因分析：项目部认为造成此次事故的原因为当年 10 月份当地出现的一次罕见的持续性降雨，使基底沙土地流动性进一步加大。

事故调查结果：在正确的技术方案指导下，赶工没有问题。问题是设计方没有考虑最不利情况，使挡土桩(地下连续墙)埋深不足，被动区和主动区都加固不足，而且施工方没有采用科学正确的方法来抢工期，而是采用人海战术，一次开挖长度太长，使挡土桩在无支撑状态时，处于不利的单边悬臂受力状态，几个不利因素叠加在一起，使挡土桩产生转动，并且监测土体位移的基准点放在挡土桩底部，挡土桩一旦转动，当然就无法监测到土体的正确位移。更严重的是，发现了土体异动后依然没有及时采取措施，这才导致了事故的发生。以上分析可知，这起事故纯粹是技术原因造成的。工期和造价在合同中是双方认可的，因此得到《合同法》保护。再则工程造价基本上是由投标方报价所确定，谈不上“为了省钱，把费用压得过低”等原因。

问题讨论：

1. 你认为施工项目做好施工准备和施工组织设计重要吗？

2. 施工组织设计在工程施工过程中起什么作用？

每一个建设项目都必须经过投资决策、计划立项、勘察设计、施工安装和竣工验收等阶段的工作，才能最终形成满足特定使用功能和价值要求的建筑或土木工程产品，从而投入生产或使用。施工组织与管理贯穿于工程施工管理的全过程，包括计划、指挥、协调、监督和控制各项职能。

9.1 工程项目施工组织的基本原则

1)贯彻执行《建筑法》，坚持建设程序

《建筑法》是规范建筑活动，并将我国多年来改革与管理实践中一些行之有效的重要制度，诸如：施工许可制度、从业资格管理制度、招标投标制度、总承包制度、发承包合同制度、工程监理制度、建筑安全生产管理制度、工程质量责任制度、竣工验收制度等给予了法律肯定，对建立和完善建筑市场运行机制，加强建筑活动实施与管理，提供了重要的法律依据。为此，我们在进行施工组织时，必须认真学习《建筑法》，充分理解《建筑法》，严格贯彻执行《建筑法》，以《建筑法》作为指导建设活动的准绳。

建设程序，是指建设项目从决策、设计、施工到竣工验收整个建设过程中的各个阶段及其先后顺序。上一阶段的工作为开展下一阶段工作创造条件，而下一阶段工作的实践，又检验上一阶段的设想；前后、左右、上下之间有着不容分割的联系，但不同的阶段有着不同的内容，既不能相互代替，也不许颠倒跳越。没有设计，施工就失去了技术依据；不经过竣工验收，就无法保证整个建设项目的工程质量和成套投产。实践证明，坚持建设程序，基本建设工作就能顺利进行，就能充分发挥投资的经济效益；反之，违背了建设程序，就会造成施工混乱，影响质量、进度和成本，甚至给建设工作带来严重的危害。因此，坚持建设程序，是工程建设顺利进行的必要保证。

2)合理安排施工顺序

施工顺序的安排应符合施工工艺，满足技术要求，应有利于组织立体交叉、平行流水作业，有利于对后续工程施工创造良好的条件，有利于充分利用空间、争取时间。例如，先施工准备工作，后正式工程施工；准备工作应从全场性工程开始，先场外，后场内；先地下工程，后地上工程；地下工程又应先深后浅；先基础，再主体，后装饰等。这些施工顺序，均反映了施工本身的客观规律，必须予以遵守。

典型案例：

某供水管网施工过程中发生较大坍塌事故，造成3人死亡，直接经济损失约396.5万元。经调查，直接原因是：①作业人员在沟槽底部作业时，施工机械在沟槽顶部边沿同步平行施工，较大振动影响边缘土体的稳定性，导致沟槽坍塌；②无任何支护措施。

阅读

文本9.1-40

3)用流水作业法和网络计划技术组织施工

流水作业法，是组织建筑工程施工的有效方法，可使施工连续地、均衡地、有节奏地进行，以达到合理地使用资源，充分利用空间、争取时间的目的。

网络计划技术是当代计划管理的有效方法，具有逻辑严密、层次清晰、关键问题明确等优点，可进行计划方案的优化、控制与调整；同时，有利于电子计算机在计划管理中的应用。

4)加强季节性施工措施，确保全年连续施工

为了确保全年连续施工，减少季节性施工的技术措施费用，在组织施工时，应充分了解当地的气象条件与水文地质条件。尽量避免把土方工程、地下工程、水下工程安排在雨期和洪水期施工，把混凝土现浇结构安排冬期施工，高空作业、结构吊装则应避免在风季施工。对那些必须在冬雨期施工的项目，则应采用相应的技术措施，既要确保全年连续施工、均衡施工，更要确保工程质量和施工安全，同时还要考虑技术措施的经济合理性。

5)贯彻工厂预制和现场预制相结合的方针，提高建筑工业化程度

建筑技术进步的重要标志之一是建筑工业化，建筑工业化的前提条件是广泛采用预制装配式构件。在拟定构件预制方案时，应贯彻工厂预制和现场预制相结合的方针，将运输和起重设备受到限制的大型、重型构件安排在现场预制，将大量的中小型构件安排在工厂预制。这样，既可发挥工厂批量生产的优势，又可解决运输、起重设备限制的矛盾。

6)充分发挥机械效能，提高机械化程度

机械化施工可加快工程进度，减轻劳动强度，提高劳动生产率。为此，在选择施工机械时，应充分发挥机械的效能，使主导工程的大型机械，如土方机械、吊装机械等连续作业，以减少机械台班费用；同时，还应使大型机械与中小型机械相结合，机械化与半机械化相结合，扩大机械化施工范围，实现施工综合机械化。

7)采用国内外先进的施工技术和科学管理方法

采用先进的施工技术和科学的管理方法，是促进技术进步、提高企业素质、保证工程质量、加快工程进度、降低工程成本的有力措施。为此，在拟定施工方案时，应尽可能采用行之有效的新材料、新工艺、新技术和现代化管理方法。

8)合理部署施工现场，减少暂设工程

精心地进行施工总平面图的规划，合理地部署施工现场，是节约施工用地、实现文明施工、确保安全生产的重要环节。

尽量利用正式工程、原有建筑物、已有设施、地方资源等为施工服务，是减少暂设工程费用、降低工程成本的重要途径。

知识拓展：

阅读

文本9.1-41

祥符中，禁中火，时丁晋公主营复宫室，患取远土。公乃令凿通衢取土，不日皆成巨堑。乃决汴水入堑，引诸道竹木排筏及船运杂材，尽自堑中入至宫门。事毕，却以斥弃瓦砾灰壤实于堑中，复为街衢。一举而三役济，计省费以亿万计。

——北宋 · 沈括《梦溪笔谈》

释义：北宋祥符年间(1015 年)，宫中失火。丁晋公(谓)奉命修缮被烧毁的宫室，但是取土很远。于是丁谓就命令工匠把大街挖成深沟，随后将汴河河水引进沟中，再用很多竹排和船将修缮宫室要用的材料顺着沟中的水运至宫门口，宫殿修复完成后便用废弃的瓦砾灰土把深沟填平形成街道。这一措施一举解决了取土、运料和垃圾处理三件事，最终工程完工节省下来的资金超过了亿万。

9.2　施工准备工作

施工准备工作是指在施工前，为拟建工程的正式施工创造必要的技术、物质、人力、组织等条件而事先必须做好的各项工作，以使工程达到加快工程进度、提高工程质量和降低工程成本的目的。无论是整个建设项目或单项工程，还是其中任何一个单位工程，甚至是单位工程中的分部(分项)工程，在开工之前，都必须进行必要的施工准备工作。

施工准备工作是施工阶段必须经历的一个重要环节，是组织建筑工程施工的客观规律。其根本任务是为正式施工创造良好的条件。没有做好必要的准备就贸然施工，必然会导致施工现场混乱、物资浪费、停工待料、工程质量不符合要求、工期延长等现象的产生，甚至出现安全事故。因此，开工前必须做好必要的施工准备工作，研究和掌握工程特点及工程施工的进度要求，摸清施工的客观条件，合理部署施工力量，从技术、组织、人力、物力等各方面为施工创造必要条件。认真细致地做好施工准备工作，对加快施工进度，保证工程质量与施工安全，合理使用材料，增加工程效益等方面起着重要的作用。

9.2.1　施工准备工作分类

施工准备工作是为拟建工程的施工创造必要的技术、物资条件，统筹安排施工力量和部署施工现场，确保工程施工顺利进行。认真做好施工准备工作，对于发挥企业优势，强化科学管理，实现工程质量、工期、成本和安全目标控制，提高企业的综合经济效益，赢得企业社会信誉等方面发挥着重要作用。

施工准备工作必须有计划、有步骤、分期和分阶段地进行，贯穿整个建设过程的始终。按照施工范围分为：全场性施工准备、单位工程施工条件准备、分部(分项)工程作业条件准备；按照施工阶段分为：开工前的施工准备和开工后的施工准备，如图 9.1 所示。

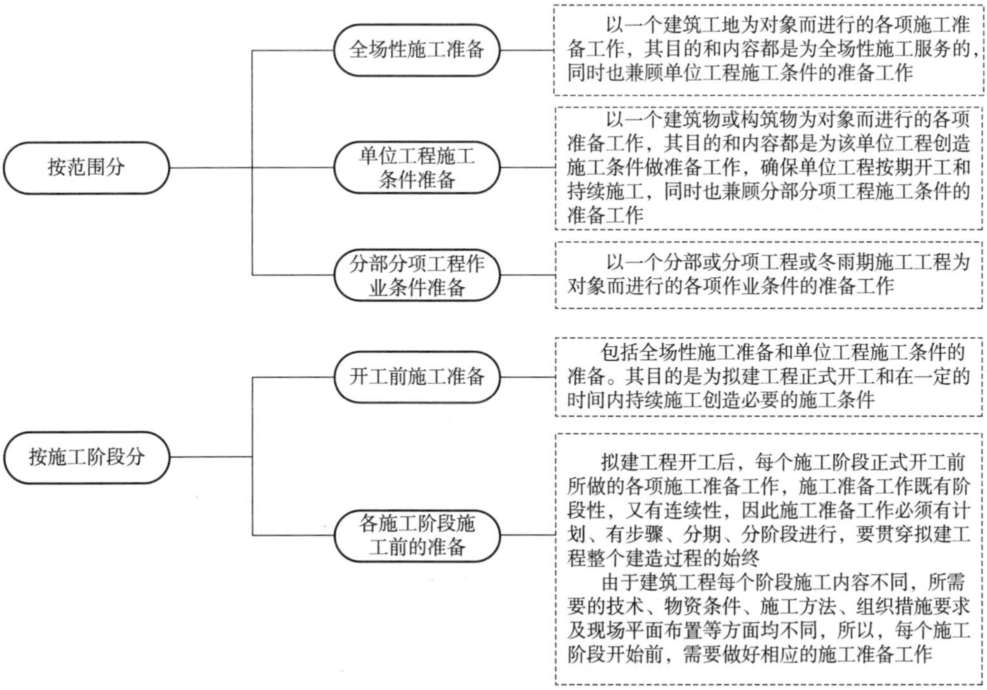

图 9.1　施工准备工作的分类

9.2.2 准备工作内容

工程项目施工准备工作的内容,因工程规模、建设地点及相应具体条件的不同而不同。一般工程项目的施工准备工作内容包括调查研究收集资料、技术资料准备、施工现场准备、物资准备、施工人员准备和冬、雨期施工准备等。

1)调查研究收集资料

收集研究与施工活动有关的资料,可使施工准备工作有的放矢,避免盲目性。有关施工资料的调查收集可归纳为两部分内容,即自然条件的调查收集和技术经济条件的调查收集。自然条件是指通过自然力活动而形成的与施工有关的条件,如地形地貌、工程地质、水文地质及气象条件等。技术经济条件是指通过社会经济活动而形成的与施工活动有关的条件,如工区供水、供电、道路交通能力;地方建筑材料的生产供应能力及建筑劳务市场的发育程度;当地民风民俗、生活供应保障能力等。

典型案例:

某大型邮电通信塔突发崩塌,导致9人死亡。经调查,事故原因是:施工前,未充分调查所在地区的土壤和地质条件,忽视了水溶洞与岩石互层现象,致使塔体无法承受风力、地震等自然灾害的冲击而倒塌。

2)技术资料准备

技术资料准备是根据设计图样、施工地区调查研究收集的资料,结合工程特点,为施工建立必要的技术条件而做的准备工作。

(1)熟悉和会审施工图纸

熟悉和会审施工图纸的主要目的是使施工单位工程技术管理人员了解和掌握工程项目的设计意图、构造特点和技术要求,为编制施工组织设计提供各项依据。通常,按图纸自审、设计交底、图纸会审和现场签证等几个阶段进行。图纸自审由施工单位自行组织,并做出自审记录。图纸会审则由建设单位主持,设计和施工单位共同参加,形成图纸会审纪要,由建设单位出具正式书面文件,三方共同会签并加盖公章,作为指导施工和工程结算的依据。现场签证是在工程施工中,遵循技术核定和设计变更签证制度,对所发现的问题进行现场签证,将其作为指导施工、竣工验收和结算的依据。

(2)编制施工组织设计

施工组织设计是指导拟建工程进行施工准备和组织施工的基本技术经济文件。其主要任务是对具体的拟建工程(建筑群或单个建筑物)的施工准备工作和整个施工过程,在人力和物力、时间和空间、技术和组织上,做出一个全面而合理的安排。有了科学合理的施工组织设计,施工准备工作、正式施工活动才能有计划、有步骤地进行。

施工组织设计是技术准备乃至整个施工准备工作的核心内容。因为建筑工程没有一个通用的、定型的、一成不变的施工方法,所以每个建筑工程项目都需要分别确定施工方案和施工组织方法,也就是要分别编制施工组织设计,将其作为组织和指导施工的重要依据。

(3)编制施工图预算和施工预算

建筑工程预算是反映工程经济效果的技术经济文件,是我国现阶段确定建筑工程预算造价的法定形式。其按照不同的编制阶段和不同的作用,可分为设计概算、施工图预算和施工预算三种。

施工图预算是按照施工图确定的工程量、施工组织设计所拟定的施工方法、建筑工程预算定额及其取费标准编制的确定建筑安装工程造价和主要物资需要量的技术经济文件。施工预算是根据施工图预算、施工图样、施工组织设计、施工定额等文件进行编制的企业内部使用的一种预算，是企业内部经济核算、班组承包、控制施工工料消耗、成本支出的依据，也是编制工程成本计划的基础。

施工图预算与施工预算存在很大的区别。施工图预算是甲乙双方确定预算造价，发生经济联系的技术经济文件；而施工预算则是施工企业内部经济核算的依据。施工预算受施工图预算的直接影响。

3)施工现场准备

施工现场准备即通常所说的室外准备，是按照施工组织设计的要求进行的施工现场具体条件的准备工作，其主要内容有清除障碍物、三通一平、测量放线、搭设临时设施等。

(1)清除障碍物

施工场地内的一切障碍物，无论是地上的或是地下的，都应在开工前清除。这些工作一般由建设单位来完成，但也可委托施工单位来完成。

(2)三通一平

在施工区范围内，接通施工用水、用电、道路和平整场地的工作简称“三通一平”。若工地还需供应蒸汽，架设热力管线，称为“热通”；通压缩空气，称为“气通”；通电话作为联络通信工具，称为“话通”；还可能因为施工中的特殊要求，有其他的“通”。但最基本的、对施工现场施工活动影响最大的还是水通、电通、道路通(“三通”)。

平整施工场地。清除障碍物后，即可进行场地平整工作。根据建筑施工总平面图规定的标高，通过测量，计算出填挖土方工程量，设计土方调配方案，组织人力或机械进行平整工作。

(3)测量放线

测量放线的任务是把施工图上设计好的拟建物及管线等测设到地面或实物上，并用各种标志表现出来，以此作为施工的依据。一般是在土方开挖之前进行，通过在施工场地内设置坐标控制网和高程控制点来实现。这些网点的设置应视工程范围的大小和控制的精度而定。

在测量放线前，应对测量仪器进行检验和校正，熟悉并校核施工图样，了解设计意图，校核红线桩与水准点，制定出测量、放线方案。建筑物定位放线是确定整个工程平面位置的关键环节，实施施工测量必须保证精度，杜绝错误，否则其后果将难以处理。建筑物定位、放线，一般通过设计图中平面控制轴线来确定建筑物的四廓位置，测定并经自检合格后，提交有关部门和甲方(或监理人员)验线，以保证定位的准确性。沿红线的建筑物放线后，还要由城市规划部门验线，以防止建筑物压红线或超红线，为正常顺利施工创造条件。

(4)搭设临时设施

施工现场生活和生产用的临时设施，要遵照当地有关规定进行规划布置，如房屋的间距、标准是否符合卫生和防火要求，污水和垃圾的排放是否符合环境的要求等。临时建筑平面图及主要房屋结构图，都应报请城市规划、市政、消防、交通、环境保护等有关部门审查批准。为了施工方便和安全，对于指定的施工用地的周界，应用围栏围挡起来，围挡的形式、材料及高度应符合市容管理的有关规定和要求。在主要入口处设标示牌，标明工程名称、施工单位、工地负责人等。各种生产、生活用的临时设施，包括特种仓库、混凝土搅拌站、预制构件厂、机修站、各种生产作业棚、办公用房、宿舍、食堂、文化生活设施等，均应按照批准的施工组织设计规定的数量、标准、面积、位置等要求来组织修建，大、中型工程可分批、分期修建。此外，考虑施工现场临时设施的搭设时，应尽量利用原有建筑物，尽可能减少临时设施的数量，以便节约用地、节约投资。

4)物资准备

物资准备是项目施工必需的物质基础。在项目开工之前，必须根据各项资源需求量制订计划，分别落实货源，组织运输并安排好现场储备，使其满足项目连续施工的需要。物资准备是一项复杂细致的工作，包括机具、设备、材料、成品、半成品等多方面的准备。物资准备工程程序如图 9.2 所示。

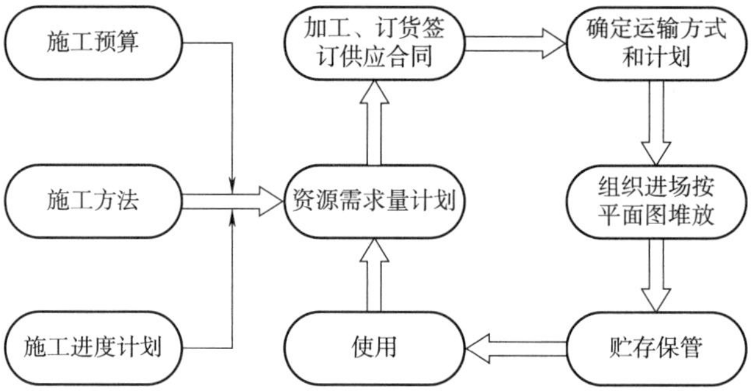

图 9.2　物资准备工程程序

5)施工人员准备

施工人员准备是指工程施工必需的人力资源准备。工程项目施工现场人员包括项目经理部管理人员(施工项目管理层)和现场生产工人(施工项目作业层)。人力要素是项目施工现场最活跃的因素，可以掌握管理技能和生产技术、运用机械设备等劳动手段，作用于材料物资等劳动对象，最终形成产品实体。一项工程完成的好坏，很大程度上取决于承担这一工程的施工人员。现场施工人员的选择和组合，将直接关系到工程质量、施工进度及工程成本。因此施工现场人员的组织准备是工程开工前施工准备的一项重要内容。

6)冬、雨期施工准备

冬期施工和雨期施工对项目施工的质量、成本、工期和安全都会产生很大影响。为此，必须做好冬、雨期施工准备工作。在项目冬期施工时，既要合理地安排冬期施工项目，又要重视冬期施工对临时设施的特殊要求，及早做好技术物资的供应和储备，并加强冬期施工的消防和保安措施。在项目雨期施工过程中，既要合理地确定施工进度，又要做到晴、雨结合，尽量增加有效施工天数，同时要做好现场排水和防洪准备，采取有效的道路防滑和防沉陷措施，并加强施工现场物资管理工作。一般大规模土方和深基础施工应避开雨期。寒冷地区入冬前应做好围护结构，冬期以安排室内作业和结构安装为宜。

9.3　施工组织设计

9.3.1　施工组织设计分类

施工组织设计一般根据工程规模的大小、建筑结构的特点，技术、工艺的难易程度及施工现场的具体条件，可分为施工组织设计大纲、施工组织总设计、单位工程施工组织设计及分部或分项工程作业设计。

1)施工组织设计大纲

施工组织设计大纲是以一个投标工程项目为对象编制的，用以指导其投标全过程各项实施活动的技术、经济、组织、协调和控制的综合性文件，是编制施工组织总设计、工程项目投标书的依据，其主要内容包括：项目概况、施工目标、施工组织和施工方案、施工进度、施工质量、施工成本、施工安全、施工环保和施工平面图等，以及施工风险防范。

2)施工组织总设计

施工组织总设计是以整个建设项目或民用建筑群为对象编制的，对整个建设工程的施工过程和施工活动进行全面规划，统筹安排，以确定建设总工期、各单位工程开展的顺序及工期、主要工程的施工方案、各种物资的供需计划、全工地性暂设工程及准备工作、施工现场的布置和年度施工计划的编制等。由此可见，施工组织总设计是总的战略部署，是指导全局性施工的技术、经济纲要。

3)单位工程施工组织设计

单位工程施工组织设计，是以各个单位工程为对象编制的，用以直接指导单位工程的施工活动，是施工单位编制作业计划和制定季、月、旬施工计划的依据。

单位工程施工组织设计，根据工程规模、技术复杂程度不同，其编制内容的深度和广度亦有所不同。对于简单的单位工程，一般只编制施工方案并附以施工进度和施工平面图，即"一案、一图、一表"。

4)分部(分项)工程作业设计

分部(分项)工程作业设计(即施工设计)，是针对某些特别重要的、技术复杂的，或采用新工艺、新技术施工的分部(分项)工程等为对象编制的，如深基础、无粘结预应力混凝土、特大构件的吊装、大量土石方工程、定向爆破或冬、雨期施工，其内容具体、详细、可操作性强，是直接指导分部(分项)工程施工的依据。

9.3.2 施工组织设计编制原则

(1)严格执行基本建设程序，认真贯彻有关方针、政策和规定。

(2)严格遵守工程竣工及交付使用期限。

(3)采用先进的科学技术，努力提高工业化、机械化施工水平。

(4)科学合理地安排施工计划，组织连续、均衡而紧凑的施工。

(5)确保工程质量和安全生产使质量安全工作处于动态而有效的管理之中。

(6)因地制宜，就地取材，努力降低工程成本。

(7)认真调查研究，坚持群众路线编制施工组织设计，切忌闭门造车，内容应避免概念化、公式化和形式化。

9.3.3 施工组织设计内容

施工组织设计的内容，要结合工程特点、施工条件和技术水平综合考虑，做到切实可行、简明易懂。其主要内容如下：

1)工程概况

工程概况是指工程项目的基本情况，应概要地说明工程的性质、名称、规模、用途，建设地点、结构特点、建筑面积、施工期限、合同要求；项目资金来源、投资额、建设单位、设计单位、监理单位、施工单位；本地区地形、地质、水文和气象情况；劳动力、机具、材料、构件等供应情况；

施工环境及施工条件等。

2)施工部署及施工方案

全面部署施工任务,确定质量、安全、进度、成本目标,合理安排施工顺序,拟定主要工程的施工方案。施工方案的选择应技术可行,经济合理,确保安全施工,可结合工程实际,拟定几种可行的施工方案,进行定性、定量的分析,通过技术经济评价,择优选用。

3)施工进度计划

施工进度计划反映了最佳施工方案在时间上的安排。采用计划的形式,使工期、成本、资源等方面通过计算和调整达到优化配置,符合目标的要求;使工程有序地进行,做到连续、均衡施工。根据施工进度计划,即可安排资源供应计划、施工准备工作计划等。

4)资源供应计划

资源供应计划包括劳动力需求计划;主要材料、机械设备需求计划;预制品订货需求计划;大型工具、器具需求计划等。

5)施工准备工作计划

施工准备工作计划包括施工准备工作组织和时间安排;施工现场内外准备工作计划;暂设工程准备工作计划;施工队伍集结、物质资源进场准备工作计划等。

6)施工平面图

施工平面图,是施工方案及施工进度计划在空间上的全面安排,其把项目投入的各种资源、材料、构件、机械、道路、水电供应网络、生产和生活活动场地及各种临时工程设施合理地布置在施工现场,使整个现场能有组织、有计划地进行文明施工。

7)技术组织措施计划

技术组织措施计划包括保证和控制质量、进度、安全、成本目标的措施;季节性施工的措施;防治施工公害的措施;保护环境和生态平衡的措施;强化科学施工、文明施工的措施等。

8)工程项目风险

工程项目风险包括风险因素识别;风险可能出现的概率及危害程度;风险防范对策;风险管理的重点及责任等。

9)项目信息管理

项目信息管理是对项目实施过程中涉及到的各种情况、情报、文件、记录、资料进行收集整理、传递储存等各项工作的总称。项目信息是项目各级决策人员决策的依据,是协调项目各项工作的工具,应力求做到全面、及时、准确,包括信息流通系统、信息中心建立规划、工程技术和管理软件的选用或开发、信息管理实施规划等。

10)主要技术经济指标

技术经济指标用以评价施工组织设计的技术水平和综合经济效益,一般用施工周期、劳动生产率、质量、成本、安全、机械化程度、工厂化程度等指标表示。

9.4 工程案例分析

1)工程概况

某住宅楼位于A市C区,施工场地狭小,七通一平基本完成。工程总建筑面积43 868 m^2,其中地上面积32 954 m^2,地下面积8 019 m^2,人防面积2 895 m^2。地下部分3层,地上部分17层,局部19层,平面布置图如图9.3所示。

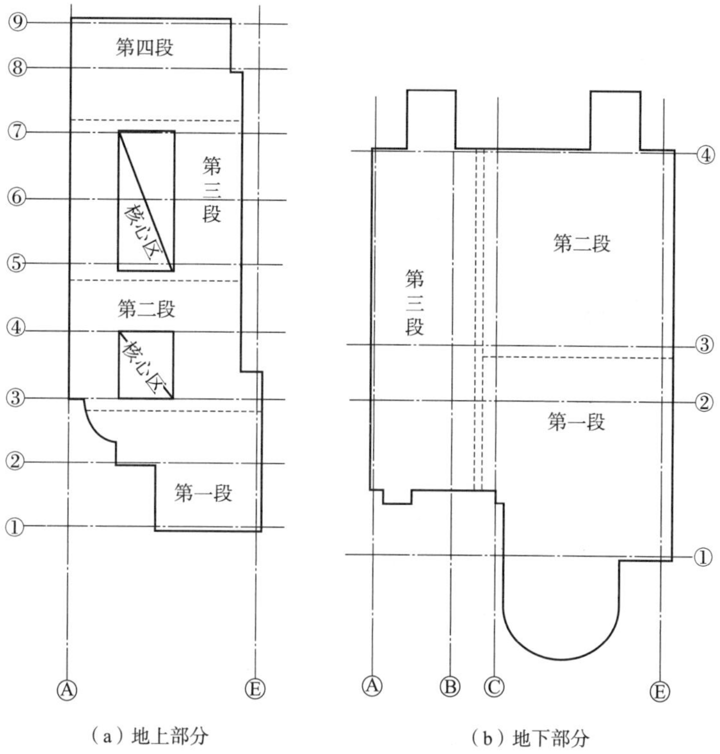

图 9.3 平面布置图

工程地下部分包括地下车库、地下连廊、职工餐厅、厨房、附属用房和设备用房、人防工程，地上部分主要包括大堂、商务、办公用房、值班室、营业厅、展厅、门厅、公寓等。

地上部分：地上部分每层面积为 1 800～1 900 m^2，为加快施工进度，采用小流水节拍施工，将地上部分分为四个施工段，每段约 500 m^2。东西向贯通，南北向分别为①～③轴间为第一段，③～⑤轴间为第二段，⑤～⑦轴间为第三段，⑦～⑨轴间为第四段。

2)施工区段的划分

(1)流水段划分原则

主要专业工种在各个流水段上所消耗的劳动量要大致相等，其相差幅度不宜超过 10%～15%，保证均衡、等节奏流水，避免大规模的抢工或窝工；在保证专业工作队劳动组合优化的前提下，流水段大小要满足专业工种对作业面的要求；流水段数目要满足合理流水施工组织要求，即流水段数要不少于施工工序数，保证各工种施工的连续性，避免缺少作业面而窝工；流水段分界线应尽可能与结构自然界线相吻合，如伸缩缝、沉降缝等，并满足规范对施工缝留置的相应要求；既要在平面上划分流水段，又要在竖向上划分施工层，组成立体交叉式流水施工。

(2)流水段划分内容

地下部分：共三层，每层面积 3 604 m^2，根据后浇带位置划分，东西向为①～④轴以北 5.4 m，不贯通；南北向为①～E 轴以西 2.8 m，贯通。南北向后浇带以东分一、二段，南北向后浇带以西为第三段。第一段及汽车坡道由 A 队施工，二、三段由 B 队施工。

主要标准规范

《建设工程项目管理规范》GB/T 50326—2017；
《建筑施工组织设计规范》GB/T 50502—2009；
《建设项目工程总承包管理规范》GB/T 50358—2017 等。

思考与练习

1. 建筑施工具有哪些特点？
2. 试述组织施工的基本原则。
3. 原始资料包括哪些内容？在组织施工中如何利用这些资料？
4. 施工准备工作有哪些主要内容？试述施工准备工作的重要意义。
5. 施工组织设计有几种类型？其基本内容有哪些？
6. 试述施工组织设计的作用，如何贯彻、执行？
7. 如何对施工组织设计进行检查和调整？
8. 如何进行施工现场管理？

10 流水施工基本原理

流水施工是在分工协作的基础上，结合工程实际通过科学合理的施工组织，确保建造过程在时间、空间上连续的有效手段。目前，已成为建筑工程中应用最广泛的施工组织方式。通过流水施工组织，能够充分地调动、利用相关资源，保证施工过程的连续性、均衡性、有节奏性，从而显著地提高劳动生产率、降低施工成本、缩短施工工期，总体实现良好的技术经济效果。

知识目标

1. 理解流水施工的基本概念，掌握流水施工参数的确定方法及组织原理。
2. 掌握固定节拍流水、成倍节拍流水、无节奏流水的组织方式与编制方法。

能力目标

1. 熟悉施工组织设计相关法规、标准及规范，具有法律、质量、安全、成本、环保、创新等工程意识，具备沟通协作、组织协调、突发应变等能力。
2. 能够根据项目实际情况，确定施工顺序、划分施工段、确定流水节拍等，编制合理的流水施工方案。
3. 具备系统工程思维与组织实践能力，能够有效组织具体建筑工程的流水施工。
4. 能够熟练运用流水施工组织相关软件。

案例导航：

某高校的图书馆项目为钢筋混凝土框架结构，总建筑面积 52 280 m^2，地上 9 层，地下 1 层。该项目在平面上划分为 4 个施工段。图 10.1 展示了这 4 个施工段的划分，可以明显看到工程进度在这 4 个施工段上的明显不一致：施工段 1 上已经完成了地下 1 层顶板的混凝土浇筑工作，第 2 施工段上正在进行地下 1 层顶板的模板支设工作，第 3 施工段上正在进行地下 1 层的钢筋绑扎工作，而第 4 施工段上地下 1 层的结构施工尚未开始。

图 10.1　某高校的图书馆项目的施工段分布

> **问题讨论：**
> 1. 为什么在同一结构层上，不同的地方施工进度相差如此之大？
> 2. 如果同一结构层上各个地方的施工进度都保持一致，会出现什么情况？

10.1 流水施工的基本概念及技术经济效果

10.1.1 流水施工概述

流水施工来源于工业上的流水线生产方式。由于工业化流水生产方式极大地促进了制造业的生产效率，建筑业也开始引入这种生产方式。由于建筑产品的单件性及庞大性，无法像工业产品那样成批地放在流水线上流动，流水施工采取“人动产品不动”的形式，且很多时候需要将一个建筑划分成若干个施工段，形成多个“产品”组织流水。

10.1.2 施工进度的表达方式

施工进度一般采用图表的方式来表达，目前常见的进度图表有横道图和网络图两大类，本书只讨论横道图的应用。

横道图在国外被称为甘特图(Gantt chart)，是一种通过条状图来显示项目进度的图表，以美国人亨利·劳伦斯·甘特(Henry Laurence Gantt)(图 10.2)的名字命名，其在 1910—1915 年间发明了这种图表。由于绘制简单，一目了然，很快就流传开来，此后还产生了多种改进型横道图。目前比较常见的横道图种类有：传统横道图、附带逻辑关系的横道图以及附带时差的横道图。

图 10.2 甘特图发明人利·劳伦斯·甘特

1)传统横道图

传统横道图是一个二维表格，其纵向表头为工序，横向表头为时间轴，表中用横杠来表示某一个工序在某一时间区间内的持续活动，如图 10.3 所示。时间刻度单位可以为年、季、月、旬、周、天或小时等。编制者可自定工序的分类及排列计划，通常以工作(工序)发生的时间先后顺序排列，也可按工作(工序)间工艺关系顺序排列。传统横道图主要应用于小型项目或大型项目的子项目，或用于计算资源需要量和概要预示进度。

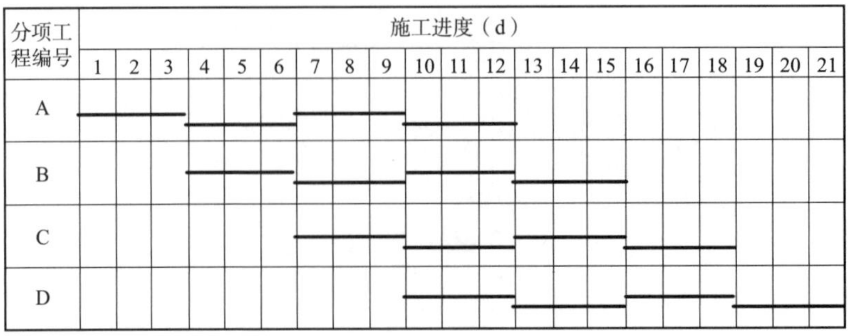

图 10.3 传统横道图

2)附带逻辑关系的横道图

附带逻辑关系的横道图是在传统横道图的基础上,将重要工序间的逻辑关系也标注在计划图上,把项目计划和项目进度安排有机地组合在一起,著名的项目管理软件 Microsoft Project 便采用了这种横道图作为进度显示主界面,如图 10.4 所示。

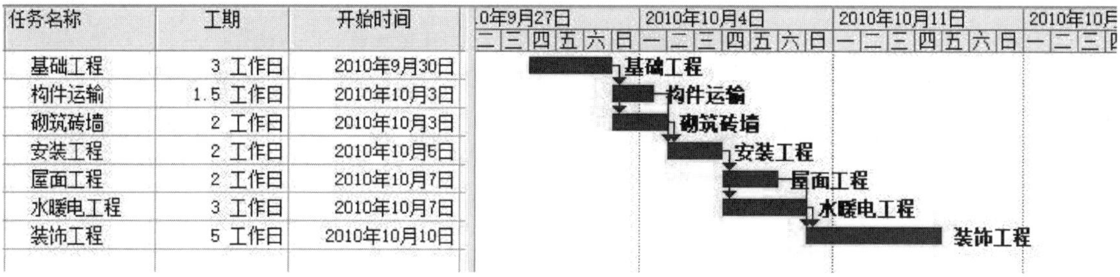

图 10.4 附带逻辑关系的横道图(取自微软出品的项目管理软件 Project)

3)附带时差的横道图

附带时差的横道图引入了网络计划技术中的时差概念,以不同线型的横道来表现时差,但仅限于比较简单的工程进度计划,如图 10.5 所示。

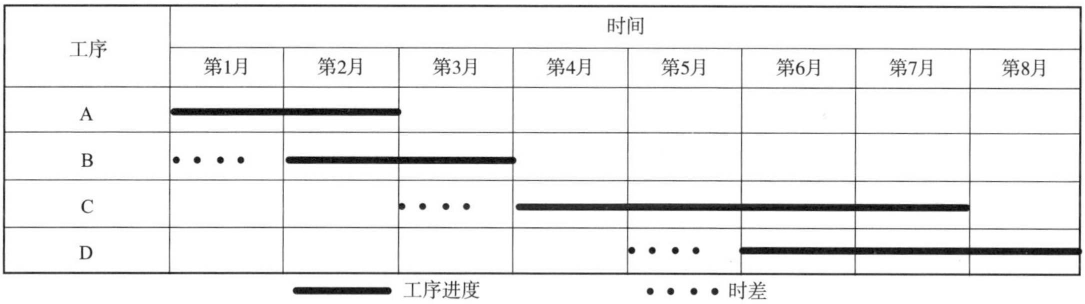

图 10.5 附带时差的横道图

知识拓展:

20 世纪初,为提高工厂效率,亨利·劳伦斯·甘特发明了横道图(甘特图)用于生产规划。在第一次世界大战期间,甘特图从生产规划工具向项目管理和工作计划工具转变。进一步,随着项目管理理论与计算机技术的发展,甘特图功能更加丰富多样,并实现了电子化处理。目前,现代甘特图不仅能展示项目的时间线和任务分配,还兼具资源分配、成本控制等多种管理功能,成为现代项目管理中不可或缺的工具之一。

阅读

文本10.1.2-42

10.1.3 施工展开的基本方式

在工程施工中,施工活动可以选择不同的展开方式,采用的施工展开方式有依次施工、平行施工和流水施工。

下面以一个住宅小区项目为例来说明施工展开的基本方式，该小区项目包括四栋相同的住宅楼，分别是 1 号楼、2 号楼、3 号楼和 4 号楼。现在要进行四栋楼房的基础工程，基础工程包括四个分项工程：挖土方→做垫层→砌条基→回填土。

1)依次施工

依次施工又称顺序施工，是指派一支施工队，按楼号逐次施工，当一栋楼的基础工程全部完工后再开始下一栋楼的施工。其整个过程可以用甘特图来表示(图 10.6)。

这种方法最大的优点就是单位时间内投入的劳动力和物资较少，施工现场管理简单，专业工作队的工作有间歇性，工地物资的消耗也有间断性，工期比较长，适用于工作面有限、规模小的工程。

楼号	分项工程	工作队人数	施工进度（d）															
			5	10	15	20	25	30	35	40	45	50	55	60	65	70	75	80
1	挖土方	8	——															
	做垫层	6		——														
	砌基础	14			——													
	回填土	5				——												
2	挖土方	8					——											
	做垫层	6						——										
	砌基础	14							——									
	回填土	5								——								
3	挖土方	8									——							
	做垫层	6										——						
	砌基础	14											——					
	回填土	5												——				
4	挖土方	8													——			
	做垫层	6														——		
	砌基础	14															——	
	回填土	5																——

图 10.6　依次施工的横道图表示

2)平行施工

平行施工是派 4 个施工队分别进驻 4 栋楼施工场地，同时开工，同时竣工(图 10.7)。这种方法最大的优点就是工期短，充分利用工作面。但会造成专业工作队数目和现场临时设施增加，物资消耗集中。这些情况都会带来不良的经济效果。这种方法一般适用于工期要求紧、大规模的建筑群。

3)流水施工

流水施工是派 4 个施工队，但 4 个施工队为专业施工队，每个施工队只负责一项分项工程。4 个施工队彼此之间在时间和空间上最大限度的搭接起来，使所有施工队均按某一时间间隔依次投入施工，依次完工，并使同一施工过程在各施工段之间保持连续均衡施工，如图 10.8 所示。

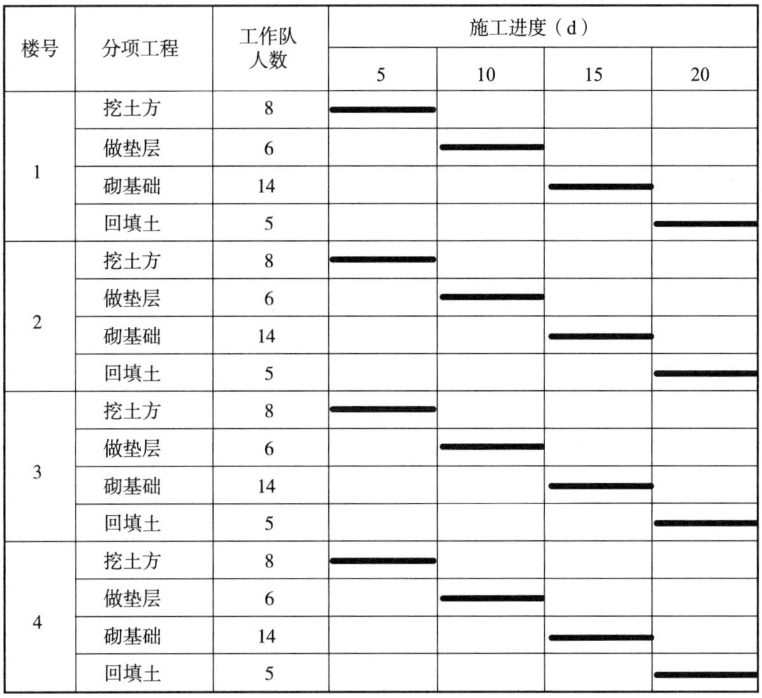

图 10.7 平行施工的横道图表示

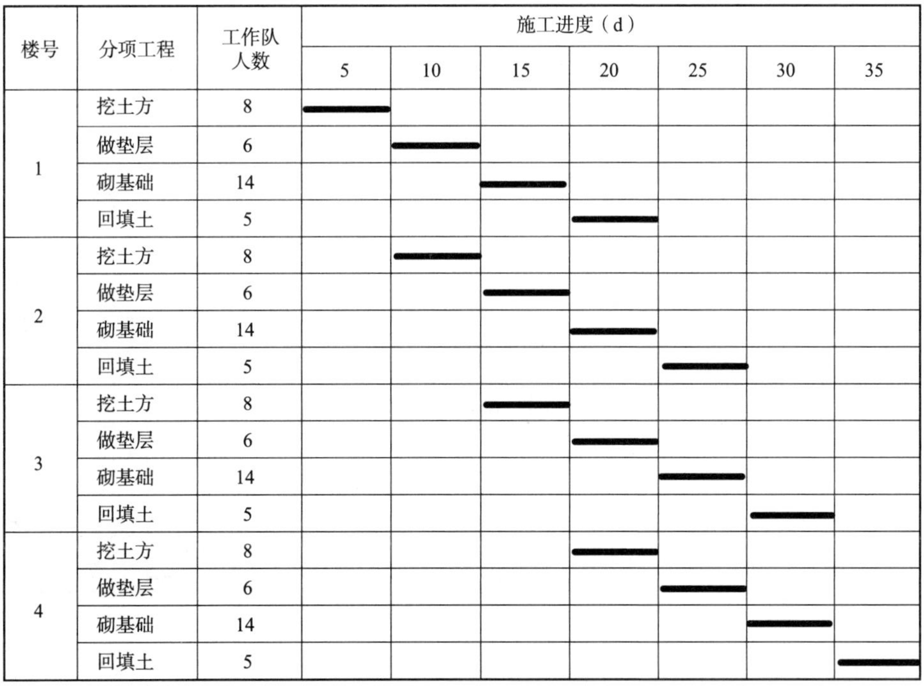

图 10.8 流水施工的横道图表示

一般图 10.8 的绘制方法会比较烦琐，可以在横道上方用编号表示施工地点，使得表达更加简洁明了，如图 10.9 所示。

分项工程	工作队人数	施工进度（d）						
		5	10	15	20	25	30	35
挖土方	8	①	②	③	④			
做垫层	6		①	②	③	④		
砌基础	14			①	②	③	④	
回填土	5				①	②	③	④

图 10.9　流水施工的横道图更加简洁的表达方式

10.1.4　流水施工的技术经济效果

依次施工、平行施工以及流水施工三种组织方式，通过比较(图 10.10)可以得出流水施工具有以下优点：①流水施工能合理地、充分地利用施工工作面，并使施工队组尽可能地连续作业，减少了施工队组转换工作种类的次数和间歇时间，并避免窝工，有利于争取时间，加快施工进度，从而缩短了拟建工程施工的总工期；②流水施工能使各工作队的工作和物资的消耗具有连续性和均衡性，有利于提高工人的技术水平、改善劳动组织、改进操作方法和施工机具，有利于提高工程质量和劳动生产率；③由于流水施工的连续性、均衡性和劳动生产率的提高，可减少用工量和暂设工程的建造量，降低施工管理费等间接费用，节约工程成本，提高建筑施工企业的综合经济效益。

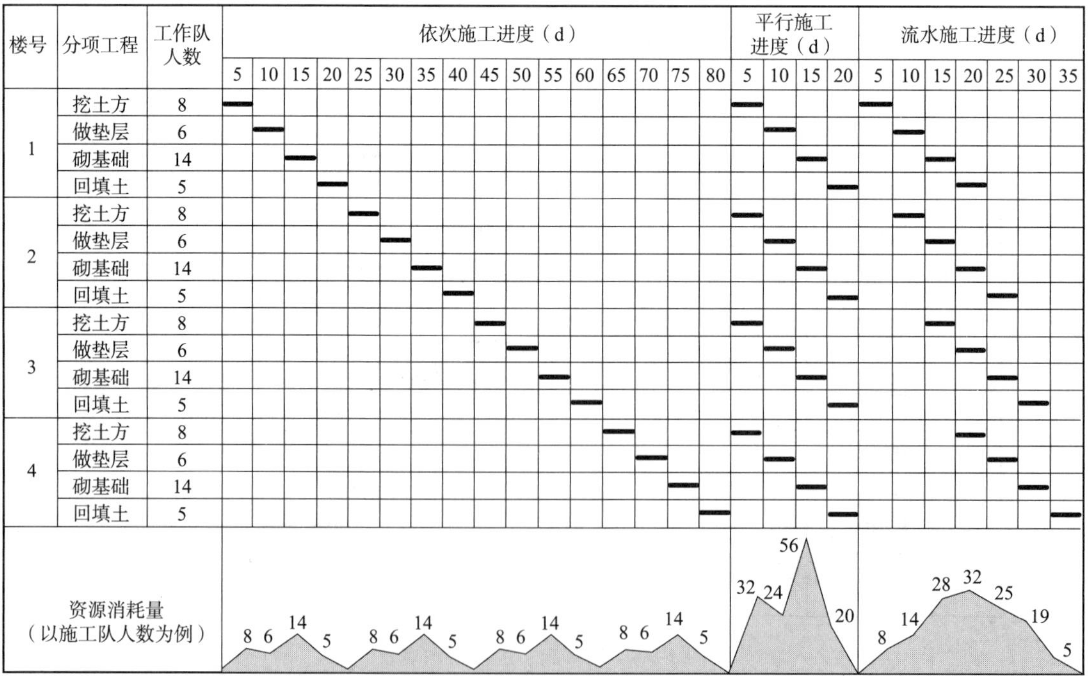

图 10.10　各种施工组织方式资源消耗的均衡性

思维拓展：

可明确，流水施工在时间连续、空间连续、资源均衡等方面具有突出的优势，同理在工程项目管理过程中，需注重理论与实践相结合，尤其是对于大型复杂工程的项目管理，应具备系统、综合、连续、均衡、协调的管理思维。

10.2 流水施工的分类

10.2.1 按流水施工的组织范围划分

1)分项工程流水

分项工程流水又称细部流水或施工过程流水，是在一个分项工程内部各施工段之间进行连续作业的流水施工方式，是组织拟建工程流水施工的基本单元。例如某建筑的土石方工程中可划分为挖土方、回填土、余土外运等分项工程，砖石工程中可划分为砖基础、砖墙、砖柱、砌块墙、钢筋砖过梁等。

2)分部工程流水

分部工程流水又称专业流水，是在一个分部工程内部由各分项工程流水组合而成的流水施工方式，是分项工程流水的工艺组合。一般房屋建筑单位工程，可按其部位划分为土石方工程、砖石工程、混凝土及钢筋混凝土工程、屋面工程、装饰工程等。

3)单位工程流水

单位工程流水又称项目流水，是在一个单位工程内部由各分部工程流水或各分项工程流水组合而成的流水施工方式，是分部工程流水的扩大和组合，也可以是全部由分项工程流水组合而成的流水施工方式。例如某建筑项目可划分为室外建筑环境和室外安装两个室外单位工程，又可进一步分成附属建筑、室外环境、给排水与采暖、电气等子单位工程。

4)建筑群体工程流水

建筑群体工程流水又称综合流水，俗称大流水施工，是指在住宅小区、工业厂区等建筑群体工程建设中，由多个单位工程的流水施工组合而成的流水施工方式，是单位工程流水的综合与扩大。

10.2.2 按施工过程分解的程度划分

1)彻底分解流水

彻底分解流水是指将拟建工程的某一分部工程分解成均由单一工种完成的施工过程，并由这些分解程度不同的施工过程组织而成的流水施工方式。其优点是：各施工队组工作单一、专业性强，有利于提高工作效率、确保工程质量；其缺点是：对各施工队组的配合、协调关系要求高，分工太细，有时很难安排和编制出简单明晰、直观醒目的施工进度计划，施工管理更加复杂、困难。因此，只有在以现浇钢筋混凝土结构为主的、特殊的分部工程施工中，才采用彻底分解流水的组织方式。

2)局部分解流水

局部分解流水是指将拟建工程的某一分部工程，根据工程的具体情况、施工队组的现状及其合理配合施工的原则，划分成有彻底分解的施工过程，也有由多个工种配合组成的混合施工队组进行施工的不彻底分解的施工过程，并由这些分解程度不同的施工过程组织而成的流水施工方式。在一般分部工程流水施工中，多采用局部分解流水的组织方式。

10.2.3 按流水施工的组合方式和节奏特征划分

流水施工有基本方式和综合方式两大类。流水施工的基本方式按节奏特征不同，又分为有节奏流水和无节奏流水两类，其中有节奏流水还可分为全等节拍流水和不等节拍流水两种，而不等节拍流水中一种特殊的流水施工方式又称为成倍节拍流水。

10.3 流水参数的确定

实际的工程中工序繁多，人员庞杂，要组织起高效的流水施工是有一定难度的。利用数学方法来进行流水施工的规划安排是行之有效的，首先将工程的进行过程用特定参数表示，再进行计算来组织安排。代表工程进程特征的参数称为流水参数。流水参数有工艺参数、空间参数和时间参数三类。

10.3.1 工艺参数

工艺参数用来表达施工工艺顺序和特征，包括施工过程数和流水强度。

1)施工过程数 n

施工的组织管理需要将工程划分为若干个小的子过程，每个子过程称为一个施工过程，施工过程的数量称为施工过程数，以符号"n"表示。如前例所示，将基础工程划分为了挖土方、做垫层、砌条基和回填土 4 个施工过程，施工过程数 $n=4$。

根据过程工艺性质不同，施工过程分为：制备类、运输类和砌筑安装类三种施工过程。

2)流水强度

流水强度是某一施工过程在单位时间内所完成的工程量。如前例所示，挖土方工程队用 5 d 的时间挖完一个基坑的土方，平均一天所完成的土方量就是挖土方施工过程的流水强度。

设某施工过程在 x 个施工段上同时施工，流水强度可按式(10.1)在施工之前预先计算。

$$V = \sum_{i=1}^{x} RS \tag{10.1}$$

式中 V——施工过程流水强度；

R——施工过程的工人数或机械台数；

S——施工过程的计划产量定额；

i——第 $1 \sim x$ 个施工段。

10.3.2 空间参数

空间参数用来表达拟建工程在平面和空间上所处的状态，包括工作面、施工段数和施工层数。

1)工作面

工作面是指某专业工种在施工中必须具备的活动空间。如前例所示，浇筑基坑底部混凝土时，工人站的面积就是做垫层施工过程的工作面。

工作面的大小直接关系着能投入多少工人，布置多少机械，可采用不同的单位来计量，如对于砌筑工程，以沿墙的长度单位(m)为计量单位，对于浇捣混凝土楼板以楼板的面积单位(m^2)为计量单位。

2)施工段数 m

很多工程只有一个建筑物或构筑物,施工过程在空间上将不能搭接,无法组织流水施工。为了解决这个问题,可将施工项目在平面上划分为若干个劳动量大致相等的施工段落,这些施工段落称为施工段,其数目以 m 表示。

在划分施工段时,应遵循以下原则:

(1)主要专业工种在各个施工段所消耗的劳动量要大致相等,其相差幅度不宜超过10%~15%。劳动量(或工程量)大致相等,才能保证在施工队组人数固定的情况下,使同一施工过程在各个施工段上施工持续时间相等,从而保证各施工队组有节奏地连续、均衡施工。

(2)在保证专业工作队劳动组合优化的前提下,施工段大小要满足专业工种对工作面的要求。

(3)多层结构施工中,施工段数目要满足合理流水施工组织要求,即 $m \geqslant n$(否则施工队会产生窝工现象)。

(4)施工段分界线应尽可能与结构自然界线相吻合,如温度缝、沉降缝或单元界线等;如果必须将其设在墙体中间时,可将其设在门窗洞口处,以减少施工留槎。

3)施工层

在组织流水施工时,为满足专业工种对操作高度要求,通常将施工项目在竖向上划分为若干个作业层,这些作业层均称为施工层。如砌砖墙施工层高为 1.2 m,装饰工程施工层多以楼层为准。

问题讨论:

为什么施工段数 $m \geqslant$ 施工过程数 n 时,方可组织流水施工?(可分别从 $m<n$;$m>n$;$m=n$ 三种情况进行对比分析)

10.3.3 时间参数

时间参数是表达流水施工过程的工作时间、在时间排列上的相互关系和所处状态的参数。

1)流水节拍

(1)概念与计算方法

流水节拍是一个施工过程在一个施工段上完成施工任务所需的时间。以 t 表示。如前例所示,每个施工队在每栋楼施工的持续时间为 5 d,所以每个施工过程的流水节拍为 5 d。

流水节拍的大小与投入的劳动力、材料和机具的数量有关。一般在保证工作面的前提下,资源投入越大,流水节拍越小。通常由式(10.2)计算。

$$t=\frac{Q}{SRN}=\frac{P}{RN} \tag{10.2}$$

式中 Q——施工段的工程量;

S——产量定额;

R——工人数或机械台数;

N——工作班次;

P——施工段所需的劳动量或机械台数。

(2)注意事项

①施工队组的人数应符合该施工过程最少劳动组合人数的要求。如砌砖墙施工过程,包

括搅拌砂浆、运材料、运砂浆及砌砖墙等多种工作，一般人数不宜少于 15 人，如果人数太少，无法组织正常流水施工。

②施工队组的人数应符合施工段工作面上所能允许的施工队组最大人数的要求。流水节拍不能太小，施工队组人数不能太多，每个工人的工作面不能小于最小工作面的要求。否则，就不能发挥正常的施工效率，且不利于安全施工。

③要考虑各种机械台班的产量或吊装次数。

④要考虑施工现场对各种材料、构件等的堆放容量、供应能力及其他因素的制约。

⑤要考虑施工及技术条件的要求。例如不能留施工缝的现浇混凝土工程，有时要按两班或三班工作制来确定流水节拍。

⑥确定一个分部工程的各施工过程流水节拍时，首先应确定主导施工过程的最大流水节拍，然后再确定其他次要施工过程的流水节拍。

⑦流水节拍值一般取整数天（或机械台班），必要时才考虑保留 0.5 d（或台班）的小数值。

2）流水步距

流水步距是指流水施工中，在时间上相邻的两个施工过程先后投入流水施工的时间间隔，以 $K_{j,j+1}$ 表示。如前例所示，挖土方队与做垫层队先后进入一号楼施工的间隔是 5 d，则挖土方与做垫层两个施工过程的流水步距是 5 d。

流水步距的大小会影响工期的长短。一般说来，在拟建工程施工段数不变的情况下，流水步距越大，工期越长；流水步距越小，则工期越短。影响流水步距大小的主要因素有前后两个相邻施工过程的流水节拍、施工工艺技术要求、技术间歇与组织间歇时间、施工段数目、流水施工的组织方式等。

3）间歇时间

间歇时间是指在流水施工中，由于技术或者组织上的原因，承担某一施工过程的施工队出现的暂时性停工间歇，分为技术间歇和组织间歇。

（1）技术间歇时间

技术间歇时间是指在组织流水施工时，为了保证工程质量，由施工规范规定或施工工艺技术要求，相邻两个施工过程在同一施工段内的施工间隔时间。例如混凝土浇筑后的养护时间，水泥砂浆找平层、楼地面和油漆面的干燥时间等。

（2）组织间歇时间

组织间歇时间是指在组织流水施工时，由于施工组织的原因而安排的同一施工过程在各施工段之间的间歇时间，或同一施工段内相邻两个施工过程之间除技术间歇之外的其他间歇时间。例如，技术上虽然要求钢筋板扎完毕后立即浇筑混凝土，但是实际上需要先让监理单位进行检查验收，这个时间就可以看成一个组织间隔时间。

10.4 固定节拍流水

10.4.1 概念与特点

在组织流水施工时，如果每个施工过程在各个施工段上的流水节拍都彼此相等，其流水步距等于流水节拍；这种流水施工方式，称为固定节拍流水。该流水方式组织方便，管理简单，流水施工应尽量组织成这种方式。

10.4.2 编制方法

固定节拍流水的组织方法可以遵循下列步骤：①将拟建工程划分成若干个施工过程；②按照待建结构的特征划分施工段；③确定一个主导施工过程，一般是工程量大的、施工组织条件（即配备的劳动力或机械设备）已经确定的施工过程；④用式(10.2)确定主导施工过程的流水节拍；⑤根据已定的流水节拍，反推出剩余施工过程的施工队组人数及工种组成。在组织过程中，个别劳动量非常小的施工过程可以合并到相邻施工过程中去，或作为间歇时间处理，以使各施工过程的流水节拍相等。

10.4.3 编制示例

【例】某六层四单元混合结构住宅的基础工程，施工过程如图10.11所示。

图10.11 某六层四单元混合结构施工过程分解

各施工过程的工程量及每一工日（或台班）产量定额见表10.1。

表10.1 施工过程及工程量

施工过程	工程量	单位	产量定额
1. 挖土	560	m^3	65
▲垫层	32	m^3	
2. 绑扎钢筋	7 600	kg	450
3. 浇混凝土	150	m^3	1.5
4. 砌墙基	220	m^3	1.25
▲回填土	300	m^3	65

1)划分施工过程

分析表10.1所给的条件，铺设垫层和回填土（表中均以▲标注）的工程量较少，为简化计算，可将垫层和回填土这两个施工过程所需要的时间，作为组织间歇来处理，各自预留一天时间，总组织间歇时间为 $\sum Z = 2$ d。

另外，考虑浇捣混凝土和砌基础墙之间的工艺间歇为2 d，即 $\sum G = 2$ d。从而该基础工程的施工过程数可按 $n=4$ 进行计算。

2)划分施工段

根据建筑物的特征，可按房屋的单元分界，划分为4个施工段，即 $m=4$。

3)计算流水节拍

本例土方开挖由一台挖土机完成，为确定条件，可以列为主导施工过程，其流水节拍为：

$$K = \frac{Q_{挖土}}{mS_{挖土}R_{挖土}} = \frac{560}{4 \times 65 \times 1} \approx 2(\text{d})$$

4)计算施工人数

其余施工过程，可根据主导施工过程所确定的流水节拍 K，利用公式，反算出所需要的人数。

$$\text{绑扎钢筋}R_{\text{绑钢筋}}=\frac{Q_{\text{绑钢筋}}}{mS_{\text{绑钢筋}}K}=\frac{7\,600}{4\times450\times2}\approx2(\text{人})$$

$$\text{浇筑混凝土}R_{\text{浇混凝土}}=\frac{Q_{\text{浇混凝土}}}{mS_{\text{浇混凝土}}K}=\frac{150}{4\times1.5\times2}\approx12(\text{人})$$

$$\text{砌墙基}R_{\text{砌墙基}}=\frac{Q_{\text{砌墙基}}}{mS_{\text{砌墙基}}K}=\frac{220}{4\times1.5\times2}\approx22(\text{人})$$

根据计算求得施工人数，复核施工段的工作面是否足够，否则应重新考虑。复核完成后，就可画出该基础工程等节奏流水进度计划，如图 10.12 所示。

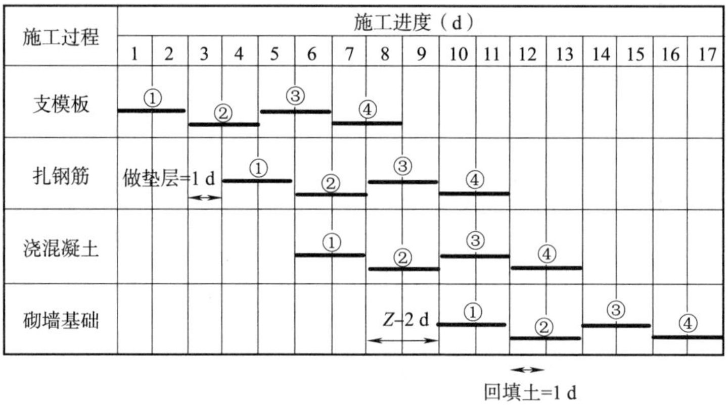

图 10.12　基础工程等节奏流水进度计划

10.5　成倍节拍流水

10.5.1　概念与特点

在组织流水施工时，有时可能由于工作面的大小或者资源的限制，无法组织起固定节拍流水，此时可以尝试采用增减施工队组人数的方法来调整各施工过程的流水节拍，使每个施工过程的流水节拍均为其中最小流水节拍的整数倍；再按倍数关系组织相应的施工队组数量，安排各施工队组先后进入流水施工，这样便构成了一个工期最短的成倍节拍流水施工方案。

10.5.2　编制方法

成倍节拍流水的组织方法可以遵循下列步骤：①确定流水步距，流水步距在数值上为各施工过程流水节拍的最大公约数；②确定专业工作队数量；③明确施工段数；④计算总工期；⑤绘制流水施工指示图表。

10.5.3　编制示例

【例】某工程由支模板、绑钢筋和浇混凝土 3 个分项工程组成；在平面上划分为 6 个施工段，由于工作面大小的限制，无法使 3 个施工过程的流水节拍相同，不能组织全等节拍流水。于是通过调整各施工队人数，使得三个施工过程的流水节拍分别为 6 d、4 d 和 2 d，这样就符合了组织成倍节拍流水的前提，可以组织成倍节拍流水施工方案。

1）确定流水步距

按式（10.3）确定流水步距 K。

$$K=\text{最大公约数}\{\text{各施工过程流水节拍}\} \tag{10.3}$$

在本例中，流水步距 K 为：

$$K = 最大公约数\{6,4,2\} = 2(\mathrm{d})$$

2)确定专业工作队数目

按式(10.4)确定专业工作队数目。

$$b = \frac{t}{K} \tag{10.4}$$

式中 b——施工过程需要的专业工作队数目(个)；

t——施工过程的流水节拍(天)；

K——成倍节拍流水的流水步距(天)。

在本例中，各施工过程所需要的施工队数目为：

$$b_{支模板} = \frac{6}{2} = 3(个)$$

$$b_{绑钢筋} = \frac{4}{2} = 2(个)$$

$$b_{浇混凝土} = \frac{2}{2} = 1(个)$$

3)计算总工期

按式(10.5)确定计算总工期。

$$T = (m + n_1 - 1)K + \sum Z + \sum G - \sum C \tag{10.5}$$

式中 m——施工段数；

n_1——施工过程数或专业工作队数；

$\sum Z$——组织间歇时间总和；

$\sum G$——工艺间歇时间总和；

$\sum C$——提前插入时间总和。

$$T = (6 + 6 - 1) \times 2 = 22(\mathrm{d})$$

4)绘制流水施工指示图表

该工程流水施工水平指示图，如图 10.13 所示。

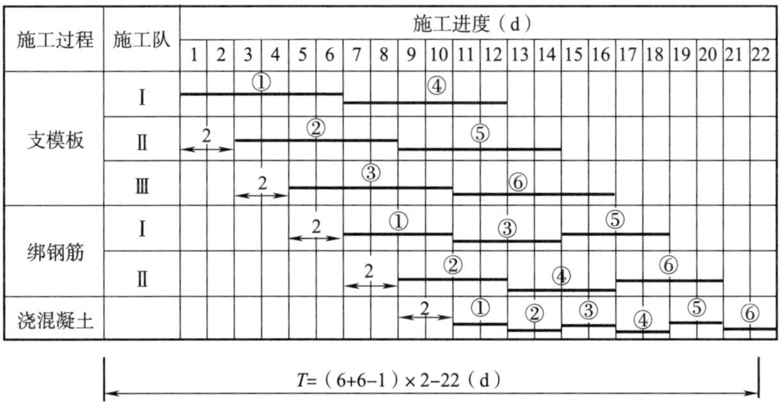

图 10.13 成倍节拍流水指示图

10.6 无节奏流水

10.6.1 概念与特点

在组织流水施工时，如果每个施工过程在各个施工段上的工程量彼此不相等，或者各个专业工作队生产效率相差悬殊，造成多数流水节拍不相等，此时只能按照施工顺序要求，使相邻两个专业工作队最大限度地搭接起来，组织成能够连续作业的非节奏流水施工。这种流水施工方式，称为无节奏流水。

10.6.2 编制方法

组织无节奏流水的关键，是如何合理地确定各施工过程相邻两个专业工作队之间的流水步距，使每个施工过程不出现进度超前现象，能紧密地衔接，使每个专业工作队都能够连续作业。

确定流水步距的计算方法这里介绍最简单的潘特考夫斯基法。该方法的文字表达式为："累加数列错位相减，取其最大差。"其计算步骤如下：①根据专业工作队在各施工段上的流水节拍，求累加数列；②根据施工顺序，对所求相邻的两累加数列，错位相减；③根据错位相减的结果，确定相邻专业工作队之间的流水步距，即相减结果中数值最大者便是流水步距。

10.6.3 编制示例

【例】 某工程由四个施工过程组成，四个施工过程分别由Ⅰ、Ⅱ、Ⅲ、Ⅳ专业工作队完成，划分为4个施工段，每个专业工作队在各施工段上的流水节拍，见表10.2。

表10.2 施工持续时间表

施工过程编号	流水节拍(d)			
	①	②	③	④
Ⅰ	4	2	5	3
Ⅱ	5	3	4	4
Ⅲ	4	4	3	5
Ⅳ	3	5	1	4

解：根据题设条件和要求，该工程只能组织分别流水。

(1)求各专业工作队的累加数列：

Ⅰ：4，6，11，14

Ⅱ：5，8，12，16

Ⅳ：4，8，11，16

Ⅳ：3，8， 9，13

(2)错位相减：

Ⅰ和Ⅱ：　4，6，11，14

　　　－）　5，　8，12，　16

―――――――――――――

[4]，1，　3，　2，－16

Ⅱ和Ⅲ： 5，8，12，16
－） 4， 8，11， 16

5， 4， 4， [5]，－16

Ⅲ和Ⅳ： 4，8，11，16
－） 3， 8， 9， 13

4， 5， 3， [7]，－13

(3)确定流水步距：

因流水步距等于错位相减所得结果中数值最大者，所以

$$K_{Ⅰ,Ⅱ}=\max[4,1,3,2,-16]=4(d)$$
$$K_{Ⅱ,Ⅲ}=\max[5,4,4,5,-16]=5(d)$$
$$K_{Ⅲ,Ⅳ}=\max[4,5,3,7,-13]=7(d)$$

(4)按式(10.6)确定计算总工期：

$$T=\sum K+t_n+\sum Z-\sum C \tag{10.6}$$

式中 T——流水施工方案的计算总工期(天)；

$\sum K$——所有流水步距的和(天)；

t_n——最后进入工作的一个专业工作队在各个施工段上的流水节拍(天)；

$\sum Z$——所有间歇时间的和(天)；

$\sum C$——提前插入时间的和(天)。

本例中，流水工期 T 为：

$$T=(4+5+7)+(3+5+1+4)=29(d)$$

(5)绘制流水施工指示图表

该工程流水施工水平指示图表，如图 10.14 所示。

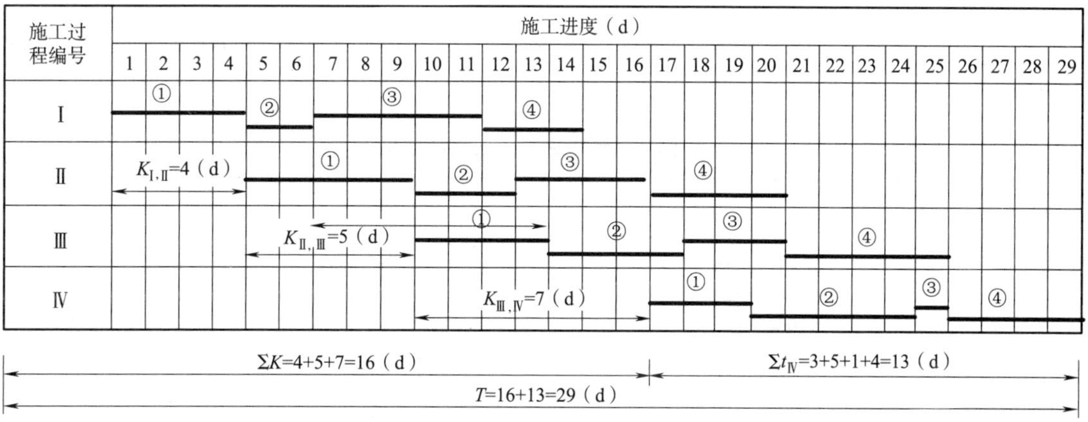

图 10.14 分别流水指示图

10.7 间断流水

10.7.1 概念与特点

有些情况下，为了追求施工段不出现空闲，图 10.14 所示的流水还可以组织成图 10.15 所示的方式，虽然施工队伍不能连续工作，但是每一个施工段在施工期间没有出现 1 d 的空闲，工序之间衔接紧密，没有出现间断。这种组织方式仍认为是流水施工的组织方式。实践证明这样安排工期更短、更合理。

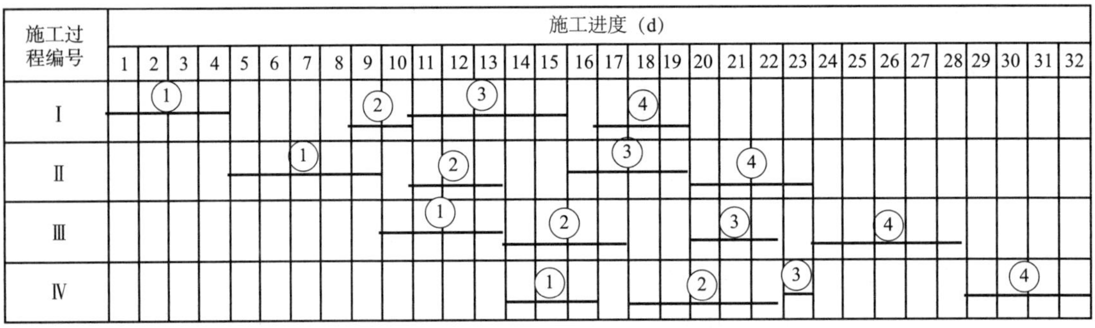

图 10.15 间断流水组织方式

10.7.2 编制方法

在保证主要施工过程（即工程量大、作业持续时间较长者）连续、均衡地施工的前提下，非主要的施工过程可安排其间断施工。间断节拍流水的组织方法可以遵循下列步骤：①划分施工过程；②划分施工段，确定主导施工过程；③确定流水节拍和各工作队人数；④确定施工工期；⑤绘制流水施工进度计划。

10.7.3 编制示例

【例】某三层现浇钢筋混凝土框架结构，划分为三个施工区段，施工工期为 65 d，其主体结构劳动量见表 10.3。

表 10.3 某框架主体结构劳动量

结构部分	分项名称		每层每个施工段的劳动量（工日）		
			一层	二层	三层
框架	支模板	柱	28	26	26
		梁	56	56	58
		板	22	22	21
	绑扎钢筋	柱	26	26	24
		梁	28	28	29
		板	26	26	27
	浇混凝土	柱	68	63	63
		梁板	122	122	122

续上表

结构部分	分项名称	每层每个施工段的劳动量(工日)		
		一层	二层	三层
楼梯	支模板	6	6	—
	绑扎钢筋	3	3	—
	浇混凝土	15	15	—

下面对其组织流水施工:

1)划分施工过程

本工程框架结构每层的施工采用以下施工顺序:绑扎柱钢筋、支主梁模板、支次梁模板、支楼板模板、支柱模板、绑扎梁钢筋、绑扎楼板钢筋、浇筑柱混凝土、浇筑梁和楼板混凝土。

根据施工顺序和劳动组织,划分以下四个施工过程:绑扎柱钢筋、支模板、钢筋和浇筑混凝土,各施工过程中均包括楼梯间部分。

2)划分施工段,确定主导施工过程

考虑结构的整体性,利用温度缝作为分界线,每层划分为三个施工段,此时 $m<n$,工作队会出现窝工现象。在本例中,主导施工过程中的工作队连续施工,其余工作队与其他的工地统一考虑调度安排。由于各施工过程在每层劳动量相差幅度均小于 15%,故用间断流水法组织施工。该工程各施工过程中,支模板比较复杂,且劳动量较大,所以支模板作为主导施工过程。

3)确定流水节拍和各工作队人数

(1)支模板每段最大的劳动量:28+56+22+6=112(工日),工作队人数 20 人,采用班制,流水节拍为:

$$t_{支模}=\frac{112}{20\times1}=5.6\approx6(\mathrm{d})$$

(2)绑扎柱钢筋每段最大的劳动量为 26 工日,工作队人数为 10 人,采用一班制,流水节拍为:

$$t_{柱箍}=\frac{26}{10\times1}=2.6\approx3(\mathrm{d})$$

(3)绑扎梁板钢筋每段最大的劳动量为 28+26+3=57(工日),工作队人数 10 人,用一班制,流水节拍为:

$$t_{梁板筋}=\frac{57}{10\times1}\approx6(\mathrm{d})$$

(4)浇筑混凝土每段最大的劳动量:68+122+15=205(工日),工作队人数 50 人,用 2 班制,流水节拍为:

$$t_{混凝土}=\frac{250}{2\times50}\approx2(\mathrm{d})$$

4)确定施工工期

由于本例采用间断式流水施工,故无法用式(10.6)计算工期,因此采用分析计算法,本例绑扎梁板钢筋与支模板搭接施工 2 d,混凝土养护间歇时间 3 d。

$$T=(\sum t-C)\times3+Z\times2+t_{梁板筋}\times2=[(3+6+6+2)-2]\times3+3\times2+6\times2=63\ (\mathrm{d})$$

5)绘制流水施工进度计划,如图 10.16 所示。

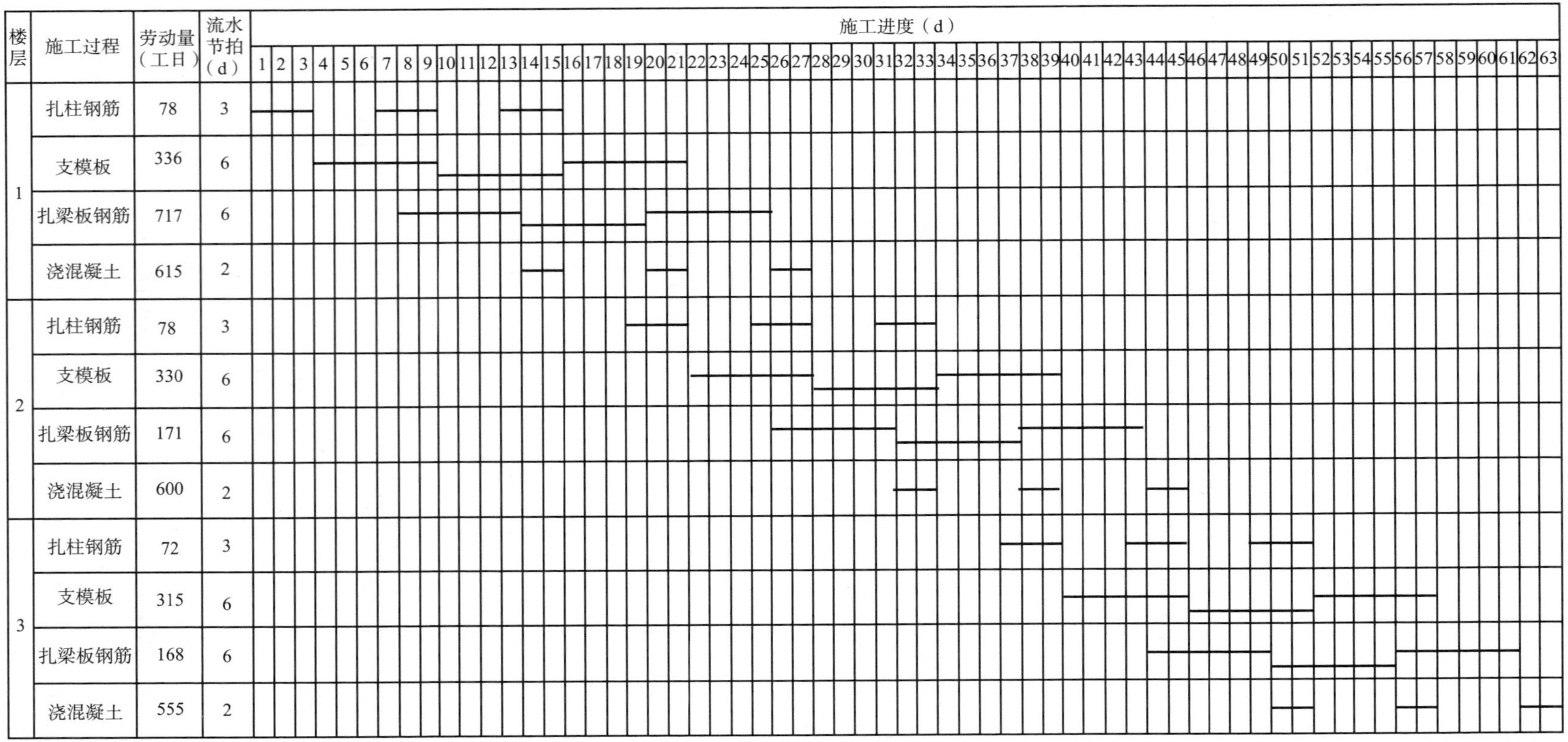

图10.16　某三层框架主体结拘流水施工进度计划

名人事迹：

吴世鹤，土木工程专家，毕生从事建筑工程建设与组织管理工作。1952年，他率先组织多工号大流水作业，为上海2万户工人高速度建造了第一批住宅。在退出一线工作后，仍继续研究建设组织管理工作，主张建筑工业化的基本要素应包括“设计标准化、生产工厂化、施工机械化、组织管理科学化”，晚年还在奋笔撰写“技海拾遗”。

阅读

文本10.7.3-43

主要标准规范

《建设工程项目管理规范》GB/T 50326—2017；

《建筑施工组织设计规范》GB/T 50502—2009；

《建设项目工程总承包管理规范》GB/T 50358—2017 等。

思考与练习

1. 组织施工有哪几种方式？各有何特点？
2. 进度计划表达方式有哪些？
3. 什么是流水施工？流水施工的技术经济效果体现在哪些方面？
4. 流水施工有哪些主要参数？
5. 划分施工段的基本原则是什么？
6. 什么是流水节拍？确定流水节拍应考虑哪些因素？
7. 什么是流水步距？确定流水步距应考虑哪些因素？
8. 等节拍流水具有什么特征？怎样组织等节拍流水施工？
9. 成倍节拍流水具有什么特征？怎样组织成倍节拍流水施工？
10. 无节拍流水具有什么特征？怎样组织无节拍流水施工？
11. 某现浇钢筋混凝土工程，施工过程分别为支模板、扎钢筋、浇混凝土，每段的流水节拍分别为 $t_{支模板}=4$ d、$t_{扎钢筋}=6$ d、$t_{浇混凝土}=2$ d，且扎钢筋完成后要留一天时间供监理验收后方能浇筑混凝土。计算工期并绘出流水施工进度图。
12. 已知各施工过程在各施工段上的作业时间见表10.4。试组织流水施工。

表 10.4 某工程流水节拍表 单位：d

施工段	施工过程			
	1	2	3	4
Ⅰ	5	4	2	3
Ⅱ	3	4	5	3
Ⅲ	4	5	3	2
Ⅳ	3	5	4	3

13. 试绘制某2层现浇钢筋混凝土楼盖工程的流水施工进度表。

已知：框架平面尺寸为17.4 m×144 m，沿长度方向每隔48 m留一道伸缩缝。各施工过程的流水节拍为：支模板 4 d，扎钢筋 2 d，浇混凝土 2 d，层间技术间歇 2 d（即第一层混凝土浇筑后养护 2 d）。

14. 某屋面工程有三道工序：保温层→找平层→卷材层，分三段进行流水施工，流水节拍均为 2 d，且找平层需两天干燥后才能在其上铺卷材层。试绘制该工程流水施工横道图进度计划。

15. 某两层主体结构工程有支模板→绑扎钢筋→浇混凝土三个施工过程，组织流水作业，已知流水节拍均为 2 d，混凝土养护需要 2 d，试绘制其流水施工横道图计划表。

16. 某两层建筑物有 A→B→C 三道工序，组织流水施工，施工过程 A 与 B 之间技术间歇 2 d，施工过程 C 与 A 之间技术间歇 1 d，流水节拍均为 1 d，试绘制其流水施工横道图计划。

17. 某工程包括三幢结构相同的单层砖混住宅楼，以每幢住宅楼为一个施工段组织流水作业。已知±0.00 m 以下部分有挖土、垫层、基础混凝土、回填土四个施工过程，组织全等节拍流水施工，流水节拍为 2 周；±0.00 m 以上部分按主体结构、装修、室外工程组织成倍节拍流水施工，流水节拍分别为 4 周、4 周、2 周。不考虑间歇时间，试绘制其横道图施工进度计划。

18. 某二层砖混结构工程，有砌墙→安预制梁→现浇板三道工序，流水节拍分别为 4 d、2 d、2 d，现浇板需养护 2 d。试组织成倍节拍流水施工，绘制其横道图施工进度计划。

11 单位工程施工组织设计

单位工程施工组织设计是以单位工程为主要对象编制的施工组织设计，对单位工程的施工过程起指导和制约作用，也是一个工程宏观定性的战略部署，体现了一定的指导性和原则性，将建筑物的蓝图转化为实物的总文件，既包含了施工全过程的部署、选定技术方案、进度计划及相关资源计划安排、各种组织保障措施等内容，也是针对项目施工全过程编制的管理性文件。

知识目标

1. 了解单位工程施工组织设计的编制依据、主要内容，掌握编制程序。

2. 了解单位工程施工方案设计的主要内容，掌握施工流向、施工顺序、施工方法等的选择依据。

3. 了解施工进度计划与资源需要量计划的形式与编制依据，掌握施工进度计划的编制步骤及方法。

4. 了解单位工程施工平面图设计的依据、内容、原则，掌握施工平面图设计的步骤。

能力目标

1. 熟悉现行单位工程施工组织设计相关法规、标准及规范，具有法律、质量、安全、成本、环保、创新等工程意识，具备沟通协作、组织协调、突发应变等能力。

2. 能够掌握施工流向、施工顺序、施工方法及机械的选择方法，并能够对施工方案进行技术经济评价，选择最优方案。

3. 能够掌握工程量、劳动量、机械台班数量、各工程持续时间的计算方法，检查、调整施工进度计划的初步方案。

4. 能够掌握劳动力、主要材料、构件和半成品等需要量计划表的绘制。

案例导航：

哈尔滨某商场工程，地上 2 层，地下 1 层，建筑面积 4 210 m^2。筏板基础，框架结构，现浇混凝土楼板办公区有部分砌体工程。砌筑砂浆，混凝土现场搅拌。质量标准：合格。某施工总承包单位中标后，组建了项目部，项目部进场后组织编制了施工组织设计，并对施工全过程进行了全面部署。

问题讨论：

1. 项目部进行施工部署应充分了解拟建工程的哪些内容？

2. 围绕施工部署编制的施工组织设计组成内容有哪些？

11.1 单位工程施工组织设计内容

11.1.1 单位工程施工组织设计编制依据

单位工程施工组织设计的编制应根据工程规模和复杂程度、工程施工对象的类型和性质、建设地区的自然条件、技术经济条件及施工企业收集的其他资料进行编制。具体编制依据包括:①与工程建设有关的法律、法规文件;②国家现行标准和技术经济指标;③工程所在地区行政主管部门批准的文件,建设单位对施工的要求;④工程施工合同或招标投标文件;⑤工程设计文件;⑥工程施工范围内的现场条件,工程地质、水文、气象等自然条件;⑦与工程相关的资源供应情况;⑧施工企业的生产能力、机具设备状况、技术水平等;⑨施工组织总设计对该工程的有关规定和安排。

11.1.2 单位工程施工组织设计主要内容

单位工程施工组织设计的主要内容包括:工程概况、施工方案、施工进度计划和施工平面图。另外,单位工程施工组织设计的内容还包括劳动力、材料、构件、施工机械等需用量计划;主要技术经济指标;确保工程质量和安全的技术组织措施;风险管理、信息管理等。如果工程规模较小,可以编制较简单的施工组织设计,其主要内容有:施工方案、施工进度计划、施工平面图,简称"一案一表一图"。

11.1.3 单位工程施工组织设计编制程序

单位工程施工组织设计是施工企业控制和指导施工的文件,其编制程序如图 11.1 所示。

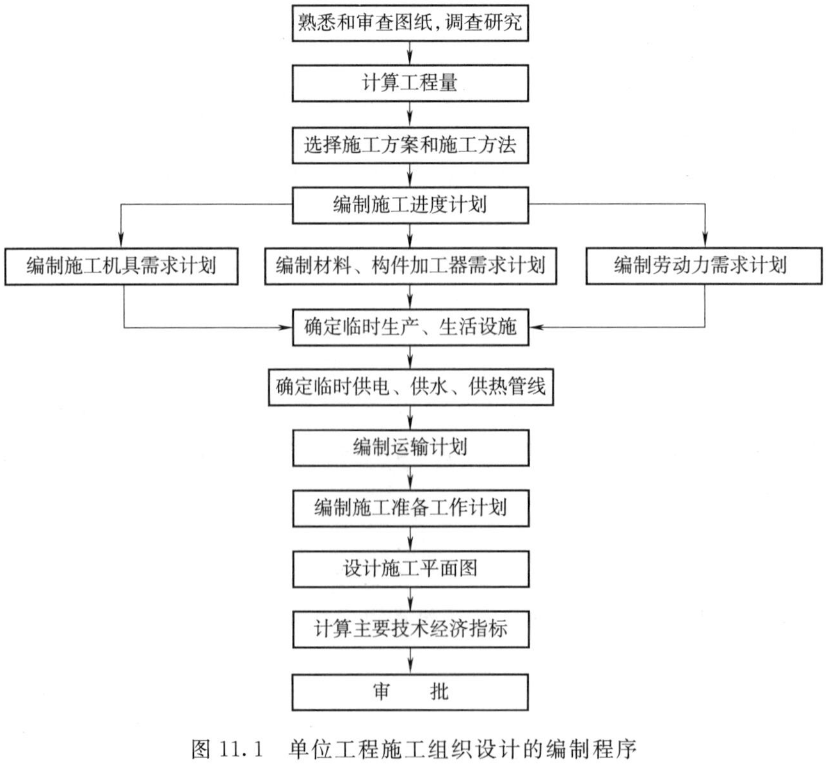

图 11.1　单位工程施工组织设计的编制程序

11.2　单位工程施工方案设计

施工方案设计是单位工程施工组织设计的核心内容，施工方案合理与否，将直接影响到单位工程的施工效果，应在拟定的多个可行方案中，选用综合效益最好的施工方案。在拟定施工方案之前，应明确以下主要问题：①整个工程的施工程序、施工阶段及每个施工阶段中需配备的主要机械；②哪些构件由现场预制，哪些构件由预制厂供应，工程施工中需配备多少劳动力和设备；③结构吊装和设备安装需要的协作单位；④施工总工期及完成各主要施工阶段的控制日期。将这些主要问题与其他待解决的与施工组织、技术相关的问题结合起来，拟定出整个单位工程的施工方案。

11.2.1　施工方案设计

施工方案的内容主要包括确定施工流向、确定施工程序、确定施工顺序、选择施工方法和施工机械等。

1)确定施工流向

确定施工流向即确定单位工程在平面或竖向上施工开始的部位及方向。对于单位建筑物，如厂房除按其车间、工段或跨间，分区分段地确定出在平面上的施工流向外，还须确定其层或单元在竖向上的施工流向。例如，多层房屋的现场装饰工程是自下而上，还是自上而下地进行，牵涉到一系列施工活动的开展和进程，是组织施工活动的重要环节。

确定单位工程施工起点流向时，一般应考虑如下因素：①建筑物的生产工艺流程或使用要求；②建设单位对生产和使用的要求；③平面上各部分施工的繁简程度；④房屋高低层和高低跨；⑤施工技术和施工组织的要求；⑥考虑主导施工机械的工作效率以及主导施工过程的分段情况。

2)确定施工程序

施工程序是指分部工程、分项工程或施工阶段的先后顺序和相互关系。

施工程序一般包括：落实施工任务、签订施工合同阶段，开工前准备阶段，全面施工阶段，交工验收阶段。

(1)落实施工任务、签订施工合同阶段

施工企业来承接施工任务的方式主要有三种：一是国家或上级主管单位统一安排，直接下达的任务；二是施工企业自己主动对外接受的任务或是建设单位主动委托的任务；三是通过公开投标中标而得到的任务。在市场经济条件下，施工企业和建设单位自行承接和委托，以及通过招标的方式承包和发包的施工任务较多。

施工企业无论采用哪种方式承接施工项目，施工单位均必须与建设单位签订施工合同。施工合同是建设单位与施工单位根据相关法律、法规及有关规定而签订的具有法律效力的文件，双方必须遵守，一旦出现违约状况，应承担相应的法律责任。

(2)开工前准备阶段

一般情况下，开工前必须具备如下条件：施工执照已办理；施工图纸经过会审、施工预算已编制；施工组织设计已批准交底；场地、土石方已平整、障碍物已清除和场内外道路已开通；施工用水、用电及排水均可满足施工需要；永久性或半永久性坐标和水准点已经设置；各种设施的建设基本能满足开工后的生产、生活需要；材料、成品、半成品和必要的工业设备有适当的储备，并能陆续进入现场，保证连续施工；施工机械设备已进入现场，并能保证正常运转；劳动力计划已落实，随时可调动进场，并已进行必要的技术安全防火教育。

施工企业具备上述条件之后，可撰写开工报告，提出开工申请，经上级主管部门审查批准后方可正式开工。

(3)全面施工阶段

单位工程在全面施工过程中应遵循“先地下、后地上”“先主体、后围护”“先结构、后装饰”“先土建、后设备”的程序。

①“先地下、后地上”。在地上工程开始之前，首先完成管道、管线等地下设施施工，土方工程、基础工程施工，然后再进行地上工程施工；对于地下工程也应按先深后浅的程序进行，以免造成返工，对上部工程带来干扰或不便。

②“先主体、后围护”。主要是指框架结构在总的程序上要有合理的搭接。一般来说，多层民用建筑结构和装修以不搭接为宜，而高层建筑应尽量搭接，以缩短工期。

③“先结构、后装饰”。主要是指先进行主体结构施工，后进行装饰工程施工。但须指出，随着新建筑体系的不断涌现和建筑工业化水平的提高，某些装饰与结构构件均在工厂完成，此时结构与装饰工程可同时完成。

④“先土建、后设备”。主要是指应协调好土建与给排水、采暖与通风、强弱电、智能建筑及工厂设备等工程的关系，统一布局，合理穿插。

(4)交工验收阶段

单位工程施工完成以后，施工单位内部应预先验收，严格检查工程质量，整理各项技术经济资料。然后经建设单位、监理单位、施工单位和质量监督站验收，经检查合格后，双方办理交工验收手续及有关事宜。

此外，对某些特殊的工程或随着新技术、新工艺的发展，施工程序往往不一定完全遵循一般规律。因此，施工程序应根据实际的工程施工条件和采用的施工方法来确定。

3)确定施工顺序

施工顺序是指单位工程内部各个分部分项工程之间的先后施工次序。施工顺序合理与否，将直接影响工种间配合、工程质量、施工安全、工程成本和施工速度，因此，必须科学合理地确定单位工程施工顺序。

各分项工程之间有着客观联系，但也并非一成不变，确定施工顺序应符合以下原则：

(1)符合施工工艺及构造的要求，如支模→浇混凝土，安门框→墙地抹灰。

(2)与施工方法及采用的机械协调，如防水工程外贴与内贴法的顺序、发挥主导施工机械效能的顺序。

(3)符合施工组织的要求(工期、人员、机械)，如地面灰土垫层是在砌墙前，还是在砌墙后施工。

(4)有利于保证施工质量和成品保护，如地面、顶棚、墙面抹灰顺序。

(5)考虑气候条件，如室外与室内的装饰装修。

(6)符合安全施工要求，如装饰与结构施工。

房屋建筑一般可分为地基与基础工程、主体结构工程、建筑装饰装修工程、建筑屋面工程四个阶段。其中主要的分项工程施工顺序如下：

(1)地基与基础工程

①浅基础的施工顺序为：清除地下障碍物→软弱地基处理(需要时)→挖土→垫层→砌筑

(或浇筑)基础→回填土。砖基础的砌筑中有时需要穿插进行地梁施工,基础顶面应浇筑防潮层。

钢筋混凝土基础的施工顺序为:绑扎钢筋→支模板→浇筑混凝土→养护→拆模。如果基础开挖深度较大、地下水位较高,则应在挖土前进行土壁支护及降(排)水工作。

②桩基础的施工顺序为:沉桩(或灌注桩)→挖土→垫层→承台→回填土。承台的施工顺序与钢筋混凝土浅基础类似。

(2)主体结构工程

①混合结构的主导工程是砌墙和安装楼板,混合结构标准层的施工顺序为:弹线→砌筑墙体→过梁及圈梁施工→板底找平→安装楼板(浇筑楼板)。

②装配式结构的主导工程是结构安装。单层厂房的柱和屋架一般在现场预制,预制构件达到设计要求的强度后可进行吊装。结构安装可采用分件吊装法或综合吊装法,但基本安装顺序都是相同的,即:吊装柱→吊装基础梁、连系梁、吊车梁等→扶直屋架→吊装屋架、天窗架、屋面板,支撑系统穿插在其中进行。

③现浇框架、剪力墙、筒体等结构的主导工程均是现浇钢筋混凝土。标准层的施工顺序为:弹线→绑扎柱、墙体钢筋→支柱、墙体模板→浇筑柱、墙体混凝土→拆除柱、墙体模板→支梁板模板→绑扎梁板钢筋→浇筑梁板混凝土。其中柱、墙的钢筋绑扎在支模之前完成,而梁板的钢筋绑扎在支模之后进行。柱、墙与梁板混凝土也可以一起浇筑,此外,施工中应考虑技术间歇和组织间歇时间。

(3)建筑装饰装修工程

一般的建筑装饰装修工程包括抹灰、勾缝、饰面、喷浆、门窗安装、玻璃安装、油漆等。装饰工程没有严格的顺序,同一楼层内的施工顺序一般为:地面→天棚→墙面;有时也可采用天棚→墙面→地面的顺序。内外装饰施工相互干扰很小,可以先外后内,也可先内后外,或者两者同时进行。

(4)建筑屋面工程

建筑屋面工程包括屋面找平、屋面防水层等,可根据屋面防水的类型选择相应的施工顺序。例如卷材屋面防水层的施工顺序是:铺保温层(如需要)→铺找平层→刷冷底子油→铺卷材→铺保护层(如撒绿豆砂)。屋面工程在主体结构完成后开始,并应尽快完成,为后续进行室内装饰工程创造条件。

4)选择施工方法和施工机械

正确地拟定施工方法和选择施工机械是施工组织设计的关键,会对施工进度、施工质量、施工安全以及工程成本造成直接影响。一个工程的施工过程、施工方法及采用的施工机械均具有多种可选择的方案。通过对不同方案的比较,在若干个可行方案中选取符合客观实际的、先进合理又经济的即可。

在确定施工方法时应明确分部(分项)工程或专项工程施工方法并进行必要的技术核算,对主要分项工程(工序)明确其施工工艺要求,确定相应的施工工艺顺序。对易发生质量通病、易出现安全问题、施工难度大、技术含量高的分项工程(工序)应做出重点说明。对开发和使用的新技术、新工艺以及采用的新材料、新设备应通过必要的试验或论证并制定计划。对季节性施工应提出具体要求。

施工方法的选择,应着重考虑如工程量大、施工技术复杂或采用新技术、新工艺及对工程质量起关键作用的将影响整个单位工程的分部分项工程,对于常规做法和工人熟悉的项目,则不必详细拟定，只提具体要求即可。

选择施工方法必然涉及施工机械的选择。机械化施工是实现建筑工业化的基础，因此施工机械的选择是施工方法选择的中心环节，在选择时应注意以下几点：

(1)选择主导工程的施工机械，如地下工程的土方机械、主体结构工程的垂直和水平运输机械及结构吊装工程的起重机械等。

(2)各种辅助机械或运输工具应与主导机械的生产能力协调配套，以充分发挥主导机械效率。如土方工程在采用汽车运土时，汽车的载重量应为挖土机斗容量的整倍数，汽车的数量应保证挖土机连续工作。

(3)在同一工地上，应力求建筑机械的种类和型号尽可能少一些，便于机械管理；尽量使机械少而配件多，一机多能，提高机械使用效率。

(4)机械选择应充分发挥施工单位现有机械的能力，当本单位的机械能力不能满足工程需要时，则应购置或租赁所需新型机械或多用机械。

典型案例：

某在建隧道施工时发生片帮坍塌事故，造成3人死亡，4人受伤，直接经济损失约608万元。经调查，直接原因是：①未按照设计文件与专项施工方案施工；②开挖工艺、支护工序、开挖进尺不符合规范要求。间接原因为：①企业安全生产主体责任未落实；②隐患排查治理不到位；③安全教育和培训不到位。

阅读

文本11.2.1-44

11.2.2 施工方案的技术经济评价

施工方案的技术经济评价是选择最优施工方案的重要途径，是从几个可行方案中选出一个工期短、成本低、质量好、材料省、劳动力安排合理的最优方案。常用的方法有定性分析评价、定量分析评价。

1)定性分析评价

定性分析评价是结合工程施工实际经验，对几个方案的优缺点进行分析和比较。通常从以下几个指标来评价：

(1)工人在施工操作上的难易程度和安全可靠性；

(2)能否为后续工作创造有利施工条件；

(3)选择的施工机械设备是否易于取得；

(4)采用该方案是否有利于冬、雨期施工；

(5)能否为现场文明创造有利条件等。

2)定量分析评价

定量分析评价是通过对各个方案的工期指标、实物量指标和价值指标等一系列单个的技术经济指标进行计算对比，从中选择技术经济指标最优的方案。定量分析指标通常包括：

(1)工期指标。当要求工程尽快完成以便尽早投入生产或使用时，就要在确保工程质量、安全和成本较低的条件下，优先考虑缩短工期的方案。

(2)劳动量消耗指标。反映施工机械化程度和劳动生产率水平。通常，方案中劳动量消耗越小，施工机械化程度和劳动生产率水平越高。

(3)主要材料消耗指标。反映各个施工方案的主要材料节约情况。

(4)成本指标。反映施工方案成本高低。

(5)投资额指标。拟定的施工方案需要增加新的投资(如购买新的施工机械或设备)时,则需要增加投资额指标进行比较。

11.3 单位工程施工进度计划与资源需求量计划

单位工程施工进度计划是在既定施工方案的基础上,根据规定的工期和各种资源供应条件,对单位工程中的各分部分项工程的施工顺序、施工起止时间及衔接关系进行合理安排的计划。

11.3.1 施工进度计划的形式

施工进度计划一般采用图表的形式表示,常用的有横道图和网络图两种形式。两种形式各有特点,可以综合使用。网络图表示方法已经在"工程项目管理"课程中详细介绍,在此主要阐述利用横道图编制施工进度计划的方法和步骤。

单位工程施工进度计划横道图的形式和组成见表 11.1。表左侧一般列出各分部分项工程的名称及相应工程量、劳动量和机械台班、每日工作人数、施工时间等基本数据。表右侧是由左侧数据算出的指示图线,用横线条形式可形象地反映各施工过程施工进度及各分部分项工程间的配合关系。

表 11.1 单位工程施工进度计划

序号	分部分项工程名称	工程量		时间定额	劳动量		需用机械		每日工作班数	工作天数	进度日程							
											X 月						X 月	
		单位	数量		工种	工日	名称	台班			5	10	15	20	25	30	5	…

11.3.2 施工进度计划的编制

施工进度计划按其编制依据进行编制,编制步骤包括收集原始资料、划分施工过程、计算工程量、计算劳动量和机械台班数量、计算各施工过程的持续时间、编制施工进度计划的初步方案和对施工进度计划的初步方案进行检查调整等。

1)施工进度计划编制依据

(1)经过审批的建筑总平面图、地形图、施工图、工艺设计图以及其他技术资料。

(2)施工组织总设计对本单位工程的有关规定。

(3)主要分部分项工程的施工方案。

(4)所采用的劳动定额和机械台班定额。

(5)施工工期要求及开、竣工日期。

(6)施工条件、劳动力、材料等资源及成品、半成品的供应情况,分包单位情况等。

(7)其他有关要求和资料。

2)施工进度计划的编制程序

编制施工进度计划，首先应按照施工图纸和施工顺序，将拟建工程的各个分部分项工程按照先后顺序列出，并结合施工方法、施工条件和劳动组织等因素，加以适当调整施工进度计划的编制程序如图 11.2 所示。

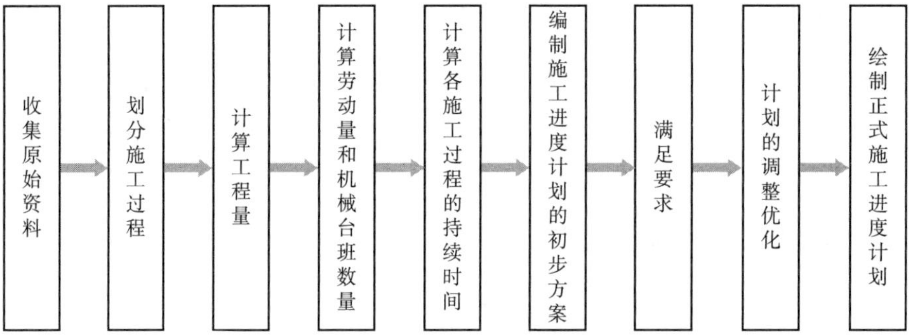

图 11.2 施工进度计划编制程序

3)施工进度计划的编制步骤

根据施工进度计划的依据和编制程序，编制施工进度计划的主要步骤和方法如下：

(1)划分施工过程

编制施工进度计划时，首先应按照图纸和施工顺序将拟建单位工程的各个施工过程列出，并结合施工方法、施工条件、劳动组织等因素，加以适当调整。

单位工程施工进度计划的施工过程仅包括现场直接在建筑物上施工的施工过程，如砌筑、安装等，而对于构件制作和运输等施工过程则不包括在内，但现场就地预制的钢筋混凝土构件，不仅单独占有工期，且对其他施工过程的施工有影响；或构件的运输需与其他施工过程密切配合，如楼板随运随吊时，仍需将这些制作和运输过程列入施工进度计划。

在确定施工过程时，应注意以下几个问题。

①施工过程划分的粗细程度主要取决于单位工程施工进度计划的客观需求。对于控制性施工进度计划，项目划分得粗一些，通常只列出分部工程名称。如对于混合结构居住房屋的控制性施工进度计划，只列出基础工程、主体工程、屋面工程和装修工程四个施工过程即可。而对于实施性的施工进度计划，项目划分要细一些，施工过程要划分到分项工程。如上所述，屋面工程应进一步划分为找平层、隔气层、保温层、防水层等分项工程。

②施工过程的划分要结合所选择的施工方案。如单层工业厂房结构安装工程，若采用分件吊装法，则施工过程的名称、数量和内容及安装顺序应按照构件来确定；若采用综合吊装法，则施工过程应按照施工单元(节间、区段)来确定。

③要适当简化施工进度计划内容，避免工程项目划分过细，重点不突出。可将某些穿插性分项工程合并到主导分项工程中，或将在同一时间内，由同一专业工作队施工的过程合并为一个施工过程。而对于次要的零星分项工程，可合并为其他工程一项，如门油漆、窗油漆合并为门窗油漆一项。

④水暖电卫工程和设备安装工程通常由专业工作队负责施工。因此，在一般土建工程施工进度计划中，只要反映出这些工程与土建工程的相互配合即可。

⑤所有施工过程应基本按照施工顺序排列，所采用的施工项目名称可参考现行定额手册上的项目名称。

(2)计算工程量

工程量计算是一项十分烦琐的工作,应根据施工图纸、有关计算规则及相应的施工方法进行,计算工程量应注意以下几个问题:

①各分部分项工程的工程量计算单位应与所采用的施工定额中相应项目的单位一致,以便计算劳动量及材料需要量时可直接套用定额,不再进行换算。

②工程量计算应结合选定的施工方法和安全技术要求,使计算所得工程量与施工实际情况相符合。例如,土方开挖工程量应考虑土的类别、挖土方法、开挖时是否放坡及坡度大小、是否使用支撑加固、地下水位及是否降水等,这些都直接影响到基础土方工程量的计算。

③结合施工组织要求,分区、分段、分层计算工程量,以便组织流水作业。若每层、每段上的工程量相等或相差不大时,可用工程量总数分别除以层数、段数,得到每层、每段上的工程量。

④如已编制预算文件,应合理利用预算文件中的工程量,以免重复计算。施工进度计划中的施工项目大多可直接采用预算文件中的工程量,可按施工过程的划分情况将预算文件中有关项目的工程量汇总。如"砌筑砖墙"一项的工程量,可首先分析其包括哪些内容,然后按其所包含的内容从预算文件的工程量中抄出并汇总求得。施工进度计划中的有些施工项目与预算文件中的项目完全不同或局部有出入时(如计量单位、计算规则、采用定额不同),则应根据施工中的实际情况加以修改、调整或重新计算。

(3)计算劳动量和机械台班数量

劳动量和机械台班数量P是根据各分部分项工程的工程量、施工方法和现行的施工定额并结合当地的具体情况加以确定的。一般按式(11.1)计算。

$$P=Q/S$$
$$P=Q\cdot H \tag{11.1}$$

式中 P——完成某施工过程所需的劳动量(工日)或机械台班数量(台班);

Q——该施工过程的工程量;

S,H——该分项工程的产量定额和时间定额。

经常还会遇到施工进度计划所列项目与施工定额所列项目的工作内容不一致的情况,具体处理方法如下:

①若施工项目是由两个或两个以上的同一工种,但材料、做法或构造都不同的施工过程合并而成时,则需要适当减少施工过程项目,使控制性单位工程进度计划简洁一些,可用其产量定额的加权平均值来确定合并后的劳动量或机械台班量。加权平均产量定额可按照式(11.2)计算。

$$S_i=\frac{\sum_{i=1}^{n}Q_i}{\sum_{i=1}^{n}P_i} \tag{11.2}$$

式中 S_i——施工项目加权平均定额;

Q_i——同一施工过程中各分项工程的工程量;

P_i——同一施工过程中各分项工程的劳动量。

②对于采用新技术、新材料、新工艺或特殊施工方法的施工项目,其定额在施工定额手册中未列入,则可参考类似项目或实测确定。也可采用三时估算法计算,三时估算法求平均产量

定额可按式(11.3)计算。

$$S=(A+4M+B)/6 \tag{11.3}$$

式中 S——平均产量定额;

A——最乐观估计的产量定额;

B——最悲观估计的产量定额;

M——最可能的产量定额。

③对于“其他工程”项目所需劳动量,可根据其内容和数量,并结合施工现场的具体情况,以占总劳动量的百分比(一般为10%~20%)计算。

④水、暖、电、卫设备安装等工程项目,一般不计算劳动量和机械台班需要量。

(4)计算各施工过程的持续时间

①按劳动资源的配备计算施工天数

该方法是首先确定配备在该分部分项工程的施工人数或机械台数,然后根据劳动量计算出施工天数。可按式(11.4)计算。

$$t=P/Rb \tag{11.4}$$

式中 t——完成某分部分项工程施工天数;

R——每班配备在该施工过程中的人数或机械台数;

b——每天工作班数;

P——该分部分项工程的劳动量。

②根据工期要求计算

首先根据总工期和施工经验,确定各分部分项工程的施工天数,然后再按劳动量和班次,确定出每一分部分项工程所需的施工人数或机械台数,可按式(11.5)计算。

$$R=P/tb \tag{11.5}$$

在实际工作中,还应综合考虑各分部分项工程工人班组中每个工人都应有足够的工作面(不能小于最小工作面),以发挥最高效率并保证施工安全,以及各分部分项工程在进行正常施工时所必需的最低限度的工作队人数及其合理组合(不能小于最小劳动组合),以达到最高劳动生产率。

(5)编制施工进度计划的初步方案

在编制施工进度计划时,应首先确定主导施工过程的施工进度,使主导施工过程尽可能连续施工,其余施工过程予以配合,服从主导施工过程的进度要求。具体方法如下:

①确定主要分部工程并组织流水施工

首先确定主要分部工程,组织其中主导分项工程连续施工并将其他分项工程和次要项目尽可能与主导分项工程穿插配合、搭接或平行作业。例如,现浇钢筋混凝土框架主体结构施工中,框架施工为主导工程,应首先安排主导工程连续施工,确保其施工进度,即框架柱扎筋、柱梁板立模、梁板扎筋、浇混凝土等。主导施工过程应优先考虑,再安排其他分项工程施工。

②按各分部工程的施工顺序编排初始方案

各分部工程之间按照施工工艺顺序或施工组织的要求,将相邻分部工程的相邻分项工程,按流水施工要求或配合关系搭接起来,组成单位工程进度计划的初始方案。

(6)对施工进度计划的初步方案进行检查调整

为使施工进度计划满足既定的各种目标,必须对施工进度计划予以检查,看其是否满足目标要求，若不满足，则需要对施工进度计划的初步方案进行调整。其检查内容如下：

①主要检查各施工过程的施工顺序、平行搭接施工方法和技术间歇时间是否合理，以及是否符合施工工艺、施工技术和流水施工的要求；

②检查计划中安排(或推算)的工期是否满足计划要求工期和合同规定工期的要求；

③检查劳动力、材料、机具、构配件等各项资源的使用是否满足均衡性的要求；

④进度计划在绘制过程中是否有错误。

经过检查，对不符合要求的部分，可适当增加或缩短某些分项工程的施工时间。在施工顺序允许的情况下，可将某些分项工程的施工时间向前或向后移动，必要时，可通过改变施工方法或施工组织等进行调整。

典型案例：

某大学图书馆施工进度计划

图 11.3 为某大学图书馆工程的施工进度计划横道图。该图书馆主体为框剪结构，集图书管理、阅览、借阅、多媒体教学、会议厅、展览厅、演出大礼堂于一体。主体 6 层，局部 8 层，地下 1 层，层高 5 m，总高度 39 m，建筑面积 23 998 m^2。工程的施工进度计划是于 2000 年 11 月 3 日定位放线至 2002 年 5 月 30 日竣工，工期 574 d。

序号	分布分项工程名称	单位	工程量	施工天数(d)	进度计划(d)																		
					2000年		2001年												2002年				
					11月	12月	1月	2月	3月	4月	5月	6月	7月	8月	9月	10月	11月	12月	1月	2月	3月	4月	5月
1	放线及桩基施工			28																			
2	挖土方			10																			
3	基础工程			34																			
4	塔吊安装			5																			
5	地下室工程			25			年假																
6	主体工程			190			29 d																
7	回填土			6																			
8	内隔墙砌筑			60																			
9	主体清理验收			3																			
10	内墙抹灰			90																			
11	预制吊顶			41																			
12	屋面工程			100																			
13	外墙贴砖			80																年假			
14	地面工程			67																38 d			
15	室外工程			50																			
16	内墙凿洞			50																			
17	门窗安装			30																			
18	木门油漆			15																			
19	水电配合安装			500																			
20	室内外清理			11																			

图 11.3 某大学图书馆工程的施工进度计划横道图

11.3.3 资源需求量计划

1)劳动力需求量计划

劳动力需求量计划，是按工种汇总而成的，安排劳动力的平衡、调配和衡量劳动力耗用指标、安排生活福利设施的依据。其编制方法是将施工进度计划表内所列各施工过程每天(或旬、月)所需工人人数及工种汇总而得。其表格形式见表11.2。

表11.2 劳动力需求量计划

序号	过程名称	人数	月份						
			1	2	3	4	5	6	…

2)主要材料需求量计划

主要材料需求量计划，是单位工程进度计划表中各个施工过程的工程量按组成材料的名称、规格、使用时间和消耗、储备分别进行汇总而成的，用以掌握材料的使用、储备动态，确定仓库堆场面积和组织材料运输。其编制方法是将施工进度计划表中各施工过程的工程量，按材料名称、规格、数量、使用时间计算汇总而得。其表格形式见表11.3。

若某分部分项工程由多种材料组成时，应按各种材料分类计算，如混凝土工程应换算成水泥、砂、石、外加剂和水的数量后列入表格。

表11.3 主要材料需求量计划

序号	材料名称	规格	需求量		供应时间	备注
			单位	数量		

3)构件和半成品需求量计划

构件和半成品需求量计划主要用于落实加工订货单位，并按照所需规格、数量、时间组织加工、运输以及确定仓库、堆场，可按施工图和施工进度计划编制。其表格形式见表11.4。

表11.4 构件和半成品需求量计划表

序号	名称	规格	图号	需求量		使用部位	加工单位	供应日期	备注
				单位	数量				

4)施工机具需求量计划

施工机具需求量计划主要用于确定施工机具类型、数量、进场时间，以此落实机具来源并组织进场。其编制方法是将单位工程施工进度计划表中的每一个施工过程，每天所需的机具类型、数量和施工时间计算汇总而得。其表格形式见表11.5。

表 11.5 施工机具需求量计划表

序号	机具名称	型号	需求量		资源	使用起止时间	备 注
			单位	数量			

11.4 单位工程施工平面图设计

单位工程施工平面图设计是根据工程规模、特点和施工现场的条件，按照一定的设计原则，在建筑总平面上布置各种为施工服务的临时设施的现场布置图。以确定施工期间各项工程和暂设设施之间的合理关系。

单位工程施工平面图是施工方案在施工现场空间上的体现，是在施工现场布置仓库、施工机械、临时设施、交通道路、构件材料堆放等的依据，是实现文明施工的先决条件。

11.4.1 施工平面图设计的依据、内容和原则

1)单位工程施工平面图的设计依据

(1)建筑、结构设计和施工组织设计时所依据的有关拟建工程的当地原始资料

①自然条件调查资料：气象、地形、水文及工程地质资料。主要用于布置地表水和地下水的排水沟，确定易燃、易爆及危害人体健康的设施布置，安排冬、雨期施工期间所需设施的地点。

②技术经济调查资料：交通运输、水源、电源、物资资源、生产和生活基地情况。对布置水、电管线和道路等具有重要作用。

(2)建筑设计资料

①建筑总平面图。包括一切地上地下拟建和已建的房屋和构筑物，是正确确定临时房屋和其他设施位置，以及修建工地运输道路和解决排水等所需的资料。

②一切已有和拟建的地下地上管道位置。在设计施工平面图时，可考虑利用这些管道以及考虑提前拆除或迁移，需注意不得在拟建的管道位置上搭建临时建筑物。

③建筑区域的竖向设计和土方平衡图。在布置水电管线和安排土方的挖填、取土或弃土地点时需要利用这些资料。

(3)施工资料

①单位工程施工进度计划。可明确各个施工阶段的情况，以便分阶段布置施工现场。

②施工方案。据此可确定垂直运输机械和其他施工机具的位置、数量和规划场地。

③各种材料、构件、半成品等需求量计划。据此可确定仓库和堆场的面积、形式和位置。

2)单位工程施工平面图设计的内容和原则

(1)设计的内容

单位工程施工平面图的比例尺一般采用 1：500～1：200，图上内容包括：

①工程施工场地状况；

②拟建建(构)筑物的位置、轮廓尺寸、层数等；

③工程施工现场的加工设施、存贮设施、办公和生活用房等的位置和面积；

④布置在工程施工现场的垂直运输设施、供电设施、供水供热设施、排水排污设施和临时施工道路等；

⑤施工现场必备的安全、消防、保卫和环境保护等设施；

⑥相邻的地上、地下建(构)筑物及其相关环境。

(2)设计的原则

①平面布置科学合理,施工场地占用面积少；

②合理组织运输,减少二次搬运；

③施工区域的划分和场地的临时占用应符合总体施工部署和施工流程的要求,减少相互干扰；

④充分利用既有建(构)筑物和既有设施为项目施工服务,降低临时设施的建造费用；

⑤临时设施应方便生产和生活,办公区、生活区和生产区宜分离设置；

⑥符合节能、环保、安全和消防等要求；

⑦遵守当地主管部门和建设单位关于施工现场安全文明施工的相关规定。

11.4.2 施工平面图设计的步骤

1)确定垂直运输机械的布置

建筑产品是由各种材料、构件、半成品构成的空间结构物,其生产离不开垂直、水平运输。因此,垂直运输机械的位置直接影响仓库、搅拌站、各种材料和构件的位置及道路、水电线路的布置等,所以必须首先确定起重机械的类型及其位置的布置。垂直运输机械的位置还应在分析现场周围地形、工程地质、水文地质等相关资料的基础上综合考虑确定。

(1)固定式垂直运输机械

固定式垂直运输机械(如井架、桅杆、固定式塔式起重机等)的布置,主要应根据机械性能、建筑物平面形状和大小、施工段划分情况、起重高度、材料和构件重量、运输道路等情况而定,且应做到使用方便、安全,便于组织流水施工,便于楼层和地面运输,并使其运距短。通常,当建筑物各部位高度相同时,布置在施工段界附近；当建筑物高度不同或平面较复杂时,布置在高低跨分界处或拐角处；当建筑物为点式高层时,采用固定式塔式起重机则应布置在建筑中间或转角处；井架可布置在窗间墙处,以避免墙体留槎,井架用卷扬机不能距离井架架身过近。

布置塔式起重机时,应考虑塔机安拆的场地,当有多台塔式起重机时,应避免相互碰撞干扰。

(2)移动式垂直运输机械

轨道式塔式起重机布置应考虑建筑物的平面形状、大小以及周围场地的具体情况,应尽量使起重机在工作幅度内能将建筑材料和构件运送到操作地点,避免出现死角。

履带式起重机布置,应考虑开行路线、建筑物的平面形状、起重高度、构件重量、回转半径和吊装方法等。

(3)外用施工电梯

外用施工电梯又称人货两用电梯,是一种安装在建筑物外部,施工期间用于运送施工人员及建筑材料的垂直提升机械。外用施工电梯是高层建筑施工中不可缺少的关键设备之一,其布置的位置应方便人员上下和物料集散；电梯口至各施工处的平均距离最短；便于安装附墙装置等。

(4)混凝土泵

混凝土泵设置处,应场地平整,道路畅通,供料方便,距离浇筑地点近,便于配管,排水、供水、供电方便,在混凝土泵作用范围内不得有高压线等。

2)确定搅拌站、各种材料、构件的仓库或堆场的布置

搅拌站、加工棚及各种材料、构件的堆场或仓库的位置应尽量靠近使用地点或在塔式起重机的服务范围之内,并应考虑到运输和装卸的方便。

(1)搅拌站的布置

搅拌站应靠近施工道路布置,前台应有装料或车辆调头的场地,其后台要有称量、上料的场地;搅拌站的位置应尽量靠近使用地点或靠近垂直运输设备;当采用井架(或龙门架、建筑施工电梯)运输时,搅拌站应靠近井架布置;当采用塔式起重机运输时,搅拌机的出料口应布置在塔式起重机的服务范围之内,以方便吊斗直接装料以及挂钩起吊;搅拌站的周围应设置排水沟,以防积水;搅拌站在清洗搅拌机时排出的污水应经沉淀池沉淀后再排入城市地下排水系统或排水沟,以防堵塞排水系统、污染环境;搅拌站的面积,可参考每台混凝土搅拌机需要25 m^2、每台砂浆搅拌机需要 15 m^2 计算;冬期施工时,考虑到某些材料的保温要求(如水泥、外加剂),需设置供热设施,搅拌站的面积应增加一倍。如若项目采用商品混凝土,则应根据实际情况进行调整。

(2)加工棚的布置

加工棚的布置应根据施工现场的条件、工期、施工方法、施工阶段、运输道路、垂直运输机械和搅拌站的位置及材料储备量综合考虑。

(3)仓库、堆场的布置

水泥仓库应设置在地势较高、排水方便、靠近搅拌站的地方;存放各种易燃、易爆品的仓库应按防火防爆安全距离的要求和有关规定,将其布置在施工现场的边缘地区;预制构件的堆放位置要考虑到吊装顺序,先吊装的放在上面,后吊装的放在下面;各种材料堆场的布置要求、数量应根据其使用量的大小、使用时间的长短、供应与运输情况和现场实际条件等综合研究确定。

3)运输道路的布置

现场运输道路应尽可能利用永久性道路,或先修好永久性道路的路基,在土建工程结束之前再铺路面。现场道路布置时,应保证行驶畅通并有足够的转弯半径。运输道路最好围绕建筑物布置成一条环形道路,单车道路宽不小于 3.5 m,双车道路宽不小于 6 m。道路两侧应结合地形设置排水沟,深度不小于 0.4 m,底宽不小于 0.3 m。

4)临时设施的布置

临时设施是为保证施工和管理的正常进行而临时搭建的各种建筑物、构筑物和其他设施。临时设施分为生产性临时设施和非生产性临时设施(也称为生活性临时设施)。生产性临时设施的主要功能就是为生产服务的临时设施,包括:钢筋加工棚、木工加工房、水泵房、砂浆搅拌场地等。非生产性临时设施包括:办公室、工人休息室、宿舍、开水房、食堂、浴室、厕所等。布置的原则就是有利生产,方便生活,安全防火。通常布置要求如下:

(1)生产性设施,如木工加工棚和钢筋加工棚应布置在建筑物四周稍远位置,且有一定的材料、成品的堆放场地。

(2)石灰仓库、淋灰池的位置应靠近砂浆搅拌站,并设在下风向。

(3)办公室应靠近施工现场,设在工地入口处;工人休息室应设在工人作业区;宿舍应设在较安全的上风向一侧;收发室宜设在入口处等。

5)水、电管网的布置

(1)施工现场临时供水

施工现场临时供水包括生产、生活、消防用水，通常，施工现场临时用水应尽量利用工程的永久性供水系统，以减少临时供水费用。因此在做施工准备工作时，应先修建永久性给水系统的干线，至少把干线修至施工工地入口处。若是高层建筑，必要时，可增设高压泵以保证施工对水头的要求。

消防用水一般利用城市或建设单位的永久性消防设施。室外消火栓应沿道路布置，间距不应超过 120 m，距建筑物外墙一般不小于 5 m，距离道路边缘不应超过 2 m。工地消火栓 2 m 以内不得堆放其他物品，室外消火栓管径不得小于 100 mm。

临时供水管的铺设最好采用暗铺法，即埋置在地面以下，防止机械在其上行走时将其压坏。临时管线不应布置在将要修建的建筑物或室外管沟处，以免这些项目开工时，切断水源影响施工用水。施工用水龙头的位置，通常由用水地点的位置来确定，例如搅拌站、淋灰池、浇砖处等，还要考虑室内外装修工程用水。

(2)施工现场临时供电

为了维修方便，施工现场多采用架空配电线路，且要求架空线与施工建筑物水平距离不小于 10 m，与地面距离不小于 6 m，跨越建筑物或临时设施时，垂直距离不小于 2.5 m。现场线路应尽量架设在道路一侧，尽量保持线路水平，以免电杆受力不均。在低电压线路中，电杆间距应为 25～40 m，分支线及引入线均应由电杆处接出，两杆之间不得接线。

单位工程施工用电应在全工地施工总平面图中一并考虑。一般情况下，计算出施工期间的用电总数，提供给建设单位，不另设变压器，只有独立的单位工程施工时，才根据计算的现场用电量选用变压器，其位置应远离交通要道及出入口处，且应布置在现场边缘高压线接入处，四周用铁丝网围绕加以保护。

11.4.3 施工平面图管理与评价

施工平面图是对施工现场进行科学合理的布局，保证单位工程工期、质量、安全和降低成本的重要手段。施工平面图不但要设计好，且应管理好，忽视任何一方面，都会造成施工现场混乱，使工期、质量、安全和成本受到严重影响。因此，需要加强施工现场对合理使用场地的管理，以保证现场运输道路、给水、排水、电路的畅通。

应严格按施工平面图布置施工道路、水电管网、机具、堆场和临时设施；道路、水电应有专人管理维护；施工准备阶段和施工过程中应做到工完料净、场清；施工平面图还必须伴随着施工进展及时调整补充，以适应变化情况。评价施工平面图设计的优劣，可以参考的技术经济指标见表 11.6。

表 11.6 施工平面图的技术经济评价指标

经济指标	主要内容
施工用地面积	在满足施工的条件下，要紧凑布置，不占和少占场地
场内运输的距离	应最大限度地缩短工地内运输距离，尽可能避免场内的二次搬动
临时设施数量	包括临时生活、生产用房的面积，临时道路及各种管线的长度等。为了降低临时工程费用，应尽量利用已有或拟建的房屋、设施和管线为施工服务
安全、防火的可靠性	包括安全、防火的措施等
文明施工	工地施工的文明化程度

科技前沿：

伴随“互联网＋”、大数据、云计算等信息技术的快速发展，数字化图纸因其具有便捷高效、监管有据、数据共享、实名签章、便于存档、易于使用等优点，成为工程建设全过程管理的重要基础，更是推动建筑业数字化转型的关键所在。

阅读

文本11.4.3-45

11.5 工程案例分析

1)工程概况

(1)工程简介

××市××师范学校教学楼工程位于××师范学校内，紧邻球场及原教学楼之间，为6～7层钢筋混凝土框架结构，占地面积7 474 m^2，总建筑面积7 720 m^2，建筑高度25.2 m。

(2)主要施工技术重点

根据施工单位多年以来积累的高层建筑施工经验，把边柱垂直度和边梁外边线控制、现浇楼梯间垂直度控制、外墙装饰质量作为本工程施工技术重点。

(3)业主招标要求

①工期要求：无具体开工日期，竣工日期为2019年6月15日。

②质量要求：优良。

2)施工部署

(1)施工组织体系

为了优质、高效地完成本工程，施工单位将精心组织施工力量，抽调经验丰富、年富力强的工程技术管理人员，成立工程项目部，实行项目法人管理。

针对本项目施工的技术特点，施工单位在项目部的组织机构中专门设立以下特殊部门及岗位：

①计划统计信息中心，归属施工技术部，负责外部施工技术信息的搜集，内部施工进度、工程质量等方面信息的搜集与传递，使工程施工进度、施工质量得到有效控制。

②专职资料管理员，由项目部总工程师统一安排，专职资料管理员负责外部资料的传递和工程技术资料的搜集、整理、装订工作。

③环境、文明保护小组，归属办公室管理，负责施工期间的环境保护、文明施工，以及污水排放、噪声控制工作。

(2)施工控制目标

①质量目标

本工程以创××市优质工程为工程质量控制目标。

②成本控制目标

为了保证工程质量，施工单位将在各种保证工程质量的技术措施上增加一定的经济投入。在合理地利用业主每一分投资的前提下，运用科学的管理手段，精心组织施工管理，采用先进的施工技术措施，降低工程成本，通过先进的科学技术、先进的管理手段寻求效益，以“优质、高效、节约”为成本控制原则。

③施工进度控制目标

为了确保业主施工总工期目标的顺利实现，施工单位决定将本工程的施工总工期按 233 d 控制。

④安全、文明施工控制目标

安全控制目标："零死亡""零重伤""无重大违章指挥"。

文明施工控制目标：不污染环境、不影响交通，施工期间不影响正常的教学秩序，创××市文明施工现场。

(3)施工顺序及施工流水区段划分

①施工顺序

根据招标文书、施工图纸和施工单位多年来积累的高层建筑施工组织经验，结合本工程特点，将本工程划分为五个施工阶段组织实施。

第一施工阶段：土石方及基础部分施工。

第二施工阶段：地上主体结构施工，包含框架、预制板吊装、部分安装工程(安装的预埋管随结构施工同步穿插进行)。当混凝土结构完成两层时，砌体工程进场，保证与混凝土结构施工相隔两层。

第三施工阶段：装修工程，即室内砌筑和粗装修、外墙装修的施工。

第四施工阶段：屋面工程施工。

第五施工阶段：尾工清理、调试交付使用、退场。

②施工流水区段的划分

将每层划为三个施工段，即 a 区、b 区和 c 区(业主要求 c 区暂不施工)。由 a 区向 b 区方向推进施工，结构施工按每层 15 d 的进度要求进行控制，以确保总工期的实现。

(4)主要机具设备、劳动力计划

①主要设备、机具计划

主要施工设备、机具计划量见表 11.7。

表 11.7 主要施工设备、机具计划表

序号	名　称	单位	数量	型　号	进场时间
1	自卸汽车	辆	2	15 t	
2	蛙式打夯机	台	3	HW-20，2 kW	
3	汽车吊	台	1	25 t	
4	塔吊	台	1	QTZ63，38 kW	
5	混凝土振捣器	台	5	1.1 kW	
6	潜水泵	台	5	1.1 kW	
7	木工圆锯机	台	2	ϕ500，1.5 kW	
8	木工平刨床	台	2	ϕ300，1.1 kW	
9	钢筋对焊机	台	1	UN1-100，38 kW	
10	钢筋切断机	台	2	GJ5-40，1.1 kW	
11	钢筋弯曲机	台	2	WJ40-1，3 kW	
12	钢筋校直机	台	1	ϕ14 以内，1.1 kW	
13	电弧焊机	台	3	100 A，10 kW	

续上表

序号	名　　称	单位	数量	型　　号	进场时间
14	卷扬机	台	2	1 t,2 kW	
15	发电机	组	1	75 kW	
16	台式钻床	台	2	ϕ25,1.1 kW	
17	混凝土搅拌机	台	2	J1-400,11 kW	
18	砂浆搅拌机	台	2	HJ-325	
19	手动葫芦	套	6	3 t	
20	电动试压泵	台	2	2.5 MPa	
21	角向磨光机	个	8	—	

②试验、测量仪器

主要试验、测量仪器计划见表 11.8。

表 11.8　主要试验、测量仪器计划表

序　　号	名　　称	单　　位	数　　量	型　　号
1	激光经纬仪	台	1	—
2	普通经纬仪	台	1	J2
3	水准仪	台	1	DS3
4	鉴定钢尺	把	2	50 m,30 m
5	弹簧秤	把	4	50 kg
6	温度计	套	2	—
7	天平	台	2	—
8	台秤	台	2	—

③劳动力计划

劳动力计划量见表 11.9。

表 11.9　主要劳动力计划表

序　号	工　　种	人数(人)	备　　注
1	交通指挥	4	施工高峰期配置人员
2	石工	30	基础施工期配置人员
3	木工	30	施工高峰期配置人员
4	钢筋工	20	施工高峰期配置人员
5	混凝土工	6	施工高峰期配置人员
6	砖工	40	装修施工期配置人员
7	测量人员	4	长期配置人员
8	电工	4	施工高峰期配置人员
9	焊工	3	施工高峰期配置人员
10	钳工	2	施工高峰期配置人员
11	铆工	1	施工高峰期配置人员

续上表

序　号	工　　种	人数(人)	备　　注
12	机运工	4	施工高峰期配置人员
13	起重工	4	施工高峰期配置人员
14	试验工	2	施工高峰期配置人员
15	司机	2	施工高峰期配置人员
16	普工	30	施工高峰期配置人员
17	安装工	8	塔吊安装、水电安装期配置人员
18	其他人员	20	施工高峰期配置人员
合计(人)		214	

3)施工准备

(1)技术准备

认真学习领会本合同条款,结合国家现行规范、标准,仔细阅读设计图纸,理解业主对工程的要求。搞好图纸的自审与会审,做好前期技术资料准备。

根据业主提供的点位坐标、高程资料及设计图纸,进行现场地形、地貌的复测及中间交接。尽早组织施工控制网的布设,完成测量控制点和控制网络。

根据设计要求、合同条款和施工现场情况编制施工组织设计、施工方案和进度计划,从时间、空间、资源、资金等方面进行综合规划,确定总的施工顺序、施工流向、划分流水段,确定主要分部分项工程施工方法、主要施工机具的选择、特殊项目的施工方法,设立工作管理点及其采取的主要技术措施与管理办法。

制订各种技术措施,组织进行"三级"技术交底。使各级人员熟悉工程情况,了解设计意图,掌握规范、技术标准要求及施工方法,在施工过程中做到人人心中有数,确保工程质量,全面完成任务。

及时统计材料、构配件数量、规格、型号,提出加工订货的需用量计划。

依据建设单位提供的点位坐标、高程资料及设计图纸所示平面尺寸,会同建设单位有关技术人员进行资料和现场检核、复测,对场地进行中间交接,并进行施工控制网的布设。

根据设计要求及施工工艺,委托有资质的实验室进行各种强度等级混凝土配合比的设计、试验和优化,以满足施工要求。

(2)生产准备

①场地与道路

为确保施工机具、建材、人员进出需要,施工单位将加强与业主的协调配合,保持道路畅通。场地西北角将作为大型车辆的主要进出场通道,东北角则为小型材料车辆的进出口。

②施工用水

本工程主要用水为生活用水和施工用水,现场用水利用业主提供的水源。现场干管采用 $\phi50$ mm 钢管,支管采用 $\phi32$ mm 钢管。

经过计算,施工现场总用水量为 50 t/d。

③施工用电

主要施工用电机具及用电量见表 11.10。

表 11.10 主要施工用电机具及用电量

序 号	机具名称	规格型号	数量(台)	用电量(kW/台)
1	蛙式打夯机	HW-20	3	2.0
2	塔吊	QTZ63	1	38
3	混凝土振捣器	—	5	1.1
4	潜水泵	—	5	1.1
5	木工圆锯机	ϕ500	2	1.5
6	木工平刨机	ϕ300	2	1.1
7	钢筋对焊机	UN1-100	1	38
8	钢筋切断机	GJ5-40	2	1.1
9	混凝土搅拌机	J1-400	2	11
10	砂浆搅拌机	HJ-325	2	2.8
11	钢筋弯曲机	WJ40-1	2	3.0
12	钢筋校直机	ϕ14 以内	1	1.1
13	电弧焊机	100 A	3	10
14	卷扬机	—	2	2.0
15	台式钻床	ϕ25	2	1.1

施工高峰期主要施工机具用电量按下式计算：

电动机总功率：

$$\sum P_1 = 171.3\ \text{kW}$$

焊机(含点焊机)总功率：

$$\sum P_2 = 68\ \text{kW}$$

施工区域生产照明用电：

$$\sum P_3 = 8\ \text{kW}$$

现场生活用电量估算：

$$\sum P_4 = 15\ \text{kW}$$

$$P = 1.10 \times (0.7 \times 171.3/0.75 + 0.5 \times 68 + 0.8 \times 8 + 1 \times 15) = 236.8(\text{kW})$$

④施工作业用料计划

主要施工作业用料计划量见表 11.11。

表 11.11 主要施工材料计划

序 号	材料名称	单 位	数 量
1	ϕ48 mm 钢管	t	95
2	扣件	万颗	2
3	钢模板	m^2	490
4	8 mm 厚竹胶板	m^2	1 256
5	100 mm×50 mm 木枋	m^3	80
6	100 mm×100 mm 木枋	m^3	30

续上表

序　　号	材料名称	单　　位	数　　量
7	30 mm 厚木板	m^3	40
8	50 mm 厚木板	m^3	30
9	竹跳板	块	600
10	2 mm 钢板	t	0.5
11	ϕ50 mm、ϕ32 mm 水管	m	各 120
12	ϕ25 mm 胶管	m	200

4)施工进度网络计划

(1)施工进度计划网络图

本工程总工期计划 233 d。施工进度计划网络图略。

(2)保证工期措施

精干、高效的项目施工组织体系，是保证工程按计划完成的前提；制订科学合理的可行方案，是按期完成合同施工内容的基础；强有力且合理的现场组织，是保证工期实现的根本。本单位将对工期严格加以控制。

加强与业主、监理、设计部门及当地单位的联系，求得相互配合、支持与理解，保证施工顺利进行。

根据网络计划，合理调配资源、定期检查，针对施工中的难点、关键部位制定相应对策，及时调整网络计划，确保计划实现。

注意气象预报，做好雨季防汛、冬季防寒、夏季防暑的准备工作，一旦出现不利天气，尽快作出相应决策，保证施工的连续性。

做好机具物资的供应及后勤保障工作，确保顺利施工，确保农忙季节的劳动力。

合理利用工程施工资金，做到工程款真正用到本工程，如果工程资金紧张，还应从其他途径解决工程资金，以确保施工中的生产要求，达到工期目标。

施工中组织流水作业是保证工程工期的关键措施，本工程施工过程中将运用科学的流水施工技术和网络技术来保证工期的实现。

5)施工平面布置

(1)施工用水、供电布置

①施工用水布置

现场的供水水源利用业主提供的广电中心后面堡坎上其住宅楼工地的水源。

②施工供电布置

现场设置施工用电配电房，由业主指定地点接入，采用三相五线制电源供电。配电干线选用截面面积为 50 m^2 的铝芯线。

施工现场沿围墙设置临时电杆，架设 5 m 高布线，并为机具、临建设施设置 3 个配电盘供电，同时加强用电保护。

(2)生产、生活设施布置

①主要生产设施

办公室：150 m^2(砖混结构)；

配电室：9 m^2(砖混结构)；

水泥库房：40 m^2(砖混结构)；

加工场:100 m^2(钢管结构);

材料堆场:150 m^2(钢管结构);

值班室:9 m^2(砖混结构);

标养室:9 m^2(砖混结构)。

②主要生活设施

宿舍楼:200 m^2(钢管脚手架搭设的棚架);

食堂:30 m^2(砖混结构);

卫生间:20 m^2(砖混结构)。

根据施工现场的地形特点,主要生产设施布置在拟建教学楼围成的天井内,生活设施布置在拟建教学楼外。

6)主要施工方法和施工方案

(1)施工测量

①施工测量依据:业主提供的放线示意图、所交桩位的平面坐标和高程值、设计图纸。

②施工测量方法

基础轴线平面定位。根据业主提供的放线图所示数据进行计算,确定两个轴线系统的设计方位角。结合所交桩位对现场控制的特点,以前方交会插点法把坐标进行引测。利用经纬仪根据已计算的方位关系,分别作两个轴线系统的"+"主控基线,以此作为本工程轴线控制的依据。以"+"主控基线为依据分别测设加密设计轴线控制网。对已形成的平面控制网交点采用测距法进行检查,经校核无误并满足要求后可形成成果资料。对已形成的定位成果及资料,请建设方再次复核确认,建设方确认无误并签字后用于本工程的施工,资料应完整保存。

楼层轴线平面控制。基础施工完后,在主体工程施工前,必须对已投测的施工轴线相对距离、角度进行全面校核检查,确认轴线标志无变形、漂移,若有变形,必须进行调整和恢复。楼层轴线的投测采用多控引测法,将基础定位轴线采用 J2 经纬仪正倒镜上挑引测取中,逐层留设。在边界位置、相邻楼层间采用吊线或经纬仪投线检查,严防引线错误,经检核无误后,可用于本工程的施工。

高程测量控制。根据建设方提供的高程点,采用 DS_3 型水准仪往返观测,引入施工现场并稳固埋点标注,作为本工程两个区段高程统一控制点用于施工。各区段再根据各区段工程特点,引测 1~2 个施工后视点,均应进行闭合检查,满足精度要求后方能用于工程施工。各楼层标高以引测至楼体合适位置的两个不同点,采用钢尺逐层分别上引测量。在各楼层均需对标高进行闭合检查,无误后用于施工。

(2)垂直运输

结合工程的实际情况和施工中的具体要求,本单位将在拟建教学楼围成的天井中心安装一台臂长 35 m 的 QTZ63 塔吊,以满足施工中材料和混凝土垂直运输的要求。

(3)基础施工方法

本工程基础为大放脚基础,基础土石方主要采用人工开挖进行施工;基础模板采用组合钢模板;混凝土采用塔吊从搅拌场地直接调运至基础内。

(4)主体结构施工方法

①脚手架工程

外脚手架。结合工程特点,在主体上升阶段本单位将搭设单层挑出式钢管脚手架外架,与结构施工的满堂脚手架连接,并与柱子抱紧。操作层满铺竹跳板,外挂细目尼龙安全网。

内脚手架。本工程的内脚手架作为梁柱的支撑体系，梁、柱为现浇结构，大部分平台板为预应力空心板，一般框架梁下立柱间距为 1 000 mm，步距为 1 200 mm。

②模板工程

梁、柱部位全部采用组合钢模板支模，采用钢管脚手架支撑系统。

③钢筋工程

钢筋下料与加工时，钢筋的锚固长度、搭接长度要根据抗震等级、钢筋规格、柱梁混凝土强度等级的不同加以区别。配筋时注意钢筋接头位置、数量，并按规定错开。

钢筋焊接时，柱子钢筋采用电渣压力焊；框架梁钢筋采用闪光对焊或搭接电弧焊。

钢筋绑扎分为：钢筋就位绑扎，柱钢筋先绑扎后支模，梁钢筋在底模支好后先绑扎钢筋后支侧模；钢筋定位绑扎，柱钢筋绑扎后，在其上部用钢管固定，稳定于脚手架上以利于支模，梁侧模用砂浆垫块保证保护层厚度。

④混凝土工程

根据工程特点和施工现场实际情况，本工程采用现场拌制混凝土，在现场设置一个小型混凝土搅拌站，塔吊输送混凝土。

施工单位拟在建筑物东北角设置混凝土搅拌站，配备 2 台 J1-400 强制式搅拌机、一个 250 m^2 的混凝土原料堆场和一个袋装水泥库房。考虑到不同强度混凝土对材料要求的差异，施工单位准备了一个砂堆场和两个石堆场，堆场之间用砖墙分隔，搅拌机架空设置，以便混凝土的运输出料。

在搅拌站配设的同时，进行混凝土的试配工作。用于本工程的所有混凝土都将委托有试验资质的试验室进行试配，现场抽样检查确认无误后，才能作为依据采购原材料。原材料的采购严格按照试配成功的混凝土配合比对材料的要求进行，特别对砂石的级配、含泥量、含水率将进行严格的控制和检测。对运回的材料分别作了试验检测并确定满足要求后才能用于成品混凝土的加工，为了保证混凝土的质量，将严格把好检验关和计量关。

浇筑混凝土前，把模板和钢筋表面清理干净，混凝土的均匀性和坍落度将在现场作检测。对工程各部位混凝土的浇筑时间、浇筑条件，施工单位都将保有完整的施工记录。所有的混凝土结构均采用洒水养护。养护时间为：矿渣水泥配制的混凝土养护期大于或等于 7 昼夜；普通水泥配制的混凝土养护期大于或等于 14 昼夜。

(5)砌体施工方法

根据测量施测的轴线及施工图，确定墙体位置，将墙体边框线、构造柱边框线、门窗洞口边框线在楼面弹出墨线，并在框架柱、混凝土墙上抄标高，确定门窗洞口高度。注意以楼面建筑完成面标高确定门窗洞口高度，设置皮数杆。按弹出的墙体线，先进行排砖，应尽量减少砍砖。

砌筑采取单面挂线，控制砌块横平竖直，砌筑时竖缝错开，砂浆饱满。采取吊线控制砌体垂直度。填充墙顶层页岩砖采取斜砌，然后用砂浆填密实。

室内砌体施工，采用双排钢管砌筑脚手架；外墙砌体用结构施工时搭设的单层外挑脚手架做操作架。因此，采取先施工外墙、后施工内墙的施工顺序。页岩砖、砌筑砂浆采用电梯井内提升吊盘运输。

墙体施工时，剔出柱上预埋拉结筋，砌入墙体中。构造柱主筋与上部梁箍筋焊接。

问题讨论：

1. 你认为该项目的施工组织设计是否完善？如果需要补充，应该增加哪些内容？
2. 一份完整的单位工程施工组织设计应该包含哪些内容？

主要标准规范

《水利水电工程施工组织设计规范》SL303—2017；
《建设工程项目管理规范》GB/T 50326—2017；
《建筑施工组织设计规范》GB/T 50502—2009；
《建设项目工程总承包管理规范》GB/T 50358—2017 等。

思考与练习

1. 单位工程施工组织设计编制的依据有哪些？
2. 单位工程施工组织设计包括哪些内容？各内容之间有什么关系？
3. 施工方案设计的内容有哪些？为什么说施工方案设计是施工组织设计的核心？
4. 什么是施工程序？确定施工程序有哪些要求？
5. 什么是施工起点流向？其决定因素有哪些？
6. 什么是施工顺序？确定施工顺序的原则是什么？
7. 如何进行施工方案的技术经济评价？
8. 试述单位工程施工进度计划的编制步骤。
9. 什么是单位工程施工平面图？其设计内容有哪些？设计时有什么原则？
10. 试述单位工程施工平面图的设计步骤。

参 考 文 献

[1] 毛鹤琴.土木工程施工[M].5版.武汉:武汉理工大学出版社,2018.

[2] 郭正兴.土木工程施工[M].5版.南京:东南大学出版社,2012.

[3] 重庆大学,同济大学,哈尔滨工业大学.土木工程施工[M].3版.北京:中国建筑工业出版社,2016.

[4] 编委会.建筑施工手册[M].5版.北京:中国建筑工业出版社,2013.

[5] 尚晓峰.房屋建筑学[M].武汉:武汉大学出版社,2013.

[6] 穆静波,孙震.土木工程施工册[M].2版.北京:中国建筑工业出版社,2014.

[7] 李文渊.土木工程施工[M].3版.武汉:华中科技大学出版社,2013.

[8] 徐伟,吴水根.土木工程施工基本原理[M].2版.上海:同济大学出版社,2014.

[9] 张广兴.地下工程施工技术[M].武汉:武汉大学出版社,2017.

[10] 郭学明.装配式混凝土结构建筑的设计、制作与施工[M].北京:机械工业出版社,2017.

[11] 陈锡宝,杜国城.装配式混凝土建筑概论[M].上海:上海交通大学出版社,2017.

[12] 夏峰,张弘.装配式混凝土建筑生产工艺与施工技术[M].上海:上海交通大学出版社,2017.

[13] 赵鑫.钢结构施工[M].2版.北京:北京理工大学出版社,2018.

[14] 郭得海.新型建造工业化施工技术全图解[M].北京:机械工业出版社,2022.

[15] 龚剑著,房霆宸.数字化施工[M].北京:中国建筑工业出版社,2018.

[16] 马国伟,丁国民,黄轶淼,等.智能建造:数字孪生与钢筋智能化加工技术[M].北京:中国建筑工业出版社,2022.

[17] 段玉顺,徐长伟,杨霖华,等.图解建筑工程施工手册[M].北京:化学工业出版社,2021.

[18] 陶杰,彭浩明,高新.土木工程施工技术[M].北京:北京理工大学出版社,2020.

[19] 续晓春.土木工程施工组织[M].北京:北京理工大学出版社,2019.

[20] 李忠富,王丹,姜蕾.建设工程施工管理[M].北京:机械工业出版社,2018.